非饱和特殊土的工程特性及应用

邢义川　赵卫全　张爱军　等　著

中国水利水电出版社
www.waterpub.com.cn
·北京·

内 容 提 要

　　黄土、膨胀土和盐渍土是三种典型的特殊土，其共同点是对水具有特殊的敏感性，是水敏性土；不同点是湿陷性黄土遇水湿陷，膨胀土遇水膨胀，盐渍土遇水盐胀或者塌陷。这些特点正是该类土地区引发地质灾害的主要原因。本书较系统地论述了非饱和特殊土的强度变形理论、工程性质试验、离心模型试验、数值分析方法及工程应用。本书主要内容包括非饱和土的有效应力和弹塑性本构关系；非饱和黄土的强度特性、弹塑性模型试验研究与应用、增湿变形试验研究与应用；非饱和膨胀土的增湿变形试验研究与应用；盐渍土的工程特性与应用等。

　　本书可供水利水电、铁路、公路、市政、矿山及工民建等领域的科研人员和工程技术人员参考借鉴，也可供相关专业研究生参考阅读。

图书在版编目（ＣＩＰ）数据

非饱和特殊土的工程特性及应用 / 邢义川等著. --
北京 : 中国水利水电出版社，2017.12
　ISBN 978-7-5170-6197-7

　Ⅰ. ①非… Ⅱ. ①邢… Ⅲ. ①土方工程 Ⅳ.
①TU751

中国版本图书馆CIP数据核字(2017)第326209号

书　　名	**非饱和特殊土的工程特性及应用** FEIBAOHE TESHUTU DE GONGCHENG TEXING JI YINGYONG
作　　者	邢义川　赵卫全　张爱军　等 著
出版发行	中国水利水电出版社 （北京市海淀区玉渊潭南路1号D座　100038） 网址：www. waterpub. com. cn E - mail：sales@ waterpub. com. cn 电话：(010) 68367658（营销中心）
经　　售	北京科水图书销售中心（零售） 电话：(010) 88383994、63202643、68545874 全国各地新华书店和相关出版物销售网点
排　　版	中国水利水电出版社微机排版中心
印　　刷	北京瑞斯通印务发展有限公司
规　　格	184mm×260mm　16开本　23.75印张　563千字
版　　次	2017年12月第1版　2017年12月第1次印刷
印　　数	0001—1000 册
定　　价	**118.00 元**

凡购买我社图书，如有缺页、倒页、脱页的，本社营销中心负责调换

前　言

　　特殊土是由不同的地理环境、气候条件、地质成因、物质成分及次生变化等原因而形成的土类，其具有与一般土类显著不同的特殊成分、结构和工程性质。我国幅员辽阔，地质条件复杂，工程中遇到的特殊土种类繁多，包括黄土、膨胀土、盐渍土、分散性土、红黏土和软土等。

　　黄土、膨胀土和盐渍土是三种典型的特殊土，其共同点是对水具有特殊的敏感性，是水敏性土；不同点是湿陷性黄土遇水湿陷，膨胀土遇水膨胀，盐渍土遇水盐胀或者塌陷。这些特点正是该类土地区引发地质灾害的主要原因。本书从非饱和土的特性出发，以实际工程为背景，通过理论研究、工程性质试验、离心模型试验和数值分析等多种方法，对黄土、膨胀土和盐渍土这三种典型特殊土的强度和变形特性进行了较为系统的研究。主要内容如下所述：

　　（1）非饱和土有效应力的新表述。推导了非饱和土单变量有效应力新公式，提出了参数确定方法，克服了 Bishop 公式不能应用于黄土的湿陷性和膨胀土的湿胀性分析的局限性。

　　（2）非饱和土弹塑性本构关系探讨。在非饱和土弹塑性模型 BBM 框架下探讨了非饱和土水分-力学性质的耦合行为和应力变量的关系，提出了 LC 屈服轨迹在两种应力变量平面上的转换关系，验证了 BBM 中采用塑性体变作为强化参数的合理性，为合理模拟非饱和土弹塑性行为提供了理论基础。

　　（3）黄土的强度特性研究。较系统地开展了黄土的强度规律试验研究，提出了黄土的抗拉强度与基质吸力的关系表达式、断裂准则和强度屈服准则，描述了黄土的沉积历史与强度变化规律。

　　（4）黄土的弹塑性模型试验研究与应用。通过对黄土的不同应力状态和不同应力路径的一系列试验研究，在考虑结构强度的基础上，将黄土的结构特性与弹塑性变形规律联系起来，建立了一个带有软化型曲线的弹塑性模型，并将该模型由常规三轴应力条件推广到三维应力空间；编制了平面应变问题弹塑性有限元程序，对陕西宝鸡峡灌区塬边渠道工程 86km 处黄土高边坡削坡设计方案进行了论证。

　　（5）非饱和湿陷性黄土的增湿变形研究。通过用改装的应力-应变控制式三轴仪，对等应力比条件下的非饱和原状黄土进行了"分级浸水"试验，提出了黄土增湿过程中的有效应力-应变关系。采用非线性三维有限元、无界元耦合的方法，对黄土地基从天然状态到非饱和增湿、再到完全饱和的全过程进行了仿真模拟，为非饱和土的数值分析提出了一条很好的途径。

（6）新疆坎儿井破坏机理及加固技术研究。通过对冻融和非冻融饱和与非饱和黄土的三轴压缩试验、三轴等向压缩试验、三轴弹性模量试验，分析了坎儿井在冻融和非冻融条件下的强度变形特征，揭示了坎儿井破坏机理，提出了坎儿井加固新技术。

（7）南水北调中线工程穿黄南岸连接段明渠高边坡稳定性分析。通过现场取样、大量的物理力学试验、不同工况和坡型的数值分析，以及工程类比，提出了工程设计所需的计算参数，推荐了符合稳定要求的坡型设计建议，并被设计部门采纳。

（8）非饱和膨胀土增湿变形试验研究与应用。通过膨胀土的增湿变形试验和增湿剪切试验，得到了膨胀土在水和力共同作用下的变形规律。分析了膨胀土在不同应力条件、不同浸水条件和不同浸水加压路径等情况下的变形计算模式，为非饱和特殊土增湿变形理论在工程中的应用积累了经验。

（9）膨胀土地基及渠道离心模型试验。开展了非饱和膨胀土的增湿变形离心模型试验研究，在试验中测量了膨胀土的增湿变形、非饱和土的吸力、模型内的侧压力和竖向压力，计算出相应的侧压力系数，揭示了压力对膨胀土湿胀变形的抑制作用，为膨胀土工程的处理提供了一种思路。

（10）盐渍土的工程特性研究与应用。以新疆的硫酸（亚硫酸）盐渍土为研究对象，通过现场调查、室内试验、微观分析等，对硫酸（亚硫酸）盐渍土开展盐-冻胀变形及盐-冻胀力的试验研究；结合原位观测，建立了硫酸（亚硫酸）盐渍土盐-冻胀预报模型；分析了硫酸（亚硫酸）盐渍土的盐-冻胀量、盐-冻胀力对工程建筑的影响，并将研究成果应用于引额济乌工程建设中。

参加本书编写的人员还有王俊臣、李京爽、宋建正、李振。全书由邢义川和赵卫全统稿。

本书的部分研究工作得到了国家自然科学基金项目（51379220）资助，在此深表感谢。

由于作者水平和时间的限制，本书肯定存在不足和欠妥之处，恳请广大读者批评指正。

作者

2017 年 11 月于北京

目 录

第 1 章 绪 论

特殊土的种类很多，如黄土、膨胀土、盐渍土、红土、冻土、风沙土、分散性土等。在众多的特殊土中最具典型的是黄土、膨胀土和盐渍土，这三种土以其分布广泛、工程性质特殊而著名。本书主要介绍非饱和黄土、膨胀土和盐渍土的工程特性及应用。

1.1 非饱和土的土水特性和弹塑性模型研究现状

1.1.1 吸力和土水特征曲线

1. 吸力

非饱和土中水分具有势能，包括渗透势和基质势。土体中的毛细作用和短程吸附作用发生在土颗粒和液相之间，通常统称为基质吸力（matric suction），用 ψ_m 表示。而溶解质溶解则引起渗透吸力（osmotic suction），用 ψ_o 表示。总吸力 ψ_t 为两者之和，即

$$\psi_t = \psi_m + \psi_o \tag{1.1}$$

如图 1.1 所示，假定一个理想的收缩膜的半径为 R_s，收缩膜上部气相部分作用的是孔隙气压力 u_a，收缩膜下部作用的是孔隙水压力 u_w，对其进行静力平衡分析，可得

$$u_a - u_w = \frac{2T_s}{R_s} \tag{1.2}$$

其中 R_s 是毛细水的弯曲半径。式（1.2）为非饱和土中气体压力和水分压力的差，称为基质吸力。在土力学中常用 s 而不是 ψ_m 表示，即

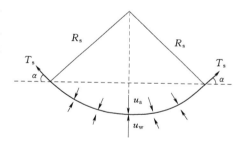

图 1.1 收缩膜上力的平衡

$$s = u_a - u_w \tag{1.3}$$

渗透吸力和溶质的浓度有关，如果浓度很小，渗透吸力可以忽略不计。在下文中，除非特别说明，吸力均指基质吸力。

2. 土水特征曲线

土水特征曲线（Soil - Water Characteristic Curve，SWCC）表示非饱和土中吸力和水分含量的关系。非饱和土中水分含量通常采用三个相对含水率指标表示，即体积含水率 θ、重力含水率 w 和饱和度 S_r。它们之间的关系为

$$\theta = \frac{V_w}{V} = \frac{wG_s}{1+e} = \frac{eS_r}{1+e} = nS_r \tag{1.4}$$

式中：V_w 为非饱和土中水体积；V 为土体总体积；G_s 为土颗粒相对密度；e 为孔隙比；n 为孔隙率。

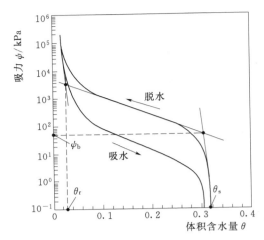

图 1.2 粉土的土水特征曲线

图 1.2 是粉土的土水特征曲线，包括吸水曲线和脱水曲线两部分。在脱水曲线上，土体达到的最大含水率为饱和土含水率 θ_s；随着含水率减小，存在一个进气值，当吸力增大到这个值时，气体开始进入土体；在吸力较大的区域，吸力较大变化仅引起含水率较小变化，这个区域的含水率通常称为残余含水率 θ_r。

土水特征曲线受各种因素影响，如初始孔隙比、初始含水率、吸水和脱水历史、应力状态等。土水特征曲线还常作为数值计算的参数。有些人喜欢将土水特征曲线和非饱和土的一些性质如强度、渗透性、塑限、颗粒分布等联系起来，并由此估计非饱和土其他性质。有些作者也提出了描述土水特征曲线的方法，如 Brooker 和 Corey 模型、VG 模型、Fredlund 和 Xing 模型、Assouline 模型，这些是拟合模型。

图 1.2 中吸水和脱水曲线并不重合，这种现象称为水分滞回（hydraulic hysteresis）。水分滞回是非饱和土的普遍性质，非饱和砂土、粉土和黏土等都有这种性质。图 1.2 中吸水过程由于残留有封闭气泡，吸水曲线达不到饱和含水率。滞回可归咎于微观（颗粒内）和宏观（颗粒间）层面上的几个原因：

（1）孔隙非均匀分布，通常称为"墨水瓶"效应。

（2）残留气泡，在吸水过程中形成封闭气泡。

（3）膨胀和收缩，在吸水和脱水过程中对细粒土微观孔隙结构的影响不同。

（4）在吸水和脱水过程中，孔隙水和土颗粒之间有不同的接触角。

非饱和土的力学性质与吸力和水分有密切关系。由于存在水分滞回，土水特征曲线路径相关，仅通过含水率或吸力不能完全确定非饱和土的真实状态。一个直接影响是在吸水和脱水曲线上，饱和与非饱和状态之间的过渡吸力值不同，吸水曲线上饱和-非饱和的吸力过渡值小于脱水曲线上的吸力过渡值。水分滞回还影响常吸力下土的压缩刚度。一些作者认为，经过若干吸水-脱水循环，非饱和土中可能形成了允许水分通过的稳定微结构通道，土结构趋于稳定。

1.1.2 非饱和土应力变量研究

工程实践中分析问题的前提是选择合适的应力变量，为固结、变形和强度分析建立合理的理论基础。

1. 应力单变量

对于非饱和土，最早和最典型的还是 Bishop 有效应力，即

$$\sigma' = \sigma - u_a + \chi(u_a - u_w) \tag{1.5}$$

对饱和土，取 $\chi = 1$；对干土，取 $\chi = 0$。式（1.5）在这两种情况下都可转化为 Terzaghi 有效应力。Bishop 认为，χ 值主要与饱和度有关，但同时依赖于土体结构、吸水和脱水循环以及饱和度变化的影响。Jennings 和 Burland 对 Bishop 有效应力表达式提出了质疑，认为它不能合理解释土体的遇水体缩问题。他们做了一系列固结试验，表明吸水过程中吸力减小，非饱和土样发生遇水体缩而不是膨胀，不符合有效应力的变化趋势。

对于 Bishop 有效应力存在的缺陷，Coleman、Khalili、沈珠江、李湘松、Murray、Houlsby 等许多专家学者都开展了该方面的研究，提出了自己的观点和公式。

大家对非饱和土有效应力的研究：一方面是受 Terzaghi 有效应力巨大成功的影响；另一方面正如沈珠江和 Fredlund 所说，也是为了将饱和土的研究成果拓展到非饱和土。在探索过程中，也出现了一些新的意见，如 Bishop 建议对基质吸力和净应力的路径单独考虑，这个想法和非饱和土的本构关系的探索紧密相关。Fredlund 提出了非饱和土的独立应力状态变量的概念（independent state stress variables）。最近，Gens 认为不存在一个对所有孔隙材料都适用的有效应力表达式，有效应力定义与本构关系和微观结构有关，但材料参数可作为有效应力参数等。

2. Fredlund 应力双变量

Fredlund 推导了三相介质非饱和土单元的准静力平衡关系，认为式（1.6）中的三个应力变量中任意两个均可作为描述非饱和土的应力状态变量，即

$$\sigma - u_a, \quad \sigma - u_w, \quad u_a - u_w \tag{1.6}$$

这个结论建立在土颗粒不可压缩的假定之上（土力学采用的基本假定之一）。

Fredlund 做了一系列 Null 试验，即控制应力状态变量不变化，仅变化其分量。试验中没有发现试样发生明显体变或水体积变化，从而验证了独立应力状态变量的合理性。Tarantino 也通过 Null 试验对此做了验证。

独立应力状态变量的概念对非饱和土力学的影响很大，Fredlund 及其同事们采用独立应力状态变量开展了大量非饱和土力学的试验和理论研究工作。第一个弹塑性本构模型，即巴塞罗那基本模型（Barcelona Basic Model）以及大部分衍生模型均采用了独立应力状态变量。

Zhang 认为，Fredlund 独立应力状态变量不足以描述非饱和土的应力状态。Terzaghi 提出有效应力控制饱和土的变形和破坏，同时也指出应用总应力和中性力（即孔隙水压力）来描述饱和土的完整应力状态。这对非饱和土也适用。如果描述非饱和土骨架的变形，Fredlund 的独立应力状态变量是足够的，如果想要知道非饱和土完整的应力状态（包括其分量），显然从任何两个应力状态变量都无法推导出各个应力分量。非饱和土完整的应力状态，除了总应力外，还有气相、液相上作用的力。这些讨论都建立在等温条件下，如果考虑温度的影响，温度本身也应看作一个"应力状态变量"。

人们对 Fredlund 双应力状态变量质疑的同时，又进一步开始深入研究非饱和土的有效应力，陈正汉、沈珠江、李锡夔、刘奉银等学者都提出了相应的有效应力表达式，但都很难完全描述复杂的非饱和土的工程性质，看来该方面的研究还需继续努力。

1.1.3　非饱和土的弹塑性本构模型

上节讨论的应力变量是构建本构关系的基础。非饱和土的变形及强度计算，需要明确

的应力-应变本构关系。不同的应力变量，也导致不同的强度标准表达式，如将莫尔-库仑强度准则拓展于非饱和土，采用 Bishop 有效应力和 Fredlund 应力双变量给出不同强度表达式。不过本节重点讨论影响当代非饱和土力学发展的弹塑性本构关系，其代表是 1990 年 Alonso 等在 Geotechnique 发表的巴塞罗那基本模型（BBM）。由于该论文的杰出贡献，被 Geotechnique 杂志收录到其 60 周年特刊（仅 9 篇文章被收录到此特刊）。

　　1. 弹性本构关系

　　Biot 较早提出非饱和土本构关系，在其三维固结理论中，非饱和土包含封闭气泡，采用两个本构关系，即土骨架本构和土中液相本构，采用两个独立应力变量。

　　Bishop 在试图确定有效应力参数 χ 值时曾介绍 Matyas 的工作，即状态面（state surface）的概念。状态面考虑各向等压情况，采用净应力和基质吸力作为应力状态变量，e 和 S_r 作为体变和水分状态变量，构建在 $e-(p-u_a)-(u_a-u_w)$ 和 $S_r-(p-u_a)-(u_a-u_w)$ 两个空间中，即

$$e=F(p_a,q,s,e_0,S_{r0}) \tag{1.7}$$

$$S_r=f(p_a,q,s,e_0,S_{r0}) \tag{1.8}$$

式中：$p_a=\dfrac{\sigma_1+2\sigma_3}{3}-u_a$ 即平均净应力；q 为剪应力；e_0 和 S_{r0} 为初始孔隙比和初始饱和度。Matyas 认为本构面的唯一性受应力路径与饱和路径影响，因此只要变形路径引起饱和度增加，本构面就保持唯一。

　　Barden 在讨论非饱和土固结问题时，假定土体变形受有效应力控制，即

$$n=f_n[(\sigma-u_a)+\chi(u_a-u_w)] \tag{1.9}$$

　　并认为 χ 为 (n,λ,s) 的复杂函数。因此式（1.9）也可写为

$$n=f_n[(\sigma-u_a)+f_x(n,\lambda,s)] \tag{1.10}$$

式中：λ 为结构参数。不过，Barden 自己也认为不能确定各种复杂的函数关系（very unlikely）。

　　Lloret 和 Alonso 在 Matyas 研究的基础上，认为非饱和土的一维问题可以去掉剪力 q 的影响，同时平均净应力换作一维竖向净应力。以 Biot 和 Matyas 的工作为基础，Fredlund 及其同事们发展了较完整的非饱和土线弹性本构关系，分别在体积（孔隙比或孔隙率）和含水率两个方面描述非饱和土，即

$$de=a_t d(p-u_a)+a_m d(u_a-u_w) \tag{1.11}$$

$$dw=b_t d(p-u_a)+b_m d(u_a-u_w) \tag{1.12}$$

　　2. 弹塑性本构关系 BBM

　　Alonso 于 1990 年正式提出了一个非饱和土的弹塑性本构模型，考虑非饱和土在低约束应力下遇水膨胀和高约束应力下遇水体缩的试验现象，主要特征是引入了 LC（Loading - Collapse）面，它定义在 $p-s$ 平面，但可以拓展到 $p-q-s$ 空间。屈服轨迹为 $p-v$ 平面上等吸力压缩的屈服点。因此，这个模型采用四个状态变量，即平均净应力 p、剪应力 q、基质吸力 s 和比体积 v。LC 屈服轨迹为

$$p_0 = p^c \left(\frac{p_0^*}{p^c} \right)^{[\lambda(0)-\kappa]/[\lambda(s)-\kappa]} \tag{1.13}$$

式中：p_0^* 为饱和土屈服应力；p^c 为参考应力；$\lambda(0)$ 为饱和土（基质吸力 $s=0$）$p-v$ 平面上压缩系数；$\lambda(s)$ 为 $p-v$ 平面上吸力 s 的压缩曲线的压缩系数；κ 为 $p-v$ 平面上饱和土回弹系数。LC 屈服面是整个模型的核心，如图 1.3 所示。

LC 屈服面和 SI（Suction Increase）屈服面是该模型中弹塑性变形的分界线，前者为加载和吸水路径的屈服边界，后者为脱水路径的屈服边界。在 $p-s$ 平面上，某点经历加载或者吸水路径，如果应力状态（p,s）在屈服面内，材料发生弹性变形；当应力达到 LC 屈服面时，材料发生弹塑性变形。因

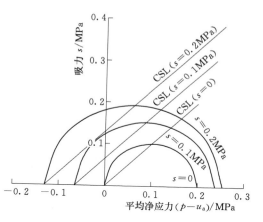

图 1.3 BBM 模型的屈服面图

此，LC 屈服面的主要功能是模拟材料加载引起的体缩和吸水（s 减小）引起的体缩，加载塑性强化规律为

$$\frac{\mathrm{d}p^*}{p_0^*} = \frac{v}{\lambda(0)-\kappa} \mathrm{d}\varepsilon_v^p \tag{1.14}$$

在 $p-s$ 平面上，SI 屈服线设为一条直线，Alonso 认为吸力历史上最大的吸力为屈服吸力。当应力点经历脱水路径时，如果位于屈服面内，发生弹性压缩变形；如果达到 SI 屈服线，将发生弹塑性压缩变形，其强化规律为

$$\frac{\mathrm{d}s_0}{s_0 + p_{\mathrm{at}}} = \frac{v}{\lambda_s - \kappa_s} \mathrm{d}\varepsilon_v^p \tag{1.15}$$

式中：s_0 为土体经历过的最大吸力；p_{at} 为大气压力值；λ_s 和 κ_s 均为吸力变化时比体积曲线的刚度系数，类似于饱和土压缩曲线的压缩系数和回弹系数。

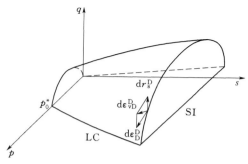

图 1.4 三维空间中的屈服面

BBM 模型假定非饱和土的临界状态线 CSL(s) 平行于饱和土的 CSL。在 $p-q$ 平面上，与 p 轴交点（$-p_s,0$）表示吸力对非饱和土黏聚力的影响，即

$$p = -p_s = -\kappa_s \tag{1.16}$$

这样，便将饱和土临界状态概念推广到非饱和土，在 $p-q-s$ 空间中形成闭合屈服面，如图 1.4 所示。

Alonso 采用了非相关的塑性流动法则，共需 9 个参数，即 p^c、$\lambda(0)$、κ、r、β、κ_s、G、M 和 k。如果考虑脱水塑性变形，则应加上第 10 个参数——s_0。

BBM 是非饱和土力学中最重要的弹塑性本构模型。许多作者通过试验验证了 LC 面

的存在，也发现 BBM 与试验现象存在一些差别。我国学者陈正汉等曾开展了较深入的研究，得到一些有益的结论。

3. 膨胀土弹塑性本构关系 BExM

Alonso 等认为非饱和膨胀土微结构对变形有特殊影响，接着 Gens 和 Alonso 介绍了他们考虑膨胀土的微结构影响宏观变形机理。随后 Alonso 等进一步阐述了模拟机理，建立了膨胀土弹塑性本构关系 BExM。这些工作建立在对黏土双模结构的认识基础之上。

BExM 模型考虑了土体的宏观变形和微结构的共同作用，它的 LC 不同于 BBM 中的强化机制，在 BBM 中，材料的变化仅引起 LC 强化，但是 BExM 中，却可以引起 LC 的软化。从理论上 BExM 模型更适合膨胀土这样的特殊土，但一般认为 BExM 涉及参数较多，难以和物理试验对应确定，所以现在应用较少。

1.2　黄土的工程性质研究现状

黄土和黄土状土覆盖着全球大陆面积的 2.5% 以上。我国黄土面积约为 64 万 km^2，是世界上黄土分布最广泛的地区。我国黄土主要分布在西北地区，在华北平原及东北的南部地区也有一定分布面积。我国西北地区黄土地层最厚、最完整，其工程特性最为典型。对黄土工程性质的研究，国外的苏联、东欧国家和美国起步较早，但多偏重于黄土湿陷特性、水土流失规律的研究，对黄土其他工程性质研究成果较少。我国随着国民经济建设的发展，对黄土力学及工程性质进行了全面、系统和深入的研究。特别是在中国西北地区集中了一大批专家学者，提出了一批又一批科研成果，这些成果都反映了黄土力学性质研究发展的最高水平。黄土力学是在中国城乡建设、铁路、公路、水利电力、机场等各类工程建设中逐渐形成，并得到突飞猛进的发展，同时又在这些工程建设中起到了重要的作用。多年来研究的成果主要有以下几个方面。

1.2.1　黄土的定名

（1）以地质特征（地层、年代、成因）为基础的体系。例如，Q_1 黄土、Q_2 黄土、Q_3 黄土、Q_4 黄土；午城黄土、离石黄土、马兰黄土；老黄土、新黄土、新近堆积黄土；风积黄土、冲积黄土、洪积黄土、坡积黄土等。

（2）以湿陷特性为基础的体系。例如，非湿陷性黄土、湿陷性黄土；自重湿陷性黄土、非自重湿陷性黄土等。

（3）以颗粒组成特性为基础的体系。例如，以塑性指数表示，如砂黄土（$4<I_P<6$）、粉黄土（$6<I_P<17$）、黏黄土（$I_P>17$），以及将粉黄土再分为砂质粉黄土（$6<I_P<9$）、粉黄土（$9<I_P<15$）和黏质粉黄土（$15<I_P<17$）3 个亚类，将黏黄土再分为粉质黏黄土（$17<I_P<20$）和黏黄土（$I_P>20$）两个亚类。此外，像大孔土、类黄土等也时有所闻。

每一种的分类定名都可以从不同角度带给我们关于黄土的若干信息以及这些信息在不同土类上的差异，从而为它的应用和积累更多的资料提供方便。形象生动的定名，可以达到闻其名而知其人的效果。

1.2.2   黄土的强度理论

黄土的强度理论是黄土地区工程建设的关键理论问题。研究成果有以下几个：

（1）莫尔-库仑强度准则的应用。早在 20 世纪 50 年代通过直剪试验资料证明，黄土的强度基本符合莫尔-库仑强度准则。以后大量三轴试验资料也证明黄土的强度基本符合莫尔-库仑强度公式。不少学者在研究黄土的结构强度对强度的影响时提出，由于结构强度的影响，黄土的抗剪强度不服从莫尔-库仑定律，而要分段线性表示。但从文献资料和工程实际看，这种现象都是在低压力下才出现，对工程应用影响不大，用莫尔-库仑强度定律表述黄土的强度不会产生较大的误差。

（2）增湿时的强度特性。黄土增湿剪切变形是在剪应力和浸水共同作用下产生的，并随着剪应力水平而逐渐发展甚至出现增湿剪切破坏。黄土的增湿剪切过程不仅有增湿剪缩，还有增湿剪胀现象。浸水强度与天然强度之比的剪应力水平不是常数，而是固结压力的函数，其变化范围为 0.3～0.5。

（3）黄土的长期强度。黄土的长期强度是指应力作用持续时间不同时土的强度，它随应力作用持续时间和增加而变化，一般是越来越小，但有个极限，即长期强度极限。研究方法是在莫尔-库仑强度表达式中，把长期强度下的内摩擦角与短期强度下的内摩擦角比值称为摩擦角折减系数 η_φ，把长期强度下的黏聚力与短期强度黏聚力比值称为黏聚力折减系数 η_c，把长期强度与短期强度比值称为强度折减系数 η_τ，并用这些折减系数来反映长期强度的衰减。试验结果为 $\eta_c = 0.18 \sim 0.63$，$\eta_\varphi = 0.81 \sim 0.98$，$\eta_\tau = 0.51 \sim 0.85$，表明原状黄土流变性强度衰减显著。

1.2.3   黄土的应力-应变数学模型

（1）线弹性模型。现在工程中还广泛应用着这种模型。像以压缩试验为基础的分层总和法；用 K、G 或 E、μ 为参数的有限元分析法，这种模型简便，概念清楚，工程经验丰富，但是很难用来描述土的非线性，更难描述加载（如施工）过程的应力与应变关系。同时，只有试验与实际的应力路线相近时结果才比较令人满意。

（2）非线性模型。典型的是双曲线应力、应变关系为基础的 $E-\mu$ 模型和 $K-G$ 模型。这种模型在应用于黄土时，要根据应力、应变关系进行必要的修正。这类模型如果在加、卸载时使用不同的弹性模量，在一定程度上可以描述一些较复杂的应力路线下的应力与应变关系。但该模型的参数是从常规三轴试验确定出来的，应用于工程中常见的平面问题就会产生一定的误差，特别是体积变化失真，不能用于比奥固结理论计算，因为初始孔隙水压力计算不准。

1.2.4   黄土的湿陷变形理论

黄土的湿陷变形是黄土的突出特性。由于黄土的湿陷变形具有突变性、非连续性和不可逆性，对工程产生的危害严重，所以一直是湿陷性黄土地区工程建设的关键技术问题，吸引了一大批专家学者对其进行研究，所提成果较多，主要有以下几个：

（1）黄土的湿陷机理。关于黄土湿陷机理有多种见解。主要有两大类：一是加固黏聚力降低或消失的假说，其理论基础是认为水膜楔入作用和胶结物溶解作用下，加固黏聚力破坏，同时结构也破坏；二是黏土颗粒膨胀和土粒间抗剪强度突然降低的假说，它指出黏土颗粒表面吸附水的增多导致黏土发生膨胀，必然也将使颗粒骨架分开，结构强度破坏而产生湿陷。无论哪一种假说都从不同的侧面说明了黄土产生湿陷的原因是黄土内部固有的特殊因素和外界适当的条件共同作用的结果。内部因素主要指它的特殊粒状架空结构及特殊组成成分，外部条件是指水和力的作用。

（2）增湿、减湿、间歇性增湿的湿陷性。黄土的增湿，可以由地下水位上升引起，也可以由地表水的入渗引起。前者增湿自下而上发展，浸水面积大，湿陷均匀，浸湿速率一般较慢，湿陷变形的过程较长，而后者增湿自上而下发展，浸水面积局限在小范围（浸湿不均匀），湿陷速率一般较大，湿陷变形的过程较快。两种增湿对建筑物的影响不同。试验表明，黄土在一定压力下浸水饱和与在初始含水率分级增大湿度直到充分饱和产生的总湿陷量相等，与浸水次数无关。地下水位的大幅度下降、大气的蒸发属于减湿过程，而渠道的间歇性过水属于增湿、减湿交替过程。研究表明，减湿如发生在受荷以前，它可以使受荷后的压缩变形减少，而湿陷变形增大；减湿如发生在受荷变形之后，它将不会再引起新的变形。减湿后的再次增湿，只要不超过以前的增湿水平，也不会再有新的增湿变形，间歇性浸水引起的湿陷变形，只随浸水最大湿陷水平的增大而增大，而与浸水往复次数的多少无关。

（3）压实黄土湿陷性。在黄土地区，广泛地应用黄土作为建筑材料，如黄土筑坝、压实黄土渠堤等。这些建筑物往往在蓄水或引水后发生裂缝甚至滑塌，主要是因为填筑体浸水后产生较大湿陷变形。研究表明以下几点：

1）当压实黄土与原状黄土的含水率、干密度均相同时，压实黄土的湿陷性比原状黄土的湿陷性大。

2）压实黄土当干密度较大（如 $\rho_d = 1.708\text{g/cm}^3$），而含水率较低时，仍会出现中等湿陷性。

3）当填筑含水率低于最优含水率 2.0%～3.0% 时，压实黄土在浸水后就会出现湿陷性，因此压实黄土筑坝筑堤时必须用填筑含水率不低于最优含水率的 2%～3% 和最大干密度来控制施工质量。

（4）湿陷敏感性。黄土的湿陷量是造成建筑物破坏的主要因素。但湿陷量的发展快慢对建筑物破坏程度却不一样，这种快和慢就是湿陷的敏感性，对它作定量表示具有实际价值。湿陷敏感性表示方法较多，但典型的还是模糊综合评判法。该法以黄土的地质年代、自重湿陷量的大小、最上一层自重湿陷性黄土的埋藏深度以及自重湿陷性黄土层厚度在湿陷性黄土层总厚度中所占的比例大小的影响作为影响因素，用自重湿陷性敏感系数 β 将地基分为不敏感（$\beta < 0.5$）、较敏感（$0.5 \leqslant \beta \leqslant 0.7$）和敏感（$\beta > 0.7$）。用它对 12 个地基评判的可靠度达到 90% 以上。

（5）黄土湿陷本构模型。

1）湿陷非线性模型。对于某一种具体湿陷性黄土而言，其湿陷本构方程可写成应力、含水率和时间的函数。若只考虑浸水饱和后的最终湿陷应变，最终湿陷应变只是应力状态的函数。根据三轴等应力比湿陷试验资料，将湿陷的体变和平均正应力曲线及湿陷剪应变和剪应力曲线分段表示，转点以下近似表示为双曲线，转点以上近似表示为幂函数，这种非线性数学模型实际上反映了湿陷变形对应力状态的依赖关系，同时体现了应力交叉效应；而转点前后的曲线形状则反映了浸水后土结构的破坏程度与残余强度对湿陷变形的影响。在转点前，主要反映土原有结构的破坏和残余强度的丧失；在转点后，既反映原有结构的破坏和强度的丧失，又反映新的结构和强度的形成。该模型除有上述理论上的优点外，还可反映土在湿陷过程中的侧向胀缩。

2）含水率作为参数的湿陷塑性模型。根据湿陷初始压力的概念提出了湿陷初始破坏准则。该准则在 $p-q$ 面上由 $M-C$ 破坏准则和圆形初始应力线组成。而且圆心坐标和圆半径都是含水率的函数，当含水率变化时，用相同的方法可以求得湿陷初始压力轨迹曲线簇，该模型相当于含水率作为参数的湿陷塑性模型。

3）含水率作为变量的湿陷塑性模型。根据岩土塑性力学的基本理论和湿陷起始应力的意义得到起始屈服面，它近似于椭圆形。对于湿陷性黄土地基在含水率不变的条件下，荷载继续增加时，土体会连续产生新的塑性变形，塑性能将发生变化，其应力状态也将从起始屈服面跳到一个新的屈服面上，从而获得一个新的屈服面，对于应力及含水率均在变化时，屈服面在空间上也将在新的平衡条件下形成。该模型是根据黄土湿陷变形特点与塑性力学结合建立起来的，具有重要的理论价值。

4）损伤力学模型。首先假设原状黄土为理想弹性体，求出杨氏模量、侧限压缩模量以及相应的泊松比。其次，把结构强度完全破坏以后的黄土当作粉土看待，其三轴压缩和侧限压缩曲线用数学表达式表示出来。最后假定应变增加和水分增加，均可引起结构强度的损失，提出演化规律方程。并将原状黄土应力与应变关系、完全破坏以后的黄土应力与应变关系以及损伤演化规律代入双弹簧模型就得到黄土湿陷的损伤力学模型。

1.2.5 黄土的动力理论

研究黄土动力特性的现实必要性早已被黄土地区地震作用下大量的滑坡、震陷甚至液化事故所证实。该项研究起步于 20 世纪 70 年代末 80 年代初，几十年来，许多学者进行了大量的工作，取得了不少成果，也揭示了不少规律，并将其初步用于对实际问题的分析。目前较为成熟的成果主要有以下几个方面：

（1）由于黄土结构对水作用的特殊敏感性，根据湿度状态一般将黄土划分为干型黄土、湿型黄土和饱和黄土，其动力特性有明显的差异。干型黄土的动本构关系具有直线形关系，破坏应变范围内的动模量为常数，动强度呈脆性拉断破坏，固结应力比的影响不大，由振密引起的震陷很小。湿型黄土的动本构关系呈双曲线形，动强度呈塑性压剪破坏。固结应力比的影响视其是否能引起黄土结构强度的破坏，而使动强度随应力比的增大发生增大或减小。振密变形受起始静应力的影响，并随动应力的增大而增大，存在一个不发生明显变形的临界动应力。饱和黄土本构关系也是双曲线形，但因其具有高湿度、低密度和弱结构强度而发生较大的动变形，表现出较小动强度，可能会出现动孔压大幅度增长，甚至表现出类似于砂土液化现象。

（2）黄土的震陷是一个具有实际意义的重要特性，影响黄土震陷量的主要因素为含水率、固结应力、动应力、振动次数等。震陷临界含水率关系曲线可作为判别震陷发生的标准，用静三轴试验的压缩和湿陷变形系数可以预测某一动荷作用下的震陷量。

（3）在假定黄土地基的静承载力和动承载力直接与黄土的静强度和动强度有关，且静、动承载力之比等于静、动强度之比的条件下，通过静、动强度的研究探讨了黄土地基抗震承载力调整系数的变化机理及数值。该值已为冶金部抗震规范所采用。

（4）动弹性模量与固结压力的大小有关，当固结压力比相等时，固结压力值越大，动弹性模量的值也越大；不同固结比情况下，黄土的最大动剪切模量与平均有效固结应力比的平方根成正比。

（5）黄土可以在两种情况下发生类似砂土的液化现象：一种是饱和黄土在静应力较低、动荷较大时，由于动荷引起黄土结构的迅速破坏，导致孔压的迅速上升，或者剩余湿陷变形的迅速发展而出现液化现象；另一种是干燥黄土，当其受到较大动应力的剪揉作用而发生快速的结构破坏时，粉颗粒彼此散开，并向大孔隙落入。此时，由于孔隙中的空气一时来不及排出，致使在粉粒悬落过程的瞬间，土的强度丧失，发生液化流动。

（6）在模拟实际地震作用下的不规则波情况下，也初步揭示了黄土动力特性的变化规律，此时的动应力与动应变曲线仍然可以用双曲线表示，只是不规则波特性的不同，整理方法对应有不同的曲线参数。研究表明，用统计学和随机过程理论来研究不规则波下黄土动力特性已显示出良好的前景。

总之，尽管人们对黄土的动力特性进行了较为全面的研究，也解决了一些实际问题，但较为系统的研究基本上只有为数不多的几家，而且采用的方法还各具特色，其研究的土类也多集中在西安和兰州附近，这同全国范围内广大的黄土分布也极不相称，同时给我们提出新的挑战。

1.2.6 黄土的结构理论

土的结构是决定土的工程性质的主要因素之一。黄土之所以被认为是一种特殊土，就是因为它具有特殊的工程性质，而这些性质又是由其特殊的结构所决定的。这方面的研究成果很多，这里只能分类进行叙述：

（1）显微结构的研究。起初采用简单的设备（如双目放大镜等）对黄土的颗粒、孔隙进行了定性描述，由于试验设备简单，在当时也只能得出简单的定性结论，但为黄土结构理论的形成做了很好的基础工作。随着科学技术的发展，现代化设备的出现促使黄土的微结构理论大大向前推进一步。用扫描电子显微镜对我国北方黄土进行了广泛深入的研究，提出了黄土结构 12 种分类形式，得出了显微结构类别与湿陷系数的关系、显微结构类别与湿陷起始压力的关系。采用压汞法进行了黄土孔隙研究，它能定量地揭示黄土中孔隙的分布特征，并能定量地了解黄土中孔隙的连通性和渗透性。由于黄土的结构是颗粒、孔隙排列和颗粒之间胶结的统一，单纯从某一个分量定量研究都很难在工程中得到应用。

（2）数学力学模型研究。有的人用杆单元模拟黄土的结构单元，采用结构力学的方法推导出黄土湿陷的数学模型；有的人用突变理论对黄土的湿陷性建立微观结构失稳模型，并按照现代连续介质力学方法给出了湿陷性黄土的本构关系；还有的人从土受力变形到破坏过程是原状土结构逐渐破坏次生结构而形成的过程，也就是从原状土到扰动土的转化过程，提出了黄土的损伤力学模型。这些方法新颖，提出了一种新的思路，在一定程度上可反映黄土的结构特征，但很难模拟黄土颗粒胶结和排列特性。

（3）土力学试验研究。土力学试验方法避开了难以确定的黄土微结构排列、胶结、孔隙、颗粒分布等因素，通过试验应力-应变曲线算总账的办法确定黄土的结构，具有它的优越性。这方面的研究所提方法较多，但最具特色的还是文献所提方法：通过结构性的机理分析，提出了土的颗粒连接的可稳性和颗粒排列的可变性两个新概念。在分析土结构性变化规律的同时，构造了反映土的排列特征和连接特征的结构性参数；将结构性参数与土变形和强度联系起来，发现土的结构性参数对土的变形曲线有较好的归一化作用；两种土结构参数之比与两种土变形之比为一直线，且各种土的这种关系斜率基本一致，对于强度问题也有同样规律，说明研究土结构性指标的重要意义；将简单应力条件下得来的结构参数推广应用到复杂应力状态，表现出结构参数描述土结构性质的思想具有广阔的应用前景。可望这一研究成果在工程实际中得到广泛应用。

1.2.7　非饱和黄土理论

我国北方地区处在干旱和半干旱地区，又广泛分布着黄土，所以在工程建设中，经常遇到非饱和黄土。以往解决黄土地区建筑物地基、土坡以及堤坝材料时，常常采用总应力法，很难正确模拟工程实际，大大降低了土力学指导工程实践的作用。针对这一实际，近年来随着量测技术的发展和计算机的广泛应用，这一古老而现实的课题又重新活跃起来，所取得的成果有以下几个。

1. 非饱和黄土的孔隙压力特性研究

大量试验表明，非饱和黄土在无外荷情况下的吸力主要受含水率的影响，随着含水率的增大，吸力的值在减小，曲线也愈来愈缓；非饱和黄土试样在固结时，周围压力对孔隙气压力影响明显，孔隙气压力随周围压力的增大而增大，含水率愈大增大愈快，周围压力对孔隙水压的影响在含水率较低时并不明显，在含水率较高时，孔隙水压力随周围压力的增大而增大。随着周围压力的增大，各不同含水率状态下的吸力值均增大，含水率低时增大的趋势要强一些。黄土试样在剪切过程中同时产生两种趋势：一种趋势是含水率低时，随着剪切试验轴向应变增加，孔隙变小引起水膜凹面曲率变大，引起吸力增长；另一种趋势是含水率较高时，水膜变厚导致水膜凹面曲率变小，从而引起吸力降低。这两种趋势共同决定了黄土试样在剪切过程中吸力随应变的变化情况。

2. 非饱和黄土的应力变形规律

（1）将非饱和土视为三相不混溶的混合物，从动量守恒定律得到三相运动方程和总体平衡方程，根据力学量和渗透规律建立了非饱和土固结的混合物理论。

（2）根据试验资料，提出了一个新的吸力增加屈服条件，并建议了一个在三轴剪切条件下描述屈服应力的新方法。

3. 非饱和黄土孔隙流体运动规律

非饱和土作为一种多孔多相介质，在孔隙中既有气体的运动又有液体的运动。这两种流体的运动规律及其相互间的关系直接影响到土的固结和变形，因此，揭示非饱和土中孔隙流体的运动规律及其与饱和度、密度间的变化关系是非饱和土除力学特性以外的一个非常重要的课题。通过广泛研究提出的成果总体上看具有系统性和完整性。

（1）由理论分析表明，非饱和黄土中的水、气流动均可用达西定律描述。

（2）引入了利用试样初始饱和度及外加水后的稳定饱和度所对应的吸力来计算渗水梯度及渗水系数的新方法。

（3）在试验研究的基础上得出 6cm 的试样高度较为合适的结论，对渗水稳定时间的确定，提出了误差影响分析的方法，提高了试验精度。

（4）在低饱和度范围内，渗水系数的变化幅度较大，而渗气系数的变化较小。干密度的变化则对渗气、渗水系数影响均较大，但在高饱和度范围内，渗气系数呈突降的趋势，而渗水系数却缓慢增长。但总的趋势是饱和度愈大，渗气系数愈低，渗水系数愈大。

4. 试验设备的改进和试验方法研究

非饱和土试验设备和试验方法是非饱和土理论发展的前提和基础。由于非饱和土的三相特性，因此试验研究仍然是非饱和土力学当前最迫切的困难问题之一。组装了非饱和土三轴仪，该仪器压力室活塞与试样面积相等，由于关键部位处理的科学性，使活塞无摩擦力存在。其优点是在剪切过程中避免了试样帽的倾斜，有利于安装气压传感器，使试验中测定土样孔隙气压力方便、可靠。水压力量测靠压力室底座上镶嵌陶土板，再接上水压传感器实现。量测数据采集和记录用非饱和土测定仪，针对武功黄土进行了从初始吸力测定到剪切的一系列试验，得出了施加围压前是否测初始吸力只影响施加围压过程初始吸力的变化，不影响终止初始吸力值结果，建议了非饱和黄土的剪切速度为 $0.0107\mathrm{mm/min}$，在这样的速率下所测孔隙水压力、孔隙气压力、体变值能够协调。水利部西北水科所研制了一台非饱和土的压缩仪，以武功黄土和王瑶水库大坝为对象对黄土进行了非饱和压实黄土的不排气、不排水压缩试验、非饱和压实黄土的排气、排水压缩试验、非饱和压实黄土的湿陷试验、非饱和压实黄土在常吸力下的压缩与湿陷试验。徐森、刘奉银（1996）的作者和单位研制了非饱和土 γ 射线三轴仪，对土工三轴仪的体变量测系统、增湿浸水系统、应力控制系统、射线扫描系统及吸力量测系统 5 个方面进行了改进，解决了双源双能 γ 射线量测中一系列难题，全面研究了提高测试精度的措施与要求，使新仪器能够以土工试验要求的精度测定非饱和土加荷和浸水条件下的力学性状，同时得到试样的轴向变形、侧向变形、体积变形和底部的孔隙压力，并进而获取试样沿高度上各点的干密度和含水率以及孔隙水压力，实现了在非饱和加载与浸水条件下精确量测压力、变形、孔压和湿密状态变化的各类参数和多种功能，很有创见性。作者和单位研制并完善了非饱和土新型水汽运动联合测定仪和试验分析方法。该仪器具有很大的优势和潜力，可以方便地研究非饱和土在湿度和密度发生大变化条件下的水、气运动的演化规律，结合探索和总结的一套试验方法。将 Ts-526 型多功能三轴仪压力室底座镶嵌一块陶土板，并增加孔隙气压力和孔隙水压力量测系统，改制成非饱和土真三轴仪。同时开展了非饱和黄土的真三轴试验研究，揭示了非饱和黄土三维有效应力变化规律。

1.3 膨胀土的工程性质研究现状

膨胀土是由膨胀性黏土矿物蒙脱石、伊利石等组成的，具有胀缩性、超固结性、多裂隙性以及强度衰减特性的一类特殊黏性土。

中国膨胀土主要分布在云南、河南、湖北、山西、陕西、甘肃、新疆、内蒙古、东北等地区。由于膨胀土黏粒成分含量较高及其强亲水性的矿物组成，使得膨胀土在天然干燥状态下常处于比较坚硬的状态，对环境气候和水文地质因素有着较强的敏感性，这种敏感性对工程建筑物会产生严重的危害。据统计，美国因膨胀土造成的经济损失平均每年高达20亿美元以上，已超过洪水、飓风、地震和龙卷风所造成损失的总和，全世界每年因膨胀土造成的损失高达50亿美元以上；我国前几年因膨胀土造成的直接经济损失也在数亿元。

膨胀土工程性质的研究已历经60多年，其过程是一个对膨胀土的胀缩性、超固结性、裂隙性以及强度衰减等特性逐渐认识的过程，这些特性使膨胀土具有不同于其他土类的工程性质，因而中外学者几乎都是围绕着膨胀土的这四大特性分别从膨胀土的成分与结构、胀缩机理、强度、变形、膨胀土地基处理方法等方面进行研究。

1.3.1 膨胀土的矿物成分与结构研究

1. 膨胀土的矿物成分与其结构特性

对膨胀土的矿物组成、化学成分及其结构的研究不仅可以了解影响膨胀土工程特性的内因，探讨膨胀土的胀缩机理，而且对膨胀土地基的改良与加固也是非常重要的。目前，膨胀土的矿物组成鉴定主要采用差热分析、X射线衍射、红外光谱、电子显微镜等方法；化学成分的分析主要采用全量化学分析和微量元素分析等方法；而对膨胀土结构的研究随着X射线衍射、扫描电镜、透射电镜等测试技术的发展及数字化图像处理技术的应用，使得人们对膨胀土结构的认识更加深入了一步。

通过对一些膨胀土基本性质的研究后认为，膨胀土胀缩性的强弱与黏土矿物种类有关，但是否属于膨胀土与土中主要矿物种类无关，对膨胀土的胀缩性起重要作用的颗粒粒径是小于$2\mu m$的黏土矿物，风干含水率能较好地反映土的膨胀收缩潜能。现有的研究结果表明，膨胀土的矿物成分主要由蒙脱石、伊利石和高岭石等细小颗粒组成；黏土颗粒的形状多数为片状或扁平状，且形成微集聚体，微集聚体中颗粒呈平行排列，微集聚体间彼此也呈平行排列，具有高度的定向性，呈平行层状排列结构；微集聚体间有面-面接触、面-边接触和面-边-角接触形式而形成各种结构类型。

2. 膨胀土的裂隙性研究

膨胀土宏观结构的主要特征就是膨胀土的多裂隙性，产生裂隙的主要原因是由于膨胀土的胀缩特性，即吸水膨胀失水收缩，往复周期循环，导致膨胀土体结构松散，形成许多不规则的裂隙，而裂隙的发育又为膨胀土的进一步风化创造了条件，并且裂隙又成为雨水进入土体的通道，含水率的波动变化使膨胀土反复胀缩，从而进一步导致了裂隙的扩张。人们根据膨胀土裂隙的成因类型把裂隙划分为原生型裂隙和次生型裂隙，随后按生成机理又把次生型裂隙划分为风化与胀缩裂隙、减荷裂隙、斜坡裂隙与滑坡裂隙，并分析了各种裂隙产生的原因，把分形几何理论与膨胀土裂隙结构结合起来，探讨了膨胀土裂隙研究的定量化模式。

3. 含水率对土性的影响

膨胀土的结构受含水率的大小、矿物成分的组成及所处的地理环境、地质水文和气候条件等因素的影响，其中影响最大的因素是膨胀土的含水率，因为含水率的变化会引起膨胀土体中的矿物发生物理、化学作用，使矿物元素之间的结合力发生变化，从而引起土体结构的变化。

1.3.2 膨胀土胀缩机理的研究

许多学者从矿物晶格构造理论和双电层理论出发，对膨胀土胀缩机理进行了深入的研究后认为，膨胀土的胀缩不但取决于膨胀土的矿物成分及其结构以及土颗粒表面交换性阳离子成分，而且取决于矿物表面结合水与扩散双电层的厚度。

晶格扩张理论是从组成膨胀土的矿物结构方面对膨胀土的胀缩机理进行解释的。但晶格扩张理论仅仅局限于晶层间吸附水膜夹层的楔入作用，而没有考虑黏土颗粒间以及聚集体之间吸附结合水的作用。双电层理论认为，在土－水－电解质系统中，土表面离子浓度很高，分子的热运动企图使离子均匀地分布在溶液中，产生一种扩散双电层，由于水是极性分子，在溶液中它要被粒子吸引并使离子发生水化形成结合水化膜，结合水化膜增厚使土颗粒间的距离增大，导致土体膨胀；离子水化膜的厚度与离子半径大小有关。一般而言，离子的半径越小，水化离子的半径就越大，形成的水化膜就越厚，膨胀性就越明显。

由以上研究可见，对于膨胀土机理的描述有"晶格扩张"理论、"扩散双电层"理论和"结构"理论，这些理论都很难独立圆满解释膨胀土的特性，只有相互弥补各自的不足，才能较好地解释膨胀土的特性。从笔者多年的学习和研究看，膨胀土中黏土矿物、碎屑矿物以及游离氧化铁、氧化铝和氧化硅的存在是膨胀土湿胀和干缩的主要原因。

1.3.3 膨胀土的强度研究

通常膨胀土的峰值抗剪强度是相当高的，但从失稳的膨胀土坡反算出的抗剪强度却往往远低于其峰值，这一现象引起了土力学专家们的注意，许多学者在各自研究的基础上提出了不同的理论和选取强度的方法，如渐进性破坏理论、滞后破坏理论、胀缩效应理论、气候作用层理论及分期分带理论等。综观这些理论可以看到，造成膨胀土强度衰减的主要原因来自四个方面，即胀缩性、裂隙性、超固结性和非饱和特性。

1. 膨胀土的胀缩性对抗剪强度的影响

自然状态下膨胀土的强度较高，但遇水后会使膨胀土的原有结构发生改变，土体结构破坏，强度降低，其降低的程度不仅与膨胀土的初始含水率有关，而且与膨胀土的干湿循环有关。研究表明，黏聚力和摩擦角的对数分别与含水率呈线性关系，并认为浸水后的膨胀土具有一个稳态强度，不同地区和不同含水率的膨胀土稳态强度值不同。

2. 膨胀土的裂隙性对抗剪强度的影响

膨胀土边坡破坏往往是在开挖比较长的时间后才会发生，这是由于膨胀土边坡开挖后长期暴露在外界，随着气候条件和温度的变化发生吸水膨胀失水收缩，往复周期循环，导致膨胀土土体结构松散，形成许多不规则的裂隙，而裂隙的发育又为膨胀土的进一步风化创造了条件，使得膨胀土的抗剪强度降低而形成滑坡。研究结果认为，由于裂隙性引起的应力集中和吸力下降等原因造成土层软化，使黏聚力随时间减小，引起滞后破坏；将膨胀土的裂隙性作为反映土体性状的主要方面，通过室内试验、现场观测以及数值模拟分析方法，对裂隙的观测手段与定量化描述、浸水愈合特征、裂隙网络渗流特性、裂隙土体强度特性等方面进行了全面、系统的试验研究，建立了膨胀土边坡裂隙网络入渗的数学模型和非饱和裂隙膨胀土固结的数学模型，并应用数学模型对降雨入渗条件下不同裂隙发育状态时膨胀土边坡中水汽运移、强度与变形特征进行了有限元数值分析，得出了膨胀土强度随裂隙发展变化的规律。

3. 膨胀土的超固结性对抗剪强度的影响

超固结性是膨胀土的重要特性之一。膨胀土在沉积过程中逐渐加厚而产生固结压密，随着自然环境的变化和地质作用的影响，土的沉积作用并不一定都处于持续的堆积加载过程中，膨胀土在地质作用和不断的干湿循环作用下吸水膨胀失水收缩而发生剥落产生卸载作用，但是膨胀土体由于先期固结压力形成的部分结构强度阻止了卸载可能产生的膨胀而处于超固结状态。引起膨胀土的超固结性原因有风化、冲刷、剥蚀地质作用、冰川消融、地下水位长期下降、物理和化学作用及上覆压力卸除等，形成了土层的超固结。超固结膨胀土边坡的破坏是逐渐进行的，其抗剪强度并非在整个滑动面上同时发挥，利用现场众多滑动面反算得到的平均强度多介于峰值强度与残余强度之间，而且在逐渐性破坏中，强度不一定要降到残余强度，且初次滑动的强度略低于峰值强度。

4. 膨胀土的非饱和强度特性

工程中所遇到的膨胀土绝大多数处于非饱和状态，因而采用非饱和土强度理论研究膨胀土问题是比较接近实际情况的。对非饱和土强度理论的研究，主要有以下几种典型形式：

（1）Bishop 理论。Bishop 根据饱和土有效应力原理以及土的饱和状态与干燥状态的特点，用一个参数 χ 构造出非饱和土有效应力公式，即

$$\sigma' = \sigma - u_a + \chi(u_a - u_w) \qquad (1.17)$$

式中：σ'、σ、u_a 和 u_w 为非饱和土的有效应力、总应力、孔隙气压力和孔隙水压力；χ 为非饱和土有效应力参数，$0 \leqslant \chi \leqslant 1$。

然后将有效应力和库仑的强度公式联系起来得到非饱和土的抗剪强度公式，即

$$\tau = c' + [\sigma - u_a + \chi(u_a - u_w)]\tan\phi' \qquad (1.18)$$

Jennings 通过试验指出，对于饱和度大于 85% 的黏土，式（1.18）是适用的，但包承纲、谢定义、邢义川、刘奉银等对式（1.18）持有怀疑态度，其原因是 χ 值是一个综合影响参数。

（2）Fredlund 双变量理论。Fredlund 等人把非饱和土视为有固相、液相、气相和收缩膜四相系，推导出描述非饱和土强度变形的三组双变量，即（$\sigma - u_a$）和（$u_a - u_w$）、（$\sigma - u_w$）和（$u_a - u_w$）以及（$\sigma - u_a$）和（$\sigma - u_w$），并通过分析比较认为用（$\sigma - u_a$）和（$u_a - u_w$）来表达非饱和土的强度最为方便，其抗剪强度的表达式为

$$\tau = c' + (\sigma - u_a)\tan\phi' + (u_a - u_w)\tan\phi^b \qquad (1.19)$$

式中：c'、ϕ' 为饱和土的有效应力强度参数；ϕ^b 为基质吸力参数，即（$u_a - u_w$）与 τ 平面内强度包线的坡角（即吸力内摩擦角）。

双变量体系研究的成果主要体现在 Fredlund 与 Rahardjo 合著的《非饱和土力学》

中，国内外其他专家学者也做过不少研究，它几乎成了当代非饱和土力学研究中的主流。

（3）卢肇钧的吸附强度理论。卢肇钧将膨胀力引起的强度称为吸附强度 τ_s，并对非饱和土的黏聚力、摩阻力和吸附强度进行了系统地研究和分析，对膨胀压力与吸附强度的相互关系进行了探讨，提出了用膨胀压力来估算非饱和土吸附强度的关系式，即

$$\tau_s = mP_s \tan\phi' \tag{1.20}$$

式中：m 为膨胀力的有效系数；P_s 为膨胀压力，是非饱和土试样在侧向受约束的条件下浸水时为维持其体积不变所需要施加的竖向压力。然而其适用性还有待进行验证。

1.3.4　膨胀土变形的研究

膨胀土的膨胀变形特性是膨胀土最明显的特征，膨胀土也因此而得名；膨胀土的变形可分为两大类：①外加荷载作用下的压缩变形；②降雨入渗、浸水或与外加荷载共同作用下的湿胀、湿化变形，或外加荷载与蒸发、风干和水位下降而发生干缩变形等。

对膨胀土变形特性研究的学者较多，也取得了比较丰富的研究成果。典型的研究成果有以下几个：

（1）受温度应力场的启发，提出了一种新的湿度应力场理论，并给出了湿度应力场的耦合方程，并用湿度应力场理论对膨胀岩巷道围岩遇水后的稳定性及变形进行了分析。

（2）对非饱和膨胀土的结构模型和力学性质的研究，建立了膨胀土微结构的数学模型和膨胀土的结构性强度理论，并在饱和的弹塑性本构关系中增加吸力作为独立的应力状态变量得到非饱和膨胀土弹塑性本构模型。

（3）以复合体损伤理论为基础，建立了非饱和原状膨胀土的弹塑性损伤本构模型，该模型可以反映原状膨胀土的胀缩性、裂隙性和超固结性三个主要特征所造成的独特力学特性。

（4）利用三向胀缩特性仪研究了一些膨胀土的各向异性，找出了垂直膨胀力和水平膨胀力之间的关系、变形和膨胀力之间的关系以及湿胀干缩循环膨胀力的变化。

1.4　硫酸盐渍土的工程性质研究现状

盐渍土在世界各国都有分布。我国的盐渍土主要分布在西北干旱地区的新疆、青海、甘肃、宁夏、内蒙古等地势低平的盆地和平原中。其次，在华北平原、松辽平原、大同盆地以及青藏高原的一些湖盆洼地中也有分布。另外，滨海地区的辽东湾、渤海湾、莱州湾、海州湾、杭州湾以及台湾地区的诸海岛沿岸，也有相当面积存在。

土是由固相、液相和气相三相组成的集合体。盐渍土的固相、液相组成和普通土不同，组成盐渍土的固相除土的矿物颗粒外，还含有结晶盐，结晶盐主要有氯化钠（$NaCl$）、水石盐（$NaCl \cdot 2H_2O$）、氯化钾（KCl）、氯化钙（$CaCl_2$）、硫酸钠（Na_2SO_4）、芒硝（$Na_2SO_4 \cdot 10H_2O$）、硫酸镁（$MgSO_4$）、碳酸钠（Na_2CO_3）、结晶碳酸钠（$Na_2CO_3 \cdot 10H_2O$）、碳酸氢钠（$NaHCO_3$）等；液相由水和溶于水中的盐离子组成，盐离子主要有 Cl^-、CO_3^{2-}、HCO_3^-、SO_4^{2-}、Ca^{2+}、Mg^{2+}、K^+、Na^+ 等。组成固相的盐和液相的盐受温度、含水量、含盐量、土的结构等因素影响可以相互转换，土中的固相盐随着含水量的增大、

温度的升高或其成分的改变，可以转化成溶于水的盐；土中的液相盐随着含水量的减少、温度的降低或其成分的改变，可以转化成固体盐结晶。无水 Na_2SO_4、无水 Na_2CO_3 等结晶盐可以转化为芒硝（$Na_2SO_4 \cdot 10H_2O$）和结晶碳酸钠（$Na_2CO_3 \cdot 10H_2O$），其体积膨胀 3.18 倍和 3.68 倍。由于盐渍土有不同于普通土的这一组成成分，决定了盐渍土由含盐的不同表现出其不同的工程特性。

对于硫酸（亚硫酸）盐渍土主要表现出盐胀性、腐蚀性、氯化钠对硫酸钠的盐胀抑制性等。在水利、铁路、道路、石油等工程建设中，硫酸（亚硫酸）盐渍土中硫酸钠结晶引起土体盐-冻胀造成工程破坏的例子屡见不鲜，所以随着工程建设的广泛开展，该领域的研究已经取得了许多可喜的成果。

1.4.1 硫酸（亚硫酸）盐渍土盐-冻胀水分和盐分迁移

邱国庆（1989）在研究溶液单向冻结时，发现由于水的结晶纯化作用，盐分向未冻溶液方向迁移，迁移量与冻结速度和初始浓度有关。莫玲黏土单向开放性冻结过程中，水分和盐分向正冻区迁移。高水化能的盐类更有助于抑制冻胀。

徐学祖、王家澄等（1995）和高江平、杨荣尚在研究土体自上而下冻结过程中发现到水分和盐分自下而上迁移。含盐量的增量受冷却速度、地下水位、初始和补给溶液浓度以及土的初始干密度控制，均呈指数关系。含氯化钠盐土随温度降低出现冷缩现象，盐胀率低于 1%。冻胀量与初始含水量成正比关系，与初始干密度、初始浓度和补给溶液浓度呈抛物线关系，随初始顶面温度降低而线性减小，随冷却速度和冻胀历时增大呈平方根关系增大。含碳酸钠盐土当降温速度为 3℃/h 时，盐胀量为零；当降温速度为 1℃/h 时，盐胀率可达 2%。盐胀量与初始干密度呈抛物线或平方关系，与初始浓度的平方呈正比、与冷却速度呈平方根关系减小。冻胀量与初始浓度呈抛物线关系，随补给浓度增大而线性减小。含硫酸钠盐的兰州黄土，盐胀率可达 6%～8.4%，温度主要出现在 20～5℃。盐胀量与初始干密度呈平方关系，与初始浓度呈抛物线关系；冻胀量与初始浓度呈抛物线关系，随冷却速度增大呈平方根关系减小。上述研究是在侧重水分和盐分迁移、冷却速度对土体盐-冻胀影响的基础上进行的，同时也揭示了盐-冻胀量与初始干密度、初始浓度的关系。而在含水量、含盐量（或硫酸钠含量）、初始干密度、外界压力等对土体盐-冻胀影响机理方面的研究还不足。

含硫酸钠盐土反复冻融变形曲线，可分为三个阶段，周而复始，第一阶段表现为冷缩和盐胀，第二阶段为冻胀，第三阶段为融化下沉。每次冻融循环中，第一和第二阶段的盐-冻胀变形在第三阶段的融化下沉过程中不能完全恢复，即每次循环后均有残留变形（主要是结构性变形），使得土体中孔径及孔隙体积增大及下一次循环中盐-冻胀变形增量减少。因此，随冻融循环次数增多，第一和第二阶段的变形总量呈指数规律增大。这说明当冻融次数增加到一定程度，第一和第二阶段的变形总量将不再增长。

徐学祖、邓友生等（1996a）在对含氯盐正冻土的水盐迁移单向冻结的研究时，发现土中水分分别以气态和液态方式迁移，而离子则可能以吸附、扩散和对流方式向冷端迁移，离子和含水量迁移总量无对应关系。离子迁移量有关，但非线性，存在一个最佳干密度（最佳通道连续性），大于或小于该密度，其迁移量将减少。钠、氯离子迁移总量和水分迁移总量均随初始含水量增大而直线增大，随干密度增大呈抛物线形变化，随钠离子初始浓度减小而直线增大，随底面温度增高和顶面温度的降低而直线增大。

Kang Shuangyang 等（1994）在开展天然条件下土体冻结试验研究后指出，由于含盐冻土中存在较多的未冻水，所以冻土中仍有相当可观的水分迁移和溶质迁移。Cl^-、SO_4^{2-} 和 Na^+ 离子迁移速度比 Ca^{2+}、Mg^{2+} 离子大，且 HCO_3^- 离子含量始终在减少，其原因是由于发生了化学反应：$HCO_3^- + H_2O = 2H_2CO_3 + O_2$、$H_2CO_3 = H_2O + CO_2$ 的结果。含盐量迁移量为 $0.01\% \sim 0.21\%$，平均为 0.079%。

张立新等（1993）研究氯盐盐渍土未冻含水量时发现对于含氯化钠的冻土存在二次相变，由于盐分的影响，在某一负温下未冻含水量急剧减少，其温度一般为 $-21 \sim -26℃$，含有氯化钠的溶液，形成的固相晶体为冰和水石盐（$NaCl \cdot 2H_2O$）。其原因是在较低温度状态下，冻土中的未冻水主要部分是土颗粒表面的薄膜水，而在土中溶液第二次相变过程发生的同时，还有带两个结晶水的水石盐生成，土中溶液初始浓度及总含水量越大的冻土即含盐量越大的冻土，水石盐生成时从薄膜水中获取水分子的能力越强、数量越大，这样薄膜水在较小的温度范围内就得以变薄，达到一定厚度，使未冻水含量迅速变小，并趋于稳定，而对于含盐量较小的冻土，要使薄膜水达到同一厚度，则需要一个较大的温度范围。

张立新等（1996）研究含硫酸钠盐渍土未冻含水量时，发现对于含硫酸钠冻土在低于30℃时，析出的硫酸钠以芒硝（$Na_2SO_4 \cdot 10H_2O$）的形式存在；未冻含水量受初始含水量及初始溶液浓度的影响不大，随初始含水量增大略有增大，随初始溶液浓度增大略有减小。

Anderson（1972）建立了给定冻土未冻水含量与土温及比表面积关系式，即

$$\begin{cases} W_u = a\theta^{-b} \\ \ln a = 0.5519\ln S + 0.2618 \\ \ln b = -0.264\ln S + 0.3711 \end{cases} \tag{1.21}$$

式中：S 为土的比表面积，m^2/g。

注：冻土温度和土的冻结温度在数值上均为负值，但为数学处理的需要，取其绝对值，下同。

徐祖学（1995）建立了利用两个不同的初始含水量及其对应的冻结温度预报给定土未冻水含量的模式，即

$$\begin{cases} W_u = a\theta^{-b} \\ b = \dfrac{\ln W_0 - \ln W_u}{\ln\theta - \ln\theta_f} \\ a = W_0\theta_f^b \end{cases} \tag{1.22}$$

式中：θ_f 和 θ 为初始含水量 W_0 和 W_u 时的冻结温度，℃。

Banin（1974）给出了不同盐类水溶液冻结温度的计算式，即

$$\theta_{on} = \frac{1.86CN_m}{Z} \tag{1.23}$$

式中：θ_{on} 为盐溶液的冻结温度，℃；C 为溶液的浓度，mol/L；N_m 为盐分子离解的离子

数；Z 为盐的化合价。

徐学祖等（1985）得出硫酸盐和碳酸盐的冻结温度因受溶解度的影响，以实测为准。与无盐土相比较，初始含水量和温度相同的情况下，含盐冻土通过冻结温度降低使未冻水含量随含盐量增大而增大。

李宁远、李斌（1989）利用 X 射线衍射光谱分析土中结晶盐的化学组成，利用电子显微镜技术研究盐结晶的微观结构形态，进一步揭示硫酸盐的膨胀特性。

从上述研究可以看出，对盐渍土盐-冻胀的水分和离子迁移、温度和降温速度对盐-冻胀的影响、盐渍土未冻含水量及其影响因素等方面的研究取得了一些重要成果，但在土体基本性质（含盐量、含水量、密度）及外界压力对盐渍土盐-冻胀率及盐-冻胀力影响的机理研究、盐胀机制和冻胀机制研究等方面还存在很多不足，还有待进一步深入。

1.4.2 硫酸（亚硫酸）盐渍土盐-冻胀率研究

徐学祖等（1996c）研究氯化钠、碳酸钠、硫酸钠盐土的盐-冻胀是土性质（土类、初始含水量、初始干密度、含盐量等）和外界因素（温度、压力和补水状况）的函数时，发现含氯化钠盐土盐-冻胀量随初始含水量增大而线性增大，与初始干密度、初始浓度和补给溶液浓度呈抛物线关系，随初始顶面温度降低呈线性减小，随冷却速度和历时增大呈平方根关系增大；含碳酸钠盐土盐-冻胀量与初始干密度呈抛物线关系，随初始浓度增大呈平方关系减小，随冷却速度增大呈平方根关系减小；含硫酸盐盐土盐胀量与初始干密度和初始浓度呈平方关系，冻胀量与初始浓度增大呈抛物线关系，随降温速度增大呈平方根关系减小。

以上对硫酸盐盐渍土的研究只建立了盐-冻胀与初始干密度、初始浓度、降温速度关系，但使用初始浓度指标建立盐-冻胀关系不太合理，因为盐渍土中某种盐的溶液浓度决定于土体含水量、含盐量（硫酸钠含量、氯化钠含量等）、试样成型温度（或溶解度）、试样成型温度的变化、盐的溶解度发生变化，进而影响溶液盐的浓度，所以初始浓度指标应分解成含水量、含盐量（硫酸钠含量、氯化钠含量等）、试样成型温度。

高民欢等（1997）开展了西安黄土掺氯化钠和无水硫酸钠的盐-冻胀试验，在含水量为 12%～18%、硫酸钠含量为 2%～5%，起胀温度为 12～24℃，盐胀率与其影响因素的关系可用式（1.24）表示，即

$$\eta = a e^{-b\Delta\theta} \tag{1.24}$$

式中：η 为盐胀率，%；a，b 为与土质、含水量、含盐量有关的常数；$\Delta\theta$ 为起胀温度与土样的差值，℃。

经回归分析得到初始干密度为 1.6g/cm³ 时的盐胀计算公式为

$$\eta = -3.285 - 0.161 \overline{DT}_{NaCl} + 0.415 \overline{DT}_{Na_2SO_4} + 0.319\omega \tag{1.25}$$

式中：η 为盐胀率，%；$\overline{DT}_{NaCl}$ 为氯化钠含量，%；$\overline{DT}_{Na_2SO_4}$ 为硫酸钠含量，%；ω 为含水率。

当硫酸钠浓度为 7%～30% 时，含氯化钠饱和溶液的硫酸钠盐渍土的盐胀剧烈变化温度区间为 -6～-10℃，土中不含氯化钠的硫酸钠盐渍土的盐胀剧烈变化温度区间为 -9～-20℃。降温速度随降温速率增大，盐胀率呈指数减小。成型温度为 15～20℃ 时土体盐胀率最大。

硫酸钠含量小于 1% 时，盐胀率小于 1%；硫酸钠含量为 1%～6% 时快速增长；硫酸钠含量为 6%～9% 时缓慢增长。当氯化钠的含量在 2%～5% 时，盐胀率随氯化钠含量增大而减小，当氯化钠大于 5% 后，盐胀率随氯化钠含量增大又略有增大，为抑制盐胀，土中氯化钠含量控制在 5% 以内为好。起胀含水率约为 6%，随含水率增大，盐胀率增大并在含水率达到 16%（略大于最优含水率）时，盐胀率达到极值。盐胀率随含水率的增大略有减小。

该试验的氯化钠和硫酸钠以固体形式掺配，不是以溶液形式掺配，在含水量较低，硫酸钠、氯化钠含量较大的试验条件下，部分硫酸钠无法溶于土体溶液中，这部分硫酸钠对土体盐-冻胀的试验研究不起作用，存在试验条件不统一的问题。

高江平、吴家惠（1997）研究揭示盐胀率与含水率、硫酸钠含量、初始干密度、上覆荷载均符合二次抛物线规律。

诸彩平、李斌、侯仲杰（1998）研究表明，含盐量小于 1% 时，引起破坏的主要因素是盐-冻胀，冻胀的发生加剧了盐胀的程度；当含盐量大于 1% 时，导致土体结构产生变形破坏的主要原因是盐胀。当含盐量小于 1% 时，在反复冻融条件下，其累加盐胀率与循环次数的关系为二次反函数曲线；当含盐量大于 1% 时，累加盐胀率与循环次数的关系为开口向下的二次抛物线。

石兆旭、李斌、金应春（1994）研究表明，土体孔隙大小不能表现为吸收盐胀的程度。

费雪良、李斌（1995）研究表明，盐胀率与初始干密度符合二次抛物线规律，盐胀率与初始干密度存在临界值。

朱瑞成（1989）、费学良等（1994）研究用扫描电镜观察了晶体在孔隙中的分布，进一步提出西安黄土含盐 3% 时，初始干密度为 $1.816g/cm^3$ 的盐胀率最小。

从上述研究可以看出，硫酸（亚硫酸）盐渍土盐-冻胀与各影响因素关系研究取得了很多成果，但存在试验影响因素确定不准确、试验条件不统一的问题，另外对硫酸（亚硫酸）盐渍土盐-冻胀率与初始干密度、硫酸钠含量、含水量、外界压力等关系的研究，硫酸（亚硫酸）盐渍土盐-冻胀力与初始干密度、硫酸钠含量、含水量关系的研究，硫酸（亚硫酸）盐渍土多次冻融盐-冻胀率与初始干密度、硫酸钠含量、含水量、外界压力关系的研究，建立盐胀预报模型的简化模式方面还很少或没有，有待于建立和进一步完善。

1.4.3 硫酸（亚硫酸）盐渍土盐-冻胀应用研究

1. 硫酸（亚硫酸）盐渍土工程分类

（1）盐渍土按含盐化学成分分类。《铁路工程地质勘察规范》（TB 10012）、《铁路工程特殊岩土勘察规程》（TB 10038）、《岩土工程勘察规范》（GB 50021）、《公路路基设计规范》（JTG D30）把盐渍土按含盐化学成分分为氯盐盐渍土、亚氯盐盐渍土、亚硫酸盐盐渍土、硫酸盐盐渍土和碱性盐渍土。

（2）盐渍土按含盐量分类。《公路路基设计规范》（JTG D30）、《铁路工程地质勘察规范》（TB 10012）和《铁路工程特殊岩土勘察规程》（TB 10038）把盐渍土按含盐量分为弱盐渍土、中盐渍土、强盐渍土和超盐渍土。

（3）盐渍土按盐的溶解度分类。《岩土工程勘察规程》（GB 50021）把盐渍土按盐的溶解度分为易溶盐渍土、中溶盐渍土和难溶盐渍土。

（4）盐渍土按土的盐胀性分类。公路部门对314国道的盐胀率 η（％）和硫酸钠含量 z（％）多年观测，将盐渍土按土的盐胀性分为四类［黄立度等（1997）］，即非盐胀土、弱盐胀土、盐胀土和强盐胀土。

2. 硫酸（亚硫酸）盐渍土工程处理措施

硫酸（亚硫酸）盐渍土盐-冻胀应用研究是伴随着工程应用实践而产生的。目前应用着重研究盐-冻胀的预报模型和防盐-冻胀措施。

樊子卿（1990）、张文虎（1992）根据地下毛细上升形成盐渍化的原理，在甘肃红当公路、新疆焉耆铁路工程应用粗砾料隔断毛细水上升，防止土体盐渍化的方法得到了很好的应用。

黄立度等（1997）通过对314国道的焉耆、轮台、阳霞段的路表盐胀量的观测及道路病害的基本特征，提出：①公路盐胀的防治应从改善路基土的盐、水、温等环境着手；②新建公路应重视路段填土的选择和盐水的隔断设计；③加强排水措施等。

王鹰（2000）通过对盐胀现场的原位观测，无压时盐胀量比有压时盐胀量大，当 $P = 50kPa$ 时，基本无盐胀，提出增加路面厚度可抑制盐胀。

丁永勤（1992）研究在硫酸盐渍土中加入适量的氯化钠可抑制盐胀。

《公路路基设计规范》（JTG D30）规定，盐渍土填筑路堤的可用性见表1.1，提出路基填筑的以下防治措施。

表 1.1　　　　　　　　　　　盐渍土填筑路堤的可用性

盐渍土名称	硫酸盐渍土及亚硫酸盐渍土	氯盐渍土及亚氯盐渍土		
		公路自然区划		
		IV_2、VII_2	IV_1、VII_1、VII_4、VII_6	II_2、II_3、II_4、II_5、III、V_4、VII_2、VII_4
弱盐渍土	可用	可用	可用	可用
中盐渍土	部分可用①	可用	可用	可用
强盐渍土	不可用	可用	条件好时②可用	采用措施③后可用
过盐渍土	不可用	条件好时②可用	采用措施③后可用	不可用

① 中、低级路面可用；硫酸盐含量大于1％时，高级路面不可用，或采取化学改性处理后可用。
② 水文、水文地质条件好时可用。
③ 采取提高路基、设置毛细隔断层等措施。

（1）盐渍土路基可采用排除地面水、提高路基、换填渗水性土、铲除地表过盐渍土、设置毛细水隔断层等防治措施。

（2）当地表为过盐渍土或有盐结皮和松散土层时，应将其铲除。铲除深度应通过试验确定，铲除的过盐渍土应堆置在距路基较远的低处。如地表过盐渍土过厚也可部分铲除，再用渗水性土填筑路堤。

（3）为防止路基冻胀、翻浆、盐胀及再盐渍化，可在路堤下部设置毛细水隔断层，隔断层宜采用渗水性粗粒料填筑，厚40～50cm，其顶面、底面应设反滤层；也可用沥青砂、防渗型土工织物等不透水材料修筑。

（4）硫酸盐渍土路段，为减轻盐胀，可对填筑路床的硫酸盐渍土进行化学处理，常用的化学掺加剂有 $CaCl_2$、$BaCl_2$ 等，掺加剂剂量根据试验确定。

（5）采用盐渍土修筑的高速公路、一级公路，路肩及边坡均应采用加固措施，或加宽路基以保证路基的有效宽度，加宽值宜为 0.2～0.3m。

《铁路工程地质勘察规范》（TB 10012）、《铁路工程特殊岩土勘察规程》（TB 10038）规定盐渍土作为路基基底和填料的可用性及允许易溶盐含量及含盐成分见表 1.2 和表 1.3。

表 1.2　　　　　路基工程对土层含盐量的要求

盐渍土程度	基底及被利用土层的平均含水量含盐量 DT/%			修筑路基的可用性
	氯盐渍土及亚氯盐渍土	硫酸盐渍土及亚硫酸盐渍土	碱性盐渍土	
弱盐渍土	0.5＜DT≤1	—	—	可用
中盐渍土	1＜DT≤5①	0.5＜DT≤2①	0.5＜DT≤1.0②	一般可用
强盐渍土	5＜DT≤8①	2＜DT≤5①	1＜DT≤2②	可用，但应采取措施
超盐渍土	DT＞8③	DT＞5	DT＞2	不可用

① 作为填料，其中硫酸钠的含量不得超过 2%。

② 作为填料，其中易溶的碳酸盐含量不得超过 0.5%。

③ 干燥度大于 50，年降水量少于 60mm，年平均相对湿度小于 40% 的内陆盆地区，路基基底土在不受地表水浸泡时可不受氯盐含量的限制。

表 1.3　　　　　路基工程对土层含盐成分的要求

盐渍土名称	路基基底和填料允许含盐量 DT/%
氯盐渍土	5≤DT＜8（一般为 5%，如加大夯实密度，可提高其含盐量，但不得大于 8%）
亚氯盐渍土	DT≤5（其中硫酸钠的含量不得大于 2%）
亚硫酸盐渍土	DT≤5（其中硫酸钠的含量不得大于 2%）
硫酸盐渍土	DT≤2.5（其中硫酸钠的含量不得大于 2%）
碱性盐渍土	DT≤2（其中易溶的碳酸盐含量不得大于 0.5%）

注　干燥度大于 50，年降水量少于 60mm，年平均相对湿度小于 40% 的内陆盆地区，路基填料和基底土在不受地表水浸泡时可不受氯盐含量的限制。

由表 1.2 和表 1.3 可知，我国的盐渍土的应用研究已经取得了很大进展，但仍显得很薄弱，在硫酸（亚硫酸）盐渍土作为填筑压实用料多次冻融盐-冻胀密度降低（盐-冻胀发育）问题、硫酸（亚硫酸）盐渍土盐-冻胀力确定以及作为挡土墙盐-冻胀力荷载验算及有效防护问题、硫酸（亚硫酸）盐渍土含盐量及硫酸钠含量标准确定等问题有待进一步研究。

1.5　本书主要内容

从以上的叙述可见，由于黄土、膨胀土和盐渍土在工程建设中的地位和作用，吸引了一大批岩土工程专家对其工程性质进行研究，同时取得了许多可喜的科研成果，上述介绍的成果可能挂一漏万，在所难免。但从总的研究趋势来看，正朝着更加接近实际和应用的方向发展。

工程中的黄土、膨胀土和盐渍土地基和边坡的失事大多是由于地下水位上升或降雨所引起，这说明力和水共同作用是问题的关键。本书主要从非饱和土的特性出发，以水利工程中的关键技术为目标，对这三种特殊土的强度变形理论和应用成果进行系统介绍，主要内容如下。

1. 非饱和土的有效应力和弹塑性模型探讨

非饱和土的力学特性是非饱和土体表现出的强度和变形性质，是非饱和土研究的主体。非饱和土的有效应力原理是简化复杂的非饱和土理论的最佳途径，以非饱和土的有效应力为桥梁，可直接把近百年饱和土研究的成果推广应用于非饱和土。这里主要研究非饱和土的两个基本问题：

（1）将非饱和土视为土颗粒、收缩膜、孔隙水和孔隙气构成的四相系，分别从土颗粒传递应力、收缩膜传递应力以及土单元体受力出发，推导出可以考虑诸多因素的非饱和土有效应力新公式，提出有效应力参数确定方法。

（2）以非饱和土水分滞回现象为核心，以非饱和土弹塑性模型 BBM 为对象，以文献资料为依据，分析非饱和土弹塑性本构关系的特点。

2. 黄土的工程特性研究与应用

黄土的特殊性在于它的组成性、结构性和水敏性。组成性体现在粉粒性和富盐性，结构性体现在大孔性、欠压密性、非饱和性和各向异性，水敏性体现在水对黄土的作用，即湿陷性、湿陷敏感性和湿剪强度的弱变性，这些特性来源于黄土特殊的地域与生成条件，使黄土具有低的湿度、低的密度及脆弱的架空结构。这些特性体现在工程中，主要是黄土高边坡的稳定性和黄土地基的湿陷性。这里主要研究以下两点：

（1）比较系统地开展了黄土的强度、弹塑性模型、增湿变形的理论研究。

（2）将这些理论应用于对陕西省宝鸡峡灌区 98km 塬边黄土高边坡整治方案的论证；陕西渭北张桥泵站黄土地基从天然状态到非饱和增湿再到完全饱和的全过程仿真模拟；新疆坎儿井破坏机理分析和加固处理措施评价以及南水北调中线工程穿黄南岸连接段明渠高边坡稳定性分析。

3. 膨胀土的工程特性研究与应用

膨胀土是由膨胀性黏土矿物蒙脱石、伊利石等组成的，具有胀缩性、超固结性、多裂隙性以及强度衰减特性的一类特殊黏性土。这里主要研究以下几点：

（1）改装试验仪器，开展膨胀土增湿变形试验方法和增湿剪切试验；总结膨胀土在不同应力条件（无荷、侧限压缩和三轴压缩）、不同浸水条件（分级浸水到饱和、一次性浸水到饱和）和不同浸水加压路径（先浸水到饱和再加压、饱和加压后卸压到零、先加压后浸水到饱和、增湿变形）等情况下的变形计算模式，并将计算模式用于宁夏某一渠道地基变形分析。

（2）利用离心模拟试验技术，模拟膨胀土地基和渠道在浸水和应力场变化时膨胀土的变形，内部应力和吸力变化规律。

（3）编制非饱和土非耦合有限元计算程序并对离心模型试验做了数值分析，验证程序的适应性。

4. 盐渍土的工程特性研究与应用

硫酸（亚硫酸）盐渍土固相、液相的组成和普通土不同，因为组成盐渍土的固相除土的矿物颗粒外，还有结晶易溶盐。组成固相的盐和液相的盐受温度、含水量、含盐量、土的结构等因素的影响可以相互转换。硫酸（亚硫酸）盐渍土中硫酸钠结晶引起土体盐-冻胀，所造成工程破坏问题愈来愈突出。这里主要研究以下几点：

（1）以天山北簏水磨沟细土平原区硫酸（亚硫酸）盐渍土为研究对象，在收集、查阅和整理大量文献的基础上，通过现场调查、室内试验研究、微观观察分析等工作，对硫酸（亚硫酸）盐渍土开展盐-冻胀变形及盐-冻胀力的试验研究。

（2）结合原位观测分析建立了硫酸（亚硫酸）盐渍土盐-冻胀预报模型。

（3）分析硫酸（亚硫酸）盐渍土的盐-冻胀量、盐-冻胀力对工程建筑的影响；并将这些研究成果直接应用于新疆引额济乌平原明渠Ⅲ标工程的建设中。

第2章　非饱和土有效应力的新表述

非饱和土的有效应力原理与饱和土的有效应力原理相比应该既有共同点又有特殊性。强调共同点，就是不违背太沙基对饱和土有效应力原理的实质，把"有效"和变形强度的变化紧密地联系在一起；强调特殊性，就是不死套太沙基对饱和土有效应力原理的形式，而忽视非饱和土与饱和土之间的重要区别。认识这一点是建立非饱和土有效应力表达式的基础。

如果仿照饱和土的有效应力原理，则非饱和土有效应力原理仍应包括下列两个基本点：

（1）非饱和土体内任一平面上受到的总应力可以分为土骨架上的骨架应力 σ'_s 和孔隙流体上的孔隙压力 u_F 两个部分，即

$$\sigma = \sigma'_s + u_F \tag{2.1}$$

（2）非饱和土变形与强度的变化都只取决于土骨架上有效应力 σ'_s 的变化，换句话说，在土骨架传递的骨架应力中，只有能使土的变形和强度发生变化的应力才是有效应力。

如果考虑到非饱和土的三相特性，在理解上述两个基本点的实质时，应该对土骨架上的有效应力 σ'_s 和孔隙流体上的孔隙压力 u_F 作以下两点合理的理解：

（1）土骨架上的有效应力是指由土骨架传递且能使土发生变形的应力。只有土骨架传递，但不能使土发生变形的应力不能视为完整意义上的有效应力。当向非饱和土施加总应力 σ 时，如果这个 σ 仍然小于非饱和土的结构强度，如前所述，虽然由于孔隙流体中气体的可压缩趋势，这个力将直接由土骨架来承受，即 $\sigma_s = \sigma$（因土骨架不压缩时，孔隙流体将不受压力，这和饱和土的孔隙水不压缩也不排出时土骨架不受力一样。只是在饱和土中，对孔隙水压力的消散与否起主导作用，而在非饱和土中，土骨架的变形与否是主导作用），但此时土并不产生变形，不能将 σ_s 视为土的有效应力。真正的有效应力是既由土骨架传递，又能使土产生变形的那一部分应力。故只有在 σ 超过土的结构强度 σ_0 时，土骨架上的有效应力应该为此时土骨架传递的应力 σ_s 与土结构强度 σ_0 之差，即 $\sigma'_s = \sigma_s - \sigma_0$。这里的结构强度 σ_0 应该是广义的结构强度，至少应包括土初始状态下的吸力、胶结力和嵌固力等的综合影响，而且吸力应该包括来自土颗粒表面非补偿电荷（一般为负电荷）对具有电极性水分子的吸附作用、来自土颗粒矿物层组与水分子的结合能力、来自非饱和土的毛细作用以及来自孔隙水溶液离子浓度大于外界水体时产生的渗析作用。即由前三种原因产生的吸水能力（称为基质吸力，或广义毛细吸力）和由第四种原因产生的吸力能力（称为渗透吸力）（它们之和称为非饱和土的总吸力）。这些土吸力的各个分量都是负值，它们的能态都低于同高自由水体的能态。如果将总吸力及其以外的胶结力、嵌固力这些能抵抗土发生变形的力一并视为广义吸力，则广义吸力与广义结构强度即具有相同的概念，它是使非饱和土中产生有效应力的起点。

（2）由非饱和土孔隙流体传递的孔隙压力 u_F 也不像饱和土中唯一存在的孔隙水压力那样均衡地作用于每个土颗粒周围，从而不使饱和土的颗粒发生移动和土体产生变形。在非饱和土中，流体所受的压力有由水汽交界面的收缩膜曲面隔开的负值孔隙水压力 u_w 和正值孔隙气压力 u_a，它们分别作用于各自与土粒相邻的接触面上来对非饱和土的有效应力施加影响，它们均非完全可以视为无偏应力的作用，在分析土中各点的应力时，必须考虑这个特点。因此，这一部分 u_F 的影响并不是与 σ'_s 相互独立的，而是在形成 σ'_s 时有所作用的。只有在将这种作用考虑到 σ'_s 的实际分担比例中以后，最终体现水汽综合影响，而由孔隙流体承担的等效孔隙压力才可视为中和压力，即它不会使土颗粒移动，它不会使土发生变形，对变形以及强度的影响完全由 σ'_s 来联系。这里的困难是孔隙水压力和孔隙气压力如何在最终形成骨架压力和孔隙压力的分配上发挥作用。

基于以上两点理解，非饱和土有效应力原理的完整表述形式可改写为

$$\sigma - \sigma_0 = \sigma'_s + u_F \tag{2.2}$$

其实，当考虑到饱和土仍可能有结构强度的影响时，式（2.2）仍然成立，即

$$\sigma - \sigma_0 = \sigma'_s + u_w$$

或

$$\sigma'_s = (\sigma - \sigma_0) - u_F \tag{2.3}$$

如一般可忽略 σ_0 的影响，则式（2.3）即回到了饱和土有效应力原理的一般表达式。可以看出，这种对非饱和土有效应力原理问题的考察，实际上是对饱和土有效应力原理的延伸与开拓。下面讨论式（2.3）具体表达式的形式。

2.1　以应力传递机理为基础的有效应力表达式

非饱和土同饱和土相比，增加了孔隙气体的影响、表面张力的影响、以胶结力和嵌固力为主的结构强度的影响以及渗析吸力的影响等。考虑这些影响因素是建立单应力变量有效应力表达式的基础，正是本研究的重点，而著名的 Bishop 有效应力公式却忽略了这些非常重要的方面。

2.1.1　非饱和土中力传递机理分析

非饱和土受到的外荷作用力 F，将由土骨架、孔隙水和孔隙气共同承担。首先，对于非饱和土的骨架应该理解为由土粒及收缩膜（挂在土粒上）组成的系统。由它传递的力应体现表面张力（T）、胶结力（C）、嵌固力（E），这些阻碍土变形的力以及有效应力（Ω），这种促使变形的力的复杂作用，即可以分为上述四类力（T、C、E 及 Ω）来考虑。表面张力作用在收缩膜与土粒的接触点上及切向方向，胶结力、嵌固力和有效应力均作用在土粒与土粒的接触点上，其作用方向与土骨架的不同结构有关。但无论如何，这些力都可以由它们在其接触点上的竖向分力（T_V、C_V、E_V、Ω_V）、横向分力（T_H、C_H、E_H、Ω_H）和侧向分力（T_L、C_L、E_L、Ω_L）来反映，并一起来代表土骨架传递荷载 F_s 的竖向分力、横向分力和侧向分力。对任一个接触点 i 来说，即有

$$\begin{cases} F_{sVi} = \Omega_{Vi} + T_{Vi} + C_{Vi} + E_{Vi} \\ F_{sHi} = \Omega_{Hi} + T_{Hi} + C_{Hi} + E_{Hi} \\ F_{sLi} = \Omega_{Li} + T_{Li} + C_{Li} + E_{Li} \end{cases} \tag{2.4}$$

其次，对任一个孔隙 j 来说，孔隙水承受的力一般为孔隙水压力 u_w，它们作用在骨架间孔隙中水与土粒的接触面上。当有渗析作用存在时，这个孔隙水压力将因渗析影响而变为 $u_w - \gamma_w h_c$。渗吸水头 h_c 决定于孔隙水的化学成分与纯水间差异的大小。它们在收缩膜的水相一侧作用，其方向可以视为非偏应力，即有

$$\begin{cases} F_{wVj} = A_{wVj}(u_w - \gamma_w h_c) \\ F_{wHj} = A_{wHj}(u_w - \gamma_w h_c) \\ F_{wLj} = A_{wLj}(u_w - \gamma_w h_c) \end{cases} \tag{2.5}$$

式中：A_{wV}、A_{wH}、A_{wL} 为孔隙水竖向分力、横向分力和侧向分力的作用面积。

孔隙气承受的力一般为孔隙气压力 u_a，它作用在收缩膜的气相一侧土骨架孔隙中气与土粒的接触面上，同样可以视为非偏应力，故有

$$\begin{cases} F_{aVj} = A_{aVj}u_a \\ F_{aHj} = A_{aHj}u_a \\ F_{aLj} = A_{aLj}u_a \end{cases} \tag{2.6}$$

式中：A_{aV}、A_{aH}、A_{aL} 为孔隙气竖向分力、横向分力和侧向分力的作用面积。

因此，如果土中任一点上作用的外荷为 F_V、F_H 和 F_L，则可写出如下的平衡条件，即

$$\begin{cases} F_V = \sum_{i=1}^{n} F_{sVi} + \sum_{j=1}^{m} (F_{wVj} + F_{aVj}) \\ F_H = \sum_{i=1}^{n} F_{sHi} + \sum_{j=1}^{m} (F_{wHj} + F_{aHj}) \\ F_L = \sum_{i=1}^{n} F_{sLi} + \sum_{j=1}^{m} (F_{wLj} + F_{aLj}) \end{cases} \tag{2.7}$$

式中：n、m 为考虑的土单元中土粒接触点个数和孔隙的个数。

式（2.7）为研究非饱和土中应力作用关系的基础。

2.1.2 从土单元体出发推导非饱和土有效应力公式

为了使问题简单化，这里只研究主应力空间上的非饱和土的应力变化。同时主要考察 y 方向情况，根据 y 方向的结果推广到其他方向。

1. 作用于土单元上的合力

根据图 2.1，可得以下公式。

x 方向上的合力为

$$F_x = \frac{\partial \sigma_3}{\partial x} dxdydz \tag{2.8}$$

z 方向上的合力为

$$F_z = \frac{\partial \sigma_2}{\partial z} dxdydz \tag{2.9}$$

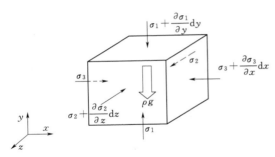

图 2.1　作用于无限小土单元上的合力

y 方向上的合力为

$$F_y = \left(\frac{\partial \sigma_1}{\partial y} + \rho g \right) \mathrm{d}x \mathrm{d}y \mathrm{d}z \quad (2.10)$$

2. 土的孔隙和密度关系

各相体积率的和等于 1，即

$$n_a + n_w + n_c + n_s = 1 \quad (2.11)$$

式中：n_a、n_w、n_c、n_s 为气相、水相、收缩膜和土粒的体积率。

同样的，土的总密度 ρ 可写成各相的密度和，即

$$\rho = \frac{M_a + M_w + M_c + M_s}{V} \quad (2.12)$$

式中：M_a、M_w、M_c、M_s 为气相、水相、收缩膜和土粒的质量；V 为土的总体积。

$$\rho = \frac{v_a \rho_a}{v} + \frac{v_w \rho_w}{v} + \frac{v_c \rho_c}{v} + \frac{v_s \rho_s}{v} \quad (2.13)$$

$$\rho = n_a \rho_a + n_w \rho_w + n_c \rho_c + n_s \rho_s \quad (2.14)$$

式中：v_a、v_w、v_c、v_s 为气相、水相、收缩膜和土粒体积；ρ_a、ρ_w、ρ_c、ρ_s 为气相、水相、收缩膜和土粒的密度。

3. 水相在 y 方向上的合力

水相在 y 方向上的作用力，如图 2.2 所示。

$$F_w = \left[n_w \frac{\partial (u_w - r_w h_c)}{\partial y} + n_w \rho_w g + F_{sy}^w + F_{cy}^w \right] \mathrm{d}x \mathrm{d}y \mathrm{d}z \quad (2.15)$$

式中：u_w 为孔隙水压力；h_c 为渗析水头；F_{sy}^w 为在 y 方向上水相与土粒之间的相互作用力；F_{cy}^w 为在 y 方向上水相与收缩膜之间的相互作用力。

4. 气相在 y 方向的合力

气相在 y 方向上的作用力，如图 2.3 所示。

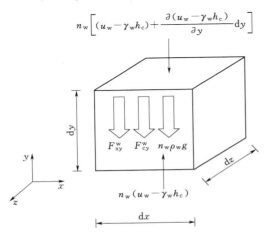

图 2.2　水相在 y 方向上的作用力

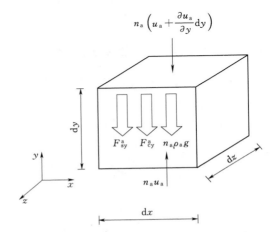

图 2.3　气相在 y 方向上的作用力

$$F_a = \left(n_a \frac{\partial u_a}{\partial y} + n_a \rho_a g + F_{sy}^a + F_{cy}^a \right) \mathrm{d}x\mathrm{d}y\mathrm{d}z \tag{2.16}$$

式中：u_a 为孔隙气压力；F_{sy}^a 为在 y 方向上气相与土粒之间的相互作用力；F_{cy}^a 为在 y 方向上气相与收缩膜之间的相互作用力。

5. 收缩膜在 y 方向上的合力

在图 2.4 中，A、L、R_s 和 t 为收缩膜的水平表面积、周长、竖截面的曲率半径和厚度。

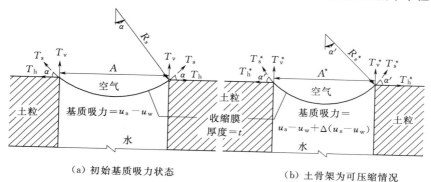

（a）初始基质吸力状态　　　　　（b）土骨架为可压缩情况

图 2.4　基质吸力变化和土骨架平衡对收缩膜有关应力的影响

（1）初始基质吸力状态。

如图 2.4（a）所示，沿收缩膜周长作用的所有法向分力 T_v 的合力称为 X_v，即

$$X_v = (u_a - u_w)A \tag{2.17}$$

X_v 作用在为水平面所切割的收缩膜横截面积 Lt（t 为收缩膜厚度）上。因此，作用于收缩膜横截面积上的法向应力 σ_v^c 可以写成

$$\sigma_v^c = \frac{A}{Lt}(u_a - u_w) \tag{2.18}$$

$$\sigma_v^c = f(u_a - u_w) \tag{2.19}$$

（2）土骨架为可压缩（即 A 变为 A^*）情况下基质吸力变化影响，如图 2.4（b）所示，A 变成 A^*，L 变为 L^*，α 变为 α'，R_s 变为 R_s^*。

法向表面张力的合力为

$$X_v^* = [(u_a - u_w) + \Delta(u_a - u_w)]A^* \tag{2.20}$$

作用于收缩膜横截面积上的法向应力为

$$\sigma_v^{c*} = \frac{A^*}{L^* t}(u_a - u_w) + \frac{A^*}{L^* t}\Delta(u_a - u_w) \tag{2.21}$$

式（2.21）可改写为

$$\sigma_v^{c*} = \frac{A}{Lt}(u_a - u_w) + \left(\frac{A^*}{L^* t} - \frac{A}{Lt} \right)(u_a - u_w) + \frac{A^*}{L^* t}\Delta(u_a - u_w) \tag{2.22}$$

式中：$\frac{A^*}{L^* t}$ 为土骨架平衡和收缩膜平衡之间的相互作用函数 f_y^*。

$$\sigma_v^{c*} = f_y(u_a - u_w) + (f_y^* - f_y)(u_a - u_w) + f_y^* \Delta(u_a - u_w) \tag{2.23}$$

$$\sigma_v^{c*} = \sigma_v^c + \Delta f_y^*(u_a - u_w) + f_y^* \Delta(u_a - u_w) \tag{2.24}$$

式中：$\sigma_{\mathrm{v}}^{\mathrm{c}^{*}}$ 为收缩膜中的最终法向应力；$\sigma_{\mathrm{v}}^{\mathrm{c}}$ 为收缩膜中的初始法向应力；Δf_{y}^{*} 为相互作用函数的变化。

根据式（2.24），收缩膜在 y 方向上的合力为（图 2.5）

$$F_{\mathrm{c}}=\left[-n_{\mathrm{c}}\frac{\partial f_{y}^{*}}{\partial y}(u_{\mathrm{a}}-u_{\mathrm{w}})-n_{\mathrm{c}}f_{y}^{*}\frac{\partial(u_{\mathrm{a}}-u_{\mathrm{w}})}{\partial y}+n_{\mathrm{c}}\rho_{\mathrm{c}}g-F_{\mathrm{cy}}^{\mathrm{w}}-F_{\mathrm{cy}}^{\mathrm{a}}\right]\mathrm{d}x\mathrm{d}y\mathrm{d}z \qquad (2.25)$$

6. 结构强度在 y 方向上的合力

如用 c_{v} 和 e_{v} 分别表示单位体积内的平均胶结力和嵌固力，那么反映这两种结构力的合力称为结构强度，用 σ_{0} 表示，即 $\sigma_{0}=c_{\mathrm{v}}+e_{\mathrm{v}}$。结构强度在 y 方向上的合力见式（2.26），在 y 方向上的作用情况见图 2.6。

$$F_{0}=\frac{\partial\sigma_{0y}}{\partial y}\mathrm{d}x\mathrm{d}y \qquad (2.26)$$

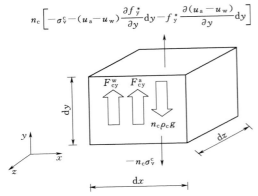

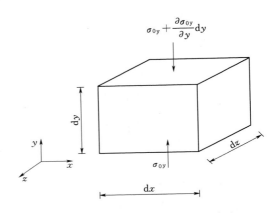

图 2.5　收缩膜在 y 方向上的合力　　　　图 2.6　结构强度在 y 方向上的合力

7. 非饱和土单元体力的平衡

在 y 方向上力的平衡可以采用力的叠加原理求得，即

$$F_{y}-[F_{\mathrm{w}}+F_{\mathrm{a}}+F_{\mathrm{c}}+F_{0}]=0 \qquad (2.27)$$

$$\left\{\left(\frac{\partial\sigma_{1}}{\partial y}+\rho g\right)-\left[n_{\mathrm{w}}\frac{\partial(u_{\mathrm{w}}-\gamma_{\mathrm{w}}h_{\mathrm{c}})}{\partial y}+n_{\mathrm{w}}\rho_{\mathrm{w}}g+F_{\mathrm{sy}}^{\mathrm{w}}+F_{\mathrm{cy}}^{\mathrm{w}}\right]-\left(n_{\mathrm{a}}\frac{\partial u_{\mathrm{a}}}{\partial y}+n_{\mathrm{a}}\rho_{\mathrm{a}}g+F_{\mathrm{sy}}^{\mathrm{a}}+F_{\mathrm{cy}}^{\mathrm{a}}\right)\right.$$

$$\left.-\left[-n_{\mathrm{c}}\frac{\partial f_{y}^{*}}{\partial y}(u_{\mathrm{a}}-u_{\mathrm{w}})-n_{\mathrm{c}}f_{y}^{*}\frac{\partial(u_{\mathrm{a}}-u_{\mathrm{w}})}{\partial y}+n_{\mathrm{c}}\rho_{\mathrm{c}}g-F_{\mathrm{cy}}^{\mathrm{w}}-F_{\mathrm{cy}}^{\mathrm{a}}\right]-\frac{\partial\sigma_{0y}}{\partial y}\right\}\mathrm{d}x\mathrm{d}y\mathrm{d}z=0$$

$$\qquad (2.28)$$

将式（2.14）、式（2.11）代入式（2.28），有

$$\frac{\partial(\sigma_{1}-u_{\mathrm{a}})}{\partial y}+n_{\mathrm{w}}\frac{\partial(u_{\mathrm{a}}-u_{\mathrm{w}})}{\partial y}+n_{\mathrm{w}}\frac{\partial(\gamma_{\mathrm{w}}h_{\mathrm{c}})}{\partial y}+n_{\mathrm{s}}\rho_{\mathrm{s}}g-F_{\mathrm{sy}}^{\mathrm{w}}-F_{\mathrm{sy}}^{\mathrm{a}}-\frac{\partial\sigma_{0y}}{\partial y}$$

$$+n_{\mathrm{c}}\frac{\partial f_{y}^{*}}{\partial y}(u_{\mathrm{a}}-u_{\mathrm{w}})+n_{\mathrm{c}}f_{y}^{*}\frac{\partial(u_{\mathrm{a}}-u_{\mathrm{w}})}{\partial y}+(n_{\mathrm{c}}+n_{\mathrm{s}})\frac{\partial u_{\mathrm{a}}}{\partial y}=0 \qquad (2.29)$$

同理可得 x 方向的平衡方程为

$$\frac{\partial(\sigma_{3}-u_{\mathrm{a}})}{\partial x}+n_{\mathrm{w}}\frac{\partial(u_{\mathrm{a}}-u_{\mathrm{w}})}{\partial x}+n_{\mathrm{w}}\frac{\partial(r_{\mathrm{w}}h_{\mathrm{c}})}{\partial x}-F_{\mathrm{sy}}^{\mathrm{w}}-F_{\mathrm{sx}}^{\mathrm{a}}-\frac{\partial\sigma_{0x}}{\partial x}$$

$$+n_c \frac{\partial f^*}{\partial x}(u_a-u_w)+n_c f_x^* \frac{\partial(u_a-u_w)}{\partial x}+(n_c+n_s)\frac{\partial u_a}{\partial x}=0 \tag{2.30}$$

z 方向的平衡方程为

$$\frac{\partial(\sigma_2-u_a)}{\partial z}+n_c \frac{\partial f^*}{\partial z}(u_a-u_w)+n_w \frac{\partial(r_w h_c)}{\partial z}-F_{sz}^w-F_{sz}^a-\frac{\partial \sigma_{0z}}{\partial z}$$

$$+n_c \frac{\partial f^*}{\partial z}(u_a-u_w)+n_c f_z^* \frac{\partial(u_a-u_w)}{\partial z}+(n_c+n_s)\frac{\partial u_a}{\partial z}=0 \tag{2.31}$$

8. 非饱和土有效应力

对式（2.29）进行积分，有

$$\iiint \left[\frac{\partial(\sigma_1-u_a)}{\partial y}+n_w \frac{\partial(u_a-u_w)}{\partial y}+n_w \frac{\partial(\gamma_w h_c)}{\partial y}+(n_c+n_s)\frac{\partial u_a}{\partial y}-\frac{\partial \sigma_{0y}}{\partial y} \right.$$

$$\left. +n_c \frac{\partial f^*}{\partial y}(u_a-u_w)+n_c f_y^* \frac{\partial(u_a-u_w)}{\partial y} \right] \mathrm{d}x\mathrm{d}y\mathrm{d}z$$

$$+\iiint (n_s\rho_s g-F_{sy}^w-F_{sy}^a)\mathrm{d}x\mathrm{d}y\mathrm{d}z=0$$

通过积分整理，得

$$\sigma_1-u_a+n_w(u_a-u_w)+n_w\gamma_w h_{1c}-\sigma_{0y}+n_c f_y^*(u_a-u_w)$$

$$-\left[(F_{sy}^w+F_{sy}^a-n_s\rho_s g)\frac{V_0}{A_{xz}}-(n_c+n_s)u_a \right]=0 \tag{2.32}$$

式中：V_0 为单元土体的体积；A_{xz} 为在 y 方向上力的作用面积。式（2.32）方括号中各项都是关于土颗粒和收缩膜在 y 方向上的作用力，假若收缩膜是挂在土颗粒上，作为固项的一部分，那么该括号中内容为作用土骨架的应力。实际就是有效应力 σ_y'，对于 y 方向为大主应力方向的情况，式（2.32）可以写为

$$\sigma_1'=\sigma_1-u_a-\left[\frac{\sigma_{01}}{u_a-u_w}-n_w-n_w \frac{r_w h_{c1}}{u_a-u_w}-n_c f_1^* \right](u_a-u_w) \tag{2.33}$$

同理可推出

$$\sigma_2'=(\sigma_2-u_a)-\left[\frac{\sigma_{02}}{u_a-u_w}-n_w-n_w \frac{r_w h_{c2}}{u_a-u_w}-n_c f_2^* \right](u_a-u_w) \tag{2.34}$$

$$\sigma_3'=(\sigma_3-u_a)-\left[\frac{\sigma_{03}}{u_a-u_w}-n_w-n_w \frac{r_w h_{c3}}{u_a-u_w}-n_c f_3^* \right](u_a-u_w) \tag{2.35}$$

式（2.33）～式（2.35）就是要求的有效应力表达式，它还可写成

$$\begin{cases} \sigma_1'=\sigma_1-u_a-\chi_1(u_a-u_w) \\ \sigma_2'=\sigma_2-u_a-\chi_2(u_a-u_w) \\ \sigma_3'=\sigma_3-u_a-\chi_3(u_a-u_w) \end{cases} \tag{2.36}$$

式（2.36）中系数为

$$\begin{cases} \chi_1=\chi_{01}-\chi_w-\chi_{h1}+\chi_{c1} \\ \chi_2=\chi_{02}-\chi_w-\chi_{h2}+\chi_{c2} \\ \chi_3=\chi_{03}-\chi_w-\chi_{h3}+\chi_{c3} \end{cases} \tag{2.37}$$

式中：χ_{01}、χ_{02}、χ_{03} 为 $\dfrac{\sigma_{01}}{u_a-u_w}$、$\dfrac{\sigma_{02}}{u_a-u_w}$、$\dfrac{\sigma_{03}}{u_a-u_w}$，其物理意义为非饱和土结构强度在各自

主应力方向的影响；χ_w 为 n_w，其物理意义为孔隙水的体积率；χ_h1、χ_h2、χ_h3 为 $\dfrac{n_\text{w}\gamma_\text{w}h_\text{1c}}{u_\text{a}-u_\text{w}}$、

$\dfrac{n_\text{w}\gamma_\text{w}h_\text{2c}}{u_\text{a}-u_\text{w}}$、$\dfrac{n_\text{w}\gamma_\text{w}h_\text{3c}}{u_\text{a}-u_\text{w}}$，其物理意义为渗析吸力在各自主应力方向上的影响；$\chi_\text{c1}$、$\chi_\text{c2}$、$\chi_\text{c3}$ 为

$n_\text{c}f_1^*$、$n_\text{c}f_2^*$、$n_\text{c}f_3^*$，其物理意义为收缩膜的表面张力在各自主应力方向上的影响。

2.1.3　从土颗粒传递应力出发推导非饱和土有效应力公式

如果将上述力的传递机理在 V_H 平面内用图示出，则可以从图 2.7 所示非饱和土的示意图中取出任意两个颗粒 A 和 B，它们所受的作用力可由图 2.8 表示（图中由土骨架所传递的力只在一个接触点上示出，在其他点上类同）。

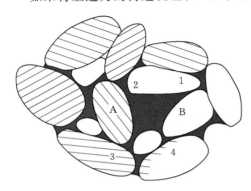

图 2.7　非饱和土的颗粒示意图

为了研究非饱和土中任一水平面上的应力，即竖向力的作用，当令 $\dfrac{A_\text{wv}}{A_\text{v}}=\chi_\text{v}$，并取 $A_\text{v}=1$ 时，有 $A_\text{wv}=\chi_\text{v}$，$A_\text{av}=(1-\chi_\text{v})$，如图 2.9 所示。由于表面张力 t_s（收缩膜与土粒单位接触长度上的力）与膜的曲率半径 R_s 以及膜两侧的压力差 $(u_\text{a}-u_\text{w})$ 有关，当收缩膜为二维曲面

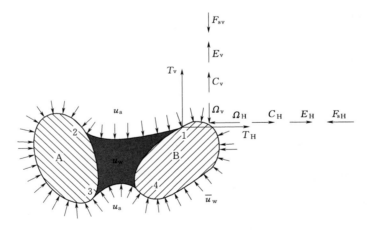

图 2.8　非饱和土颗粒 A 和 B 受力示意图

时，这种关系为 $(u_\text{a}-u_\text{w})=t_\text{s}/R_\text{s}$，故当收缩膜为鞍形的翘曲面（三维薄膜）时，上式可应用拉普拉斯方程延伸为

$$u_\text{a}-u_\text{w}=t_\text{s}\left(\frac{1}{R_1}+\frac{1}{R_2}\right)$$

式中：R_1 和 R_2 为翘曲薄膜在正交平面上的曲率半径。如此曲率半径是各向等值的，即 $R_1=R_2=R_\text{s}$，则 $(u_\text{a}-u_\text{w})=2t_\text{s}/R_\text{s}$，即

$$t_\text{s}=\frac{1}{2}R_\text{s}(u_\text{a}-u_\text{w})$$

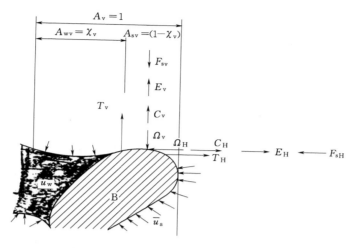

图 2.9 非饱和土中任一水平面上的应力

如在非饱和土的单位面积内收缩膜与土粒的接触长度为 α，则表面张力常写为

$$t = \frac{1}{2}\alpha R_s (u_a - u_w)$$

至此，如用 c_v 和 e_v 分别表示单位面积内的平均胶结力和平均嵌固力，则式（2.4）可写为

$$F_{sv} = \Omega_v + T_v + C_v + E_v$$

$$= \sigma_{sv} A_{sv} + \frac{1}{2}\alpha_v R_{sv}(u_a - u_w)A_v + c_v A_v + e_v A_v \tag{2.38}$$

考虑非饱和土某一水平面（总面积为 A_v）上的平衡条件，即可得

$$\sigma_v A_v = \left[\sigma_{sv} A_{sv} + \frac{1}{2}\alpha_v R_{sv}(u_a - u_w)A_v + c_v A_v + e_v A_v \right]$$

$$+ A_{wv}(u_w - \gamma_w h_c) + A_{av} u_a \tag{2.38a}$$

根据有效应力为能够使土发生变形的应力这一定义，并将其从平均意义上来考虑时，有效应力为 $\sigma'_{sv} = \dfrac{\sigma_{sv} A_{sv}}{A_v}$，故有

$$\sigma_v = \sigma'_{sv} + \frac{1}{2}\alpha_v R_{sv}(u_a - u_w) + c_v + e_v + \chi_v(u_w - \gamma_w h_c) + (1 - \chi_v)u_a$$

如令 $c_v + e_v = \sigma_0$，即结构强度中由胶结力和嵌固力形成的部分则有

$$\sigma_v = \sigma'_{sv} + \frac{1}{2}\alpha_v R_{sv}(u_a - u_w) + \sigma_0 + \chi_v u_w - \chi_v \gamma_w h_c + u_a - \chi_v u_a$$

$$= \sigma'_{sv} + \frac{1}{2}\alpha_v R_{sv}(u_a - u_w) + \sigma_0 + u_a - \chi_v(u_a - u_w) - \chi_v \gamma_w h_c$$

进一步整理有效应力时，可得

$$\sigma'_{sv} = (\sigma_v - \sigma_0) - u_a + \chi_v(u_a - u_w) + \chi_v \gamma_w h_c - \frac{1}{2}\alpha_v R_{sv}(u_a - u_w)$$

$$= (\sigma_v - u_a) - \left[\sigma_0 - \chi_v(u_a - u_w) + \frac{1}{2}\alpha_v R_{sv}(u_a - u_w) - \chi_v \gamma_w h_c \right]$$

$$= (\sigma_v - u_a) - \left[\frac{\sigma_0}{u_a - u_w} - \chi_v + \frac{1}{2} \alpha_v R_{sv} - \frac{\chi_v \gamma_w h}{u_a - u_w} \right] (u_a - u_w) \tag{2.39}$$

令 $\quad \chi_{0v} = \dfrac{\sigma_0}{u_a - u_w}, \quad \chi_{1v} = \chi_v, \quad \chi_{2v} = \dfrac{1}{2} \alpha_v R_{sv}, \quad \chi_{3v} = \dfrac{\chi_v \gamma_w h_c}{u_a - u_w} \tag{2.39a}$

则有

$$\sigma'_{sv} = (\sigma_v - u_a) - [\chi_{0v} - \chi_{1v} + \chi_{2v} - \chi_{3v}](u_a - u_w) \tag{2.40}$$

虽然式（2.40）是由图 2.9 所示的一个特定面积 A 上力的平衡关系得出的，但这种形式对该平面上任意的面积都是存在的，只是在量上会因土颗粒和水汽面积等的不同而有所差异。当按土力学中常用的平均概念处理问题时，非饱和土的有效应力仍可采用式（2.39）的表达式，并从宏观上的力学特性求取式中的参数 χ_v，即

$$\sigma'_{sv} = (\sigma_v - u_a) - \chi_v (u_a - u_w) \tag{2.41}$$

其中：

$$\chi_v = \chi_{0v} - \chi_{1v} + \chi_{2v} - \chi_{3v} \tag{2.42}$$

式（2.39）和式（2.42）中的各种 χ 值并不需要去一一测定，但它对理解和分析式（2.41）中 χ_v 的物理概念十分重要。可以看出，如限定在 Bishop 讨论的条件下，即 $\chi_{0v} = \chi_{2v} = \chi_{3v} = 0$，则得到了 Bishop 公式，且 χ_{1v} 在 $0 \sim 1$ 范围内变化，干土时等于 0，饱和土时等于 1；至于 χ_{0v} 值，因其与土的结构强度相联系，一般总是一个正值，其界限随结构强度增大而增大，可以大于 1，只在像湿陷性黄土浸水那样结构突然失稳的情况下，这个值可能成为负值，从而使有效应力增大，与发生湿陷现象相一致；对于 χ_{2v} 值，因 α_v，即单位面积内水汽交界面的周长为正值，视含水率虽有较大的变化，但为 R_{sv}（即孔隙半径）值时，一般黏性土为 0.1μ 量级，故变化范围不大，对系数在总体上的影响相对较小；χ_{3v} 值的大小全赖于渗透吸力水头，对于膨胀土，一方面在低含水率时土受到强的收缩应力而得较大的 σ_0，即较大的 χ_{0v}；另一方面，当土吸水接近饱和后，除因蒸发收缩时损失掉的水分要得到补充而使基质吸力减小，即 χ_{1v} 减小外，在有外界纯净水向土中移动补充的条件下，渗透吸力的水头随即降低，χ_{3v} 值也减小。这两项的减小使有效应力降低，引起土的膨胀。因此，新的有效应力表达式也可反映胀缩土的特性。

这就表明，参数 χ_v 与土粒间的胶结力、嵌固力、吸力、表面张力以及渗析力都有关系，其值不受 $0 \sim 1$ 或正和负的限制，完全视不同土中各因素影响的相对大小而定。χ_v 值的这种特性以及其前面负号的存在，是这里有效应力表达式与 Bishop 公式的根本区别。

仿照同样的方法，侧向和横向作用力得到

$$\begin{cases} \sigma'_{sL} = (\sigma_L - u_a) - \chi_L (u_a - u_w) \\ \sigma'_{sH} = (\sigma_H - u_a) - \chi_H (u_a - u_w) \end{cases} \tag{2.43}$$

应该指出，由式（2.41）和式（2.43）可见，χ_v 与 χ_H 和 χ_L 是不相同的，因为在不同方向上的推导中，χ、α、R_s、σ_0（即 c 与 e 之和）等的值均不相同，而且它们都只能在平均意义上来理解，通过宏观的试验来综合确定。

应该看到，在上述推导中，如果将 V、H、L 视为土中任意 3 个互相垂直的方向，其结果即式（2.41）和式（2.43）的形式将不会发生任何变化。因此，可以更一般地写成

$$\begin{cases} \sigma_1' = (\sigma_1 - u_a) - \chi_1(u_a - u_w) \\ \sigma_2' = (\sigma_2 - u_a) - \chi_2(u_a - u_w) \\ \sigma_3' = (\sigma_3 - u_a) - \chi_3(u_a - u_w) \end{cases} \tag{2.44}$$

2.1.4 从收缩膜传递应力出发推导非饱和土有效应力公式

如果从非饱和土示意图 2.7 中任取两个土颗粒 A 和 B，则在土颗粒 B 上所受的作用力可由图 2.8 表示。在土颗粒 A 上作用的力形式与土颗粒 B 上受力形式类同。若将上方收缩膜取出在平面上研究，收缩膜受力情况如图 2.10 所示，这里只研究 V 方向的情况。

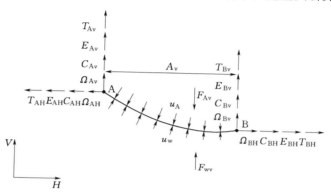

图 2.10 收缩膜上的作用力

在外力 F_v 作用下，图 2.10 所示力的平衡可写成

$$F_v = \Omega_v + T_v + C_v + E_v + F_{Av} + F_{wv} \tag{2.45}$$

式中：

$$\begin{cases} \Omega_v = \Omega_{Av} + \Omega_{Bv} = \sigma_{sv} A_{sv} \\ T_v = T_{Av} + T_{Bv} = \dfrac{1}{2} a_v R_{sv}(u_a - u_w) A_v \\ F_v = \sigma_v A_v \\ C_v = C_v A_v \\ E_v = e_v A_v \\ F_{Av} = A_{Av} u_a \\ F_{wv} = A_{wv}(u_w - r_w h) \end{cases} \tag{2.46}$$

式（2.46）的各项意义与式（2.38a）完全相同。通过整理可得到与式（2.39）～式（2.42）完全相等的表达式，同理还可得到与式（2.43）完全相等的表达式。最后若在主应力空间表示式（2.41）和式（2.43），那么可得到与式（2.44）完全相等的表达式，即

$$\begin{cases} \sigma_1' = (\sigma_1 - u_a) - \chi_1(u_a - u_w) \\ \sigma_2' = (\sigma_2 - u_a) - \chi_2(u_a - u_w) \\ \sigma_3' = (\sigma_3 - u_a) - \chi_3(u_a - u_w) \end{cases} \tag{2.47}$$

2.1.5　三种方法推导的有效应力公式比较

从土单元体出发、从土颗粒传递应力出发和从收缩膜传递应力出发都可推导出有效应力公式，其特点有以下几个方面。

（1）三种方法推导出的表达式完全相同，见式（2.36）、式（2.44）和式（2.47）。

（2）后两种方法力的传递机理完全相等，所以得到的有效应力参数完全相等。

（3）第一种方法和后两种方法推导过程和思路相差较大，但得到的结果却相同，分析它们各自系数的物理意义就更加明确；第一种方法推导的式（2.33）系数为 $\left(\dfrac{\sigma_{01}}{u_a-u_w}-n_w-\dfrac{n_w r_w h_{1c}}{u_a-u_w}+n_c f_1^*\right)$，第二种和第三种方法推导的式（2.39）系数为 $\left(\dfrac{\sigma_0'}{u_a-u_w}-\chi_v-\dfrac{\chi_v \gamma_w h_c}{u_a-u_w}+\dfrac{1}{2}\alpha_v R_{sv}\right)$，两个系数第一项都表示非饱和土结构胶结力和嵌固力为主的结构强度的影响，而且表示形式完全相同；第二项表示孔隙水的影响；第三项表示形式也相同，反映渗析吸力的影响，第四项都是表示挂在土颗粒上的收缩膜产生的影响。$n_c f_1^*$ 中 n_c 为收缩膜的体积率，$f_1^*=\dfrac{A^*}{L^* t}$ 为土骨架平衡与收缩膜平衡之间的相互作用函数。也就是在外力作用下土骨架发生了变化，初始状态的收缩膜也要发生变化，这时在收缩膜厚度 t 不变条件下水平表面积 A 变成 A^*、水平所截收缩膜周长 L 变成 L^*、表面张力作用方向角 α 变为 α''、收缩膜曲率半径 R_s 变为 R_s^* 的情况下，收缩膜水平表面 A^* 与水平面所切割的收缩膜横截面积 $L^* t$ 之比。该项充分表现了收缩膜物理现状发生变化各要素的综合效应。$\dfrac{1}{2}\alpha R_s$ 中 α 表示单位面积内收缩膜与土颗粒的接触长度，R_s 表示收缩膜的曲率半径。该项表示了收缩膜初始状态要素的影响。

（4）如将所推导的有效应力公式与 Bishop 有效应力公式相比，则可以看到〔以式（2.36）和式（2.37）为例〕以下现象。

1）Bishop 公式的系数为正号，而我们的公式为负号。

2）Bishop 公式的系数只是一个值，而我们的公式系数随不同主应力方向的不同，有 χ_1、χ_2、χ_3 之别，就某一方向来说，每一个系数都要受结构强度项 χ_0、孔隙水项 χ_w、渗析吸力项 χ_h 和收缩膜项 χ_c 的影响。

3）在式（2.37）中，当系数时 $\chi_{01}=\chi_{02}=\chi_{03}=\chi_{h1}=\chi_{h2}=\chi_{h3}=\chi_{c1}=\chi_{c2}=\chi_{c3}=0$ 时，式（2.36）即退化成 Bishop 公式。

从而可以看出为什么 Bishop 公式具有相当大的局限性。正如不少专家所断言的那样，它无法同时应付湿胀性土和湿陷性土，它只适用弹性变形等。

2.2　有效应力表达式中参数的确定

2.1 节从土单元体出发，通过土颗粒传递应力以及收缩膜传递应力都推导出了有效应力相同的表达式（2.36）、式（2.44）和式（2.47）。确定这些表达式的关键是有效应力参

数 χ_1、χ_2、χ_3 的确定。对每一个参数又都由 4 项组成，如 $\chi_1 = \dfrac{\sigma_{01}}{u_a - u_w} - n_w - \dfrac{n_w \gamma_w h_{1c}}{u_a - u_w} + n_c f_1^*$，而式中 σ_{01}、n_w、n_c 和 f_1^* 又都是非饱和土在应力作用下变化着的细观量，无法通过试验测得。因此，要确定有效应力参数就必须另辟蹊径。这里设想用宏观的应力-应变曲线来确定非饱和土有效应力参数 χ_1、χ_2、χ_3。

2.2.1 常规三轴应力状态下有效应力参数确定

1. χ_1 和 χ_3

通常土的强度和变形都通过三轴试验来确定，所以可以将有效主应力 σ_1'、σ_3' 转换成有效剪应力 q' 和有效球应力 p'，然后通过 $q'-\varepsilon_1$、$\varepsilon_v / p'-\varepsilon_1$ 曲线求出 χ_p、χ_q，最后确定出 χ_1 与 χ_3 的值。

$$p' = \frac{\sigma_1' + 2\sigma_3'}{3} = p - u_a - \chi_p (u_a - u_w) \tag{2.48}$$

式中：

$$\chi_p = \frac{\chi_1 + 2\chi_3}{3} \tag{2.49}$$

$$q' = \sigma_1' - \sigma_3' = q - \chi_q (u_a - u_w) \tag{2.50}$$

式中：

$$\chi_q = \chi_1 - \chi_3 \tag{2.51}$$

将式（2.49）、式（2.51）联立求解，得

$$\begin{cases} \chi_3 = \dfrac{3\chi_p - \chi_q}{3} \\[2mm] \chi_1 = \dfrac{3\chi_p + 2\chi_q}{3} \end{cases} \tag{2.52}$$

由式（2.52）可见，只要求出 χ_p 和 χ_q 就可以方便地得到 χ_1 和 χ_3。

2. χ_p 和 χ_q

对于正常固结黏土和弱超固结黏土的常规三轴试验（$\sigma_3 = $ 常数）$\varepsilon_1 - q'$ 曲线可以用双曲线表示，$\varepsilon_1 - \varepsilon_v$ 曲线也可以用双曲线表示，对于超固结黏土，峰值前的曲线仍可用此曲线表示。在确定 χ_p、χ_q 时采用了此类曲线。作者曾经提出过非饱和土有效应力参数确定的两点法和三点法，通过使用和比较，将两种方法结合使用效果更佳，以下就介绍该方法。

（1）χ_p 求法。如果非饱和土的 $\varepsilon_1 - \varepsilon_v$ 曲线用双曲线表示，归一化后仍为双曲线，如图 2.11（a）所示，相应的公式为

$$\frac{\varepsilon_v}{p'} = \frac{\varepsilon_1}{A + B\varepsilon_1} \tag{2.53}$$

式中：A、B 为土性常数。曲线起始段可用线性表示。

由 $\triangle 011' \backsim \triangle 022'$，得

$$\frac{\dfrac{\varepsilon_{v1}}{p'_1}}{\dfrac{\varepsilon_{v2}}{p'_2}}=\frac{\varepsilon_1}{\varepsilon_2} \tag{2.54}$$

由式（2.54）整理，得

$$\chi_{p2}=\frac{\varepsilon_{v2}\varepsilon_{11}(p-u_a)_1-\varepsilon_{v1}\varepsilon_{12}(p-u_a)_2}{\varepsilon_{v2}\varepsilon_{11}(u_a-u_w)_1-\varepsilon_{v1}\varepsilon_{12}(u_a-u_w)_2} \tag{2.55}$$

将式（2.53）线性化后可表示为

$$\alpha p'=A+B\varepsilon_1 \tag{2.56}$$

式中：$\alpha=\dfrac{\varepsilon_1}{\varepsilon_v}$，式（2.56）可用图 2.11（b）表示。

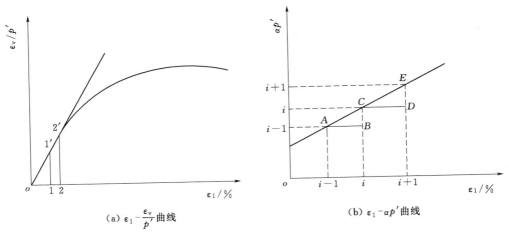

(a) $\varepsilon_1-\dfrac{\varepsilon_v}{p'}$ 曲线　　　　(b) $\varepsilon_1-\alpha p'$ 曲线

图 2.11　求 χ_p 参数示意图

由 $\triangle ABC\backsim\triangle CDE$，令 $\varepsilon_1=\varepsilon$
可得

$$\frac{\alpha_{i+1}p'_{i+1}-\alpha_i p'_i}{\varepsilon_{i+1}-\varepsilon_i}=\frac{\alpha_i p'_i-\alpha_{i-1}p'_{i-1}}{\varepsilon_i-\varepsilon_{i-1}} \tag{2.57}$$

通过整理得

$$(f_i+1)\alpha_i p'_i-f_i\alpha_{i+1}p'_{i+1}-\alpha_{i-1}p'_{i-1}=0 \tag{2.58}$$

式中：

$$f_i=\frac{\varepsilon_i-\varepsilon_{i-1}}{\varepsilon_{i+1}-\varepsilon_i} \tag{2.59}$$

由有效应力式（2.48），并令

$$\begin{cases}(f_i+1)\alpha_i=A_i\\ f_i\alpha_{i+1}=B_i\\ \alpha_{i-1}=C_i\end{cases} \tag{2.60}$$

那么

$$A_i(p_i-u_{ai})-B_i(p_{i+1}-u_{ai+1})-C_i(p_{i-1}-u_{ai-1})$$

$$-A_i \chi_{\mathrm{p}i}(u_\mathrm{a}-u_\mathrm{w})_i + B_i \chi_{\mathrm{p}i+1}(u_\mathrm{a}-u_\mathrm{w})_{i+1}$$
$$+C_i \chi_{\mathrm{p}i-1}(u_\mathrm{a}-u_\mathrm{w})_{i-1}=0 \qquad (2.61)$$

从式（2.61）可解出

$$\chi_{\mathrm{p}i+1} = \frac{A_i p'_i - C_i p'_{i-1} - B_i(p_{i+1}-u_{\mathrm{a}i+1})}{-B_i(u_\mathrm{a}-u_\mathrm{w})_{i+1}} \qquad i=2,3,4,\cdots \qquad (2.62)$$

式（2.55）和式（2.62）为 χ_p 计算公式。

（2）χ_q 求法。如果非饱和土的 $\varepsilon_1 - q'$ 曲线为双曲线，如图 2.12（a）所示，相应的公式可写为

$$q' = \frac{\varepsilon_1}{a+b\varepsilon_1} \qquad (2.63)$$

式中：a 和 b 为土性常数。

由 $\triangle 011' \backsim \triangle 022'$，有

$$\frac{q'_1}{q'_2} = \frac{\varepsilon_{11}}{\varepsilon_{12}} \qquad (2.64)$$

$$q'_1 \varepsilon_{12} = \varepsilon_{11} q'_2 \qquad (2.65)$$

由式（2.65）整理，得

$$\chi_{\mathrm{q}2} = \frac{\varepsilon_{11} q_2 - \varepsilon_{12} q_1}{\varepsilon_{11}(u_\mathrm{a}-u_\mathrm{w})_2 - \varepsilon_{12}(u_\mathrm{a}-u_\mathrm{w})_1} \qquad (2.66)$$

将式（2.63）线性化，得

$$\frac{\varepsilon_1}{q'} = a + b\varepsilon_1 \qquad (2.67)$$

该曲线可用图 2.12（b）表示。

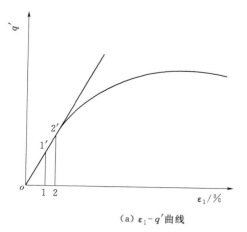

（a）$\varepsilon_1 - q'$ 曲线

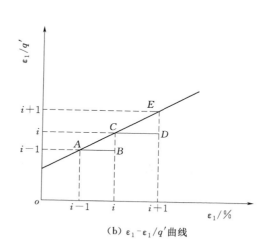

（b）$\varepsilon_1 - \varepsilon_1/q'$ 曲线

图 2.12　求 χ_q 参数示意图

由 $\triangle ABC \backsim \triangle CDE$，有

$$\frac{\dfrac{\varepsilon_{1i}}{q'_i} - \dfrac{\varepsilon_{1i-1}}{q'_{i-1}}}{\varepsilon_{1i} - \varepsilon_{1i-1}} = \frac{\dfrac{\varepsilon_{1i+1}}{q'_{i+1}} - \dfrac{\varepsilon_{1i}}{q'_i}}{\varepsilon_{1i+1} - \varepsilon_{1i}} \qquad (2.68)$$

通过整理，得

$$\varepsilon_{1i+1}q_i'q_{i-1}'-(1+f_i)\varepsilon_{1i}q_{i+1}'q_{i-1}'+f_i\varepsilon_{1i-1}q_{i+1}'q_i'=0 \qquad (2.69)$$

或

$$A_iq_i'q_{i-1}'-B_iq_{i+1}'q_{i-1}'+C_iq_{i+1}'q_i'=0 \qquad (2.70)$$

式中：

$$\frac{\varepsilon_{1i+1}-\varepsilon_{1i}}{\varepsilon_{1i}-\varepsilon_{1i-1}}=f_i,\quad \varepsilon_{1i+1}=A_i,\quad (1+f_i)\varepsilon_{1i}=B_i,\quad f_i\varepsilon_{1i-1}=C_i$$

再由有效应力式（2.50），可得

$$q_i'q_{i-1}'=q_iq_{i-1}-\chi_{qi}(u_a-u_w)_iq_{i-1}-\chi_{qi-1}(u_a-u_w)_{i-1}q_i+\chi_{qi}\chi_{qi-1}(u_a-u_w)_i(u_a-u_w)_{i-1}$$
$$\qquad (2.71)$$

$$q_{i+1}'q_{i-1}'=q_{i+1}q_{i-1}-\chi_{qi+1}(u_a-u_w)_{i+1}q_{i-1}-\chi_{qi-1}(u_a-u_w)_{i-1}q_{i+1}$$
$$+\chi_{qi+1}\chi_{qi-1}(u_a-u_w)_{i+1}(u_a-u_w)_{i-1} \qquad (2.72)$$

$$q_{i+1}'q_i'=q_{i+1}q_i-\chi_{qi+1}(u_a-u_w)_{i+1}q_i-\chi_{qi}(u_a-u_w)_iq_{i+1}+\chi_{qi+1}\chi_{qi}(u_a-u_w)_{i+1}(u_a+u_w)_i$$
$$\qquad (2.73)$$

如将式（2.71）～式（2.73）代入式（2.70），则得

$$A_iq_iq_{i-1}-B_iq_{i+1}q_{i-1}+C_iq_{i+1}q_i+(B_iq_{i+1}-A_iq_i)\chi_{qi-1}(u_a-u_w)_{i-1}$$
$$-(A_iq_{i-1}+C_iq_{i+1})\chi_{qi}(u_a-u_w)_i+(B_iq_{i-1}-C_iq_i)\chi_{qi+1}(u_a-u_w)_{i+1}$$
$$+A_i\chi_{qi}\chi_{qi-1}(u_a-u_w)_i(u_a-u_w)_{i-1}-B_i\chi_{qi+1}(u_a-u_w)_{i+1}(u_a-u_w)_{i-1}$$
$$+C_i\chi_{qi+1}\chi_{qi}(u_a-u_w)_{i+1}(u_a-u_w)_i=0 \qquad (2.74)$$

由式（2.74）解出

$$\chi_{qi+1}=\frac{D_i}{Q_i}\quad i=2,3,4,\cdots \qquad (2.75)$$

式中：

$$\begin{cases} D_i=A_iq_iq_{i-1}-B_iq_iq_{i-1}+C_iq_{i+1}q_i+(B_iq_{i+1}-A_iq_i)\chi_{qi-1}(u_a-u_w)_{i-1} \\ \qquad -(A_iq_{i-1}+C_iq_{i+1})\chi_{qi}(u_a-u_w)_i+A_i\chi_{qi}\chi_{qi-1}(u_a-u_w)_i(u_a-u_w)_{i-1} \\ Q_i=B_i\chi_{qi-1}(u_a-u_w)_{i+1}(u_a-u_w)_{i-1}-C_i\chi_{qi}(u_a-u_w)_{i+1}(u_a-u_w)_i \\ \qquad -(B_iq_{i-1}-C_iq_i)(u_a-u_w)_{i+1} \end{cases} \qquad (2.76)$$

式（2.66）和式（2.75）为求 χ_q 的计算公式。

2.2.2　三维应力状态下有效应力参数确定

非饱和土中任一点的有效应力可以用 σ_1'、σ_2'、σ_3' 表示，其表达式见式（2.36）。决定式（2.36）的关键是有效应力参数 χ_1、χ_2、χ_3。如何求取这些参数呢？仍然设想通过真三轴应力-应变曲线线性化后去求取 χ_p、χ_q，进而确定 χ_1、χ_2、χ_3。

1. 求解有效主应力参数 χ_1、χ_2、χ_3

土体中的一点的三维有效应力状态可表示为

$$\begin{cases} q'=\dfrac{1}{\sqrt{2}}[(\sigma_1'-\sigma_2')^2+(\sigma_2'-\sigma_3')^2+(\sigma_3'-\sigma_1')^2]^{1/2} \\ p'=\dfrac{1}{3}(\sigma_1'+\sigma_2'+\sigma_3') \end{cases} \qquad (2.77)$$

为了与真三轴试验资料相对应，采用 3 个剪应力（$\sigma_1'-\sigma_3'$、$\sigma_2'-\sigma_3'$、$\sigma_1'-\sigma_2'$）和球应力 p' 去求出 χ_1、χ_2、χ_3。

$$p'=\frac{1}{3}(\sigma_1'+\sigma_2'+\sigma_3')$$

$$=\frac{1}{3}[(\sigma_1+\sigma_2+\sigma_3)-3u_a-(\chi_1+\chi_2+\chi_3)(u_a-u_w)]$$

$$=p-u_a-\chi_p(u_a-u_w) \tag{2.78}$$

$$\chi_p=\frac{\chi_1+\chi_2+\chi_3}{3} \tag{2.79}$$

$$q_{12}'=\sigma_1'-\sigma_2'=\sigma_1-\sigma_2-(\chi_1-\chi_2)(u_a-u_w)=q_{12}-\chi_{12}(u_a-u_w) \tag{2.80a}$$

$$\chi_{12}=\chi_1-\chi_2 \tag{2.80}$$

$$q_{13}'=\sigma_1'-\sigma_3'=\sigma_1-\sigma_3-(\chi_1-\chi_3)(u_a-u_w)=q_{13}-\chi_{13}(u_a-u_w) \tag{2.81a}$$

$$\chi_{13}=\chi_1-\chi_3 \tag{2.81}$$

$$q_{23}'=\sigma_2'-\sigma_3'=\sigma_2-\sigma_3-(\chi_2-\chi_3)(u_a-u_w)=q_{23}-\chi_{23}(u_a-u_w) \tag{2.82a}$$

$$\chi_{23}=\chi_2-\chi_3 \tag{2.82}$$

若将式（2.81）减去式（2.82）得

$$\chi_{12}=\chi_{13}-\chi_{23} \tag{2.83}$$

可见，三维有效剪应力参数只有两个是独立的，所以只考虑 χ_{13} 和 χ_{23} 即可。

联立求解式（2.79）、式（2.81）和式（2.82）得

$$\begin{cases} \chi_1=\dfrac{1}{3}(3\chi_p+2\chi_{13}-\chi_{23}) \\[2mm] \chi_2=\dfrac{1}{3}(3\chi_p-\chi_{13}+\chi_{23}) \\[2mm] \chi_3=\dfrac{1}{3}(3\chi_p-\chi_{13}-\chi_{23}) \end{cases} \tag{2.84}$$

2. 求解有效球应力参数 χ_p 和有效剪应力参数 χ_{13}、χ_{23}

（1）χ_{13} 确定。同样认为土的 $\varepsilon_1-(\sigma_1'-\sigma_3')$ 曲线符合双曲线，并将曲线线性化后，同常规三轴应力状态 χ_q 求解方法完全相同。

由

$$(q_{13}')_1\varepsilon_{12}=\varepsilon_{11}(q_{13}')_2 \tag{2.85}$$

可得

$$(\chi_{13})_2=\frac{\varepsilon_{11}(q_{13})_2-\varepsilon_{12}(q_{13})_1}{\varepsilon_{11}(u_a-u_w)_2-\varepsilon_{12}(u_a-u_w)_1} \tag{2.86}$$

$$(\chi_{13})_{i+1}=\frac{D_i}{Q_i}\quad i=2,3,4,\cdots \tag{2.87}$$

式中：

$$D_1=A_i(q_{13})_i(q_{13})_{i-1}-B_i(q_{13})_i(q_{13})_{i-1}+C_i(q_{13})_{i+1}(q_{13})_i+[B_i(q_{13})_{1+i}-A_i(q_{13})_i]$$
$$\times(\chi_{13})_{i-1}(u_a-u_w)_{i-1}-[A_i(q_{13})_{i-1}+C_i(q_{13})_{i+1}](\chi_{13})_i(u_a-u_w)_i$$

$$+A_i(\chi_{13})_i(\chi_{13})_{i-1}(u_a-u_w)_i(u_a-u_w)_{i-1}$$
$$Q_i=B_i(\chi_{13})_{i-1}(u_a-u_w)_{i+1}(u_a-u_w)_{i-1}-C_i(\chi_{13})_i(u_a-u_w)_{i+1}(u_a-u_w)_i$$
$$-[B_i(q_{13})_{i-1}C_i(q_{13})_i(u_a-u_w)_{i+1}]$$

$$A_i=\varepsilon_{1i+1},\quad B_i=(1+f_i)\varepsilon_{1i},\quad C_i=f_i\varepsilon_{1i-1},\quad f_i=\frac{\varepsilon_{1i+1}-\varepsilon_i}{\varepsilon_i-\varepsilon_{i-1}}$$

式（2.86）和式（2.87）为 χ_{13} 的计算公式。

（2）χ_{23} 确定。χ_{23} 的求法与 χ_{13} 完全相同，这里只给出公式，即

$$(\chi_{23})_2=\frac{\varepsilon_{11}(q_{23})_2-\varepsilon_{12}(q_{23})_1}{\varepsilon_{11}(u_a-u_w)_2-\varepsilon_{12}(u_a-u_w)_1} \tag{2.88}$$

$$(\chi_{23})_{i+1}=\frac{D_i}{Q_i},\quad i=2,3,4,\cdots \tag{2.89}$$

式中：

$$D_i=A_i(q_{23})_{i-1}-B_i(q_{23})_i(q_{23})_{i-1}+C_i(q_{23})_{i+1}(q_{23})_i$$
$$+[B_i(q_{23})_{i+1}-A_i(q_{23})_i](\chi_{23})_{i-1}(u_a-u_w)_{i-1}$$
$$-[A_i(q_{23})_{i-1}+C_i(q_{23})_{i+1}](\chi_{23})_i(u_a-u_w)_i+[A(\chi_{23})_i(\chi_{23})_{i-1}](u_a-u_w)_i(u_a-u_w)_{i-1}$$
$$Q_i=B_i(\chi_{23})_{i-1}(u_a-u_w)_{i+1}(u_a-u_w)_{i-1}$$
$$-C_i(\chi_{23})_i(u_a-u_w)_{i+1}(u_a-u_w)_i-[B_i(q_{23})_{i-1}-C_i(q_{23})_i(u_a-u_w)_{i+1}]$$

$$f_i=\frac{\varepsilon_{1i+1}-\varepsilon_{1i}}{\varepsilon_{1i}-\varepsilon_{1i-1}},\quad \varepsilon_{1i+1}=A_i,\quad (1+f_i)\varepsilon_{1i}=B_i,\quad f_i\varepsilon_{1i-1}=C_i$$

式（2.88）和式（2.89）为 χ_{23} 的计算公式。

（3）χ_p 确定。用与常规三轴应力状态相同的方法求出 χ_p。这里只给出公式，即

$$\chi_{p2}=\frac{\varepsilon_{v2}\varepsilon_{11}(p-u_a)_1-\varepsilon_{v1}\varepsilon_{12}(p-u_a)_2}{\varepsilon_{v2}\varepsilon_{11}(u_a-u_w)_1-\varepsilon_{v1}\varepsilon_{12}(u_a-u_w)_2} \tag{2.90}$$

$$\chi_{pi+1}=\frac{A_ip_i'-C_ip_{i-1}'-B_i(p_{i+1}-u_{ai+1})}{-B_i(u_a-u_w)_{i+1}},\quad i=2,3,4,\cdots \tag{2.91}$$

在式（2.90）和式（2.91）中，有

$$f_i=\frac{\varepsilon_{1i}-\varepsilon_{1i-1}}{\varepsilon_{1i+1}-\varepsilon_{1i}},\quad C_i=\left(\frac{\varepsilon_1}{\varepsilon_v}\right)_{i-1},\quad B_i=f_i\left(\frac{\varepsilon_1}{\varepsilon_v}\right)_i,\quad A_i=(1+f_i)\left(\frac{\varepsilon_1}{\varepsilon_v}\right)_i$$

式（2.90）和式（2.91）为三维应力条件下 χ_p 的计算公式。

2.2.3　黄土增湿湿陷情况下的有效应力参数确定

本书第 6 章得到的原状黄土湿陷的应力与应变关系曲线 $\varepsilon_v^{sh}\text{-}p$ 曲线和 $\varepsilon_s^{sh}\text{-}q$ 曲线（图 6.13 和图 6.14），具有完全相等的形状，都是从下凹变为上凹，且曲线必然要通过一中性点（称为转点）。转点前下凹曲线可由双曲线表述，转点后上凹曲线可由指数函数曲线表述。如对有效应力可认为具有同样的曲线形状，则此曲线可用公式表示如下。

转点前，有

$$\begin{cases}\varepsilon_s^{sh}=\dfrac{aq'}{1-bq'}\\[2mm]\varepsilon_v^{sh}=\dfrac{\bar{\alpha}p'}{1-\bar{b}p'}\end{cases} \tag{2.92}$$

转点后，有

$$\begin{cases} \varepsilon_s^{sh} = \dfrac{\ln q' - \beta}{\alpha} \\[2mm] \varepsilon_v^{sh} = \dfrac{\ln p' - \bar{\beta}}{\bar{\alpha}} \end{cases} \tag{2.93}$$

在式（2.92）和式（2.93）中，a、b、$\bar{a}$、$\bar{b}$、α、β、$\bar{\alpha}$、$\bar{\beta}$ 都为试验常数；$p' = p - u_a - \chi_p(u_a - u_w)$，$q' = q - \chi_q(u_a - u_w)$。以下只是以有效剪应力为例推求有效应力参数。

1. 湿陷剪应力有效应力参数

（1）转点前。式（2.92）线性化后可用式（2.94）表示，即

$$\frac{\varepsilon_s^{sh}}{q} = b\varepsilon_s^{sh} + a \tag{2.94}$$

用常规三轴应力状态下有效应力参数确定完全相同的步骤求出 χ_q 公式为

$$\chi_{q2} = \frac{\varepsilon_{s1}^{sh} q_2 - \varepsilon_{s2}^{sh} q_1}{\varepsilon_{s1}^{sh}(u_a - u_w)_2 - \varepsilon_{s2}^{sh}(u_a - u_w)_1} \tag{2.95}$$

和

$$\chi_{qi+1} = \frac{D_i}{Q_i} \quad i = 2, 3, \cdots \tag{2.96}$$

$$Q_i = B_i(u_a - u_w)_{i-1}(u_a - u_w)_{i+1}\chi_{qi-1} - C_i(u_a - u_w)_i(u_a - u_w)_{i+1}$$
$$\chi_{qi}(B_i q_{i-1} - C_i q_i)(u_a - u_w)_{i+1}$$
$$D_i = A_i q_i q_{i-1} - B_i q_i q_{i+1} + C_i q_i q_{i+1} + (B_i q_{i+1} - A_i q_i)(u_a - u_w)_{i-1}\chi_{qi-1}$$
$$- (A_i q_i - 1 + C_i q_i + 1)\chi_{qi}(u_a - u_w)_i + A_i \chi_{qi-1}\chi_{qi}(u_a - u_w)_{i-1}(u_a - u_w)_i \tag{2.97}$$

$$f_i = \frac{\varepsilon_{si+1}^{sh} - \varepsilon_{si}^{sh}}{\varepsilon_{si}^{sh} - \varepsilon_{si-1}^{sh}}, \quad A_i = \varepsilon_{si+1}^{sh}, \quad B_i = (1 + f_i)\varepsilon_{si}^{sh}, \quad C_i = f_i \varepsilon_{si-1}^{sh}$$

（2）转点后。式（2.93）线性化后用式（2.98）表示，即

$$\ln q' = \alpha \varepsilon_s^{sh} + \beta \tag{2.98}$$

用上述介绍的方法得到有效应力参数为

$$\chi_{qj+1} = \frac{N_j}{M_j} \quad j = 2, 3, \cdots \tag{2.99}$$

$$M_j = -q_{j-1}(u_a - u_w)_{j+1} + \chi_{qj-1}(u_a - u_w)_{j-1}(u_a - u_w)_{j+1}$$

$$N_j = q_j^2 - 2\chi_{qj} q_j(u_a - u_w)_j + \chi_{qj}^2(u_a - u_w)_j^2 - q_{j-1} q_j + 1 + \chi_{qj-1} q_{j+1}(u_a - u_w)_{j-1}$$

式中：j 为转点后的序号。

2. 湿陷球应力有效应力参数

求解公式与式（2.95）、式（2.96）和式（2.99）形式完全一样，只是将公式中 q 变为 $p - u_a$ 即可。

2.2.4 膨胀土增湿变形情况下的有效应力参数确定

对于本书第9章膨胀土试验曲线（图9.29和图9.30），采用上述方法可以推导出膨胀土增湿条件下有效应力公式。

由于 $p'-\varepsilon_v$ 的关系未知，但 $p-\varepsilon_v$ 的关系可以通过试验确定，其关系可以近似用其拟合曲线表示，即 $p=a\log(-\varepsilon_v)+c$，如果假定有效应力 p' 与应变也可以用类似的关系表示，则 p' 与 $\log(-\varepsilon_v)$ 为线性关系。取 p' 与 $\log(-\varepsilon_v)$ 关系曲线上相邻三点，即 $i-1$、i、$i+1$，满足斜率关系式

$$\frac{p'_{i+1}-p'_i}{\log(-\varepsilon_{vi+1})-\log(-\varepsilon_{vi})}=\frac{p'_i-p'_{i-1}}{\log(-\varepsilon_{vi})-\log(-\varepsilon_{vi-1})} \qquad (2.100)$$

即

$$\frac{p'_{i+1}-p'_i}{\log\left(\dfrac{\varepsilon_{vi+1}}{\varepsilon_{vi}}\right)}=\frac{p'_i-p'_{i-1}}{\log\left(\dfrac{\varepsilon_{vi}}{\varepsilon_{vi-1}}\right)}$$

式中：p'_i 为计算曲线上的 i 点对应的 p' 坐标值，ε_{vi} 为计算曲线上 i 点对应的 ε_v 坐标值。

式（2.100）中取 $i=2$ 有

$$\frac{p'_3-p'_2}{p'_2-p'_1}=\frac{\log\left(\dfrac{\varepsilon_{v3}}{\varepsilon_{v2}}\right)}{\log\left(\dfrac{\varepsilon_{v2}}{\varepsilon_{v1}}\right)} \qquad (2.101)$$

$$\frac{[p-u_a-\chi_p(u_a-u_w)]_3-[p-u_a-\chi_p(u_a-u_w)]_2}{[p-u_a-\chi_p(u_a-u_w)]_2-[p-u_a-\chi_p(u_a-u_w)]_1}=\frac{\log\left(\dfrac{\varepsilon_{v3}}{\varepsilon_{v2}}\right)}{\log\left(\dfrac{\varepsilon_{v2}}{\varepsilon_{v1}}\right)} \qquad (2.102)$$

假定 $\chi_{p1}=\chi_{p2}=\chi_{p3}$，则可以解出

$$\chi_{p3}=\frac{[(p-u_a)_2-(p-u_a)_1]\log\left(\dfrac{\varepsilon_{v3}}{\varepsilon_{v2}}\right)-[(p-u_a)_3-(p-u_a)_2]\log\left(\dfrac{\varepsilon_{v2}}{\varepsilon_{v1}}\right)}{[(u_a-u_w)_2-(u_a-u_w)_1]\log\left(\dfrac{\varepsilon_{v3}}{\varepsilon_{v2}}\right)-[(u_a-u_w)_3-(u_a-u_w)_2]\log(\varepsilon_{v2}-\varepsilon_{v1})}$$

$$(2.103)$$

这样，可以根据 $\chi_{p1}=\chi_{p2}=\chi_{p3}$ 求出 p'_1、p'_2、p'_3。

对于 $i>2$ 的情况，由式（2.100）可得

$$p'_{i+1}=\frac{p'_i\log\left(\dfrac{\varepsilon_{vi+1}}{\varepsilon_{vi-1}}\right)-p'_{i-1}\log\left(\dfrac{\varepsilon_{vi+1}}{\varepsilon_{vi}}\right)}{\log\left(\dfrac{\varepsilon_{vi}}{\varepsilon_{vi-1}}\right)} \qquad (2.104)$$

同样，由于 $q'-\varepsilon_s$ 的关系未知，而 $q-\varepsilon_s$ 的关系可以通过试验确定，其关系可以近似用其拟合曲线表示：$q=a\log\varepsilon_s+c$，假定有效应力 q' 与应变也可以类似的关系表示，则 q' 与 $\log\varepsilon_s$ 为线性关系。同理也有

$$\frac{q'_{i+1}-q'_i}{\log\varepsilon_{si+1}-\log\varepsilon_{si}}=\frac{q'_i-q'_{i-1}}{\log\varepsilon_{si}-\log\varepsilon_{si-1}} \qquad (2.105)$$

取 $i=2$，假定 $\chi_{q1}=\chi_{q2}=\chi_{q3}$，可求得

$$\chi_{q3}=\frac{(q_2-q_1)\log\left(\dfrac{\varepsilon_{s3}}{\varepsilon_{s2}}\right)-(q_3-q_2)\log\left(\dfrac{\varepsilon_{s2}}{\varepsilon_{s1}}\right)}{[(u_a-u_w)_2-(u_a-u_w)_1]\log\left(\dfrac{\varepsilon_{s3}}{\varepsilon_{s2}}\right)-[(u_a-u_w)_3-(u_a-u_w)_2]\log\left(\dfrac{\varepsilon_{s2}}{\varepsilon_{s1}}\right)} \qquad (2.106)$$

由 $q'=q-\chi_q(u_a-u_w)$ 可求出 q'_1、q'_2、q'_3。

对于 $i > 2$ 的情况，由式（2.105）可得

$$q'_{i+1} = \frac{q'_i \log\left(\dfrac{\varepsilon_{si+1}}{\varepsilon_{si-1}}\right) - q'_{i-1}\log\left(\dfrac{\varepsilon_{si+1}}{\varepsilon_{si}}\right)}{\log\left(\dfrac{\varepsilon_{si}}{\varepsilon_{si-1}}\right)} \qquad (2.107)$$

式（2.104）和式（2.107）为膨胀土增湿变形条件下的有效应力计算公式。

第 3 章　非饱和土弹塑性本构关系探讨

从压实对黏土微结构的影响来说，最优含水率干侧的试样具有双模结构，最优含水率湿侧的试样呈单一孔隙分布特征。Alonso 认为前者较后者易发生遇水体缩，因此在 BBM 中会导致一个更加倾斜的 LC 屈服曲线，如图 3.1 所示。

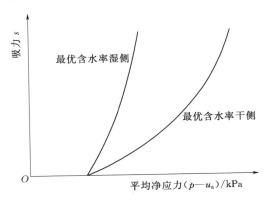

图 3.1　Alonso 等设想的最优含水率湿侧和干侧的 LC 屈服曲线

一般认为最优含水率干侧和湿侧的试样由于微结构不同，属于不同试样。然而它们具有相同预固结应力，但从微观结构对土的影响来说，图 3.1 表示一种合理的情况。

3.1　水分滞回对应力-应变关系的影响

3.1.1　水分滞回对初始屈服的影响

许多作者通过试验研究了水分滞回对非饱和土力学性质的影响，如 Sharma、Alshihabi、Monroy、Sivakumar、Chen 等，他们的试验涉及膨胀土和非膨胀性黏土。一个典型例子是 Sharma 对高岭黏土（非膨胀性黏土）的三轴压缩试验中的试验 17 和试验 18（图 3.2）。两个试验试样的初始状态都为吸力 200kPa 和平均净应力 10kPa。但试验 18 接着经历吸力 200kPa→20kPa→200kPa 循环，在吸力减小过程中体积一直膨胀，没有观察到体缩现象，表明没有达到 LC 屈服线，而试验 18 在吸力循环后发生微小体积膨胀。随后两个试样都将平均净应力加载到 300kPa。三轴压缩试验曲线如图 3.2（a）所示。从图 3.2 中看出，两个试样虽然在屈服前具有相同的压缩系数，并且在屈服后应力-应变曲线逐渐重合在一起，但两者屈服应力有明显差异。试验 18 中确定的屈服应力约为 85kPa，而试验 17 中确定的屈服应力约为 100kPa。屈服应力的差异可以归咎于加载前形成的不同饱和度。从图 3.2（b）中可以看出，加载前试验 18 中饱和度明显高于试验 17，但在屈服前两者饱和度曲线基本平行。

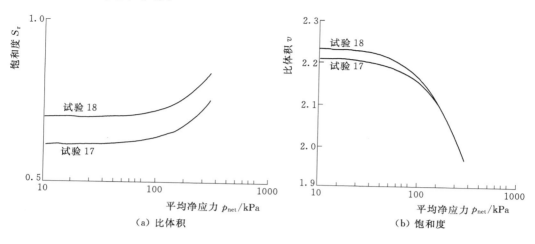

（a）比体积　　　　　　　　　　　（b）饱和度

图 3.2　高岭黏土的三轴压缩试验

非饱和土的水分特征通常用土水特征曲线表示，即饱和度-吸力关系曲线，或体积/重量含水率-吸力关系曲线。土水特征曲线的两个分支表明非饱和土具有相同吸力的时候也可以具有不同含水率，即水分滞回。在本例中，试验 18 的饱和度先减小，然后增大，可能从吸水曲线变化到了脱水曲线，因此高于试验 17 的饱和度。因此可以认为，较高的饱和度导致了较低的屈服应力。

Sivakumar 等的试验也表明，在 $s-p_{net}$ 空间中，由于饱和度不同，存在不同 LC 屈服轨迹。他们对高岭黏土做了系列三轴压缩试验，初始含水率为 24.5%，在 1300kPa 静压力下形成试样干密度为 1.68g/cm³，饱和度为 67%，初吸力为 800kPa。两组试验的路径如图 3.3 所示。第 1 组试验，将试样从吸力 800kPa 分别吸水平衡至 0kPa、200kPa 和 300kPa；然后再控制吸力保持不变做压缩试验。第 2 组试验将试样从高吸力吸水平衡至吸力 50kPa；接着脱水提高试样吸力分别达到 100kPa、200kPa、300kPa 和 450kPa；然后控制吸力保持不变做压缩试验。两组试样吸力平衡过程中都保持平均净应力（$p-u_a$）=

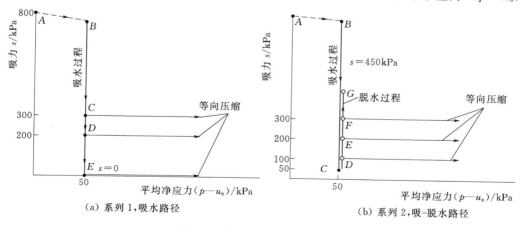

（a）系列 1，吸水路径　　　　　　（b）系列 2，吸-脱水路径

图 3.3　高岭黏土试样试验路径

50kPa，净应力加载速率为 15kPa/d。

　　图 3.4 所示为试样达到吸力平衡后的比水体积和比体积。可见，两组试样在相同吸力上比水体积和比体积有较大差别，已经形成明显的水分滞回。第 2 组试样的比水体积大于第 1 组。这说明第 2 组位于土水特征曲线的脱水曲线上，第 1 组位于吸水曲线上。

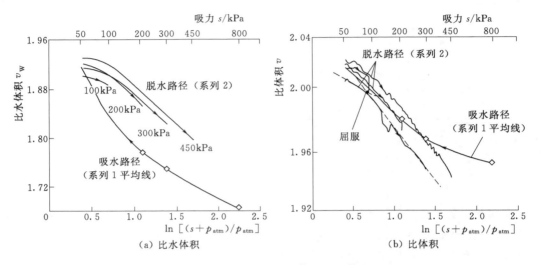

图 3.4　高岭黏土的比水体积和比体积

　　图 3.5 是两组试样等吸力纯压缩曲线。可见，两组试样的吸力相同，但屈服应力明显不同。第 1 组试样的初始屈服应力分别为 85kPa、157kPa 和 205kPa，对应 $s=0$kPa、200kPa 和 300kPa。第 2 组试样初始屈服应力分别为 84kPa、128kPa 和 139kPa，对应 $s=$ 100kPa、200kPa 和 300kPa（这里采用的初始屈服应力是从图上直接采点得到，和 Sivakumar 等文中提供的初始屈服应力数据稍有差别）。这些屈服应力，在平均净应力和吸力构成的平面上可以连接为屈服轨迹，形成两条而不是一条 LC 屈服线，如图 3.6 所示。从图 3.6 中可以观察到，第 2 组试样的 LC 屈服轨迹在第 1 组试样 LC 屈服轨迹以内。这说明在 $s-p_{net}$ 平面上，非饱和土在等吸力条件下由于水分滞回影响形成了两条不同 LC 屈服

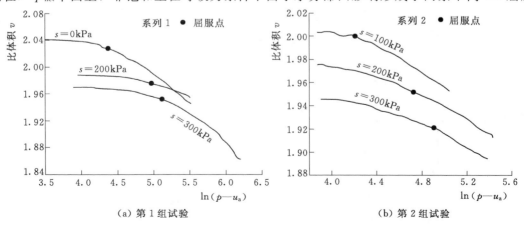

图 3.5　试样等吸力纯压缩曲线

轨迹，具有较大含水率试样的初始屈服面在具有较小含水率试样的初始屈服面内侧。

以上两个例子都是非膨胀性黏土的例子。对膨胀性黏土，也有类似试验现象。一个例子是 Monroy 在固结仪上对伦敦黏土的试验。该黏土液限 83％，塑限 54％，为初始含水率 23.5％。在试验 o27（o 代表固结仪 oedometer）中，试样先由吸力 870kPa 吸水至饱和状态；接着施加 30kPa 压力，然后脱水至吸力 80kPa 并保持不变；最后再重新加载至 425kPa，试验路径如图 3.7 所示，其中

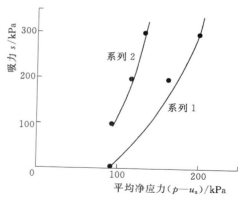

图 3.6　在平均净应力和吸力平面上 LC 屈服轨迹

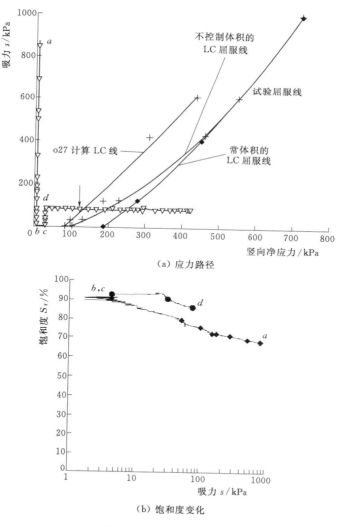

（a）应力路径

（b）饱和度变化

图 3.7　o27 试验路径

图 3.7（a）所示为应力路径，图 3.7（b）所示为饱和度变化。图 3.7（a）中也标出了控制试样体积和不控制试样体积得到的两条 LC 屈服线。图中 o27 的屈服点用箭头标出，可以观察到 o27 在重新加载过程中屈服应力小于同吸力下两条 LC 上的屈服应力。这表明屈服应力对饱和度的依赖性。另一试验 o21 也观察到与 o27 类似的现象。

3.1.2　强化过程中水分变化的影响

Sharma 对膨胀土-高岭黏土混合试样（膨胀土占 20% 质量）开展了试验，其中试验 9 和试验 10 涉及在强化过程中的水分滞回，这些试验现象由 Wheeler 和 Sharma 等做了介绍。试验路径如图 3.8（a）所示，试验 10 中试样的初始状态为吸力 200kPa 和平均净应力 10kPa，各向等压加载至 100kPa(ab)，接着卸载至平均净应力 10kPa(bc)；然后将吸力从 200kPa 减小到 20kPa 再增加到 200kPa(cde)。经过这个水分滞回后，再各向等压至 250kPa(ef)。图 3.8（b）所示为此过程中比体积变化，图 3.8（c）所示为饱和度变化。在图 3.8（b）、（c）中观察到，试样经历吸水-脱水循环后，虽然饱和度明显

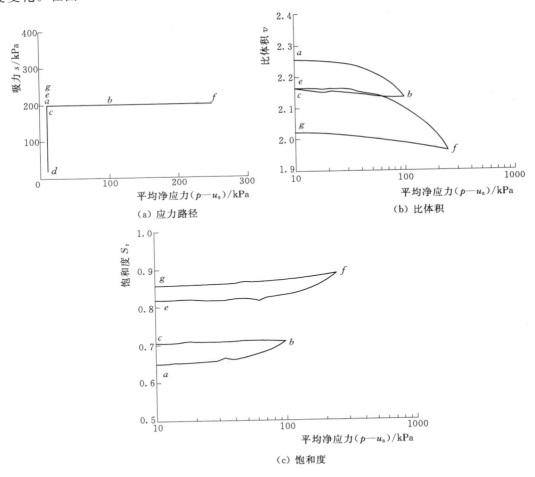

图 3.8　试验 10 吸水-脱水循环后经历各向等压

增大，但比体积却没有明显变化（c–d–e 几乎重合）。这可能是一个吸力循环没有引起体积变化的特例。这表明在这个过程中没有发生不可恢复的塑性变形。然而，在图 3.8（b）中观察到，在重新加载过程中，试样的屈服应力约为 80kPa，明显小于第 1 次加载时的屈服应力 100kPa。这可能表明屈服面的缩小即 LC 屈服轨迹发生左移。另外，Sharma 还开展了与试验 10 相同路径但不经历吸力循环的试验 9，如图 3.9 所示，重新加载时在卸载点 100kPa 发生屈服。这表明试验 10 中饱和度增加导致在重新加载过程中过早发生屈服（低于卸载时的屈服应力）。在随后加载过程中，试验 10 的压缩曲线逐渐与试验 9 的压缩曲线趋于一致，表明在进一步压缩中，饱和度的影响逐渐变小。

弹塑性模型 BBM 采用塑性体变作为强化参数，对试验 10 的现象将作出如试验 9 一样的预测结果，即屈服面不变化。Alonso 等提出的专门针对非饱和土膨胀土的模型 BExM 也不能合理解释这种现象。在 BExM 中，吸力减小通过 SD 线，导致非饱和土发生不可恢复的膨胀变形，从而引起 LC 左移即屈服面收缩。这样在重新加载中能预测到屈服应力减小的现象。然而，试验 10 在吸水–脱水循环结束后保持体积不变，并没有发生不可恢复的膨胀变形。这意味着在 BExM 里面不能引起 LC 左移。因此 BExM 也不能预测这种位置不动但屈服应力减小的现象。

另一种对试验 10 现象的解释是 LC 没有向左移动，而是发生向左倾斜，如图 3.10 所示。既然在水分滞回过程中没有发生不可恢复的膨胀或收缩变形，那么 LC 位置不发生改变。在这种情况下，LC 向左倾斜才可以导致屈服应力和屈服面的收缩。这个变化类似于本章开头介绍的 Alonso 对最优含水率两侧试样两种不同 LC 线的设想。

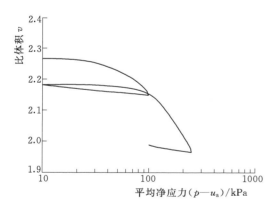

图 3.9　试验 9 加卸载后重新加载

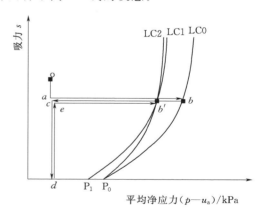

图 3.10　LC 可能的演化过程

Wheeler 等也对这个试验现象作了解释。他们将非饱和土的孔隙水分为体积水和弯液水，认为吸力主要由弯液水引起。土骨架的稳定，不仅取决于吸力大小，还取决于弯液面数量多少。可以肯定，饱和度增加将减少弯液面数目。在试验 10 中，卸载经历吸水–脱水循环后，吸力与先前一致。但由于饱和度增加，减少了弯液水数目，削弱了土骨架的稳定性，因此在较小的应力（与卸载前比较）下就发生颗粒间滑移，导致屈服发生。Wheeler 等引入一个表示饱和度屈服的 SD 线，将 LC 线和饱和度变化联系起来模拟这种试验现象。这不同于以往的 LC 仅由塑性体变控制的弹塑性理论。这个概念性的模型非常复杂，考虑多种耦合运动，需要引入较多参数。

3.1.3　LC 受水分滞回的影响

Thu 等在 BBM 框架下研究了 LC 线和土水特征曲线的关系。这些工作也可间接表明 LC 线受水分滞回影响以及两者之间的关系。

Thu 等将等吸力正常压缩固结线的压缩参数和等效体积含水率联系起来，有

$$\lambda(s) = \lambda(0) - \frac{1-\Theta}{m_\lambda} \tag{3.1}$$

$$\kappa(s) = \kappa(0) - \frac{1-\Theta}{m_\kappa} \tag{3.2}$$

$$N(s) = N(0) - \frac{1-\Theta}{m_N} \tag{3.3}$$

其中：

$$\Theta = \frac{\theta_w - \theta_r}{\theta_s - \theta_r} \tag{3.4}$$

式中：Θ 为等效体积含水率。对于土颗粒不可压缩的情况，式（3.4）中 θ 可换为饱和度 S_r。

Thu 等进一步通过对高岭黏土的试验证明提出的新表达式和 Alonso 在 BBM 模型中的表达式均能对试验数据合理模拟，同时也采用 Rampino 等对粉沙试验结果进行了验证，如图 3.11 所示。

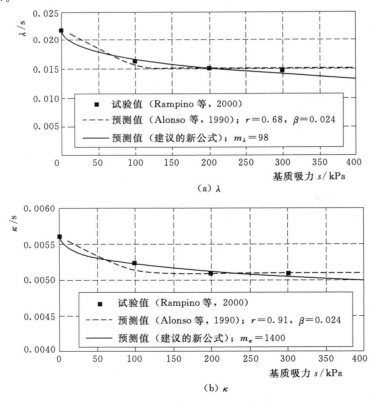

（a）λ

（b）κ

图 3.11　Thu 等提出的新表达式计算结果

Thu 等采用一条脱水土水特征曲线来描述含水率和 LC 屈服线的关系。对非饱和土来说，土水特征曲线存在两个分支，脱水曲线只是其中一支，还存在一条吸水曲线。根据 Thu 等的研究，既然采用吸水土水特征曲线可以确定一条 LC 线，那么也可以推测在 $p-s$ 平面上也存在与吸水土水特征曲线对应的另一条 LC 线。它们之间的关系同样也可以用 Thu 等提出的新表达式表示。

Alshihabi 等考察了水分滞回对黏土压实性和强度的影响。在他们对法国 Bavent 的压缩试验中，在固结仪上共做了 3 组不同吸力值的压缩试验。第 1 组控制吸力为 150kPa，包括试样 3 和试样 5；压缩前，后者比前者多经历一个脱水-吸水循环，然后回到初始吸力 150kPa。第 2 组控制吸力为 300kPa，包括试样 2 和试样 4；压缩前，后者比前者多经历一个脱水-吸水循环，然后回到初始吸力 300kPa。第 3 组则为一个饱和试样 1，直接做压缩试验。他们的试验结果如图 3.12 所示。

从图 3.12 中可以看出，在控制吸力 150kPa 和 300kPa 下，经历水分/吸力滞回后，试样的屈服应力明显提高。这说明水分滞回前后在平均净应力和吸力平面上形成两条 LC 屈服线。此外，较水分滞回前，弹性段和塑性段（正常固结线）的压缩系数也有减小现象。

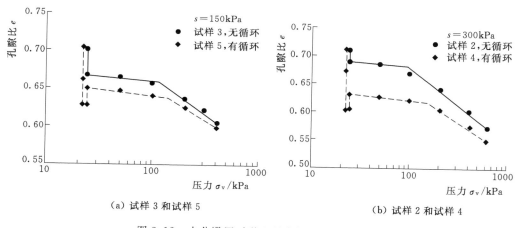

（a）试样 3 和试样 5 　　　　　　　　　　（b）试样 2 和试样 4

图 3.12　水分滞回对黏土压实性和强度的影响

3.2　水分滞回和 Bishop 应力变量

前文已经论述，对非饱和土必须从水分和变形两个方面来描述。应力变量的选择可以是 Fredlund 应力双变量，也可以是这些变量的其他组合形式，其中 Bishop 应力和吸力就是一种组合。在采用 Bishop 应力变量的弹塑性模型中，LC 屈服面模拟非饱和土在不同应力水平下的遇水体缩现象，这与采用 Fredlund 应力双变量的弹塑性模型中 LC 屈服面的作用相同。因此，LC 才是模拟非饱和土遇水体缩现象的关键。但是采用这种应力变量的模型中仍然具有明显的差别，尤其在对水分滞回的考虑方面。水分滞回在采用 Fredlund 应力双变量的弹塑性模型中的特点已经在 3.1 节中说明，本节将探讨水分滞回在采用 Bishop 应力变量的弹塑性模型中的特点。

3.2.1　初始屈服

先考察 Sivakumar 等的试验在 Bishop 应力和基质吸力构成的平面上的特点。Sivakumar 等没有说明各向等压过程中比水体积的变化。然而 Wheeler 和 Sivakumar 等进行的类似试验表明，在等吸力压缩过程中比水体积基本不变。陈锐、孙德安等也观察到类似试验现象。考虑到这些试验是不同时期的成果，且都是针对同种高岭土（Sivakumar 等也将这些不同时期的试验成果在文中做了比较），可以推测这些试验应具有类似的现象，即在各向等压过程中比水体积几乎不变化。基于此，可以计算出各向等压过程中的饱和度。

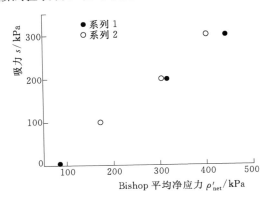

图 3.13　在 Bishop 应力平面上的 LC 屈服轨迹

图 3.13 将 Sivakumar 的两组试验确定的初始屈服点画在 Bishop 平均净应力 p'_{net} 和吸力平面内。可以观察到，与 p_{net} - s 平面中不同，两组试验的初始屈服应力非常接近（图中未画出）。这说明尽管屈服点的饱和度不同，但 LC 屈服轨迹在 p'_{net} - s 平面中可以用一条 LC 线表示。

3.2.2　强化过程

3.2.1 节对 Sivakumar 等的试验分析表明，在 Bishop 应力和吸力的平面上，具有唯一初始 LC 线，即在应力空间中具有唯一屈服面。如果取塑性体变为强化变量（这是 CAM、MCAM、BBM 和 BExM 及众多衍生弹塑性模型的做法），那么在强化过程中后继屈服面也具有唯一性，而不受水分变化的影响，这进一步说明屈服面位置唯一由塑性体变决定。LC 屈服线的这个特性可通过分析 Sharma 的试验证实。

图 3.14 是试验 10 在 Bishop 平均净应力 p'_{net} 和比体积 v 的平面上重新表示。可以发现，a - b - c 段加载和卸载引起饱和度提高，而吸水-脱水过程 c - d - e 引起饱和度提高，将应力从 c 点提高到 e 点。对比图 3.8（b），c 点和 e 点在 Bishop 应力平面上不再重合。图 3.14 也表明在随后加载中，屈服仍然发生在卸载前的屈服点。在随后的强化过程中，压缩曲线基本恢复了卸载前的强化趋势，与平行试验 9 一致。对比前文在重新加载过程中过早发生屈服现象，这说明在 Bishop 应力空间内屈服面的发展和卸载前一致。如前所述，试验 9 和试验 10 的区别是前者没有经过水分滞回。从图 3.14 中可导致卸载后 c 点应力大于最初加载的 a 点。

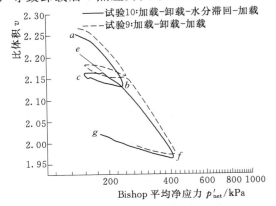

图 3.14　各向等压过程卸载-再加载压缩曲线

以看出，两条曲线除了比体积有一个初始差值外，压缩曲线基本一致。

应该注意到图 3.14 中在 b 点卸载前已经产生塑性变形，这时土体已经处于强化阶段，也就是说，应力状态已经达到了 LC 面，发生了屈服面的右移/强化。如取塑性体积作为加载强化参数，考虑到吸水-脱水循环导致饱和度增大但没有发生塑性体变，可认为在重新加载到原卸载点 b 以前，屈服面仍然保持卸载前屈服面，大小没有变化。屈服面的大小不受饱和度变化的影响，仅由塑性体变决定。这符合剑桥类弹塑性模型中卸载不引起强化变量（塑性体变）变化的规律，也是 BBM 模型中采用的基本假定。因此，采用 Bishop 应力可以直接在 BBM 框架下模拟饱和度对应力-应变关系的影响。

3.2.3　强度和 Bishop 应力变量

目前非饱和土力学中广泛应用的是 Fredlund 根据应力双变量，将饱和土强度理论拓展的非饱和土强度理论，认为非饱和土强度有两个影响因素，一个是平均净应力 $p-u_a$，另一个是吸力。其强度表达式为

$$\tau_f = c' + (\sigma - u_a)_f \tan\phi' + (u_a - u_w)_f \tan\phi^b \tag{3.5}$$

另外，根据 Bishop 有效应力表达式，也可以写出强度表达式，即

$$\tau_f = c' + [(\sigma - u_a)_f + \chi(u_a - u_w)_f] \tan\phi' \tag{3.6}$$

Nuth 和 Laloui 采用 Bishop 应力（$\chi = S_r$）重新考察了 Sivakumar 非饱和高岭土的临界状态强度数据，结果如图 3.15 所示，其中图 3.15（a）所示为采用式（3.5）整理的强度数据，图 3.15（b）所示为采用式（3.6）整理的强度数据。

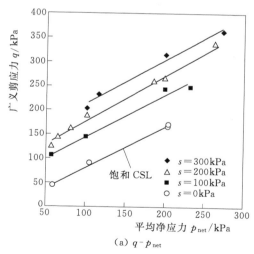

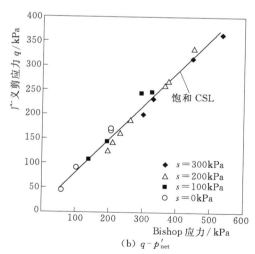

(a) $q-p_{net}$　　　　(b) $q-p'_{net}$

图 3.15　非饱和高岭土的临界状态

从图 3.15（a）中可以看出，采用强度表达式（3.5），不同吸力对应的强度数据在破坏平面上构成若干条平行的 CSL 线，这说明黏聚力对基质吸力的影响即式（3.5）右边末项；而从图 3.15（b）中可以看出，采用 Bishop 应力的强度表达式（3.6），不同吸力的

强度数据可以用一条临界状态线 CSL 描述，这说明饱和土的剪切参数可以直接应用于非饱和土，而不必考虑黏聚力对基质吸力的依赖。

Nuth 和 Laloui 认为，由于 Bishop 应力变量同时包含净应力和吸力的影响，如用这个应力变量来描述土骨架的应力状态，那么就无须单独考虑由于吸力变化引起的屈服，也就无须引入额外的 SI 面或 SD 面。不过，他们没有进一步验证这个观点。

3.3　两种应力空间中的转换

对饱和土来说，屈服发生在土骨架上，土骨架具有确定的初始屈服点。但非饱和土中还有水相、气相及其和土骨架之间力的平衡，它们之间的相互作用也影响土骨架屈服。显然，饱和度是描述固、液、气相之间物理状态的一个变量。由于存在这个平衡关系，土骨架发生屈服时，用不同应力变量观察屈服轨迹就有不同的现象。

在 $s-p_{net}$ 平面上，如果非饱和土具有确定的水分滞回性质，那么两个 LC 屈服轨迹及其相对关系也不变。Bishop 应力考虑了净应力和吸力共同作用以及饱和度的影响，在 $s-p'_{net}$ 平面中这两个屈服轨迹"恰好"表现为一条屈服轨迹，这已通过有限试验数据证实。因此，在 $s-p_{net}$ 平面和 $s-p'_{net}$ 平面中，LC 屈服轨迹的关系为

$$p_{y1}(p_0,s,S_{r1})+sS_{r1}=p_{y2}(p_0,s,S_{r2})+sS_{r2}=p^*(p_0,s) \tag{3.7}$$

式中：p_0 为饱和土的屈服应力；p_{y1} 和 S_{r1} 为在 $s-p_{net}$ 平面中经过吸水、脱水循环前的 LC 屈服轨迹和饱和度；p_{y2} 和 S_{r2} 为在 $s-p_{net}$ 平面中经过吸水、脱水循环后的 LC 屈服轨迹和饱和度；$p^*(p_0,s)$ 是在 $s-p'_{net}$ 平面中的 LC 屈服轨迹。

式（3.7）表明两种应力空间中屈服面的转换关系，也表明在 BBM 弹塑性模型框架下采用 Bishop 应力的优点之一是可以根据任意吸水或者脱水试验确定唯一的 LC 屈服轨迹。目前采用应力双变量的 BBM 类模型中仅采用其中一个 LC 屈服轨迹，不能模拟水分滞回的影响。而在大多数试验中也仅确定其中一个 LC 屈服轨迹，要完整反映非饱和土的性质，有必要确定另一个 LC 屈服轨迹，但这得通过费时费力的非饱和土试验来确定。事实上，如果有效应力是引起土体变形的唯一因素，则在有效应力空间中非饱和土的屈服面自然会具有唯一的特性。考虑非饱和土的屈服在有效应力空间中的特点，一方面可简化弹塑性本构模型；另一方面在确定模型参数时也节约试验费用和时间。

Jommi 曾建议将 BBM 模型中 LC 屈服轨迹直接附加 sS_r 来表示 Bishop 应力空间中的 LC 屈服轨迹，即

$$p_y(p_0,s)+sS_r=p^*(p_0,s) \tag{3.8}$$

式中：$p_y(p_0,s)$ 为 BBM 模型中 LC 屈服轨迹；$p^*(p_0,s)$ 为 Bishop 应力空间中 LC 屈服轨迹。盛岱超等采用了 Jommi 的建议，但他们未给出合理的理由或证明。上述分析则通过试验证明了这一点。

Jommi 认为，当采用 Bishop 应力时，LC 的演化应该与饱和度相关。基于此，Tamagnini 根据 Jommi 的建议，将 LC 的强化参数 p'_c 分为饱和和非饱和两部分，即

$$dp'_c=dp'_{c-sat}+dp'_{c-unsat} \tag{3.9}$$

并采用

$$\mathrm{d}p'_{\text{c-sat}} = \frac{vp'_{\text{c}}}{\lambda - \kappa}\mathrm{d}\varepsilon^{\text{p}}_{\text{v}} \tag{3.10}$$

$$\mathrm{d}p'_{\text{c-unsat}} = -bp'_{\text{c}}\mathrm{d}S_{\text{r}} \tag{3.11}$$

式中：b 为参数。这样，将在 Bishop 应力和吸力的平面上形成两条 LC 线，分别对应土水特征曲线的吸水段和脱水段，如图 3.16 所示。根据 Tamagnini 的观点，脱水 LC 位于吸水 LC 内侧，在同一吸力 s 上，吸水路径上对应的 Bishop 屈服应力大于脱水路径上的 Bishop 屈服应力。然而在土水特征曲线上，在同一吸力 s 下脱水段上的饱和度高于吸水段对应的饱和度。这也说明在脱水时非饱和土的屈服应力比吸水时屈服应力小，也就是说，在同一吸力水平上，较大饱和度试样的屈服应力小于较小饱和度试样的屈服应力。这显然不符合前文介绍的非饱和土的试验现象，也不符合前面分析的 Bishop 应力平面上屈服轨迹唯一性的结论。

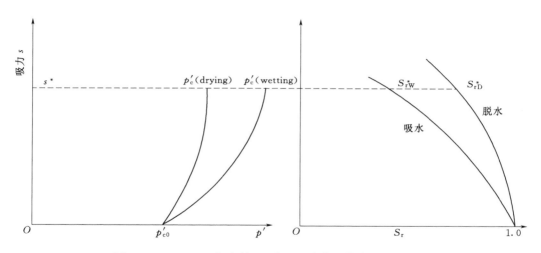

图 3.16 Tamgnini 提出的 LC 线和土水特征曲线的对应关系

3.4 非饱和膨胀土的本构关系探讨

BExM 专门针对非饱和膨胀土描述了水分滞回与力学性质之间的耦合机理，两者通过传统的塑性体变联系。在吸力减小中，当达到 SD 线时，发生塑性膨胀变形并引起 LC 软化即 LC 位置左移，SI 线下移；在吸力增加过程中，当达到 SI 线时，材料发生弹塑性压缩体变引起 LC 发生强化即右移。前面的分析表明，这种水分滞回和力学性质相耦合的变化机理，并不局限于膨胀土，对于普通黏土如高岭土也有这类试验现象。因此，Sivaku-mar 等的试验也可以在 BExM 框架内分析。这就出现两个问题：①BBM 对非饱和土（不包括非饱和膨胀土）适用性；②BExM 对非饱和土（包括非饱和膨胀土）的适用性。这两个问题的根源是 Alonso 等试图通过 BBM 解释非饱和土水分滞回对应力-应变关系的影响。这涉及两个模型中 LC 屈服轨迹及其强化。

3.4.1　BBM 中 LC 线

BBM 和 BExM 以及众多的后继模型都采用了 LC 来模拟非饱和土行为。虽然不同研究者采用不同形式的具体 LC 函数，但其功能是相同的，即模拟非饱和土的加载体缩和吸水体缩，两者都会导致材料的强化行为，LC 位置向右移动。目前对 BBM 中 LC 研究，除了理论研究（推导不同的具体函数）以外，主要集中在 LC 的存在性和唯一性（不同于前面分析的由水分滞会导致的 LC 不唯一性）上。许多研究者通过试验证明在平均净应力和吸力的平面上 LC 的存在性和唯一性。他们通常采用两种路径来确定 LC 的存在性。第一种方法是将非饱和土试样控制在各个吸力值，然后各向等压压缩确定屈服点，如图 3.17 中路径 ABH 和 ACJ。第二种方法是减小试样吸力观察其发生体缩时吸力值，如图 3.17 中路径 EL 和 FK。两种方法结合检验 LC 线的唯一性。通常采用第一种方法来确定 LC，并结合第二种方法来确定 LC 的唯一性。饱和土的屈服应力确定方法为将非饱和土饱和后再等向压缩，即路径 AEP。

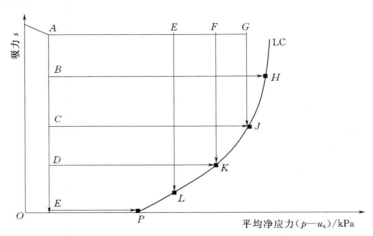

图 3.17　LC 屈服线确定及唯一性验证方法

3.4.2　BExM 中 LC 线

图 3.18 分析 BExM 中 LC 变化机理。假设试样的初始状态为 S，对应屈服线为 LC0，饱和土的屈服应力为 P_0。试样经过吸水直到吸力减小至 L 时，可以确定其屈服应力分别为 A、B、C 和 D。试样到达 SD 线后，如果试样的吸力继续减小，则会发生塑性膨胀变形。根据强化法则，引起 LC0 位置依次内移至 P_1、P_2 和 P_3，对应的 LC 线分别为 LC1、LC2 和 LC3。吸力在 LC 屈服线上对应的屈服应力分别为 E、F 和 P_3。由于最后的 LC 屈服线 LC3 在 LC0 以内，因此在随后的吸力增加（脱水）过程中预测到的屈服应力小于同吸力下 LC0 的屈服应力。

BExM 中膨胀机理成立的前提是在吸水过程中发生不可恢复的膨胀变形，也即 SD 屈服线必须存在才能引起软化机制。然而对膨胀土的试验表明，SD 屈服线的存在缺乏有力的证据。Sharma 等对高岭和膨胀土（4∶1）的混合试样的试验中没有观察到 SD 屈服线

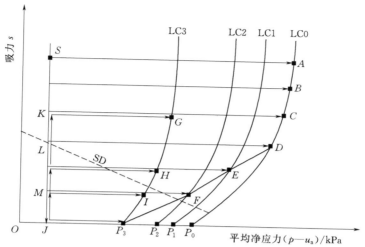

图 3.18 BExM 模型中吸力减小过程中 LC 的移动

的存在，Monroy 对伦敦黏土的试验中也没有观察到 SD 屈服线存在，他们都是在 $v-\ln s$ 坐标中考察试验数据，这符合饱和土力学中观察屈服应力的做法。但也有研究者如詹良通和陈锐认为观察到了 SD 屈服线。陈锐在 $v-\ln s$ 平面上并没有观察到膨胀变形突变的转折点，如图 3.19 所示。然而他采用大气压力作为参数，在 $v-\ln\left[(s+p_{at})/p_{at}\right]$ 平面中重新考察才发现膨胀曲线具有明显弯折点，并认为发现了 SD 屈服线。陈锐和詹良通采用相同的试验数据处理方法。詹良通认为枣阳膨胀土的 SD 屈服线与平均净应力轴的夹角是 $27°$，而不是 BExM 模型中最初建议的 $45°$。然而，SD 屈服线的存在不应与采用的参考应力相关，他们均采用大气压力 p_{at} 作为参考应力，具有任意性。这种方法确定 SD 屈服线的方法值得商榷。退一步说，由于并不是所有膨胀土试验中都能观察到 SD 线（远逊于 LC 线存在的充分性证据），目前缺乏支持膨胀土存在 SD 屈服线的有力证据。

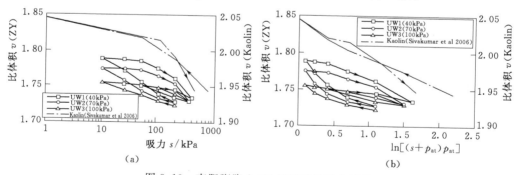

图 3.19 南阳膨胀土 SD 屈服线的确定过程

然而如果 SD 存在，则意味着直接在试验中确定的饱和土屈服应力是软化后的 P_3，而不能直接通过试验确定软化前屈服应力 PR_0。这将导致难以确定初始 LC 线。在 BExM 中也采用和 BBM 中一样的 LC 函数

$$\frac{p_y}{p_c}=\left(\frac{p_0}{p_c}\right)^{\frac{\lambda(0)-\kappa}{\lambda(s)-\kappa}}$$

$$(3.12)$$

式中：p_0 为饱和土屈服应力，确定 LC 的初始位置。

进一步说，BExM 中 SD 引起的软化机制并不合理，会导致一个无法通过试验确定的"虚"饱和土的屈服应力。实际上，在吸力减小过程中，通过试验观察到的屈服点轨迹为 ABCDEFP3，而 DEP3 下面的屈服点在试验中无法直接观察到，因此不能试验验证 BExM 中描述的软化过程。

3.4.3　水分滞回与 LC 屈服线

鉴于在试验中没有直接的证据表明存在 SD 线，Wheeler 介绍了结合水分滞回的弹塑

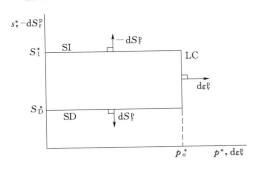

图 3.20　Wheeler 等提出的模型

性模型。在这个模型中，饱和度分为弹性部分和塑性部分，也引入了一个 SD 屈服线来表示饱和度的屈服面（不同于 BExM 中膨胀变形的 SD 线），而 LC 是一条平行于 s 轴的直线（图 3.20）。当饱和度达到 SD 面时，发生软化使 LC 右移。这一点和 BExM 中 LC 的运动规律类似，不同的是在 BExM 中引起 LC 右移的诱因是 SD 屈服引起的塑性膨胀变形，而在 Wheeler 等作者的模型中是 SD 屈服引起的塑性饱和度增加。因此，Wheeler 认为 LC 屈服和塑性饱和度/含水率变化相关。

当试样经历水分滞回后，一个显著特点是含水率发生变化，这在 BExM 和 BBM 中未予以考虑；两者仅考虑吸力、应力和比体积之间的变化关系。图 3.4 反映了高岭黏土经吸水-脱水循环后，在相同吸力上具有较大的比水体积，这属于水分滞回现象。一些试验表明，水分滞回对刚度也有影响，对普通高岭黏土和非饱和膨胀土有类似的影响。Alshihabi 的试验较清晰地表达这样的规律：吸力增大，弹性刚度 κ 增大，塑性刚度 λ 减小；在同一吸水水平上，经脱水-吸水循环后，不仅屈服应力发生变化，κ 和 λ 都减小。Alshihabi 在试验中没有提供含水率的信息，但一般情况下经脱水-吸水循环后，同吸力下含水率较脱水前小。图 3.12 和表 3.1 是 Alshihabi 在固结仪上对压实黏土的控制吸力压缩试验结果。Sivakumar 的试验中屈服应力受水分滞回影响明显，刚度变化规律不明显，但水分滞回前后 κ 和 λ 有明显变化（表 3.2 和图 3.21）

表 3.1　　　　　　吸力循环对压实黏土压缩性的影响：控制吸力的固结仪试验

试验路径	$s=0$		$s=150\text{kPa}$		$s=300\text{kPa}$
	试样 1	试样 2/脱水	试样 4/脱-吸水	试样 3/脱水	试样 5/脱-吸水
弹性刚度 κ	0.0024	0.0074	0.0062	0.0079	0.0069
塑性刚度 λ	0.0498	0.046	0.041	0.0439	0.038
屈服应力 σ_{v0}/kPa	47	76	140	119	144

注　　自然对数坐标中的刚度，变化规律为吸力越大饱和度越小，刚度越小；在同一吸力上，饱和度越小，刚度越小。

表 3.2　　　　　　　吸力循环对高岭黏土压实性的影响：控制吸力的三轴试验

试　验	系列 1/吸水		系列 2/吸-脱水	
吸力 s/kPa	弹性 κ	塑性 λ	弹性 κ	塑性 λ
0	0.00747	0.07043	—	—
100	—	—	0.01513	0.0688
200	0.00375	0.03530	0.00869	0.07585
300	0.01163	0.08607	0.00596	0.06734

注　规律变化不明显，但水分滞回前后刚度有明显变化。

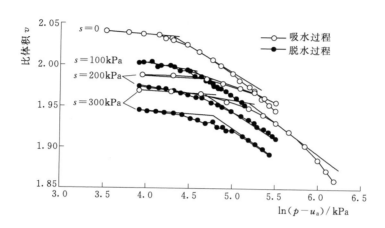

图 3.21　高岭黏土的等吸力压缩曲线（试验数据取自文献）

　　从式（3.12）即 BBM 的 LC 函数可以看出，虽然 LC 线的位置受到 P_0 控制，但其倾斜变化却受非饱和土压缩系数影响。对同一个吸力 s，如果压缩系数大，则预测得到的屈服应力小；反之则预测到较大的屈服应力。因此可以得出以下推论。

　　（1）既然 BBM 中 LC 线的确定方法［式（3.12）］对水分循环前的非饱和土适用于确定 LC 屈服轨迹（这个已经得到试验证明），且屈服轨迹与压缩系数相关；那么在水分滞回后，由于仅压缩系数发生变化，式（3.12）也可用来确定水分滞回后的 LC 线。在水分循环前后，含水率变化引起力学性质即正常固结线的斜率变化，而饱和土的屈服应力不变（饱和时状态在土水特征曲线两条分支的交点上），因此新 LC 线的位置不变，仅发生倾斜变化。对于经历吸水-脱水循环的试样，在同一吸力上饱和度增大，正常固结线的压缩系数 $\lambda(s)$ 也增大，则预测到较小的屈服应力，水分循环后新 LC 线位于原 LC 线内侧。对于经历脱水-吸水的试样，在同一吸力上饱和度减小，正常固结线的 $\lambda(s)$ 也减小，则预测到较大的屈服应力，水分循环后新 LC 线位于原 LC 线外侧，如图 3.22 所示。

　　（2）等吸力压缩过程中，屈服时饱和度位于土水特征曲线的主分支上；屈服前饱和度位于两条土水曲线构成的滞回圈内。Thu

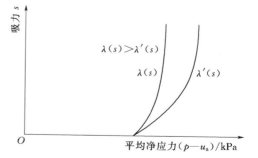

图 3.22　LC 线和正常固结线斜率 $\lambda(s)$ 的关系

等仅论证了他们提出的新表达式对非饱和土适用性以及优越性即确定参数所需的试验少。然而他们的试验也表明，吸力 s 下正常固结线斜率 $\lambda(s)$ 与土水特征曲线有对应关系。

（3）土水特征曲线的两个分支，对应到两条 LC 线。Thu 等的试验表明土水特征曲线和 LC 线有对应关系，虽然他们仅仅用了一条土水特征曲线来说明这种关系。

上述推论的第（3）条，实际上在前文中已经介绍，这里作为推论出现。上面这 3 点紧密相关：由土水特征曲线的一条分支和一条 LC 的对应关系必然得知存在另一条分支和另一条 LC 线的对应，当达到屈服时饱和度必然位于土水特征曲线的两个分支上，这些特征都由水分变化引起的刚度变化解释。刚度和屈服应力都是土的力学特征，而水分是属于土的物理状态。如果将 $\lambda(s)$ 和饱和度关联，则 BBM 可以解释 Sivakumar 等作者的试验现象，也可以解决 BExM 中不能确定非饱和膨胀土的初始屈服应力的困难。这里，没有改变 LC 的强化规律，加载强化仍然受到塑性体变的制约。

应该说明的是，不同研究者采用不同具体形式的 LC 函数，如 Wheeler 认为 LC 应该和 SI 面相耦合。但这些表达式功能和 BBM 中的 LC 一致，预测的屈服轨迹也能与具体的试验数据吻合。采用这些不同形式的函数，如果考虑水分引起的刚度变化，仍然会得到上述第（1）、（3）点推论。

这里仅以 Alshihabi 的试验为例，简单验证上面逻辑推理。Alshihabi 等在文中给出 $\lambda(s)$ 的参数为 $\beta=0.00394$ 和 $r=0.829$。笔者发现取 $r=0.8$ 较符合试验数据，如图 3.23（a）所示。经水分循环后，刚度发生变化，取 $\beta=0.0099$ 和 $r=0.75$，表示变化后的刚度，如图 3.23（b）所示。

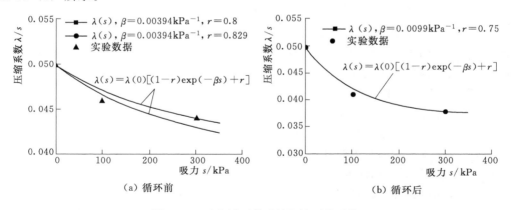

（a）循环前　　　　　　　　　　　（b）循环后

图 3.23　吸力循环前后的塑性压缩系数

图 3.24 所示为循环前后黏土的屈服应力和 LC 屈服轨迹的比较。在循环前，计算的 LC 线和试验数据吻合得较好。在循环后，计算曲线和试验数据差别稍大，但基本可反映循环后塑性刚度减小导致预测的 LC 在原 LC 的外侧。应该注意到，在循环后，Alshihabi 试验中确定的吸力 $s=300$kPa 下循环后屈服应力非常接近（$s=300$kPa、140kPa；$s=300$kPa、144kPa），这个试验结果可能并不理想，或许有试验测量和其他干扰。Alshihabi 等采用两段直线延伸的方法确定屈服应力，而没有采用常规的 Casagrande 方法。由于其试验数据较少，也无法采用 Casagrande 方法进一步确定较准确的屈服应力。

另一个应该说明的是，上述推论中的土水特征曲线。在本研究综述中已经介绍，Gallipoli 分析 Sivakumar 的试验数据表明，非饱和高岭土达到屈服后，土水特征曲线随着体变（比体积）而变化，他们给出一个拟合表达式，不涉及水分滞回，其应用范围为土水特征曲线的吸水分支。因此，上述推论，是针对初始 LC 屈服轨迹和此时的土水特征曲线；屈服后，土水特征曲线应随体变变化，即体变对土水特征曲线的影响，如按照 Gallipoli 的拟合表达式变化。

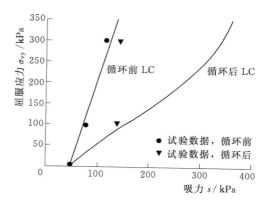

图 3.24 吸力循环前后的 LC 线

将非饱和土的水分滞回和力学性质相结合是目前的一个难点和热点。许多学者都试图在模型中考虑体变对土水特征曲线的影响。一些学者如 Gallipoli 和孙德安等，采用试验数据拟合的方法，但这类方法往往限于所做的试验路径。一些学者也通过半经验、半理论的方法，试图给出符合各种要求的答案，但效果并不理想。盛岱超未加说明给出下列结合体积（体变）的土水特征曲线表达式，即

$$d\theta = -\lambda_{ws} n \frac{ds}{s} + S_r d\epsilon_v \tag{3.13}$$

有专家曾专门做讨论证明此式不合理。随后盛岱超等给出下列表达式

$$d\theta = ndS_r + S_r dn = -\lambda_{ws} n \frac{ds}{s} + S_r d\left(\frac{V_v}{V}\right)$$

$$= -\lambda_{ws} n \frac{ds}{s} + S_r(1-n)d\epsilon_v \tag{3.14}$$

这样，式（3.14）看起来在讨论的合理范围内。然而，式（3.14）实际上采用了下列推理，即

$$d\left(\frac{V_v}{V}\right) = (1-n)d\epsilon_v \tag{3.15}$$

但含水率微分表达式

$$d\theta = d(nS_r) = ndS_r + S_r d\left(\frac{V_v}{V}\right) = ndS_r + S_r\left(\frac{dV_v}{V} - \frac{V_v}{V}\frac{dV}{V}\right)$$

$$= ndS_r + S_r(n-1)d\epsilon_v \tag{3.16}$$

可以看出，式（3.16）中采用了 $d\epsilon_v = -dV_v/V$，而盛岱超等在式（3.14）中采用的是 $d\epsilon_v = dV_v/V$。前者符合土力学的传统约定，即压应力/应变为正。但不管它们是否采用了这个约定，对于常吸力压缩，式（3.14）将预测到压缩体变将产生含水率增长。但根据式（3.16），由于 $(n-1) < 0$，压缩体变反而会导致含水率减小，这表明 ndS_r 和 $S_r, n-1 d\epsilon_v$ 之间是"耦合"的关系。实际上，是因为饱和度增量和体应变增量之间的相互影响（这种影响应该表现在它们的系数上，即系数之间的耦合性）。从含水率定义出发，有

$$\frac{dV_w}{V_0} = \frac{\dfrac{dV_w}{V_{v0}}}{\dfrac{V_0}{V_{v0}}} = n_0 dS_r \tag{3.17}$$

$$d\theta = d\left(\frac{V_{\mathrm{v}}}{V}\right) = \frac{dV_{\mathrm{w}}}{V} - \frac{V_{\mathrm{w}}}{V}\frac{dV}{V} = \frac{dV_{\mathrm{w}}}{V} + \theta d\varepsilon_{\mathrm{v}} \tag{3.18}$$

从此式中就可以看到正体变（压缩）对含水率的贡献是始终增长的，即含水率增长。这说明不能简单将式（3.14）中的 nds_{r} 替换为 $-\lambda_{\mathrm{ws}}nds/s$，即将两个耦合项处理为非耦合项，会引起别的问题，如常吸力下体缩引起负体积含水率增量。

缪林昌认为净应力和吸力通过各自引起的体变来影响饱和度。他以净应力引起的体变为例，给出了详细的推导过程：假定 V_{w0} 为非饱和土中水的体积，V_{v0} 是非饱和土中孔隙的体积，则初始饱和度 S_{r0} 为

$$S_{\mathrm{r0}} = \frac{V_{\mathrm{w0}}}{V_{\mathrm{v0}}} \tag{3.19}$$

当非饱和土在各向等压过程中发生体积变形时，假定土样中水的变化量为 dV_{w}，孔隙体积变化为 dV_{v}，则变形后土样饱和度为

$$S_{\mathrm{r}} = \frac{V_{\mathrm{w0}} - dV_{\mathrm{w}}}{V_{\mathrm{v}} - dV_{\mathrm{v}}} = \frac{\dfrac{V_{\mathrm{w0}} - dV_{\mathrm{w}}}{V_0}}{\dfrac{V_{\mathrm{v}} - dV_{\mathrm{v}}}{V_0}} = \frac{n_0 S_{\mathrm{r0}} - \dfrac{dV_{\mathrm{w}}}{V_0}}{n - d\varepsilon_{\mathrm{v}}} \tag{3.20}$$

式中：V_0 为土样初始总体积；n_0 为土样初始孔隙率。

式（3.19）和式（3.20）相减可得

$$dS_{\mathrm{r}} = S_{\mathrm{r}} - S_{\mathrm{r0}} = \frac{n_0 S_{\mathrm{r0}} - \dfrac{dV_{\mathrm{w}}}{V_0}}{n_0 - d\varepsilon_{\mathrm{v}}} - S_{\mathrm{r0}} \tag{3.21}$$

$$\frac{dV_{\mathrm{w}}}{V_0} = \frac{\dfrac{dV_{\mathrm{w}}}{V_{\mathrm{v0}}}}{\dfrac{V_0}{V_{\mathrm{v0}}}} = n_0 dS_{\mathrm{r}} \tag{3.22}$$

并将式（3.22）代入式（3.21）中，整理得到

$$dS_{\mathrm{r}} = \frac{S_{\mathrm{r0}} d\varepsilon_{\mathrm{v}}}{2n_0 - d\varepsilon_{\mathrm{v}}} \tag{3.23}$$

这里他假定净应力引起的体变 $d\varepsilon_{\mathrm{vp}}$ 对饱和度的影响符合式（3.23）表示的关系，建立了净应力对饱和度影响的关系式。吸力对饱和度的影响也做了类似处理。这样就建立了净应力和吸力对饱和度影响的关系，作为原文提出的弹塑性本构模型中计算饱和度变化的基本表达式之一。

实际上，式（3.22）并不严格成立。式（3.22）中隐含了两个关系式，在分母部分中有 $n_0 = V_0/V_{\mathrm{v0}}$；在分子部分中有

$$dS_{\mathrm{r}} = \frac{dV_{\mathrm{w}}}{V_{\mathrm{v0}}} \tag{3.24}$$

前者是土体孔隙的体积除以土体的总体积，符合孔隙率的定义，故是成立的。而式（3.24）只在一定条件下才能成立。饱和度变化一方面应反映水分变化；另一方面也应反映孔隙体积变化的影响。若以 V_{w} 表示非饱和土中的水体积，V_{v} 表示非饱和土中孔隙体积，则有 $S_{\mathrm{r}} = V_{\mathrm{w}}/V_{\mathrm{v}}$，两边取微分，有

$$dS_r = d\left(\frac{V_w}{V_v}\right) = \frac{1}{V_v}dV_w - \frac{V_w}{(V_v)^2}dV_v \tag{3.25}$$

从式（3.25）中可以看出，饱和度的微分包含两项，一项是水分的微分 dV_w/V_v，另一项是孔隙体积的微分 $-V_w dV_v/(V_v)^2$。式（3.24）只有在孔隙体积变化 $dV_v=0$ 或者说土体不发生体变的情况下才成立，这有悖于文中的假设条件，即土体在各向等压作用下发生孔隙体积变化 dV_v。

第4章 黄土的强度特性

强度理论是固体力学以及材料科学的重要基础，对于各种工程数值计算也十分重要。黄土的强度理论同样是黄土地区工程建设的关键理论问题。几十年来人们结合大中型工程建设，开展了对该领域的研究，揭示了黄土的强度规律，在国民经济建设中发挥了重要作用。

4.1 黄土的抗剪强度

土体的剪切强度是土体强度稳定性分析的重要因素。土的剪切强度一般都服从莫尔-库仑强度准则，对于三轴应力状态的表达式为

$$\tau_f = \sigma\tan\varphi + c \tag{4.1}$$

式中：τ_f、σ 为剪切平面上的剪切力和法向应力；c、φ 为总应力强度指标。

c、φ 值是土的黏聚力、内摩擦角，一般由室内直剪试验或三轴试验确定。

通过几十年的实践表明，莫尔-库仑强度准则对于黄土是适应的，可以表达黄土的强度特性。但是黄土是一种结构性土，在莫尔-库仑强度准则的应用时要考虑黄土结构强度的影响。图 4.1 绘出了黄土抗剪强度试验结果，可以看出原状黄土的强度线并非一条直线，而是两条直线组成的折线，剪后两段直线表现了黄土的结构强度的作用，前段平缓表示结构强度的发挥，后段变陡表示结构强度丧失。强度表达式为

$$\tau_f = \begin{cases} \sigma\tan\varphi_1 + c & \sigma < \sigma_c \\ \sigma_c\tan\varphi_1 + (\sigma - \sigma_c)\tan\varphi_2 + c & \sigma > \sigma_c \end{cases} \tag{4.2}$$

式中：φ_1 为结构发挥段的内摩擦角；φ_2 为结构丧失段的内摩擦角；c 为黏聚力；σ_c 为结构临界点的法向应力；τ_f 为极限抗剪强度；σ 为法向应力。

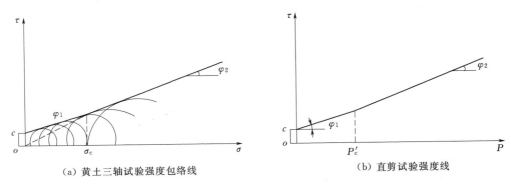

　　　　(a) 黄土三轴试验强度包络线　　　　　　　　(b) 直剪试验强度线

图 4.1　黄土抗剪强度试验结果

在实际工程中，如果荷载不大，可采用结构发挥段的 c、φ_1 值来估算黄土的强度。如果荷载较大时，则要考虑结构丧失段的强度，选用 φ_2 值。此时对强度的选择要慎重，因为变形将较大。

4.2 黄土的抗拉强度

土抵抗拉伸的能力通常相当弱。一般情况下，设计人员在土工结构物的设计和稳定分析中常常忽略不计土的抗拉强度。由于近几年来经济的快速发展，公路、机场、高土石坝等的修建蓬勃兴起，使人们对这些建筑物或构筑物的抗裂能力提出较高的要求，这就使得对土的抗拉强度的研究更具现实意义。同样，从西北地区的土质特点出发，也要求我们对黄土的抗拉强度做出研究。

4.2.1 黄土抗拉强度的测试仪器和测试方法

测试黄土抗拉强度的仪器都是由其他仪器改装而成的，图 4.2 是一种测抗拉强度的仪器，采用该仪器进行试验，只能测定土的抗拉强度，其试验过程中没有进行应变测定。

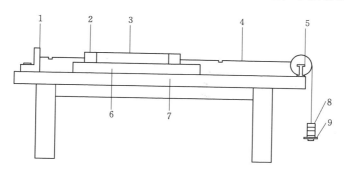

图 4.2　单轴拉伸仪示意图
1—固定架；2—传力板；3—试样；4—钢丝绳；5—滑轮；
6—光滑玻璃板；7—加力台；8—砝码；9—加力盘

用 502 瞬间黏结剂将试样与传力板牢固黏结，为防止水分蒸发，在试样表面涂一薄层硅脂，将黏结好的试样放到单轴拉伸仪上（图 4.2），加砝码于加力盘上进行抗拉试验，每级砝码重 50～100g，每加一级稳定 5min 后再加下一级，直到拉断为止。用拉断时的砝码总重与上一级砝码总重的平均值计算抗拉强度。其中，击实土样在拉断后对其断裂处的干密度进行测试，并与制样时的控制干密度进行了比较。本试验中所有试样均呈脆性破坏，没有出现颈缩现象。该试验采用的试样和三轴试验试样相同，高 8cm、直径 3.91cm。

图 4.3 是既可测抗拉强度又能测变形的仪器，该仪器是对原直剪仪进行改造实现的，手轮转动一圈，推动杆水平移动 0.2mm，属应变控制式仪器，由拉伸系统和测力系统组成。在单轴拉裂试验中，保证拉力完全作用于试样中心轴上是决定试验成败的关键问题之一，试验中曾在试样两侧各安装一块百分表，同时进行变形测量，可知无偏心发生。试验时将试样用夹具夹紧，放到单轴土工拉伸仪上，逆时针方向转动手轮，推动杆带动试样拉

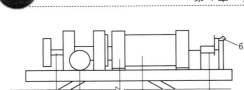

图 4.3　单轴拉伸仪结构

1—推动杆；2—手轮；3—夹具；4—试样；
5—应力环；6—百分表

伸，手轮转动一圈，记录百分表读数一次，根据百分表读数计算试样产生的轴向应变和承受的拉应力，直至试样拉断时的轴向拉应力为试样的抗拉强度 σ_t，轴向应变为试样的极限拉应变 ε_t，试样的拉伸速率为 0.8mm/min（手轮转动 4r/min）。用该仪器进行试验时，试样与传力板通过夹具连接，不需胶粘，避免因等待使试样水分蒸发的不足，夹具内壁粘贴一薄层防滑布，并涂松香，增加试样与夹具间的柔性和摩擦，试验中没有出现试样拔脱现象。试样的轴向应变与轴向应力按式（4.3）和式（4.4）计算。

轴向应变（‰）

$$\varepsilon = \frac{20n - R}{L} \tag{4.3}$$

轴向应力（kPa）

$$\sigma = 10\frac{CR}{A} \tag{4.4}$$

式中：n 为手轮转速；R 为百分表读数，0.01mm；L 为试样的初始长度，cm；C 为应力环率定系数，N/0.01mm；A 为试样截面积，cm^2。该试验采用的试样边长为 5.48cm（截面积 30cm^2）、高为 12cm 的等截面条形。

4.2.2　黄土的抗拉强度特性

1. 土样的来源及其物理性质指标

本试验土样取自杨陵砖窑土场，取土深度 3.0m，属 Q_3 黄土，相对密度为 2.71，用烘干法测得天然含水量为 23.4%，天然干密度为 1.30g/cm^3，天然孔隙比为 1.085，天然饱和度为 0.585。黄土土样的物理力学性质见表 4.1。黄土土样的击实试验结果见表 4.2。黄土土样的击实曲线，如图 4.4 所示。

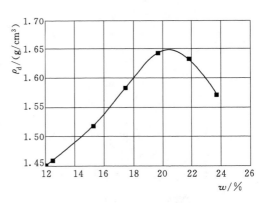

图 4.4　黄土土样的击实曲线

表 4.1　　　　　　　　　　黄土土样的物理力学性质

液限 /%	塑限 /%	塑性指数 /%	按塑性图分类	相对密度	颗粒组成/%			按颗粒组成分类
					>0.05mm	0.05~0.005mm	<0.005mm	
30.5	18.6	11.9	CI	2.71	6.5	61.4	32.1	粉质黏土

表 4.2		黄土土样的击实试验结果		
最优含水率/w_1%	最大干密度 ρ_d/(g/m³)	孔隙比 e	饱和度 S_r/%	备　注
20.5	1.65	0.648	86	普氏标准击实法

2．试验结果及分析

该组试验采用图 4.2 所示的试验仪器进行试验，内容包括原状黄土的抗拉试验，扰动黄土的抗拉试验以及土水特征曲线试验。其中原状黄土抗拉试验结果见表 4.3 和图 4.5，土水特征曲线如图 4.6 所示，扰动黄土抗拉试验结果见表 4.4。

表 4.3			原状黄土抗拉试验结果				
含水量 w/%	8	14	19	21	23	25	备　注
抗拉强度/kPa	72.2	28.0	23.7	18.2	18.6	13.3	$\rho_d=1.30$g/cm³
饱和度/%	20.0	34.0	47.0	51.2	57.4	62.4	$e=1.085$

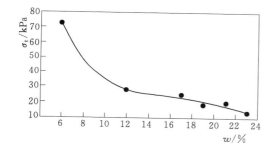

图 4.5　原状黄土抗拉强度与含水量关系曲线

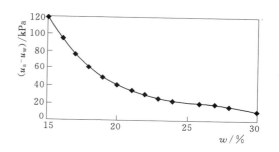

图 4.6　杨陵黄土基质吸力与含水量关系曲线

表 4.4																
含水量 w/%		15			17.4			19.6			21.9			23.7		
干密度 ρ_d/(g/cm³)	1.30	1.50	1.60	1.30	1.50	1.60	1.30	1.50	1.60	1.30	1.50	1.60	1.30	1.50	1.60
孔隙比 e	0.99	0.75	0.64	0.99	0.76	0.59	1.05	0.74	0.65	1.01	0.78	0.67	1.08	0.81	0.69
饱和度 S_r/%	40.9	54.0	63.7	47.4	61.8	80.3	50.7	71.7	81.8	58.4	76.1	88.5	59.5	79.3	93.1
抗拉强度 σ_t/kPa	9.3	16.7	41.8	8.6	15.5	24.4	10.4	16.0	18.5	10.0	15.7	21.6	5.6	7.4	7.9

（1）基质吸力对原状黄土的抗拉强度的影响。从图 4.5、图 4.6 对比可知，抗拉强度和基质吸力与含水量有共同的规律，即随含水量的增大而减小。根据图 4.5 和图 4.6 点绘出原状黄土基质吸力与抗拉强度关系曲线，如图 4.7 所示。在图 4.7 所示含水量范围 15%～25%内，基质吸力与抗拉强度有很好的相关性，经曲线拟合，基质吸力（u_a-u_w）与抗拉强度 σ_t 存在下列关系，即

$$\sigma_t = \frac{u_a-u_w}{0.0311(u_a-u_w)+0.7698}$$

（4.5）

式（4.5）的相关系数为 0.997，含水量范围为 15%～25%。根据式（4.5），就可以在进行非饱和原状黄土抗剪强度试验的同时，用试验测出基质吸力值直接估算出其抗拉强度。

（2）扰动黄土的抗拉特性。扰动黄土抗拉试验结果见表 4.4。根据表 4.4 绘制扰动黄土各特征曲线，如图 4.8～图 4.10 所示。从图 4.8 所示的扰动黄土抗拉强度 σ_t 与含水量 w 的关系曲线可以看出，对应于同一干密度，抗拉强度随含水量的增加而减小。在一定的含水量范围内，含水量的变化对干密度较低试样的抗拉强度影响甚微，而对接近于最大干密度试样的抗拉强度影响显著；但当含水量超过某一值时，各不同干密度试样的抗拉强度都突然较大幅度降低，干密度对抗拉强度的影响几乎丧失。

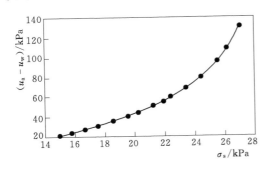

图 4.7　原状黄土基质吸力与抗拉强度关系曲线

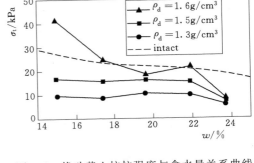

图 4.8　扰动黄土抗拉强度与含水量关系曲线

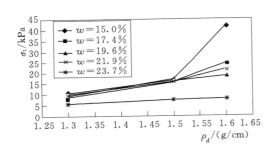

图 4.9　扰动黄土抗拉强度与干密度关系曲线

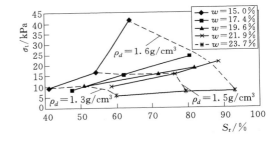

图 4.10　扰动黄土抗拉强度与饱和度关系

同样，从图 4.9 所示的扰动黄土抗拉强度 σ_t 与干密度 ρ_d 的关系曲线可以看出，对应于同一含水量，抗拉强度随着干密度的增加而增加。较低的干密度下，干密度对抗拉强度的影响几乎与一定范围的含水量变化无关；而当干密度较大时，含水量才明显地对抗拉强度构成影响，此时的含水量减小将显著地引起抗拉强度的增大。当含水量大于一定值时，抗拉强度发生突降，此时的干密度对抗拉强度的影响甚微。

从图 4.10 所示的扰动黄土抗拉强度 σ_t 与饱和度 S_r 关系曲线可以看出，击实黄土的抗拉强度实际上受含水量和干密度的双重影响。纯粹由干密度增大而引起的饱和度增大将导致抗拉强度的增大，含水量愈小这种影响愈明显；含水量愈大这种影响愈微弱；纯粹由含水量增大而引起的饱和度增大将导致抗拉强度的减小，干密度愈大这种影响愈明显。这就要求在黄土地区修建那些对抗拉强度要求较高的工程项目时，施工中应尽量接近最大干密度，而在运行中应采取各种防水、疏水措施以保持较低的含水量。

（3）原状黄土与扰动黄土的抗拉强度对比。通过把干密度为 1.30g/cm³ 的扰动黄土与原状黄土的抗拉强度进行对比（图 4.8），发现同一含水量下原状黄土的抗拉强度远远高于扰动黄土在同一干密度下的抗拉强度。这应当是黄土在扰动状态下土体的天然结构强度丧失的缘故。

4.3 黄土的断裂强度

断裂强度是土体裂缝开展过程时的强度，在边坡稳定和洞室工程设计和施工中经常用到。对于黄土断裂强度的研究主要有以下几个方面。

4.3.1 试验方法

1. 单轴拉伸试验

试样物理力学性质见表 4.1，试验结果如图 4.5、图 4.8 和图 4.9 所示。

2. 三轴拉伸试验

试验仪器为改装后电动机能正/反转动的应变控制式三轴仪，其钩拉装置按《土工试验规程》（SDS 01—79）要求设计。试验时，首先用 502 瞬间黏结剂将试样与有机玻璃试样帽和压力室底座上下黏结，套上橡皮塞（注意在扎橡皮膜时有意使橡皮膜轴向留有富余，以减小其影响），安装压力室，通过钩拉装置将试样帽与量测系统相连，然后逐级施加均压固结，待变形稳定后，在保持围压不变（$\sigma_1 = \sigma_2$）的情况下逐渐施加轴向拉力，从而减小了轴向正应力 σ_3，直至试样破坏。一般将 $\sigma_1 \neq 0$ 时得到的 σ_3 称为抗裂强度，将 $\sigma_1 = 0$ 时得到的 σ_3 称为抗拉强度。试验中，轴向正应力 σ_3 既可为拉应力，也可为压应力。若干试样在不同的围压 σ_1 作用下，得到不同的 σ_3，绘制 σ_1 与 σ_3 关系曲线，即为抗裂强度曲线，如图 4.11 和图 4.12 中 B 点以前的试验曲线所示。

4.3.2 几种典型断裂破坏准则对黄土的适应性

1. 几种典型断裂准则的表达式

（1）Mohr - Coulomb 准则，即

$$\sigma_3 = \sigma_1 \tan^2\left(45° - \frac{\phi}{2}\right) - 2c\tan\left(45° - \frac{\phi}{2}\right) \tag{4.6}$$

式中：ϕ 为内摩擦角；c 为黏聚力。

（2）Griffith 准则，即

$$\begin{cases} 当 \sigma_1 + 3\sigma_3 < 0 时，\sigma_3 = \sigma_t，\beta = 0 \\ 当 \sigma_1 + 3\sigma_3 > 0 时，(\sigma_1 - \sigma_3)^2 - \sigma_c(\sigma_1 + \sigma_3) = 0，\sigma_c = -8\sigma_t \\ \cos 2\beta = -\frac{1}{2}\frac{\sigma_1 - \sigma_3}{\sigma_1 + \sigma_3} \end{cases} \tag{4.7}$$

式中：β 为椭圆裂纹长轴与大主应力 σ_1 的夹角；σ_c 为单轴抗压强度。

（3）McClintock 准则，即

$$\sqrt{1 + \tan^2\phi}(\sigma_1 - \sigma_3) - \tan\phi(\sigma_1 + \sigma_3) = 4\sigma_t \tag{4.8}$$

（4）Griffith - Mohr 联合准则。

1）若 $\sigma_1 \leqslant (\sigma_{1B} - \sigma_{3B})\sin\phi + \sigma_3$，而且

$$(\sigma_1 - \sigma_3)^2 - 2(\sigma_{1B} - \sigma_{3B})(\sigma_1 + \sigma_3 + \sigma_t)\sin\phi - \sigma_t^2 < 0 \tag{4.9}$$

或近似

$$\sigma_3 < -\sigma_t \tag{4.10}$$

为张拉断裂，断裂倾角 $\theta = 0$。

2）若 $(\sigma_{1B} - \sigma_{3B})\sin\phi + \sigma_t < \sigma_1 < \sigma_{1B}(\sigma_3 \approx \sigma_t)$，而且

$$(\sigma_1 - \sigma_3)^2 - 2(\sigma_{1B} - \sigma_{3B})(\sigma_1 + \sigma_3 + \sigma_t)\sin\phi - \sigma_t^2 < 0 \tag{4.11}$$

为过渡型-张拉剪切混合型断裂，断裂倾角 $\theta = \dfrac{1}{2}\arccos\dfrac{(\sigma_{1B} - \sigma_{3B})\sin\phi}{\sigma_1 - \sigma_3}$。

3）若 $\sigma_1 \geqslant \sigma_{1B}$，而且

$$\sigma_3 \leqslant \sigma_1 \tan^2\left(45° - \frac{\phi}{2}\right) - 2\cot\left(45° - \frac{\phi}{2}\right) \tag{4.12}$$

为剪切断裂，断裂倾角 $\theta = 45° - \dfrac{\phi}{2}$。其中，$\sigma_{1B}$、$\sigma_{3B}$ 为裂纹闭合应力 σ_B 在 $\sigma_1 \sim \sigma_3$ 坐标系中的对应值，可由式（4.15）直接确定。

2. 几种典型断裂破坏准则对黄土适应性的验证

原状黄土干密度 $\rho_d = 1.33\text{g/cm}^3$，饱和度 $S_r = 37\%$，三轴剪切试验参数值为 $c = 48.0\text{kPa}$，$\phi = 27°$，抗拉强度 $\sigma_t = 24.0\text{kPa}$，单轴抗压强度 $\sigma_c = 130.0\text{kPa}$。用这些基本数据代入各种断裂准则，计算结果如图 4.11 所示。

击实黄土干密度 $\rho_d = 1.34\text{g/cm}^3$，饱和度 $S_r = 49\%$，三轴剪切试验参数值为 $c = 44.0\text{kPa}$，$\phi = 17°$，抗拉强度 $\sigma_t = 10.0\text{kPa}$，单轴抗压强度 $\sigma_c = 88.0\text{kPa}$。用这些基本数据代入各种断裂准则，计算结果如图 4.12 所示。

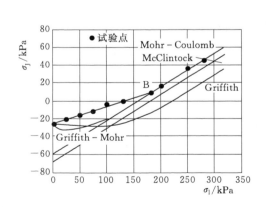

图 4.11　原状黄土断裂破坏准则验证曲线

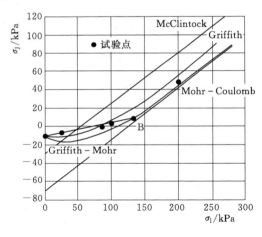

图 4.12　击实黄土断裂破坏准则验证曲线

由图 4.11 和图 4.12 可见，Mohr-Coulomb 准则与黄土的剪切破坏试验资料吻合较好，而对其断裂破坏试验的资料则差异很大。其他断裂破坏准则与试验资料都有较大差异。

4.3.3　黄土断裂准则的建立

试验资料证明，黄土的断裂破坏强度可通过抗拉强度和抗压强度的直线描述，其方

程为

$$\sigma_3 = \frac{-\sigma_t}{\sigma_c}\sigma_1 + \sigma_t \tag{4.13}$$

而黄土的剪切破坏基本符合 Mohr-Coulomb 准则，其方程为

$$\sigma_3 = \sigma_1 \tan^2\left(45° - \frac{\phi}{2}\right) - 2\cot\left(45° - \frac{\phi}{2}\right) \tag{4.14}$$

黄土在细观的断裂破坏过渡到宏观的剪切破坏，必须要经过一个应力点，即图 4.11 和图 4.12 中的 B 点，该点的应力称为裂纹闭合应力，其物理意义为使裂纹闭合的垂直于裂隙面的正压力。采用 McClintock 强度破坏理论的裂纹闭合效应，即式（4.13）和式（4.14）两直线交点就代表裂纹闭合应力 σ_B 的状态，该点的应力分量可用联立式（4.13）和式（4.14）求得，即

$$\begin{cases} \sigma_{1B} = \dfrac{\sigma_t\sigma_c + 2c\sigma_c\tan\left(45° - \dfrac{\phi}{2}\right)}{\sigma_t + \sigma_c\tan^2\left(45° - \dfrac{\phi}{2}\right)} \\[4mm] \sigma_{3B} = \sigma_t - \dfrac{\sigma_t^2 + 2c\sigma_t\tan\left(45° - \dfrac{\phi}{2}\right)}{\sigma_t + \sigma_c\tan^2\left(45° - \dfrac{\phi}{2}\right)} \end{cases} \tag{4.15}$$

而闭合压力 σ_B 的值，可以利用微元体平衡条件，即

$$\begin{cases} \sigma_{1B} = \dfrac{\sigma_B + c\cos\phi}{1 - \sin\phi} \\[3mm] \sigma_{3B} = \dfrac{\sigma_B - c\cos\phi}{1 + \sin\phi} \end{cases} \tag{4.16}$$

求得。联立式（4.15）和式（4.16）可得

$$\sigma_B = \frac{(1 - \sin\phi)\left[\sigma_t\sigma_c + 2c\sigma_c\tan\left(45° - \dfrac{\phi}{2}\right)\right]}{\sigma_t + \sigma_c\tan^2\left(45° - \dfrac{\phi}{2}\right)} \tag{4.17}$$

可见，闭合压力 σ_B 的值完全取决于土的物理力学性质指标 c、ϕ、σ_t、σ_c。由以上分析，可以用下列联合表达式描述黄土的断裂破坏强度，即

$$\begin{cases} \text{当 } \sigma_1 \geqslant \sigma_{1B} \text{ 时，} \sigma_3 = \sigma_1\tan^2\left(45° - \dfrac{\phi}{2}\right) - 2\cot\left(45° - \dfrac{\phi}{2}\right) \\[3mm] \text{当 } \sigma_1 < \sigma_{1B} \text{ 时，} \sigma_3 = \sigma_t - \dfrac{\sigma_t}{\sigma_c}\sigma_1 \end{cases} \tag{4.18}$$

由图 4.11 和图 4.12 可见，式（4.18）能很好地吻合试验资料。

4.4 非饱和黄土的强度

4.4.1 三种非饱和土的强度表示形式

非饱和土的强度表示形式比较多，这里只介绍以下三种。

第一种是 Bishop（1960）提出的非饱和土抗剪强度公式，即

$$\tau_f = c_0 + (\sigma - u_a)\tan\phi_0 + \chi(u_a - u_w)\tan\phi_0 \qquad (4.19)$$

第二种是 Fredtund（1978）提出的非饱和土抗剪强度公式，即

$$\tau_f = c_0 + (\sigma - u_a)\tan\phi_0 + (u_a - u_w)\tan\phi^b \qquad (4.20)$$

式中：c_0、ϕ_0 为饱和土的有效黏聚力和内摩擦角；u_a、$u_a - u_w$ 为土的孔隙气压力和基质吸力；χ、ϕ^b 为有效应力参数和基质吸力摩擦角。

这两种形式都是将非饱和土的强度表述为饱和土的强度部分再加上基质吸力 $u_a - u_w$ 引起的强度部分之和。比较式（4.19）和式（4.20），其实两种形式可以互换，只要满足式（4.21）即可，即

$$\chi = \frac{\tan\phi^b}{\tan\phi_0} \qquad (4.21)$$

第三种是本书提出的用有效应力新表达式表示非饱和黄土的强度，公式形式为

$$\tau_f' = c' + \sigma'\tan\varphi' \qquad (4.22)$$

$$\sigma' = \sigma - u_a - \chi(u_a - u_w), \chi = \frac{1}{2}(\chi_1 + \chi_3), \sigma = \frac{1}{2}(\sigma_1 + \sigma_3)$$

式中：c'、φ' 为非饱和土有效黏聚力和内摩擦角。

式（4.19）、式（4.20）和式（4.22）中的参数都可以通过相应的非饱和土三轴剪切试验确定。

4.4.2 非饱和黄土等吸力三轴压缩试验

为了分析计算南水北调中线穿过黄河邙山段黄土渠道边坡的稳定性，笔者曾对该处黄土开展了非饱和黄土抗剪强度试验研究，具体情况如下所述。

1. 土样的物理性质试验

在两个黄土层（⑨-1、⑨夹）的土样中，各取一组土样进行物理性质试验，包括相对密度试验、颗粒分析试验和液塑限试验。具体结果见表 4.5。

表 4.5　　　　　　　　　　　试验土料物理性质试验结果表

土样编号	相对密度	液限/%	塑限/%	塑性指数	颗粒组成/%			不均匀系数	曲率系数	土壤类别
					砂粒	粉粒	黏粒	d_{60}/d_{10}	$d_{30}^2/(d_{60}d_{10})$	
	G_s	W_L	W_P	I_P	$2\sim0.075mm$	$0.075\sim0.005mm$	$<0.005mm$			
⑨夹	2.68	30.1	17.6	12.5	12.5	72.0	15.5	22.67	5.02	低液限黏土（CL）
⑨-1	2.69	29.8	17.2	12.6	10.0	74.5	15.5	21.33	4.69	低液限黏土（CL）

⑨夹层原状土样的含水率平均值为 21.2%；干密度为 1.43～1.46g/cm³，平均值为 1.45g/cm³；孔隙比为 0.83～0.87，平均值为 0.85；孔隙率为 45.4%～46.6%，平均值为 45.9%；饱和度为 65.1%～68.5%，平均值为 67.0%。⑨-1 层原状土样的含水率平均值为 14.4%；干密度为 1.38～1.45g/cm³，平均值为 1.43g/cm³；孔隙比为 0.85～0.94，平均值为 0.88；孔隙率为 46.1%～48.6%，平均值为 46.8%；饱和度为 41.0%～45.5%，平均值为 44.0%。

2. 饱和黄土三轴固结不排水剪切试验（CU）

分别对两个黄土层（⑨-1、⑨夹）的土样各进行了三组三轴固结不排水剪切试验。试样采用抽气饱和，饱和度均大于 98%。周围压力 σ_3 分级为 100kPa、200kPa、300kPa 和 400kPa，固结标准以固结度大于 97% 控制，试验剪切速率采用 0.08mm/min。试验按照水利部颁发的《土工试验规程》（SL 237—1999）中规定的三轴剪切试验进行。试验结果见表 4.6。

表 4.6　　饱和样固结不排水剪强度指标

土　样	平均干密度 /(g/cm³)	总应力强度指标		有效应力强度指标	
		黏聚力 /kPa	内摩擦角 /(°)	黏聚力 /kPa	内摩擦角 /(°)
⑨夹-1	1.44	24.0	14.5	16.3	27.0
⑨夹-2	1.45	39.8	13.4	23.2	27.5
⑨夹-3	1.44	31.5	10.2	12.0	27.2
⑨夹平均值		31.8	12.8	17.2	27.2
⑨-1-1	1.45	27.5	12.8	18.2	27.5
⑨-1-2	1.44	24.7	12.1	15.7	27.1
⑨-1-3	1.42	23.0	13.1	19.2	27.3
⑨-1平均值		25.1	12.6	17.5	27.4

三组⑨夹饱和样三轴 CU 试验平均值总应力强度指标的黏聚力为 31.8kPa，内摩擦角为 12.8°，有效应力强度指标的有效黏聚力为 17.2kPa，有效内摩擦角为 27.2°。3 组⑨-1 饱和样三轴 CU 试验平均值总应力强度指标的黏聚力为 25.1kPa，内摩擦角为 12.6°，有效应力强度指标的有效黏聚力为 17.5kPa，有效内摩擦角为 27.4°。

3. 土-水特征曲线试验

（1）压力板仪简介。压力板法测定非饱和土的土-水特征曲线原理是将土样置于压力室内的高进气值陶土板上，给压力室施加一定的压力，压力室内的土样受到一定的压力而排水，因为孔隙水压力在试验过程中一直保持在大气压状态，当土样排水达到稳定后，土中的基质吸力就等于施加给压力室内的气压力值。

试验采用的仪器为美国进口的压力板仪，压力板为进气值 15bar（约相当于 1.5MPa）的陶土板，陶土板下的底板上设有一排水管，供土样排水之用，陶土板和底板在试验过程中紧密连接在一起。空气压缩机提供压力源，采用调压系统逐级给压力板仪内的土样施加预定值的气压进行土样的土-水特征曲线测定试验。试验装置如图 4.13 所示。

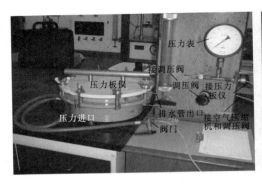
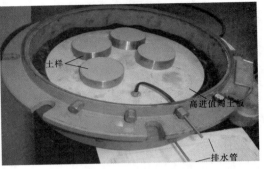

图 4.13　土-水特征曲线试验装置

（2）土-水特征曲线测定方法及成果。试验土样为原状土样，试样高为 2cm、直径为 6.18cm 的圆形试样。

试验前，首先对压力板（陶土板）进行饱和，饱和方法采用无气水浸泡饱和，浸泡时间在 10d 以上。压力板饱和后，放入压力板仪中，连接好底板与压力板仪侧壁上的排水管，在压力板（陶土板）上放上预先饱和好的试样，并使试样与陶土板紧密结合，然后盖上盖板并上紧螺栓，开始进行试验。试验时，采用调压系统分别按 5kPa、10kPa、20kPa、35kPa、50kPa、80kPa、145kPa、250kPa、400kPa、500kPa 和 770kPa 十一级压力对压力板仪内的试样施加气压力；在同一级压力下，测定试样排水量的变化，在 48h 内连续两次测定的试样失水重量小于 0.01g 时，认为在该压力下，试样的持水能力（基质吸力）与压力室内的气压力平衡；然后测记试样的重量后，再进行下一级压力下的试验。试验结果如图 4.14 和图 4.15 所示。

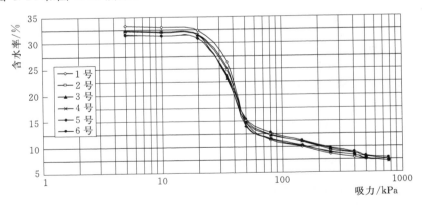

图 4.14　⑨-1 号土样土-水特征曲线

从图 4.14 和图 4.15 中可以看到，两层土样的土-水特征曲线的形状和变化规律完全相同，即随着基质吸力的增大含水率减小。在吸力约为 20kPa 以前和吸力大于 50kPa 以后，试样的含水率变化不大，而在 20～50kPa 之间，试样的含水率变化很大，⑨夹土层的土样在该吸力范围内含水率的减少量占全部减少量约 71.8%，⑨-1 土层的土样在该吸力范围内含水率的减少量占全部减少量约 67.1%。从试验结果还可以看到，含水率减少量

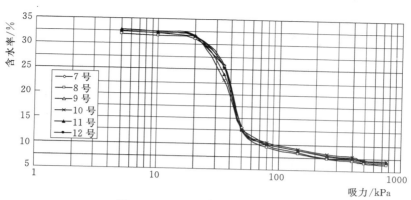

图 4.15　⑨夹土样土-水特征曲线

较大而所需的压力变化范围却较小，这是由于两个土层的土样均以粉粒和砂粒为主，其含量已达到 84.5%。一般来讲，粉粒和砂粒的持水能力较差，在较小压力作用下，土样粉粒和砂粒中的水分很容易被排出，在试验过程中，饱和土样粉粒和砂粒的某一持水能力在较小的压力下就能与压力室内的气压力平衡，因而相应的基质吸力的变化范围就较小。

4. 非饱和黄土常吸力三轴剪切试验

（1）试样制备。对本次试验原状样采用削样法制样，试样尺寸为 $\phi39.1mm \times 80mm$。切削下的余土拌和均匀后进行含水率测定。测定的原状样含水率为 14.4%，其对应的试样平均饱和度为 44.0%；对要求的其他三种饱和度的试样，试样饱和度的控制采取以下方法：

对于试样含水率超过所要求的饱和度 33.0% 时，采用风干法把切削好的 20 个试样风干到所要求的饱和度。风干时，对每一个试样每 5min 称量一次，直到其含水率达到所要求的饱和度。本次制样过程中经测算 20 个试样的饱和度为 31.6%～33.5%，平均值为 32.3%。最后把风干好的试样放入密闭容器中待用。

对于试样含水率低于所要求的饱和度 55.0% 和 75.0% 时，采用水膜转移法将试样配制到所需的饱和度。配制时，先计算好每个切削好的试样所加水量，把带环刀的试样放在电子天平上，给土样加水；加水过程中在每一个控制的饱和度下分别给 20 个试样加入了所需的水量，然后按饱和度的不同分别放入两个干燥缸中，静置至少 10d，然后对各试样的含水率进行测定，并计算其饱和度。经测算饱和度要求为 55.0% 的 20 个土样的饱和度为 53.8%～57.0%，平均值为 55.1%；饱和度要求为 75.0% 的 20 个土样的饱和度为 72.8%～78.1%，平均值为 75.3%。把以上配制好的土样分别放入两个密闭容器中。

（2）试验仪器和试验方法简介。试验仪器主要由双层三轴压力室、非饱和土孔压测定装置、外体变量测系统和常规三轴仪组成。试验装置如图 4.16 所示。

图 4.16　非饱和土三轴剪切试验装置

选择⑨-1 土层土样进行非饱和土常吸力三轴剪切试验，初始饱和度分别采用 32.3%、44.0%（原状样饱和度）、55.1% 和 75.3%；对于每个饱和度，控制试验净围压分别为 100kPa、200kPa、300kPa 和 400kPa；对于每个净围压，吸力分别按 30kPa、60kPa、90kPa 和 150kPa 进行控制。

对于同一组试验的 4 个土样的密度差值不大于 0.03g/cm³。具体试验步骤如下。

1）陶土板饱和及传递水压的管路充水。给压力室充满无气水，将压力室倾斜放置，使装有水压传感器的一端上倾，以利管路中空气排除；然后给压力室施加 200kPa 的压力，打开孔隙水压力阀门，当看到陶土板底部管道中空气慢慢被水赶出，待水从阀门流出一段时间后，关闭陶土板底部进水排气阀，经过大约 5h 后，卸去压力室压力，再排除陶土板底部的气体，关闭压力阀门。陶土板饱和后放掉压力室中的水，并少留一些水，使水面刚好盖着底座上的陶土板。

2）装试样。全部放掉压力室内的无气水，保留陶土板板面余水，静置片刻，使水压传感器管路中剩余压力完全消散到外界大气压，同时打开试样孔隙气压力阀，施加气压力以排除孔隙气压力量测管路内的水；开启传感器显示仪，预热 40min 后进入工作状态，此时用湿毛巾擦去陶土板上的余水，紧接着安装试样，同时注意试样与陶土板紧密接触。

3）量测试样初始状态孔隙水压力。安装试样的同时，通过水压传感器测定试样初始状态孔隙水压力，直到孔隙水压力不变为止。

4）试样固结。对试样施加围压和气压进行固结；施加压力时先把围压加到大于预加气压值 10kPa，再施加气压到试验要求的吸力值，最后把围压施加到试验要求的围压值，打开孔隙水压力排水阀，排水管出口水位应与试样中部同高，这样给试样所加的气压值就是试样的吸力值。按上述方法对试样进行固结，固结时间约 12h，固结稳定标准为每小时体积变化量不超过 0.05mL。

5）剪切。开启三轴仪，以剪切速率为 0.0064mm/min 对试样进行剪切，剪切过程中始终保持孔隙水出口与试样中部在同一水平面上，并与大气相通；剪切过程中记录轴向变形、外体变及剪应力值。

（3）试验结果及分析。

1）试样初始吸力。由于本次试验各饱和度下原状土样的干密度非常均匀，试样的初始状态完全相同，所以在每个饱和度下分别对两个试样测定了初始状态基质吸力。不同饱和度下试样初始吸力与时间的关系曲线如图 4.17 所示。

从图 4.17 中可以看到，不同饱和度试样的初始吸力都随着时间的推移趋于稳定；从 4 个图中可以看到，随着饱和度的增大，初始吸力稳定值逐渐减小，饱和度分别为 32.3%（含水率约 10.6%）、44.0%（含水率约 14.4%）、55.1%（含水率约 17.5%）和 75.3%（含水率约 24.4%）的两个试样初始吸力稳定后的平均值分别约为 88.0kPa、55.0kPa、50.0kPa 和 27.0kPa；各饱和度下试样的初始吸力稳定值分别与土-水特征曲线上相对应含水率下的吸力值相一致。

2）非饱和黄土的应力-应变关系。本次对⑨-1 土层的土样制备出 4 个不同饱和度的试样，在控制吸力分别为 30kPa、60kPa、90kPa 和 150kPa 的情况下，采用剪切速率为

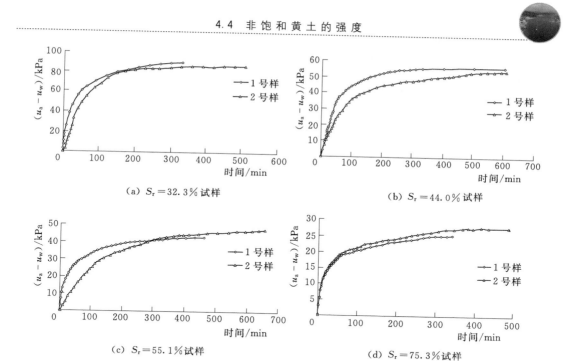

（a）$S_r = 32.3\%$ 试样

（b）$S_r = 44.0\%$ 试样

（c）$S_r = 55.1\%$ 试样

（d）$S_r = 75.3\%$ 试样

图 4.17 不同初始饱和度试样的初始吸力变化过程线

0.0064mm/min 对试样进行剪切试验，相应的应力-应变曲线如图 4.18 所示。这些曲线形状相似，皆为硬化型曲线。

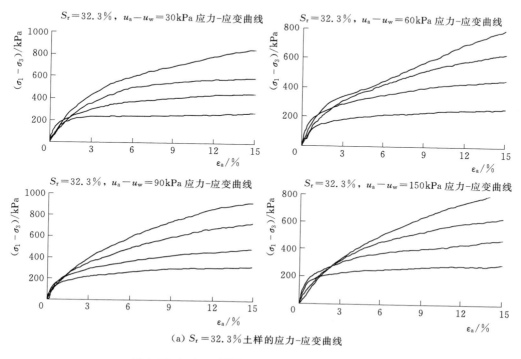

（a）$S_r = 32.3\%$ 土样的应力-应变曲线

图 4.18（一） 不同饱和度的应力-应变关系曲线

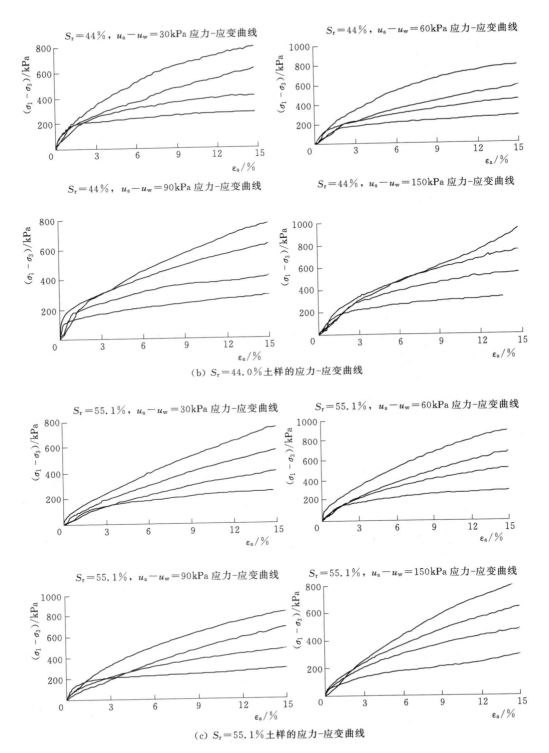

（b）$S_r = 44.0\%$土样的应力-应变曲线

（c）$S_r = 55.1\%$土样的应力-应变曲线

图 4.18（二） 不同饱和度的应力-应变关系曲线

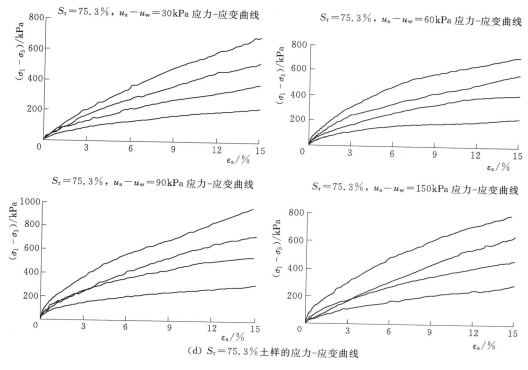

（d）$S_r = 75.3\%$ 土样的应力-应变曲线

图 4.18（三） 不同饱和度的应力-应变关系曲线

4.4.3 用等吸力三轴压缩试验确定的强度参数

在不同饱和度的应力-应变关系曲线图 4.18 上取轴向应变为 15% 对应的主应力差（$\sigma_1 - \sigma_3$）作为强度破坏值；对于同一个初始饱和度、同一个吸力，用不同围压破坏值的净大主应力（$\sigma_{1f} - u_{af}$）和净小主应力（$\sigma_{3f} - u_{af}$）在 $\tau - (\sigma - u_a)$ 平面内绘制 Mohr 圆 [即以 $\dfrac{(\sigma_1 + \sigma_3)_f}{2} - u_{af}$ 为圆心，以 $\dfrac{(\sigma_1 - \sigma_3)_f}{2}$ 为半径]，作各 Mohr 圆的公切线，切线与剪应力 τ 轴的截距为非饱和黄土的黏聚力 c。各饱和度下的破坏值如图 4.19 所示。

从图 4.19 中可以看到，在相同围压作用下，相同饱和度的土样随着吸力的增大，其极限强度基本上呈增大的发展趋势，但增加的量并不大；在相同吸力作用下，相同饱和度土样的极限强度随着围压的增大呈线性规律增大；相同饱和度下，试样的黏聚力随着吸力的增大也几乎呈线性规律增大，而摩擦角的变化规律并不明显，从 4 个不同饱和度试样的试验结果看，摩擦角为 25.79°～31.22°，大部分在 28.0°左右，其平均值约为 28.3°，这个摩擦角的大小与该土的饱和三轴 CU 试验得到的有效内摩擦角 $\varphi' = 27.4°$ 相近。

在同一初始饱和度下，以黏聚力为纵坐标，基质吸力为横坐标绘图，如图 4.20 所示，并对各点进行线性拟合，直线的倾角为试样在该饱和度下的 φ^b。通过上述方法得到本次试验各饱和度下的 φ^b，见表 4.7。

表 4.7   初始饱和度与 φ^b 关系表

初始饱和度/%	φ^b/(°)	φ^b 均值/(°)
32.3	7.15	
44.0	8.15	7.58
55.1	7.47	
75.3	7.56	

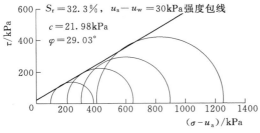
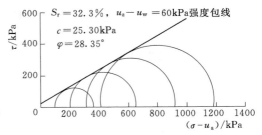

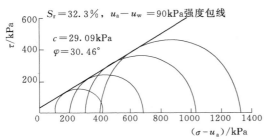
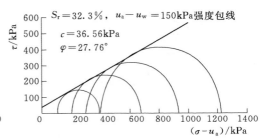

（a）S_r＝32.3％土样的强度包线

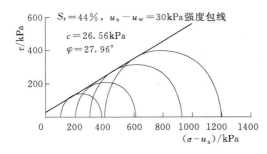
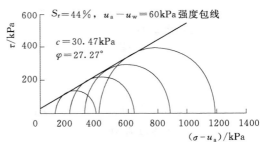

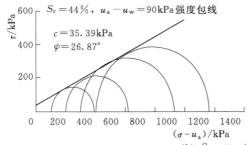
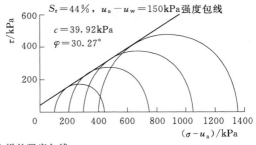

（b）S_r＝44.0％土样的强度包线

图 4.19（一） 各饱和度下的破坏值

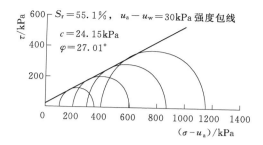

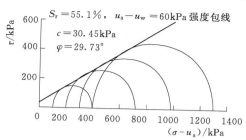

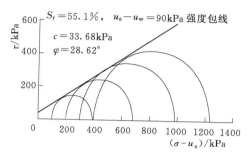

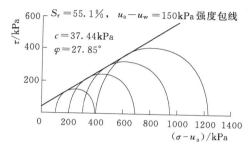

(c) $S_r = 55.1\%$ 土样的强度包线

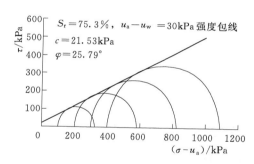

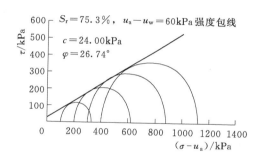

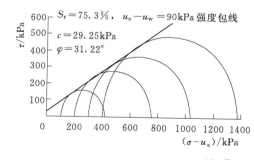

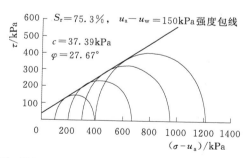

(d) $S_r = 75.3\%$ 土样的强度包线

图 4.19（二）　各饱和度下的破坏值

从表 4.7 中可以看到，不同初始饱和度下的 φ^b 值变化不大，可用均值 $\varphi^b = 7.58°$ 表示。

通过饱和土的三轴剪切试验和非饱和土的三轴等吸力剪切试验求得南水北调中线穿过黄河邙山段的非饱和黄土强度参数 c_0、ϕ_0、χ、ϕ^b 分别为 17.2kPa、27.2°、0.25 和 7.58°。

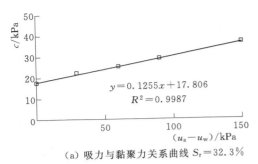

（a）吸力与黏聚力关系曲线 $S_r = 32.3\%$

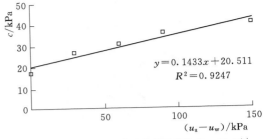

（b）吸力与黏聚力关系曲线 $S_r = 44.0\%$

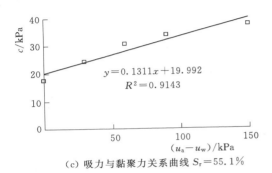

（c）吸力与黏聚力关系曲线 $S_r = 55.1\%$

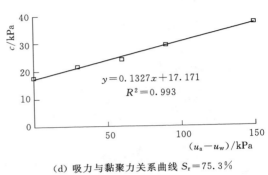

（d）吸力与黏聚力关系曲线 $S_r = 75.3\%$

图 4.20　非饱和黄土的黏聚力与吸力的关系曲线

4.4.4　非饱和黄土的三轴压缩试验方法研究

1. 试验仪器

试验仪器主要由改进的三轴压力室、非饱和土孔压测定装置和常规三轴仪组成。

（1）改进的三轴压力室。其主要特点是压力室为双层，压力室活塞与试样面积相等，且活塞无摩擦力存在，其优点是在剪切过程中避免了试样帽的倾斜，有利于安装气压力传感器。为了能在试验过程中对非饱和土孔隙气压力及孔隙水压力进行精确测量，笔者又对压力室进行适当改进，改进后的压力室具有以下新部件，如图 4.21 所示。

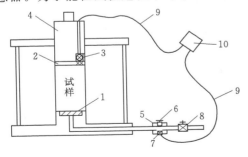

图 4.21　改进后的压力室
1—陶土板；2—单孔薄铜板；3—气压传感器；
4—活塞；5—四通件；6—密封螺钉；
7—水压传感器；8—阀门；9—导
线；10—非饱和土孔压装置

1）镶嵌在压力室底座上的陶土板。此陶土板为南京化工学院陶瓷厂生产，其进气值在 250kPa 以上。

2）放在试样顶端的薄铜板。厚 3mm，其上有一直径为 3mm 的小孔。此板不会从试样中吸水，能使试样上端的形状在套橡皮膜时保持不变，并能避免土样堵塞试样帽上的小孔，使试样内的气压力通过小孔传给气压传感器。

3）安装水压力传感器的四通件。四通件前通压力室底座管路，上设一密封螺钉，下接水压传感器，后接一压力阀门。从而保证了水压传感器在使用过程中管道始终充满水，并保证了整个管路的密封。当管路水压力需要消散时，打开后面的压力阀门就能使其迅速消散。

4）气压传感器及水压传感器。该试验采用宝鸡秦岭电子仪表公司生产的 CYG01 通用高精度压力传感器，本品为 D 档产品，量程为 600kPa，其中气压传感器为笔者设计的改型产品。

（2）非饱和土孔压测定装置。该仪器为邢义川教授研制，它能在试验过程中通过传感器直接量测孔隙水压力、孔隙气压力、轴向荷载及轴向变形；并显示和打印任意时间的输出量测结果。

（3）常规三轴仪。南京土工仪器设备厂生产的应变式三轴仪。

2. 仪器标定

（1）传感器零漂及传感器压力标定。为了确保传感器在试验过程中的稳定性，确保量测值的精确可靠，笔者在不同恒压下对传感器的零漂进行测试，结果零漂都非常小，证明了传感器具有良好的稳定性。其中大气压力下的零漂测定结果见表 4.8。随后用气压及水压分别对气压传感器和水压传感器进行标定，经多次反复加载—卸载试验，证明传感器灵敏度高，而且线性度和重复性均很好，标定结果见表 4.9。我们认为传感器能满足试验要求。

表 4.8   传 感 器 零 漂 值 测 定

历时/min	0	42	102	162	222	282	342	402	443	1243
气压传感器零漂/kPa	0	0	0.1	0.2	0.2	0.2	0.2	0.1	0.2	0.2
水压传感器零漂/kPa	0	0.1	0.1	0.1	0.2	0.2	0.2	0.3	0.2	0.2

表 4.9   传 感 器 压 力 标 定

施压值/kPa		0	10.0	20.0	30.0	40.0	50.0	60.0	70.0	80.0	90.0	100.0
水压/kPa	第一次	0.3	10.1	19.4	29.6	40.5	50.3	60.9	71.0	81.3	90.0	100.0
	第二次	0.3	10.0	19.9	29.9	39.8	50.0	61.5	70.8	80.7	90.2	99.9
	第三次	0.3	9.9	19.9	29.7	40.1	50.5	60.8	70.8	81.2	90.9	99.9
气压/kPa	第一次	0	9.5	19.9	29.3	40.4	50.3	61.0	71.1	80.7	90.6	99.9
	第二次	0	10.0	19.5	29.6	39.3	50.3	61.0	71.0	80.9	90.6	99.7
	第三次	0	10.0	20.0	29.8	40.1	50.3	61.2	71.4	80.7	90.3	99.7

（2）陶土板的性能检验。在试验前发现陶土板中有不合格产品，于是对所有的陶土板进行了进气值测定。首先将陶土板用煮沸法饱和，将饱和后的陶土板安装在自制的标定装置上并放入无气水中，然后从其底部分级加气压，每级气压为 50kPa，每加一级气压观察有无气泡出现，这样就测出了它的进气值。视进气值大于 250kPa 者为合格产品，待用。

把检验好的陶土板取一块磨制成圆形，用 914 胶（5∶1）黏结并嵌入三轴仪底座上。待胶凝固后，再检查陶土板与底座的黏结是否密封以及确定陶土板传压的滞后时间。首先检查陶土板黏结。给压力室通压力水使陶土板饱和，如果看到陶土板底部管道中空气慢慢被水赶出，说明陶土板透水性良好。饱和后放掉压力室中的水使水面刚好盖着底座上的陶土板为止，从陶土板底部管路中通以 200kPa 的气压，观察 1h 无小气泡出现，认为陶土板与底座黏结良好。最后确定陶土板传压的滞后时间。先把陶土板在压力室用压力水饱和，然后卸掉压力室水压，关闭四通件后的压力阀门，开启非饱和土孔压测定装置，预热 40min 进入工作状态后，施加围压，用水压传感器量测陶土板下的水压。试验表明，陶土板在加压阶段滞后时间仅 1min 左右。

3. 试样制备

本次试验土样为取自杨陵二级阶地地面以下深 3m 左右的原状黄土，土性指标见表 4.10。

表 4.10　　　　　　　　　　　　　　　**杨陵黄土的物理指标**

相对密度	天然含水量 /%	自然干密度 /(g/cm³)	颗粒组成/%			液限 /%	塑限 /%
			2～0.05mm	0.05～0.005mm	<0.005mm		
2.72	17.5	1.29	16.5	62.8	20.7	28.7	17.5

将取来的土样削成高 8cm、直径为 3.91cm 的标准试样。对于从高饱和度配至低饱和度试样，采用自然风干的办法；对于从低饱和度配至高饱和度的试样，采用水膜转移法。

4. 初始吸力的测定

陶土板饱和与传递水压管道充水排气，这一过程约需 40min，装样与非饱和土测定仪预热，这一过程约需 1h。土体在低饱和度情况下，孔隙水压力远小于 −80kPa，由于水压力在不大于 −80kPa 的条件下，孔隙水压量测系统中管路里的水因为汽化而无法测出，因此在较低饱和度（$S_r=37\%$、38.6%）情况下，土样初始吸力采用轴平移技术测定，较高饱和度（$S_r=45\%\sim74\%$）情况下，土样初始吸力直接测定，饱和度与初始吸力关系如图 4.22 所示。由图 4.22 可见，土样初始吸力随饱和度增加呈递减趋势，本次试验测得最大初始吸力 $u=128kPa$。

初始吸力测定稳定标准为 1h 吸力变化不大于 0.5kPa，初始吸力与稳定时间关系如图 4.23 所示，可见初始吸力稳定时间与土的饱和度有关，饱和度愈小，稳定时间愈长，$S_r=67\%$、64%、60%、50% 和 45% 的相应稳定时间为 $t=2h$、4h、10h、18h 和 22h。另

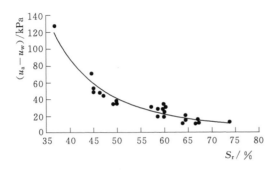

图 4.22　饱和度与初始吸力的关系

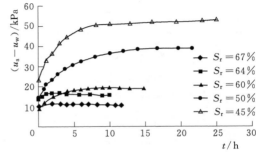

图 4.23　不同饱和度初始吸力与稳定时间的关系

外，影响初始吸力测试精度的关键问题是土样与陶土板接触是否良好；否则很难正确测出其值。

5. 试样在围压作用下孔压稳定时间

（1）稳定时间确定。围压分级施加，每级压力 50kPa，每个试样加压稳定历时要根据试样的体变、孔隙水压力和孔隙气压力都达到稳定来确定，试验中发现，孔隙气压力稳定最快，约 1h，体变稳定次之，约 3h。孔隙水压力稳定最慢，需很长时间，所以试样加围压后各变量稳定所需历时以孔隙水压力稳定时间作为试样稳定控制历时，该历时随围压大小，饱和度高低而变化。一般围压越大，饱和度越低，稳定时间越长。在 4 个饱和度 $S_r=$ 45%、50%、60% 和 67%，每个饱和度 5 个围压 $\sigma_3=50kPa$、100kPa、200kPa、300kPa 和 400kPa 试验中，每一饱和度孔隙水压力稳定时间最长对应值分别约为 $t=17h$、13h、9h 和 6h。

（2）围压施加前测初始吸力与不测初始吸力比较。对几种不同饱和度的试样施加不同的围压，一组试样先测初始吸力再施加围压，另一组试样不测初始吸力，试样装好后直接施加围压，发现测初始吸力与不测初始吸力，加压后的 u_a-u_w 值相等，而且孔压稳定时间也大致相同。通过多次平行试验，结论一致，以围压 300kPa、饱和度分别为 45% 和 67% 的试验结果为例来说明这一问题，如图 4.24 所示。这样，如果没有特殊要求，可不测初始吸力，直接对试样施加围压，省去初始吸力测定环节。对 $S_r=67\%$ 节省时间 2h，对 $S_r=45\%$ 节省时间 22h。

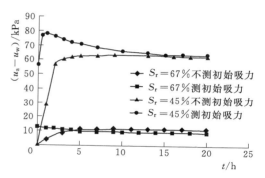

图 4.24　测与不测初始吸力施加围压下时间与 u_a-u_w 的关系（$\sigma_3=300kPa$）

采用应变式加载，对非饱和试样，施加围压时不排水、不排气、剪切时也不排水、不排气，剪切过程测定 $\sigma_1-\sigma_3$、ε_v、ε_1、u_a 和 u_w。

6. 试样剪切

（1）剪切速率的确定。对非饱和黄土三轴压缩试验，人们通常采用 0.024mm/min 的剪切速率，通过这次试验发现，这一速率太快，孔隙气压力可以满足要求，但孔隙水压力本身的滞后效应使其不能与孔隙气压力同步，后来采用 0.0107mm/min 剪切速率，避免了这一现象，为检查所选剪切速率的合理性，用极慢速率试验结果进行检验。取 $S_r=45\%$、$\sigma_3=300kPa$、剪切速率分别为 0.0107mm/min 和 0.0048mm/min 进行试验，结果对比如图 4.25 所示。通过两种剪切速率试验结果比较，无论是应力-应变关系，还是孔隙压力值各自都接近，说明原状黄土采用 0.0107mm/min 的剪切速率是适宜的。

（2）孔隙水压力滞回效应。由于土体孔隙的不规则性，孔隙充水与排水发生在不同的水势条件下，形成了土体中水的滞回现象，这种现象存在于一切土中，并且与土的结构、黏粒含量、饱和度以及土样吸水和排水状态有关。从地下取出一块土样，很难判定它是处

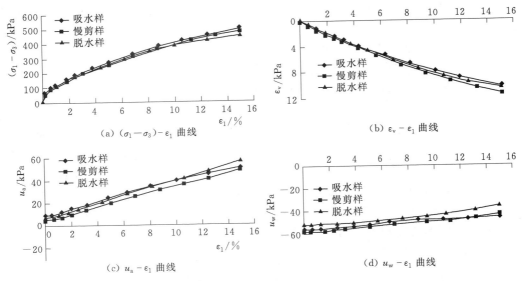

(a) $(\sigma_1-\sigma_3)-\varepsilon_1$ 曲线

(b) $\varepsilon_v-\varepsilon_1$ 曲线

(c) $u_a-\varepsilon_1$ 曲线

(d) $u_w-\varepsilon_1$ 曲线

图 4.25　不同剪切速率对比曲线（$S_r=45\%$）

在吸水状态还是脱水状态，是经过多少次吸水和脱水循环。这里从均压试验和剪切试验来讨论这一问题。

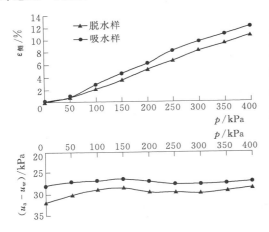

图 4.26　脱水样和吸水样均压对比曲线

1）脱水样和吸水样均压对比试验。取两个试样，一个用水膜转移法 3 次配水至饱和度为 60%，称为吸水样；另一个先浸水让其接近饱和，然后用风干法控制至饱和度为 60%，称为脱水样，对两试样分别测初值，并进行均压试验，每级压力为 50kPa，试验结果如图 4.26 所示。从图 4.26 中可以看出：①均压 P 与试样体变形 ε_v，在 $0\leqslant P\leqslant50kPa$，两曲线重合，在 $150\leqslant P\leqslant400kPa$，两曲线平行，$\varepsilon_{vmax}$ 差 1%；②两条 $P-(u_a-u_w)$ 曲线随均压 P 增加，u_a-u_w 的差值减小，如果将两曲线采用同一初始吸力，发现只有在 $300\leqslant P\leqslant400kPa$ 时 u_a-u_w 稍有差异外曲线，其他

部分完全重合。这说明土样孔隙水压力滞回效应对土压缩过程影响极小。对初始吸力有一定影响，该试验初始吸力差不足 10%；③ $[u_a-u_w]_{脱}>[u_a-u_w]_{吸}$ 但 $[\varepsilon_v]_{脱}<[\varepsilon_v]_{吸}$。

2）脱水样与吸水样剪切试验。试样 $S_r=45\%$，剪切速率 0.0107mm/min，两试样试验结果如图 4.25 所示。两种试样的 $(\sigma_1-\sigma_3)-\varepsilon_1$，$u_a-\varepsilon_1$，$u_w-\varepsilon_1$ 等曲线各自接近，说明非饱和杨陵黄土的滞回效应对剪切过程影响极小。

7. 应力土应变关系曲线

将饱和度 $S_r=45\%$、$S_r=50\%$ 的试验结果绘于图 4.27 与图 4.28 上。

图 4.27 和图 4.28 所示曲线具有以下特点。

（1）$\varepsilon_1 - (\sigma_1 - \sigma_3)$ 曲线为硬化型，同一 ε_1 条件下，围压 σ_3 大的 $\sigma_1 - \sigma_3$ 也较大。

（2）$\varepsilon_1 - \varepsilon_v$ 曲线随 ε_1 增大，ε_v 增大，在同一 ε_1 条件下，围压 σ_3 大的 ε_v 也较大。

（3）同一围压下的孔隙气压力 u_a 大于孔隙水压力 u_w；$\varepsilon_1 - u_a$ 曲线规律性较强，随围压 σ_3 的增大，u_a 增大，同一围压下，随 ε_1 的增大 u_a 也增大；$\varepsilon_1 - u_w$ 曲线在不同的围压下有交叉现象。这种交叉现象是由土结构强度所引起的。

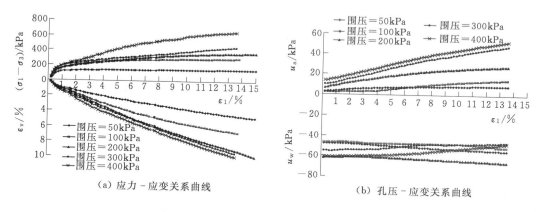

（a）应力－应变关系曲线　　　　　　　　（b）孔压－应变关系曲线

图 4.27　三轴压缩试验曲线（$S_r = 45\%$）

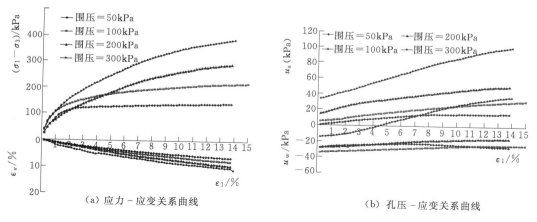

（a）应力－应变关系曲线　　　　　　　　（b）孔压－应变关系曲线

图 4.28　三轴压缩试验曲线（$S_r = 50\%$）

4.4.5　用有效应力新表达式表述的非饱和黄土的强度

1. 三轴压缩条件下的有效应力

（1）非饱和黄土有效剪应力。分别将图 4.27、图 4.28 中的每条 $q - \varepsilon_1$ 曲线的试验点和对应的 u_a、u_w 都代入式（2.66）、式（2.75）得到有效应力参数与轴向应变计算曲线 $\varepsilon_1 - \chi_q$，如图 4.29 和图 4.30 所示。这两个图中曲线规律相同且具有以下特点：①除围压 $\sigma_3 = 50\text{kPa}$ 的 χ_q 为负值以外，其他曲线均为正值；②曲线前部分有交叉现象且 $S_r = 45\%$ 的曲线比 $S_r = 50\%$ 曲线交叉严重。曲线后部分在 ε_1 相等条件下，随围压 σ_3 增大，χ_q 值增大；③$\varepsilon_1 - \chi_q$ 曲线除围压为 50kPa 以外均为增曲线，但 χ_q 的变化率 $\dfrac{d\chi_q}{d\varepsilon_1}$ 值随 ε_1 增加而减小，土

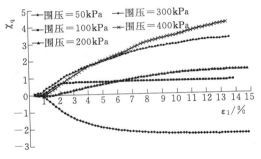

图 4.29　$\varepsilon_1 - \chi_q$ 曲线 （$S_r = 45\%$）

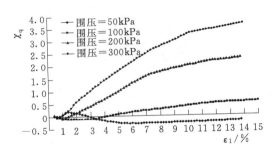

图 4.30　$\varepsilon_1 - \chi_q$ 曲线 （$S_r = 50\%$）

破坏时趋于零，$\varepsilon_1 - \chi_q$ 曲线变为水平。

　　将 $S_r = 45\%$ 和 $S_r = 50\%$ 条件下的每一围压 σ_3 的 ε_1、q、u_a、u_w 和图 4.29、图 4.30 中 χ_q 代入式 （2.50），可以得到有效剪应力 $\varepsilon_1 - q'$ 计算曲线如图 4.31 和图 4.32 所示。这两个图的曲线形状和总应力与图 4.27、图 4.28 形状相似。

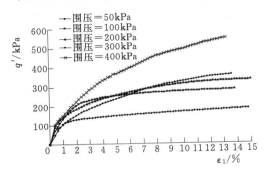

图 4.31　$\varepsilon_1 - q'$ 曲线 （$S_r = 45\%$）

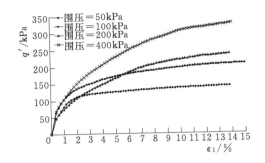

图 4.32　$\varepsilon_1 - q'$ 曲线 （$S_r = 50\%$）

　　（2）非饱和黄土的有效球应力。分别将图 4.27、图 4.28 中每条 $\varepsilon_1 - \varepsilon_v$、$\varepsilon_1 - u_a$ 和 $\varepsilon_1 - u_w$ 曲线相应的点代入式 （2.55）和式 （2.62）得到 $\varepsilon_1 - \chi_p$，计算曲线如图 4.33 和图 4.34 所示。图中曲线 χ_p 随 ε_1 增加而减小，在 ε_1 相等的条件下，χ_p 随围压 σ_3 增大而增大。

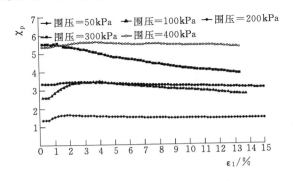

图 4.33　$\varepsilon_1 - \chi_p$ 曲线 （$S_r = 45\%$）

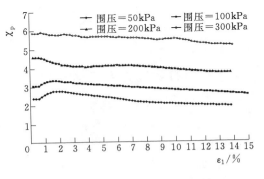

图 4.34　$\varepsilon_1 - \chi_p$ 曲线 （$S_r = 50\%$）

　　分别将图 4.27 和图 4.28 中每一条曲线的 ε_1、p、u_a、u_w 和图 4.33、图 4.34 中 χ_p 代入式 （2.48），可以分别得到 $\varepsilon_1 - p'$，计算曲线如图 4.35 和图 4.36 所示。

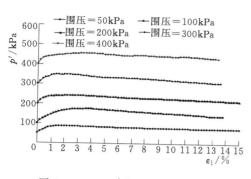

图 4.35　$\varepsilon_1 - p'$ 曲线（$S_r = 45\%$）

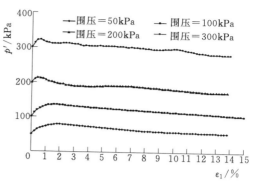

图 4.36　$\varepsilon_1 - p'$ 曲线（$S_r = 50\%$）

2. 非饱和黄土有效应力强度规律的试验分析

（1）用 q'_f 表示强度。如果规定某一个破坏标准，如峰值标准或通常的破坏应变标准（如 $\varepsilon_{1f} = 15\%$），则计算 ε_{1f} 对应的 p'_f 和 q'_f，将计算的 p'_f 和 q'_f 点绘在 $p' - q'$ 坐标系中，它一般仍为直线。具体表达形式为

$$q'_f = d' + p'_f \tan\psi' \tag{4.23}$$

式中：

$$q'_f = (\sigma_1 - \sigma_3)'_f = [(\sigma_1 - \sigma_3) - \chi_q(u_a - u_w)]_f, \quad p'_f = [p - u_a - \chi_p(u_a - u_w)]_f,$$
$$p = \frac{1}{3}(\sigma_1 + \sigma_2 + \sigma_3)$$

如果采用土力学常用公式，一般情况下，有

$$\begin{cases} \tan\psi' = \dfrac{6\sin\varphi'}{3 - \sin\varphi'} \\ d' = \dfrac{6c'\cos\varphi'}{3 - \sin\varphi'} \end{cases} \tag{4.24}$$

就可以计算出非饱和土的 c'、φ'。按非饱和土强度式（4.23）的要求将 $S_r = 45\%$ 的图 4.31 所示 $\varepsilon_1 - q'$ 曲线和图 4.35 所示 $\varepsilon_v - p'$ 曲线中围压 $\sigma_3 = 50\text{kPa}$、100kPa、200kPa、300kPa 和 400kPa 相应的破坏值 q'_f、p'_f 计算出，点绘曲线如图 4.37 所示。得到 $d' = 121.5\text{kPa}$，$\tan\psi' = 0.9627$。

用同样的方法将 $S_r = 50\%$ 的图 4.32 所示 $\varepsilon_1 - q'$ 曲线和图 4.36 所示 $\varepsilon_1 - p'$ 曲线中围压 $\sigma_3 = 50\text{kPa}$、100kPa、200kPa、300kPa 的破坏值 q'_f、p'_f 计算出，点绘曲线如图 4.38 所示，

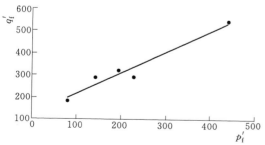

图 4.37　$p'_f - q'_f$ 曲线（$S_r = 45\%$）

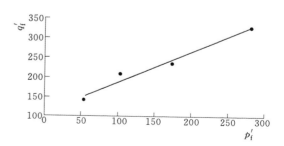

图 4.38　$p'_f - q'_f$ 曲线（$S_r = 50\%$）

得到 $d'=109.99\text{kPa}$，$\tan\psi'=0.7768$。

再把 $S_r=45\%$ 和 $S_r=50\%$ 的 d' 和 ψ' 代入式（4.24），便得有效应力强度参数如下：

$$S_r=45\%，\quad C'=57.533\text{kPa}，\quad \varphi'=24.506°$$

$$S_r=50\%，\quad C'=51.85\text{kPa}，\quad \varphi'=20.113°$$

（2）用 τ_f' 表示强度。在某一破坏标准下，计算出 ε_{1f} 对应 χ_p、χ_q，然后计算出 χ_1、χ_3，进而计算出 σ_{1f}' 和 σ_{3f}'，在 $\sigma'-\tau_f'$ 坐标系内绘莫尔-库仑强度包线，就可以求得有效应力的 c'、φ'。

按非饱和土强度式（4.23）的要求分别将 $S_r=45\%$ 和 $S_r=50\%$ 各围压的情况的 $\varepsilon_1-\chi_q$（图 4.29 和图 4.30）与 $\varepsilon_v-\chi_p$ 曲线（图 4.33 和图 4.34）中的破坏值 χ_q、χ_p 取出，通过式（2.52）计算出相应的 χ_1、χ_3。再分别将图 4.27 和图 4.28 所示的每条 $q-\varepsilon_1$ 曲线破坏条件下对应的 u_a、u_w、σ_{1f}、σ_{3f} 连同 χ_1、χ_3 代入式（2.47）求出 σ_{1f}'、σ_{3f}'，见表 4.11。然后绘莫尔-库仑曲线（图 4.39 和图 4.40），得

$$S_r=45\%，\quad C'=51\text{kPa}，\quad \varphi'=23.46°$$

$$S_r=50\%，\quad C'=50\text{kPa}，\quad \varphi'=20.17°$$

表 4.11 破坏主应力计算表

$S_r/\%$	σ_3/kPa	χ_p	χ_q	χ_1	χ_3	σ_{1f}'	σ_{3f}'
45	50	1.41	−2.37	−0.17	3.20	190.92	63.70
	100	2.77	0.79	3.29	2.51	599.47	251.37
	200	3.08	1.40	4.02	2.62	926.40	421.19
	300	3.89	3.25	6.06	2.80	1321.46	540.77
	400	5.31	4.12	8.06	3.94	1867.71	764.73
50	50	1.94	−0.21	1.8	2.00	198.83	61.91
	100	2.53	0.55	2.90	2.35	338.62	112.11
	200	3.74	2.31	5.28	2.97	579.58	333.90
	300	5.16	3.66	7.60	3.94	736.84	294.33

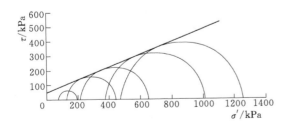

图 4.39 杨陵非饱和黄土莫尔-库仑包线
（$S_r=45\%$）

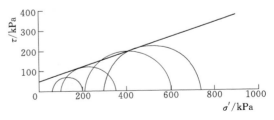

图 4.40 杨陵非饱和黄土莫尔-库仑包线
（$S_r=50\%$）

（3）非饱和黄土强度特性。

1）用式（4.23）和式（4.24）表示强度结果一样，但由于所用公式不同，不可避免

地要产生一定的误差，但误差在工程允许的范围内。

2）强度式（4.22）与 Bishop 式（4.19）以及与 Fredlund 式（4.20）有本质的区别：其一，式（4.22）中的 τ_f' 考虑了基质吸力对剪应力的影响，而式（4.19）与式（4.20）表明基质吸力只影响球应力，并不影响剪应力；其二，式（4.22）中的 c'、φ' 直接是非饱和土的有效黏聚力和内摩擦角，而式（4.19）与式（4.20）中 c'、φ' 为饱和土黏聚力和内摩擦角。

3）非饱和土 c'、φ' 都大于饱和土的 c'、φ' 值，且随饱和度增加相应强度指标 c'、φ' 呈降低趋势。笔者曾对杨陵饱和黄土进行过试验，相应的强度参数为 $c' = 25\text{kPa}$、$\varphi' = 18.90°$。有效应力强度参数随饱和度变化情况见表 4.12。

表 4.12　　　　　　　有效应力强度参数随饱和度的变化

$S_r/\%$	c'/kPa	$\varphi'/(°)$
45	51	23.46
50	50	20.17
100	25	18.90

4.5　非饱和黄土的屈服强度准则

土的屈服强度准则研究得很多，提出的公式不下几十种，沈珠江曾做过系统的评述，笔者也曾提出过黄土的屈服强度准则，这里以此为基础进行研究。

4.5.1　屈服强度准则的建立

在黄土工程的实践中发现黄土的强度具有以下特点：第一，黄土的强度在常规三轴条件下基本符合莫尔-库仑准则；第二，内摩擦角 φ_b 随应力参数 b 的变化而变化；第三，常规三轴挤长内摩擦角大于常规三轴压缩内摩擦角，即 $\varphi_1 > \varphi_0$。而且 φ_1 与 φ_0 的差值与黄土沉积年代有关，即随着 Q_4、Q_3、Q_2、Q_1 黄土逐渐增大，这种差值原状土要大于重塑土，从原状黄土试验结果看，φ_1 比 φ_0 大 8.9%；从击实黄土试验结果看，φ_1 比 φ_0 大 2%；第四，黄土屈服强度准则受土的含水量影响较大。根据黄土上述特点来构造黄土的屈服强度准则。

1. 黄土的屈服强度准则表达形式

莫尔-库仑屈服强度准则的另一种表达形式可以写成

$$q = \frac{-3\sin\varphi}{\sqrt{3}\cos\theta - \sin\theta\sin\varphi}p + \frac{3c\cos\varphi}{\sqrt{3}\cos\theta - \sin\varphi\sin\theta} \tag{4.25}$$

式中：θ 为应力洛德角。

根据黄土上述特点建立屈服强度准则：在 $p-q$ 平面上仍采用莫尔-库仑准则，且 $\varphi_1 > \varphi_0$；π 平面上满足形状函数一切条件（见本书对形状函数检验）。然后在式（4.25）的基础上将黄土的屈服强度准则写成

$$q = \frac{1}{(\sin\theta + \sqrt{3}\cos\theta)K_1 + K_2}p + \frac{c\cot\varphi_0}{(\sin\theta + \sqrt{3}\cos\theta)K_1 + K_2} \tag{4.26}$$

式中：K_1、K_2 为土性常数。

（1）用形状函数表示。由边界条件确定式（4.26）中土性常数 K_1、K_2；将 $\theta = -30°$ 和 $\theta = 30°$ 分别代入式（4.26），得

$$q_0 = \frac{p + \sigma_c}{K_1 + K_2} \tag{4.27}$$

$$q_1 = \frac{p + \sigma_c}{2K_1 + K_2} \tag{4.28}$$

$\sigma_c = c\cot\varphi$，联立式（4.27）和式（4.28），解出

$$\begin{cases} K_1 = \left(\dfrac{1}{q_1} - \dfrac{1}{q_0}\right)(p + \sigma_c) \\[2mm] K_2 = \left(\dfrac{2}{q_0} - \dfrac{1}{q_1}\right)(p + \sigma_c) \end{cases} \tag{4.29}$$

再将式（4.29）代入式（4.26），消去 $(p + \sigma_c)$，得

$$q = \frac{1}{(\sin\theta + \sqrt{3}\cos\theta)\left(\dfrac{1}{q_1} - \dfrac{1}{q_0}\right) + \left(\dfrac{2}{q_0} - \dfrac{1}{q_1}\right)} \tag{4.30}$$

式中：q_0 为常规三轴压缩广义剪应力；q_1 为常规三轴挤长广义剪应力。

令 $\dfrac{q_1}{q_0} = K$；将式（4.30）整理，得

$$q = g(\theta)q_0, \quad g(\theta) = \frac{K}{(2K-1) + (1-K)(\sin\theta + \sqrt{3}\cos\theta)} \tag{4.31}$$

（2）用内摩擦角表示。根据图 4.41，令 $\eta = \dfrac{1}{2}(\sigma_1 - \sigma_3)$，$\rho = \dfrac{1}{2}(\sigma_1 + \sigma_3)$。

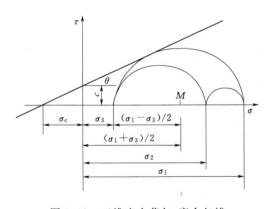

图 4.41　三维应力莫尔-库仑包线

则

$$\mu = \frac{\sigma_2 - \rho}{\eta}$$

$$p = \frac{1}{3}(\sigma_1 + \sigma_2 + \sigma_3) = \rho + \frac{\mu\eta}{3}$$

$$q = [3 + \mu^2]^{1/2}\eta$$

式（4.26）可写成

$$q = \frac{1}{(\sin\theta + \sqrt{3}\cos\theta)K_1 + K_2}(p + \sigma_c)$$

令

$$\frac{1}{(\sin\theta + \sqrt{3}\cos\theta)K_1 + K_2} = K_f$$

则

$$\frac{q}{p + \sigma_c} = \frac{(3 + \mu^2)^{1/2}\eta}{\rho + \dfrac{\mu\eta}{3} + \sigma_c} = K_f$$

通过整理，由图 4.41 可得

$$\frac{\eta}{p + \sigma_c} = \frac{K_f}{(3 + \mu^2)^{1/2} - \dfrac{\mu}{3}K_f} = \sin\varphi_0$$

将 $\mu = \sqrt{3}\tan\theta$ 代入上式，得

$$\sin\varphi_\theta = \cfrac{K_f}{\sqrt{3}\sec\theta - \cfrac{\sqrt{3}}{3}\tan\theta K_f}$$

$$= \cfrac{\cos\theta}{\sqrt{3}\left[(\sin\theta+\sqrt{3}\cos\theta)K_1+K_2\right]+\cfrac{\sqrt{3}}{3}\sin\theta}$$

由边界条件确定上式中 K_1、K_2。

当 $\theta = -30°$ 时，
$$\sin\varphi_0 = \cfrac{\cfrac{1}{2}}{K_1+K_2-\cfrac{1}{6}}$$

当 $\theta = 30°$ 时，
$$\sin\varphi_1 = \cfrac{\cfrac{1}{2}}{2K_1+K_2+\cfrac{1}{6}}$$

联解得

$$K_1 = \frac{1}{2\sin\varphi_1} - \frac{1}{2\sin\varphi_0} - \frac{1}{3}; \quad K_2 = \frac{1}{\sin\varphi_0} - \frac{1}{2\sin\varphi_1} + \frac{1}{2}$$

通过整理，得

$$\sin\varphi_\theta = \frac{2/\sqrt{3}\sin\varphi_0\sin\varphi_1\cos\theta}{(\sin\varphi_0-\sin\varphi_1)(\sin\theta+\sqrt{3}\cos\theta-1)+\sin\varphi_0\sin\varphi_1(1-2/\sqrt{3}\cos\theta)\sin\varphi_1} \quad (4.32)$$

式（4.31）和式（4.32）为本书屈服强度准则的不同表达式。

2. 形状函数 $g(\theta)$ 检验

根据形状函数满足的条件，对式（4.31）中 $g(\theta)$ 进行检验。

（1）外凸条件检验。为了方便取 $f(\theta)=1/g(\theta)$，由解析几何 $g(\theta)$ 外凸必须满足
$$[f(\theta)+f''(\theta)]/f^2(\theta)\geqslant 0$$
由 $[f(\theta)]_{\theta=-30°}=1>0$；$[f(\theta)]_{\theta=30°}=1/K>0$；恒有 $[f^3(\theta)]>0$。
取 $R_t=f(\theta)+f''(\theta)$；则应有 $R_t\geqslant 0$。

$$f'(\theta) = \frac{(\cos\theta-\sqrt{3}\sin\theta)(1-K)}{K}, \quad f''(\theta) = \frac{-(\sin\theta+\sqrt{3}\cos\theta)(1-K)}{K}$$

即

$$R_t = \frac{(2K-1)+(\sin\theta+\sqrt{3}\cos\theta)(1-K)-(\sin\theta+\sqrt{3}\cos\theta)(1-K)}{K}$$

$$= \frac{2K-1}{K}\geqslant 0$$

$K\geqslant 1/2$，该式是本书 $g(\theta)$ 的外凸条件。

$K=(3-\sin\varphi)/(3+\sin\varphi)\geqslant 1/2$，即 $\varphi\leqslant 90°$，只要 $\varphi\leqslant 90°$，就可保证曲线外凸。

（2）边界条件检验。

$\theta=-30°$ 时，$g(\theta)=1$，$\partial g(\theta)/\partial\theta=0$。

$\theta=30°$ 时，$g(\theta)=K$，$\partial g(\theta)/\partial\theta=0$。

（3）两种极端情况检验。

$\varphi=0°$，即 $K=1.0$ 时，$g(\theta)=1$，最简单的凸曲线是圆。

$\varphi = 90°$，即 $K = 1/2$ 时，$g(\theta) = 1/(\sin\theta + \sqrt{3}\cos\theta)$，该式轨迹为一直线。

式（4.31）中的 $g(\theta)$ 满足形状函数一切条件。

4.5.2 原状黄土真三轴试验

1. 非饱和原状黄土真三轴试验方法介绍

（1）仪器简介。试验仪器为日本谷藤机械工业株式会社生产的 TS-526 型多功能三轴仪。在进行非饱和土试验时，对压力室稍加改进。在试样顶面安装了压力传感器以测定试验过程的孔隙气压力；在压力室底座上镶嵌陶土板，并接水压量测系统以测定试验过程的孔隙水压力。该仪器在试验中，施加 3 个方向应力，即 σ_1、σ_2、σ_3 后可以测定 3 个方向应变 ε_1、ε_2、ε_3 以及体应变 ε_v，孔隙气压力 u_a 和孔隙水压力 u_w。仪器外观如图 4.42 所示。

图 4.42　多功能三轴仪外观

（2）试样制备。试样尺寸为 88.9mm×88.9mm×35.56mm，对于原状样采用削样的方法，在制样时，严格控制尺寸和形状，控制各试样干密度之间差值在常规三轴试验规范的允许范围内；本次试验土样仍为取自杨陵二级阶地地面下深 3m 左右的原状黄土，土性指标见表 4.10。

（3）试验方法和试验结果。采用应变式加载，对非饱和试样，施加围压时不排水、不排气，剪切时也不排水、不排气。剪切过程施加 σ_1、σ_2、σ_3 测定 ε_1、ε_2、ε_3、u_a 和 u_w。剪切速率为 0.0107mm/min，孔隙水压力和孔隙气压力测定方法与非饱和土三轴压缩试验方法完全相同。在每次试验中保持 σ_3 不变，当 σ_1 增大时，调节 σ_2，使 $b = \dfrac{\sigma_2 - \sigma_3}{\sigma_1 - \sigma_3}$ 在试验中保持常数。

本次做了三组试验。第一组为 $w = 22.6\%$、$\sigma_3 = 150$kPa、$b = 0$、0.2、0.4、0.6、0.8 和 1.0，结果如图 4.43 所示；第二组为 $w = 23.2\%$、$b = 0.4$、$\sigma_3 = 50$kPa、100kPa、150kPa 和 300kPa，结果如图 4.44 所示；第三组为 $b = 0.4$、$\sigma_3 = 100$kPa、$w = 18.97\%$、28.75% 和 30.8%，结果如图 4.45 所示。

第一组试验反映了 $b = \dfrac{\sigma_2 - \sigma_3}{\sigma_1 - \sigma_3}$ 的影响，如图 4.43 所示。图中 ε_1-$(\sigma_1 - \sigma_3)$ 曲线交叉严

重；$\varepsilon_1 - (\sigma_2 - \sigma_3)$ 曲线随 $b=0.2$、0.4、0.6、0.8 和 1.0，曲线由小到大排列；$\varepsilon_1 - (u_a - u_w)$ 曲线也互相交叉。可以看出 b 对应力、应变和孔压产生一定影响，但规律性不明显。

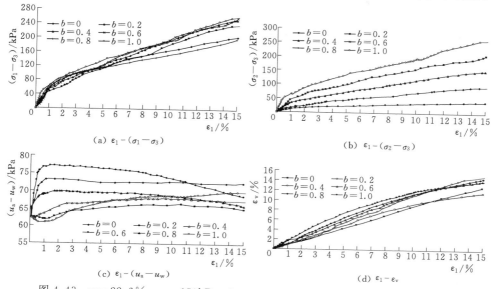

图 4.43　$w=22.6\%$、$\sigma_3 = 150\text{kPa}$，$b=0$、0.2、0.4、0.6、0.8、1.0 试验结果

第二组试验反映了围压的影响，如图 4.44 所示，曲线规律明显，$\varepsilon_1 - (\sigma_1 - \sigma_3)$、$\varepsilon_1 - (\sigma_2 - \sigma_3)$ 和 $\varepsilon_1 - (u_a - u_w)$ 曲线都是随围压增加 $\sigma_3 = 50\text{kPa}$、100kPa、150kPa、200kPa 由小到大排列。

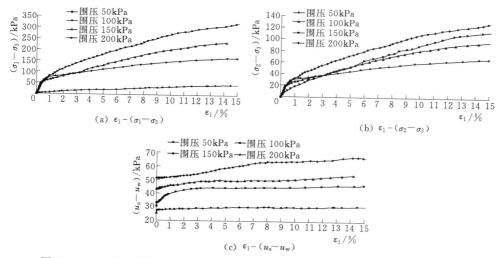

图 4.44　$w=23.2\%$、$b=0.4$，$\sigma_3 = 50\text{kPa}$、100kPa、150kPa、200kPa 试验结果

第三组试验反映了含水量的影响，如图 4.45 所示，随含水量减小 $w=30.80\%$、28.75% 和 18.97%，曲线 $\varepsilon_1 - (\sigma_1 - \sigma_3)$、$\varepsilon_1 - (\sigma_2 - \sigma_3)$、$\varepsilon_1 - (u_a - u_w)$ 由小到大排列。

2. 真三轴条件下的有效应力

（1）第一组：$\sigma_3 = 150\text{kPa}$，$w=22.6\%$，$u_a = 50\text{kPa}$，$b=0$、0.2、0.4、0.6、0.8 和

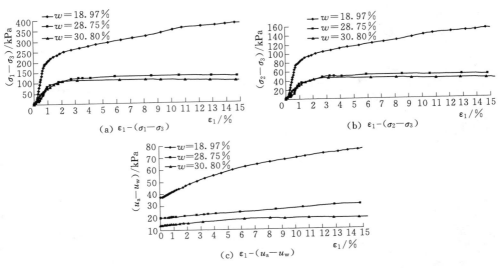

图 4.45　$b=0.4$、$\sigma_3=100\text{kPa}$、$w=18.97\%$、28.75%、30.80%试验结果

1.0 条件下的有效应力。将图 4.43 中每条 ε_1-q_{13} 曲线连同对应的 u_a、u_w 都代入式 (2.86) 和式 (2.87)，得到 $\varepsilon_1-\chi_{13}$ 关系曲线，如图 4.46 所示。再将每一 b 情况下的 ε_1、q_{13}、u_a、u_w 和图 4.46 中 χ_{13} 代入式 (2.81a)，可以得到 $\varepsilon_1-q'_{13}$ 计算曲线，如图 4.47 所示。同理可得 $\varepsilon_1-\chi_{23}$ 曲线（图 4.48）和 $\varepsilon_1-q'_{23}$ 曲线（图 4.49）。分别将试验资料代入式 (2.90) 和式 (2.91) 得到 $\varepsilon_1-\chi_p$ 曲线（图 4.50）。由式 (2.79) 得 ε_1-p' 计算曲线图 4.51。

（2）第二组：$w=23.2\%$，$b=0.4$，$\sigma_3=50\text{kPa}$、100kPa、150kPa 和 300kPa 条件下的有效应力。将图 4.44 中每条 ε_1-q_{13} 曲线连同对应的 u_a、u_w 都代入式 (2.86) 和式 (2.87)，得 $\varepsilon_1-\chi_{13}$ 关系曲线（图 4.52），再将每一 σ_3 情况下的 ε_1、q_{13}、u_a、u_w 和图 4.52 中 χ_{13} 代入式 (2.81a)，可以得到 $\varepsilon_1-q'_{13}$ 计算曲线（图 4.53）。同理，可得 $\varepsilon_1-\chi_{23}$ 曲线（图 4.54）和 $\varepsilon_1-q'_{23}$ 曲线（图 4.55）。

（3）第三组：$\sigma_3=100\text{kPa}$、$b=0.4$，不同含水量条件下的有效应力。将图 4.45 中 ε_1-q_{13} 曲线代入式 (2.86) 和式 (2.87)，得到图 4.56（$\varepsilon_1-\chi_{13}$ 曲线），将 ε_1-q_{23} 曲线代入式 (2.88) 和式 (2.89)，得到图 4.57（$\varepsilon_1-\chi_{23}$ 曲线），进而求得图 4.58（$\varepsilon_1-q'_{13}$ 曲线）和图 4.59（$\varepsilon_1-q'_{23}$ 曲线）。

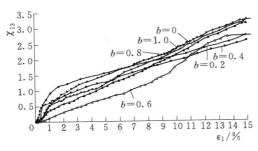

图 4.46　$\varepsilon_1-\chi_{13}$ 曲线
（$\sigma_3=150\text{kPa}$、$w=22.6\%$）

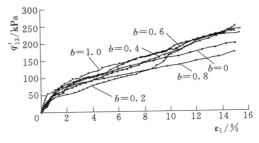

图 4.47　$\varepsilon_1-q'_{13}$ 曲线
（$\sigma_3=150\text{kPa}$、$w=22.6\%$）

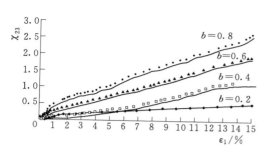

图 4.48 $\varepsilon_1 - \chi_{23}$ 曲线
（$\sigma_3 = 150\text{kPa}$、$w = 22.6\%$）

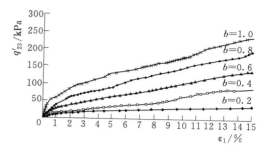

图 4.49 $\varepsilon_1 - q'_{23}$ 曲线
（$\sigma_3 = 150\text{kPa}$、$w = 22.6\%$）

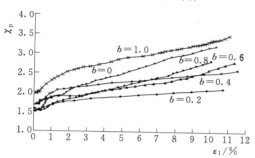

图 4.50 $\varepsilon_1 - \chi_p$ 曲线
（$\sigma_3 = 150\text{kPa}$、$w = 22.6\%$）

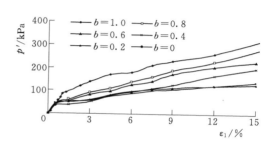

图 4.51 $\varepsilon_1 - \chi_{p'}$ 曲线
（$\sigma_3 = 150\text{kPa}$、$w = 22.6\%$）

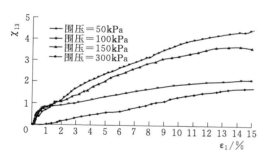

图 4.52 $\varepsilon_1 - \chi_{13}$ 曲线
（$w = 23.2\%$、$b = 0.4$）

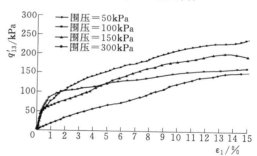

图 4.53 $\varepsilon_1 - q'_{13}$ 曲线
（$w = 23.2\%$、$b = 0.4$）

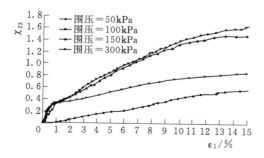

图 4.54 $\varepsilon_1 - \chi_{23}$ 曲线
（$w = 23.2\%$、$b = 0.4$）

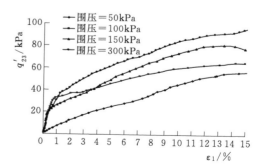

图 4.55 $\varepsilon_1 - q'_{23}$ 曲线
（$w = 23.2\%$、$b = 0.4$）

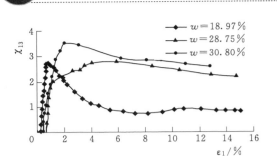

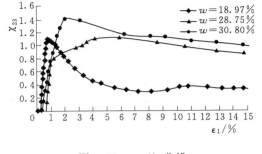

图 4.56 $\varepsilon_1 - \chi_{13}$ 曲线

($\sigma_3 = 100\text{kPa}$、$b = 0.4$)

图 4.57 $\varepsilon_1 - \chi_{23}$ 曲线

($\sigma_3 = 100\text{kPa}$、$b = 0.4$)

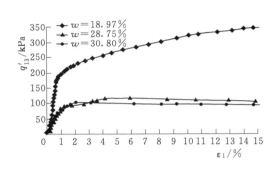

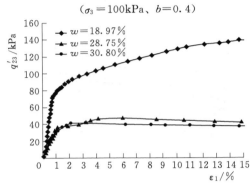

图 4.58 $\varepsilon_1 - q'_{13}$ 曲线

($\sigma_3 = 100\text{kPa}$、$b = 0.4$)

图 4.59 $\varepsilon_1 - q'_{23}$ 曲线

($\sigma_3 = 100\text{kPa}$、$b = 0.4$)

4.5.3 总应力和有效应力条件下应力参数的区别

1. b' 与 b 的关系

$$b = \frac{\sigma_2 - \sigma_3}{\sigma_1 - \sigma_3} \tag{4.33}$$

$$b' = \frac{\sigma'_2 - \sigma'_3}{\sigma'_1 - \sigma'_3} = \frac{\sigma_2 - \sigma_3 + (\chi_3 - \chi_2)(u_a - u_w)}{\sigma_1 - \sigma_3 + (\chi_3 - \chi_1)(u_a - u_w)}$$

$$= \frac{\dfrac{\sigma_2 - \sigma_3}{\sigma_1 - \sigma_3} + \dfrac{(\chi_3 - \chi_2)(u_a - u_w)}{\sigma_1 - \sigma_3}}{1 + \dfrac{(\chi_3 - \chi_1)(u_a - u_w)}{\sigma_1 - \sigma_3}} = \frac{b + (\chi_3 - \chi_2)\dfrac{u_a - u_w}{\sigma_1 - \sigma_3}}{1 + (\chi_3 - \chi_1)\dfrac{u_a - u_w}{\sigma_1 - \sigma_3}} \tag{4.34}$$

(1) 常规三轴压缩应力状态。

$\sigma'_2 = \sigma'_3$，$b' = 0$，由式 (4.34) 可得 $b = 0$。

(2) 常规三轴挤长应力状态。

$\sigma'_1 = \sigma'_2$，$b' = 1$，由式 (4.34) 可得 $b = 1$。

(3) 三主应力状态 $0 < b' < 1$。由式 (4.34) 可见，b' 与 χ_1、χ_2、χ_3 以及 $\dfrac{u_a - u_w}{\sigma_1 - \sigma_3}$ 有关。

2. 总应力和有效应力条件下破坏时应力参数

土破坏时总应力条件下的应力参数用 $b_f = \dfrac{(\sigma_1 - \sigma_3)_f}{(\sigma_2 - \sigma_3)_f}$ 表示，有效应力条件下的应力参数

用 $b_\mathrm{f}' = \dfrac{(\sigma_1' - \sigma_3')_\mathrm{f}}{(\sigma_2' - \sigma_3')_\mathrm{f}}$ 表示。两者之间关系可用式（4.35）表示，即

$$b_\mathrm{f}' = \dfrac{b_\mathrm{f} + (\chi_3 - \chi_2)_\mathrm{f}\,\dfrac{(u_\mathrm{a} - u_\mathrm{w})_\mathrm{f}}{(\sigma_1' - \sigma_3')_\mathrm{f}}}{1 + (\chi_3 - \chi_1)_\mathrm{f}\,\dfrac{(u_\mathrm{a} - u_\mathrm{w})_\mathrm{f}}{(\sigma_1' - \sigma_3')_\mathrm{f}}} \tag{4.35}$$

如果将上述非饱和黄土真三轴试验曲线（图 4.47）的破坏值代入式（4.35），可得破坏情况下的 $b_\mathrm{f} - b_\mathrm{f}'$ 的变化曲线，如图 4.60 所示。

3. 总应力和有效应力情况屈服强度准则比较

将真三轴试验计算曲线（图 4.47 $\varepsilon_1 - q_{13}'$ 曲线）中 $\varepsilon_1 = \varepsilon_{1\mathrm{f}} = 15\%$ 的强度取出，并将其投影到 $p' = 300\,\mathrm{kPa}$ 的平面上，然后与式（4.35）计算曲线对比，如图 4.61 所示。由图 4.61 可见，有效应力强度大于总应力强度，形状较相似。

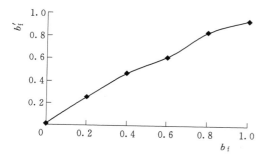

图 4.60 $b_\mathrm{f} - b_\mathrm{f}'$ 曲线
（$\sigma_3 = 150\,\mathrm{kPa}$、$w = 22.6\%$）

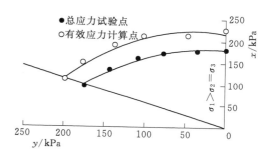

图 4.61 总应力与有效应力
屈服强度准则比较

4.5.4 常见的几个屈服强度准则

1. φ_b 值比较

把要讨论的屈服强度准则写成 $\sin\varphi_b$ 形式，见表 4.13，以原状黄土真三轴试验成果 $\varphi_0' = 20°$ 为起点计算不同 b 时，各强度相应 φ_b' 值，并点绘图 4.62。

由图 4.62 可知，本书提出的屈服强度准则 φ_b' 在屈雷斯加和变形能准则之间变化，在

表 4.13　　　　　　　　　　　不同屈服强度准则 $\sin\varphi_b'$ 表

屈服强度准则	$\sin\varphi_b'$
莫尔-库仑	$\sin\varphi_0'$
米塞斯	$\sin\varphi_0' \Big/ \left[\sqrt{1 - b + b^2} + \dfrac{1}{3}(1 - 2b - \sqrt{1 - b + b^2})\sin\varphi_0' \right]$
屈雷斯加	$\sin\varphi_0' \Big/ \left(1 - \dfrac{2}{3}b\sin\varphi_0' \right)$
变形能	$\sin\varphi_0' \big/ \sqrt{1 - b + b^2}$
本书	$1 \Big/ \left[\sqrt{1 - b + b^2}\left(\dfrac{2}{\sin\varphi_0'} - \dfrac{1}{\sin\varphi_1'} - 1 \right) + (1 + b)\left(\dfrac{1}{\sin\varphi_1'} - \dfrac{1}{\sin\varphi_0'} \right) + 1 \right]$

$b=1\sim0.4$ 大于屈雷斯加准则，与变形能准则接近。在 $b=0.4\sim1$ 大于变形能准则，小于屈雷斯加准则，并与两者值相差都较大。φ'_b 最大值在 $b'=0.7$ 处，$\varphi'_{b\max}$ 与 φ'_0 相比大 18%，可见土工数值分析采用莫尔-库仑准则还有一定潜能。

2. π 平面上比较

将图 4.61 中原状黄土的屈服强度准则曲线，根据对称性，将 $(-1)^{i-1}\left[\theta-(i-1)\pi/3\right]$ $(i=1,2,\cdots,6)$ 代替式（4.31）中 θ，拓广到整过 π 平面上，并与米塞斯、屈雷斯加和莫尔-库仑准则比较（图 4.63）。由图 4.63 可见，本书屈服强度准则在 π 平面上无尖角。

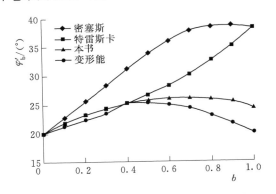

图 4.62　常见几种屈服强度准则 φ'_b 值比较

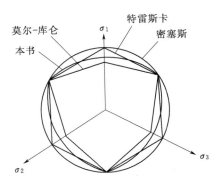

图 4.63　常见几种屈服强度
准则 π 平面比较

4.5.5　几个典型屈服强度准则对黄土的适应性

众所周知，已提出的岩土屈服强度准则形形色色，这里只选几个典型的准则与非饱和黄土有效应力曲线比较，看它们是否可以应用于黄土以及这些准则之间有哪些差别。

这些典型的准则分别是：①史述照、杨光华的改进准则；②李广信的双圆弧准则；③Williams 和 Warnke 准则；④本书准则。

1. 各屈服强度准则表达式

在表 4.14 中，τ_π 为 π 平面剪应力；τ_0 为 $\theta=-30°$ 剪应力；θ_0 为两圆弧切点。

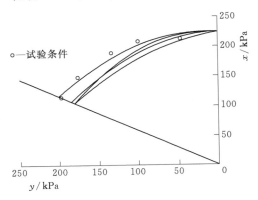

图 4.64　各条件与非饱和黄土适应性曲线

2. 各准则 π 平面上比较

将原状黄土试验值的有效剪应力 $\tau_0=225\text{kPa}$，$\tau_1=235.5\text{kPa}$ 代入表 4.14 中各屈服强度准则表达式，得计算曲线（图 4.64）。

同时将 $b=0.2$、0.4、0.6 和 0.8 对应的有效剪应力 τ_π 试验值点绘在图 4.64 上。可见本书准则与试验点较接近，Williams 和 Wanke 准则、改进的准则和双圆弧准则在 $b>0.2$ 以后就开始偏离试验点且随 b 的增大偏离增大。

表 4.14　　　　　　　　　　　　　　　　　**各屈服强度准则表达式**

序号	名称	表　达　式
1	改进的准则	$\tau_\pi = g(\theta)\tau_0$ $g(\theta) = \dfrac{2}{[(1+K)+1.125(1-K)^2]-[(1-K)-1.125(1-K)^2]\sin3\theta}$
2	双圆弧准则	$\tau_\pi = g(\theta)\tau_0$, $\theta_0 = \arctan\dfrac{4K^3-4K^2+k-3}{\sqrt{3}(4K^3+3K+1)}$ 当 $\theta < \theta_0$ 时，$g(\theta) = g_2(\theta)$ $g_1(\theta) = \dfrac{1}{K(2K-1)}$ $\times[\sqrt{(1-K^2)(2K^2+1)^2\cos^2(30°-\theta)+K^2(2K-1)(2-2K+3K^2-2K^3)}$ $-(1-K)(2K^2+1)\cos(30°-\theta)]$，当 $\theta > \theta_0$ 时，$g(\theta) = g_2(\theta)$ $g_2(\theta) = \dfrac{1}{1+2K-2K^2}$ $\times[\sqrt{(1-K^2)(2K^2+K+2)^2\cos^2(30°+\theta)+(1+2K-2K^2)(4K^3-4K^2+4K-3)}$ $+(1-K)(2K^2+K+2)\cos(30°+\theta)]$
3	Willams 和 Warnke 准则	$\tau_\pi = g(\theta)\tau_0$ $g(\theta) = \dfrac{(1-K^2)(\sqrt{3}\cos\theta+\sin\theta)+(2K-1)[(2+\cos2\theta-\sqrt{3}\sin2\theta)(1-K^2)+5K^2-4K]^{1/2}}{(1-K^2)(2+\cos2\theta-\sqrt{3}\sin2\theta)+(1-2K)^2}$
4	本书准则	$\tau_\pi = g(\theta)\tau_0$, $g(\theta) = \dfrac{K}{(2K-1)+(1-K)(\sin\theta+\sqrt{3}\cos\theta)}$

第5章 黄土弹塑性模型试验研究与应用

本书通过对 Q_2 黄土的不同应力状态和不同应力路径的一系列试验研究，揭示了结构强度影响应力-应变关系的规律性。在考虑了结构强度的基础上，建立了一个带有软化的弹塑性模型，提出了结构屈服应力构成拟初始屈服面的概念。这个模型在常规三轴条件下建立，进而推广到三维应力空间。在上述帽盖模型基础上，编制了平面应变问题有限元程序，对宝鸡峡灌区 86km 处塬边渠道黄土高边坡削坡设计断面进行了论证。

5.1 土性指标和试验简介

5.1.1 土性指标

在宝鸡峡原边渠道（87＋700）km 处的张家塬上，陕西省水电地质队在塬边打了 3 个平洞，最下一个平洞离渠面 5m 左右。土样取在该洞进深 5m、6m、18m 处，土样属于 Q_2^1 黄土，土样内有肉眼可见的大孔隙，钙质结核严重，土样指标见表 5.1。

表 5.1   土 样 指 标

含水量 /%	干容重 /(g/cm³)	相对密度	流限 /%	塑限 /%	塑性指数	颗粒组成/%			平均粒径 d_{50}/mm	有效粒径 d_{10}/mm	限制粒径 d_{60}/mm	不均匀系数
						砂粒	粉粒	黏粒				
20～20.5	1.54	2.73	33.1	18.1	15.0	16.5	65.7	17.8	0.0163	0.00315	0.021	67

该土分类为中粉质壤土，塑性指数为 15.0。

5.1.2 试验介绍

1. 三向等压固结试验

试样尺寸为 $\phi39.1\times80$mm，加压标准为围压 0～400kPa，$\Delta P=50$kPa；围压在 400～1200kPa，$\Delta P=100$kPa；围压在 1200～2500kPa，$\Delta P=300$kPa，测定外体变。

2. 三轴剪切试验

（1）等 σ_3 固结排气剪。固结标准，12h，剪切速率 0.024mm/min。

（2）等 P 固结排气剪。剪切速率 0.024mm/min，采用计算机进行加荷控制。根据上一级荷载轴应变，体变计算调整围压 σ_3 值，保证在小应变间隔内 P 保持常数。

3. 真三轴试验

试验仪器为日本古藤机械工业株式会社生产的 Ts－526 型多功能三轴仪。试样尺寸为 88.9mm×88.9mm×35.6mm。采用非饱和土的等压排水排气，采用应变式加荷，剪切速率为 0.028mm/min。在每次试验中，保持 σ_3 不变，当 σ_1 增大时，用计算机控制调节 σ_3，

使 $b = \dfrac{\sigma_2 - \sigma_3}{\sigma_1 - \sigma_3}$ 在试验中保持不变。

5.2 黄土的变形特性

5.2.1 总应力-应变关系

1. 三向等压试验应力-应变关系

试验曲线如图 5.1 所示，在 ε_v-P 曲线中，曲线从上凹变为下凹，在 $P = 1100 \text{kPa}$ 有一个拐点，主要反映了黄土结构强度的影响，定义该点的应力为该应力状态的结构屈服应力。

2. 常规三轴和平面应变试验应力-应变关系

试验曲线如图 5.2 所示。当 σ_3 等于常数时，$(\sigma_1 - \sigma_3)$-ε_v 曲线的初始斜率比常规三轴的大，但在 $\sigma_3 = 50 \text{kPa}$ 时两曲线有交叉现象；当 $\sigma_3 > 200 \text{kPa}$ 时，$(\sigma_1 - \sigma_3)$-ε_v 曲线为硬化型，当 $\sigma_3 < 200 \text{kPa}$ 时，$(\sigma_1 - \sigma_3)$-ε_v 曲线为软化型；当 $\sigma_3 = 200 \text{kPa}$ 时，$(\sigma_1 - \sigma_3)$-ε_v 曲线为理想塑性型；不同固结应力情况下，曲线加、卸载滞回曲线基本上互相平行，$\sigma_3 = 50 \text{kPa}$ 曲线峰

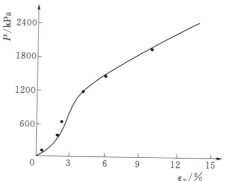

图 5.1 三向等压试验曲线

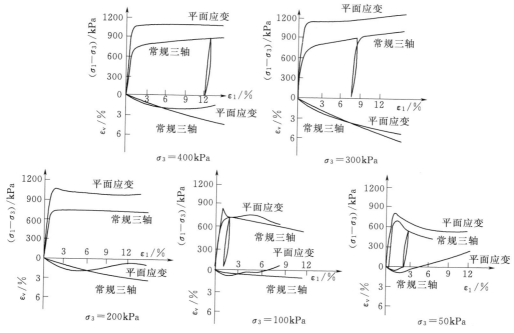

图 5.2 常规三轴和平面应变试验应力-应变对比曲线

值前和峰值后的加卸载滞回曲线也基本平行，说明黄土的弹塑性变形并不随塑性变形的发展而变化，即弹塑性非耦合；常规三轴和平面应变的 $\varepsilon_1 - \varepsilon_v$ 曲线，随固结应力 σ_3 的增加剪缩增大，随固结应力 σ_3 的减小剪胀增大，在 σ_3 为一定值时，开始平面应变剪缩大，终值平面应变剪胀大，两类 $\varepsilon_1 - \varepsilon_v$ 曲线有交点。

3. 常规三轴 $P =$ const 试验应力-应变关系

曲线剪应变 $\bar{\varepsilon}$ 与应力比 $\eta(= q/P)$ 关系曲线如图 5.3 所示，$P =$ const 的每条曲线都有两个滞回圈，而且互相平行，各条曲线的滞回圈也基本平行，说明黄土在等 P 应力路径下，弹性常数不随塑性变形的发展而变化；该应力-应变曲线不能用归一化因子来归一。

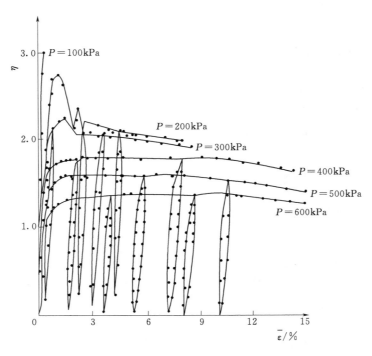

图 5.3　常规三轴 $P =$ const 试验应力-应变关系曲线

4. 真三轴应力-应变关系

真三轴原状样和重塑样应力-应变关系曲线如图 5.4 所示，重塑样的终值与原状样残余值接近；原状样 $\sigma_3 = 0$，$b = 0$、0.8、1.0 三条曲线峰值随 b 增大而增大，最大剪缩量随 b 增大有所增大，剪胀量随 b 增大有所减小。

5.2.2　塑性应力-应变关系

1. 弹性常数的确定

（1）体积模量系数 K 值确定。将三向等压回弹试验结果绘于图 5.5 中，测得滞回圈斜率 $K = 0.24\%$。

（2）剪切模量系数 G 值确定。将 $P =$ const 和 $\sigma_3 =$ const 曲线上相应滞回圈断点连线

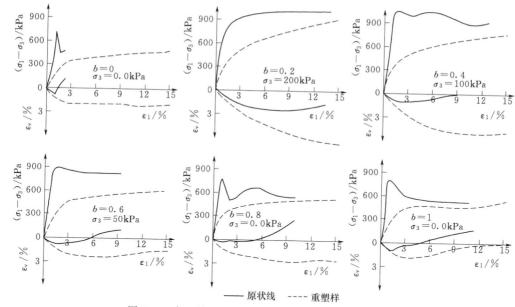

图 5.4 真三轴原状样和重塑样应力-应变关系曲线

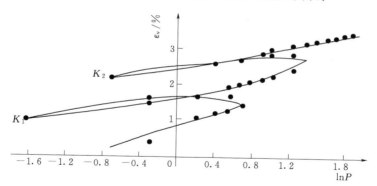

图 5.5 三向等压回弹试验应力-应变关系曲线

斜率用 G_0 表示,定义 K_0 固结条件下的结构屈服应力和试验固结压力之比为结构屈服比,即 $R_P = P_K/P_0$。

P_K:由 K_0 条件测得的结构屈服压力,$P_K = 1470\text{kPa}$,$\ln R_P$:G_0 关系曲线如图 5.6 所示,其方程为

$$G_0 = G_1 + G_e \ln R_P \qquad (5.1)$$

通过线性回归,$G_1 = 1.1957$,$G_e = 1.5233$,相关系数 $R = 0.9618$。G_1:结构屈服比等于 1(无结构强度)时剪切模量比例系数;G_e:斜率。

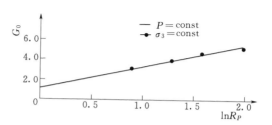

图 5.6 剪切模量系数与结构屈服比关系曲线

2. 塑性变形特性

(1)塑性体变与应力比关系。塑性体变等于总体变减去弹性体变,即

$$\varepsilon_v^p = \varepsilon_v - \varepsilon_v^e \tag{5.2}$$

式中：ε_v 为试验测得体应变。

$$\varepsilon_v^e = K \ln \frac{P}{P_i} \tag{5.3}$$

式中：K 为弹性体积模量系数，由三向等压试验获得；P 为试样排水，排气剪切过程中的有效应力；P_i 为试样固结应力。

由式（5.2）和式（5.3）把常规三轴试验中体变分离出来，然后绘制应力比 η 与塑性体变 ε_v^p 关系曲线，如图 5.7 所示。

（2）塑性剪应变与应力比关系。塑性剪应变等于总剪应变减去弹性剪应变，即

$$\bar{\varepsilon}^p = \bar{\varepsilon} - \bar{\varepsilon}^e \tag{5.4}$$

式中：$\bar{\varepsilon}$ 为试样排气剪测得的剪应变，弹性剪应变为

$$\bar{\varepsilon}^e = \frac{1}{G_0} \eta \tag{5.5}$$

$\eta = q/P$，用式（5.4）和式（5.5）从试验资料中分离出塑性剪应变，并将塑性剪应变与应力比关系绘于图 5.8 中。

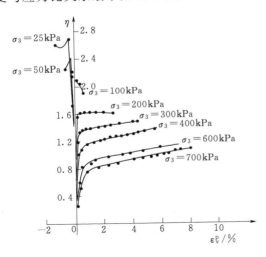

图 5.7　塑性体变与应力-应变关系曲线

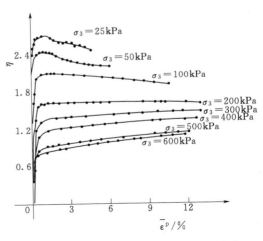

图 5.8　塑性剪应变与应力-应变关系曲线

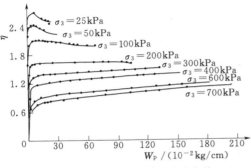

图 5.9　塑性功与应力比关系曲线

（3）塑性功与应力比关系。塑性功增量等于剪应力产生的塑性功增量与球应力产生的塑性功增量之和，即

$$\delta W_p = P \delta \varepsilon_v^p + q \delta \bar{\varepsilon}^p \tag{5.6}$$

$$W_p = \int P d\varepsilon_v^p + q d\bar{\varepsilon}^p \approx \sum (P_i d\varepsilon_v^p + q_i d\bar{\varepsilon}^p) \tag{5.7}$$

塑性功 W_p 与应力比 η 的关系如图 5.9 所示。

从图 5.7～图 5.9 中可以看到，每一条

曲线都是由两段组成，结构屈服应力前为一条直线，结构屈服应力后，若曲线是软化型，为一条曲线，若为硬化型，为一条直线；曲线转弯点定义为结构屈服应力，该点塑性变形并不等于零，但变形很小，塑性体应变在 0.5% 左右，塑性剪应变在 0.7% 左右，塑性功在 $5 \times 10^{-2} \mathrm{kg/cm^2}$ 左右。

5.3 常规三轴条件下弹塑性模型

5.3.1 临界状态线

临界状态线是土体塑性体积应变率为零的状态，对于软化材料，它与残余强度相对应。将残余强度点绘在 p-q 坐标面上，就得到临界状态线。黄土的临界状态线是一条不通过坐标原点的直线（图 5.11）。可用直线方程

$$q = \beta p + \bar{c} \tag{5.8}$$

来描述。β、$\bar{c}$ 为土性参数，可直接通过试验点拟合，也可采用 Drucker - Prager 破坏线推求。

（1）直线拟合：$\beta = 1.127$，$\bar{c} = 213.8 \mathrm{kPa}$。

（2）Drucker - Prager 破坏线。

$$\beta = \frac{6\sin\varphi_r}{3 - \sin\varphi_r} = 1.13$$

$$\bar{c} = \frac{6 c_r \cos\varphi_r}{3 - \sin\varphi_r} = 209.4 \,（\mathrm{kPa}）$$

式中：φ_r 为残余强度内摩擦角；c_r 为残余强度黏聚力。

5.3.2 确定拟似初始屈服面

1. 结构屈服应力分离

众所周知，黄土具有较强的结构强度，在应力-应变关系曲线上也明显体现出来。$\sigma_3 = \mathrm{const}$、$P = \mathrm{const}$ 的 $(\sigma_1 - \sigma_3)$：ε_1 关系曲线都有一折点。当曲线是硬化型时，随着荷载的增加，结构强度也逐渐发挥；当荷载大到一定程度，抵抗外荷载的结构强度也达到最大，即曲线的转折点。折点的轴向变形 ε_1 随固结应力 σ_3 的不同在 0.53% ～1.2% 变动。这一段曲线应力增加快，应变增加慢，基本是直线段，近似为弹性段。折点后，结构强度开始破坏。当荷载继续增加，结构强度逐步衰减，曲线表现出应力增加慢，应变增加快。这段曲线为弹塑性段。可见，曲线折点应力是结构强度发挥到破坏的临界应力，定义为结构屈服应力。当曲线是软化型时，折点应力是峰值应力。为确切找出折点的应力，将三向等压固结的 ε_v - P 曲线和 $\sigma_3 = \mathrm{const}$、$P = \mathrm{const}$ 的 η - ε_1 曲线转换成双对数坐标面上，如图 5.10 所示。

2. 拟似初始屈服面确定

根据结构屈服应力的特点，将三向等压固结，$\sigma_3 = \mathrm{const}$、$P = \mathrm{const}$ 的结构屈服应力点绘在 p-q 坐标面上，作为黄土弹性和塑性的分界面，不会产生多大误差，故称该面为拟似初始屈服面（图 5.11）。硬化部分为椭圆，软化部分为一双曲线。

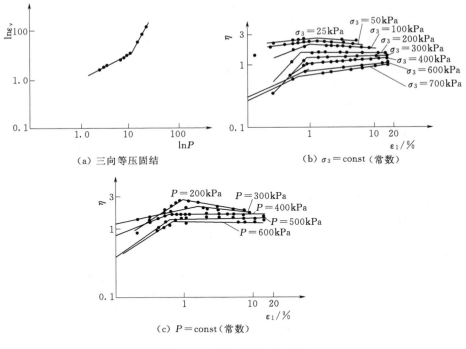

（a）三向等压固结　　　　　　　　　　　　　（b）$\sigma_3 =$ const（常数）

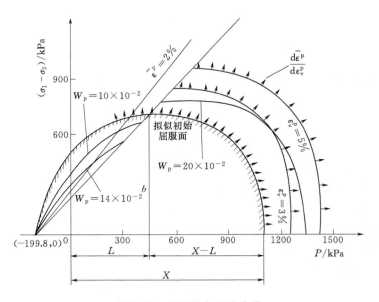

（c）$P =$ const（常数）

图 5.10　结构屈服应力分离

图 5.11　屈服线与塑性流线

5.3.3　弹塑性模型

为使研究问题方便，采用相适应流动法则。先确定流线方程，然后选取不同的硬化参数，使屈服面与塑性势面重合。

1. 硬化屈服模型

（1）流线方程。如果将固结应力 $\sigma_3 = 300\text{kPa}$、400kPa、600kPa、700kPa 的 $\left(\dfrac{\Delta\bar{\varepsilon}}{\Delta\varepsilon_v}\right)^p - \eta$ 关系用图表示出来。发现 $\left(\dfrac{\Delta\bar{\varepsilon}}{\Delta\varepsilon_v}\right)^p - \eta$ 关系与固结应力无关，关系曲线为

$$\left(\frac{\Delta\bar{\varepsilon}}{\Delta\varepsilon_v}\right)^p = \frac{b\eta}{1-a\eta} \tag{5.9}$$

曲线拟合结果，$a = 0.5484$，$b = 0.598$，相似系数 $R = 0.978$。

（2）屈服面方程。先由流线方程确定出塑性势面，然后选用不同的硬化参数，根据试验曲线使屈服面与塑性势面重合。曾选用塑性体应变 ε_v^p 和塑性功 w_p 作为硬化参数，发现 ε_v^p 为硬化参数能较好地描述黄土的硬化特性（图 5.11）。其一，拟似初始屈服面本身是等塑性体应变屈服面；其二，屈服面与塑性势面基本重合。

若选用 ε_v^p 作为硬化参数，屈服面方程为

$$R^2 q^2 + (p-L)^2 = (x-L)^2 \tag{5.10}$$

式中符号如图 5.11 所示。其中：

R 为椭圆半横轴与半纵轴之比值 a/b。

$$R = \text{e}^{-(a_0+a_1\varepsilon_v^p)}, \quad a_0 = 0.0811, \quad a_1 = 0.0429$$

X 和 L 是椭圆与 p 轴交点和破坏线相应的位置。X 可由 $\varepsilon_v^p - p$ 曲线拟合得到。

$$x = \text{e}^{\frac{\varepsilon_v^p - c_0}{c_1(\varepsilon_v^p - c_0) + c_2}}, \quad c_0 = 0.7\%, \quad c_1 = 0.333, \quad c_2 = 0.186$$

由椭圆与临界状态线相交的切线应力水平平行于 p 轴这一条件，有

$$X = L + R(\beta L + \bar{c})$$

解出 $L = \dfrac{X - R\bar{c}}{1+\beta R}$，从而

$$\begin{cases} (Rq)^2 + \left(p - \dfrac{X - R\bar{c}}{1+\beta R}\right)^2 = \left(X - \dfrac{X - R\bar{c}}{1+\beta R}\right)^2 \\ R = \text{e}^{-(a_0+a_1\varepsilon_v^p)} \\ X = \text{e}^{\frac{\varepsilon_v^p - c_0}{c_1(\varepsilon_v^p - c_0) + c_2}} \end{cases} \tag{5.11}$$

式（5.11）为硬化屈服面加载函数。

2. 软化屈服模型

曾选塑性剪应变 $\bar{\varepsilon}^p$ 和塑性功 W_p 作为硬化参数，发现塑性功能较好地描述黄土的软化特性，屈服面形状如图 5.11 所示。

若选 W_p 为硬化参数，屈服面方程为

$$q - \frac{P+D}{v+u(P+D)} = 0 \tag{5.12}$$

式中：D 为临界状态线与 p 轴交点坐标，$D = -199.8\text{kPa}$；u、v 为材料参数。$u = 0.133$，$v = D_1 W_p + D_2$，$D_1 = 1.58$，$D_2 = 0.025$。

5.3.4 黄土的弹塑性模型的特点

（1）硬化屈服面（椭圆）的短半轴在 p 轴上，长半轴平行于 q 轴。椭圆半横轴与半纵

轴之比 $R=a/b$ 随 ε_v^p 的增加有所减少。

（2）硬化参数对屈服面形状有很大影响。硬化屈服面若选塑性功 W_p 为硬化参数，屈服面为一椭圆，发现在临界状态线附近不能满足相适应流动法则。软化屈服面若选塑性剪应变为硬化参数，屈服面为绕 C 点转动的直线，不满足相适应流动法则（图5.11）。

5.4　三维应力条件下的弹塑性模型

根据前人的研究，常规三轴建立的弹塑性模型推广到平面应变和三维应力状态，π 平面上的屈服轨迹可以表示为 $q=q_m\alpha(\theta)$，q_m 为对应于这条屈服轨迹上的在三轴压缩子午面上的 q 值。$\alpha(\theta)$ 为 π 平面上的形状函数。为此首先确定黄土的屈服强度准则，然后根据该准则确定形状函数 $\alpha(\theta)$，最后建立三维弹塑性模型。

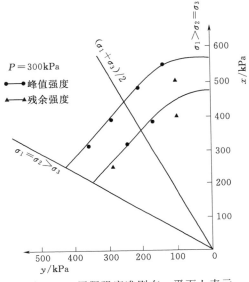

图 5.12　屈服强度准则在 π 平面上表示

5.4.1　黄土的屈服强度准则

1. 黄土的屈服强度准则表达式

根据图 5.4 所示的真三轴应力-应变关系曲线建立屈服强度准则。将 $b=0(\sigma_1>\sigma_2=\sigma_3)$ 的峰值和残余值的 σ_1、σ_2、σ_3 绘在 $p-q$ 坐标平面上。可见，黄土的屈服强度准则在应力空间是一直锥面，锥点坐标峰值为（-480，-480，-480），残余值为（-200，-200，-200）。

为研究问题方便，把 σ_1、σ_2、σ_3 空间转换到 $p-q$ 平面和 π 平面来研究。取 $p=300$kPa，将峰值、残余值绘在 π 平面上（图5.12）。图 5.12 所示曲线可由式（5.13）表示，即

$$q_b=\frac{\sqrt{b^2-b+1}}{\left(\dfrac{2}{q_0}-\dfrac{1}{q_1}\right)\sqrt{b^2-b+1}+(1+b)\left(\dfrac{1}{q_1}-\dfrac{1}{q_0}\right)} \qquad (5.13)$$

若式（5.13）用内摩擦角表示，即

$$\sin\varphi_b=1\Bigg/\left[\sqrt{b^2-b+1}\left(\frac{2}{\sin\varphi_0}-\frac{1}{\sin\varphi_1}-1\right)+(1+b)\left(\frac{1}{\sin\varphi_1}-\frac{1}{\sin\varphi_0}\right)+1\right] \qquad (5.14)$$

式中：φ_0 为常规三轴压缩条件下的内摩擦角；φ_1 为常规三轴挤长条件下的内摩擦角。

2. 形状函数 $\alpha(\theta)$ 表示 π 平面上屈服曲线随洛德角 θ_σ 变化的规律

形状函数可定义为

$$\alpha(b)=\frac{q_b}{q_0}=\frac{\sqrt{b^2-b+1}}{(2-N)\sqrt{b^2-b+1}+(1+b)(N-1)} \qquad (5.15)$$

式中：$N=q_0/q_1$。

若代 $\sqrt{b^2-b+1}=\dfrac{\sqrt{3}}{2}\dfrac{1}{\cos\theta_\sigma}$，$(1+b)=\dfrac{\sqrt{3}\tan\theta_\sigma+3}{2}$，$K=\dfrac{1}{N}$ 入式（5.8）中，通过整理

$$\alpha(\theta_\sigma)=\frac{k}{(2k-1)+(\sin\theta+\sqrt{3}\cos\theta)(1-k)} \tag{5.16}$$

5.4.2　三维应力条件下弹塑性模型

由式（5.11）、式（5.12）和式（5.16）可建立黄土的三维弹塑性模型。

1. 硬化屈服面

$$\left(p-\frac{X-R\,\overline{C}}{1+\beta R}\right)^2+\left[\frac{Rq}{\alpha(\theta_\sigma)}\right]^2=\left(X-\frac{X-R\,\overline{C}}{1+\beta R}\right)^2 \tag{5.17}$$

2. 软化屈服面

$$\frac{q}{\alpha(\theta_\sigma)}-\frac{p+D}{v+u(p+D)}=0 \tag{5.18}$$

由式（5.17）和式（5.18）可见，常规三轴建立的弹塑性模型，推广到三维应力空间，只需加做一个三轴挤长（$\sigma_1=\sigma_2>\sigma_3$）试验，即可得到全部参数。

5.5　应变空间中弹塑性本构关系

具有软化现象这类不稳定材料，在应力空间表述就会出现解不唯一，加载条件判别的困难，最好在应变空间中表述。

在应变空间中，基本变量 ε、塑性内变量取塑性应变矢量 $d\varepsilon^p$ 和其他标量 K（塑性功或塑性应变 ε^p）。

5.5.1　单独作用屈服面

1. 应力和应变

$$d\varepsilon=d\varepsilon^e+d\varepsilon^p$$

2. 加载准则

设应变空间屈服面方程为

$$F(\varepsilon,\varepsilon^p,k)=0$$

塑性势面方程为

$$G(\varepsilon,\varepsilon^p,k)=0$$

$$K=\int M d\varepsilon^p$$

取 $M=\sigma^T$ 时，k 是塑性功，T 为转置符号，取 $M=e^T=(1,1,1,0,0,0)$ 时，k 是塑性

体变。

$$\begin{cases} L > 0 \ \text{加载状态} \\ L = 0 \ \text{中性变载} \\ L < 0 \ \text{卸载状态} \end{cases} \quad (5.19)$$

其中

$$L = \frac{\partial F}{\partial \varepsilon} \mathrm{d}\varepsilon$$

3. 本构关系

$$\mathrm{d}\sigma^{\mathrm{p}} = \mathrm{d}\lambda \frac{\partial G}{\partial \varepsilon}$$

材料处于塑性时，有

$$\mathrm{d}\sigma = \mathrm{d}\sigma^{\mathrm{e}} - \mathrm{d}\sigma^{\mathrm{p}} = D\mathrm{d}\varepsilon - \mathrm{d}\lambda \frac{\partial G}{\partial \varepsilon}$$

由相容条件通过整理，得

$$\mathrm{d}\sigma = D\mathrm{d}\varepsilon + \frac{\dfrac{\partial F}{\partial \varepsilon} - \dfrac{\partial G}{\partial \varepsilon}}{\dfrac{\partial F}{\partial \varepsilon^{\mathrm{p}}} C \dfrac{\partial G}{\partial \varepsilon} + \dfrac{\partial F}{\partial K^{\mathrm{T}}} M^{\mathrm{T}} D^{-1} \dfrac{\partial G}{\partial \varepsilon}} \mathrm{d}\varepsilon$$

$$= \left[D - \frac{S(L)}{W} \frac{\partial F}{\partial \varepsilon} \left(\frac{\partial G}{\partial \varepsilon} \right) \right] \mathrm{d}\varepsilon$$

$$W = -\frac{\partial F}{\partial \varepsilon^{\mathrm{p}}} D^{-1} \frac{\partial G}{\partial \varepsilon} - \frac{\partial F}{\partial K^{\mathrm{T}}} M^{\mathrm{T}} D^{-1} \frac{\partial G}{\partial \varepsilon}$$

$$S(L) = \begin{cases} 0 & L \leqslant 0 \\ 1 & L > 0 \end{cases}$$

L 由式（5.19）确定。

若相关联 $G = F$

$$\mathrm{d}\sigma = \left[D - \frac{S(L)}{W} \frac{\partial F}{\partial \varepsilon} \frac{\partial F}{\partial \varepsilon} \right] \mathrm{d}\varepsilon$$

其中

$$W = -\frac{\partial F}{\partial \varepsilon^{\mathrm{p}}} D^{-1} \frac{\partial F}{\partial \varepsilon} - \frac{\partial F}{\partial K^{\mathrm{T}}} M^{\mathrm{T}} D^{-1} \frac{\partial F}{\partial \varepsilon}$$

5.5.2　奇异屈服面本构关系

在硬化、软化同时加载的奇异点上，必须采用奇异屈服面的本构关系。

设屈服面方程为

$$F_i(\varepsilon, \varepsilon^{\mathrm{p}}, K) = 0 \quad i = 1, 2$$

由 Liliushin 公设，有

$$\mathrm{d}\sigma^{\mathrm{p}} = \mathrm{d}\lambda_1 \frac{\partial G_1}{\partial \varepsilon} + \mathrm{d}\lambda_2 \frac{\partial G_2}{\partial \varepsilon}$$

$$\max(L_1, L_2) \begin{cases} <0 & \text{卸载} \\ =0 & \text{中性变载} \\ >0 & \text{加载} \end{cases}$$

$$\min\left[\frac{1}{\det B}(b_{22}L_1 - b_{12}L_2), \ \frac{1}{\det B}(-b_{21}L_1 + b_{11}L_2)\right] \begin{cases} \leqslant 0 & \text{部分加载} \\ >0 & \text{完全加载} \end{cases}$$

$$L_i = \left(\frac{\partial F_i}{\partial \varepsilon}\right)^{\mathrm{T}} \mathrm{d}\varepsilon$$

$$B = \begin{bmatrix} b_{11} & b_{12} \\ b_{21} & b_{22} \end{bmatrix}$$

$$\mathrm{brs} = -\frac{\partial F_r}{\partial \varepsilon^{\mathrm{p}}} D^{-1} \frac{\partial G_s}{\partial \varepsilon} - \frac{\partial F_r}{\partial K} M D^{-1} \frac{\partial G_s}{\partial \varepsilon} \quad r,s = 1,2$$

$$\mathrm{d}\sigma = \left[D - \frac{\partial F}{\partial \varepsilon} B^{-1} \left(\frac{\partial G}{\partial \varepsilon}\right)^{\mathrm{T}}\right] \mathrm{d}\varepsilon$$

$$\frac{\partial F}{\partial \varepsilon} = \left[\frac{\partial F_1}{\partial \varepsilon}, \frac{\partial F_2}{\partial \varepsilon}\right], \quad \frac{\partial G}{\partial \varepsilon} = \left[\frac{\partial G_1}{\partial \varepsilon}, \frac{\partial G_2}{\partial \varepsilon}\right]$$

若相关联将上式的 G 换成 F。

5.5.3 应力空间屈服函数向应变空间转换

$$f(\sigma, \sigma^{\mathrm{p}}, H_\alpha) = f[D(\varepsilon - \varepsilon^{\mathrm{p}}), \ D\varepsilon^{\mathrm{p}}, \ H_\alpha] = F(\varepsilon, \varepsilon^{\mathrm{p}}, K)$$

$$\frac{\partial F}{\partial \varepsilon} = D \frac{\partial f}{\partial \sigma}, \quad \frac{\partial F}{\partial \varepsilon^{\mathrm{p}}} = D\left(\frac{\partial f}{\partial \sigma^{\mathrm{p}}} - \frac{\partial f}{\partial \sigma}\right), \quad \frac{\partial F}{\partial K} = \frac{\partial f}{\partial K}$$

5.5.4 三维应变空间的流动法则

采用相适应流动法则 $F = G$，并设 $F(\varepsilon, \varepsilon^{\mathrm{p}}, \theta_\varepsilon, K) = 0$。

1. 单独作用屈服面

塑性体变与塑性剪应变的流动法则为

$$\mathrm{d}\sigma_{\mathrm{v}}^{\mathrm{p}} = \mathrm{d}\lambda \frac{\partial F}{\partial \varepsilon_{\mathrm{v}}}$$

$$\mathrm{d}\sigma_{\mathrm{r}}^{\mathrm{p}} = \mathrm{d}\lambda \left[\left(\frac{\partial F}{\partial q_\varepsilon}\right)^2 + \left(\frac{1}{q_\varepsilon}\frac{\partial \theta}{\partial \varepsilon}\right)^2\right]^{\frac{1}{2}}$$

$$q_\varepsilon = \sqrt{3J_2'}$$

式中：$\mathrm{d}\sigma_{\mathrm{v}}^{\mathrm{p}}$、$\mathrm{d}\sigma_{\mathrm{r}}^{\mathrm{p}}$ 为塑性体变与塑性剪应变引起的塑性应力。

$$\theta_\varepsilon^p = \arctan \frac{\sin\theta_\varepsilon \dfrac{\partial F}{\partial q_\varepsilon} + \cos\theta_\varepsilon \dfrac{1}{q_\varepsilon}\dfrac{\partial F}{\partial \theta_\varepsilon}}{\cos\theta_\varepsilon \dfrac{\partial F}{\partial q_\varepsilon} - \sin\theta_\varepsilon \dfrac{1}{q_\varepsilon}\dfrac{\partial F}{\partial \theta_\varepsilon}}$$

2. 奇异屈服面的流动法则

$$\mathrm{d}\sigma_2 = \mathrm{d}\lambda_1 \frac{\partial F_1}{\partial \varepsilon} + \mathrm{d}\lambda_2 \frac{\partial F_2}{\partial \varepsilon}$$

5.6　弹塑性有限元分析

5.6.1　弹塑性帽盖模型有限元方法

1. 弹塑性有限元特点

（1）增量加载。

（2）弹塑性材料矩阵 D_{ep} 是非线性的。

2. 帽盖模型计算应力路径和应力状态判别

（1）应力路径的判别。

1）弹性路径。n 次加载后可以算出一组弹性计算应力 σ_{ij}^e，即

$$I_1^e = I_1^n + 3k d\varepsilon_{KK}^{n+1}$$

和

$$S_{ij}^e = S_{ij}^n + 2G d\varepsilon_{ij}^{n+1}$$

用这些应力进行试算，首先对破坏包线 $f(I_1^e, \sqrt{J_2}^e) = \sqrt{J_2} - Q(I_1)$，然后对硬化面 $F_C(I_1^e, \sqrt{J_2}^e, k^n) = \sqrt{J_2} - F(I_1, k)$ 进行试算，这些试算应力都不违背任一加载面，则材料特性还是属于弹性的，硬化参数 k^n 和 $L(k^n)$ 仍保持不变，那么 $n+1$ 加载增量后的最后应力路径如图 5.13（a）所示。

2）理想塑性路径。如果破坏包线被弹性应力所违背，即

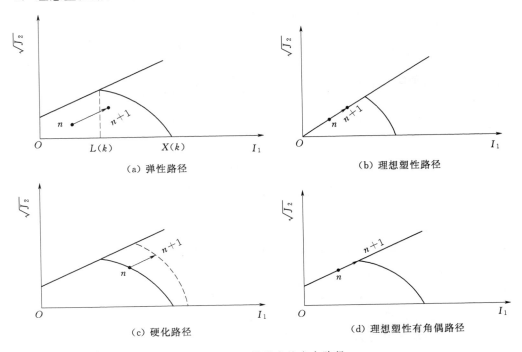

图 5.13　$d\varepsilon_{ij}^{n+1}$ 形成的应力路径

$$\begin{cases} I_1^e \leqslant L(k^n) \\ \sqrt{J_2}^e \geqslant \min\{Q(I_1^e), F[L(k^n), k^n]\} \\ f(I_1^e, \sqrt{J_2}^e) = \sqrt{J_2}^e - Q(I_1^e) \geqslant 0 \end{cases}$$

3）硬化路径。如果弹性试算应力违背硬化面，即

$$F_c(I_1^e, \sqrt{J_2}^e, k^n) > 0$$

$$I_1^e > x(k^n) \quad 或 \quad L(k^n) \leqslant I_1^e < x(k^n)$$

理想塑性有角隅：如果帽盖与破坏线相交，即

$$\begin{cases} f(I_1^e, \sqrt{J_2}^e, k^n) > 0 \\ I_1^{n+1} = L(k^n) \end{cases}$$

（2）应力状态判别。计算中会出现下列 3 种情况。

1）原来处于弹性状态，加载后仍处于弹性状态，表明加载过程为弹性变形。

2）原来已处于塑性状态，加载后仍处于塑性状态，表明加载过程为塑性变形。

3）原来处于弹性状态，加载后处于塑性状态，表明加载过程中部分为弹性变形，部分为塑性变形。

针对上述 3 种情况，取统一的公式来计算所有高斯点的弹塑性矩阵，即

$$D_{ep} = (1 - P_m)D_e + P_m D_p \qquad (5.20)$$

式中：D_e 为弹性矩阵；D_p 为塑性矩阵；D_{ep} 为弹塑性矩阵；P_m 为塑性因子。

塑性因子可按下式计算，即

$$P_m = \frac{(\sigma_i)_总 - (\sigma_i)_允}{(\sigma_i)_增}$$

当 $P_m = 0$ 时对应着上述第一种情况；当 $P_m = 1$ 时对应着上述第二种情况；当 $0 < P_m < 1$ 时对应着上述第三种情况。

5.6.2　程序编制说明

1. 程序结构

帽盖模型有限元程序框图如图 5.14 所示。整个程序大致分为两个大的循环计算步骤。

（1）高斯点应力判断和塑性因子计算循环。在这一循环过程中，根据各点的应力状态求算对应的塑性因子，形成塑性因子向量，供下步非线性迭代计算用。

（2）非线性迭代计算循环。由于塑性因子很难一次确定，因此在每一级荷载中需进行数次迭代，直至获得较为满意的塑性因子为止。

（3）荷载增量循环。采用增量荷载法进行弹塑性分析，需将总体荷载分成若干量级，逐级施加到结构或岩土介质上，这种模拟方法是符合实际循环渐进逐步发展的弹塑性变形过程的。

2. 程序处理说明

（1）有限元采用四边形八节点的二次等参元。这种单元在求解非线性问题时精度较高。一个八节点等参元相当于 10 个三角形常应变单元。

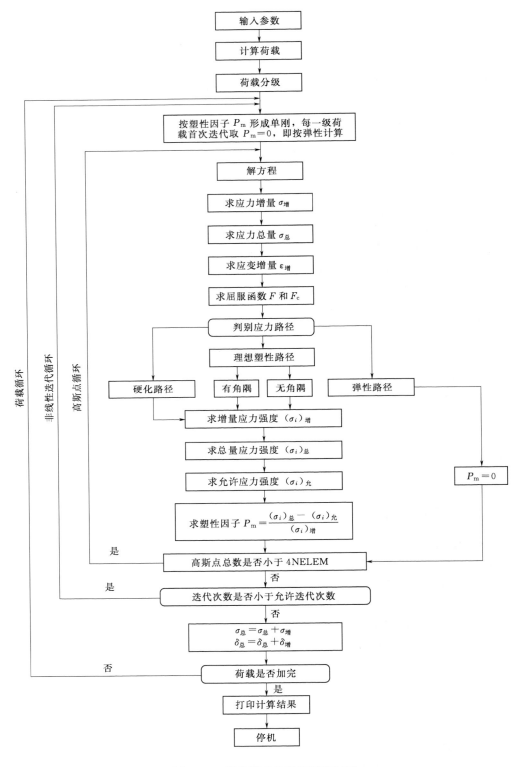

图 5.14 帽盖模型有限元程序框图

（2）方程组的求解采用波阵法，这种解法是一边组集刚度一边消元，因而该法具有占机内存少、运算速度快等优点，适合于微机解题。

（3）非线性的迭代过程采用增量切线变刚度法，该法处理简单、收敛速度快。

5.7　宝鸡峡 98km 黄土渠道高边坡稳定分析

5.7.1　工程概况

宝鸡峡引渭工程是引用渭河水灌溉宝鸡、咸阳、西安 3 市 12 个县（区）300 万亩农田的农业灌溉工程。它的渠道经过 98km 的黄土塬边边坡地段。此地段塬高坡陡，古、老、新黄土滑坡较多。渠道通过滑坡体的长度占渠道总长的 46%，其中 80～90km 段为挖方高边坡段。1971—1986 年渠道通水的 15 年间，先后发生塌方 89 次，滑坡体逾 190 万 m³。1983—1984 年阴雨连绵，高边坡滑塌 20 余处，造成渠道大量淤积。1984 年 1 月 21 日，86km 段（即魏家堡附近）渠道左岸的大滑坡滑塌土方约 15 万 m³，使塬上 170 万亩小麦冬灌受到很大影响。经过多年工程处理后，高边坡地段仍有险情迹象，如窑洞出水、边坡坡脚鼓胀等。

渠道经过完整的黄土塬边，左岸有连续的挖方高边坡分布（高度为 50～70m），魏家堡边坡地质剖面如图 5.15 所示。顶部覆盖一薄层 Q_3 黄土，质地较疏松，密度较小，强度较低，透水性较强，具有一定湿陷性。其下均为含有多层古土壤层的 Q_2 黄土层，厚度较大，质地较密，密度较大，强度较高，具有弱湿陷性或无湿陷性。该处地震烈度达 Ⅵ～Ⅶ度；塬边的地下水主要来源于黄土台塬的大气降水和北山基岩裂隙水。地下水排向渭河。

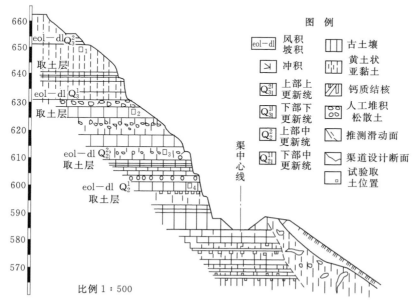

图 5.15　魏家堡边坡地质剖面

5.7.2　滑坡形成的原因分析

1. 原设计边坡强度参数取值偏大

某一典型滑坡（86＋176.5)m 断面，坡高 62m，设计总坡比为 1∶0.863，单级为 1∶0.5～1∶0.7，平台宽度为 3～6m，具体情况如图 5.16 所示。原设计时选用的强度参数见表 5.2，计算的安全系数 $K=1.20$。

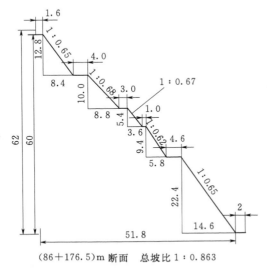

(86＋176.5)m 断面　总坡比 1∶0.863

图 5.16　魏家堡（86＋176.5)m
原设计剖面（单位：m）

在该断面滑坡体上，曾取土做了土工试验，强度参数试验值见表 5.2；同时，采用极限平衡法，根据计算的最危险滑弧位置与实际滑动面相近或相符合的方法对滑坡体进行了反演，得到了强度参数，见表 5.2。将这 3 组强度参数进行比较（表 5.2），发现原设计的强度参数，平均值 C 比试验值大 23%，比反演值大 50%，ϕ 与试验值和反演值接近，小 2%～3%。若采用强度参数试验值进行计算，得到的安全系数 $K=1.06$，若采用强度参数反演值进行计算，得到的安全系数 $K=0.94$。可见，原设计边坡的强度参数取值偏大是造成边坡滑坡的主要原因。

表 5.2　　　　　　　　　　　　**(86＋176.5)m 断面强度参数比较表**

剖面			魏家堡（86＋176.5)m 断面					
指标		ρ /(t/m³)	试验值		反演值		原设计取值	
			c /kPa	ϕ /(°)	c /kPa	ϕ /(°)	c /kPa	ϕ /(°)
土层	I	1.70	25.0	26.68	21.8	26.70	77	27.1
	II	1.86	64.0	27.02	28.0	27.40	77	27.1
	III	1.87	83.0	26.33	54.3	26.08	77	27.1
	IV	1.99	115.0	33.02	130.5	31.48	77	27.1
平　均			62.4	27.95	51.3	27.68	77	27.1

2. 渠道对边坡稳定的影响

黄土塬边修建了渠道以后，由于渠道从高边坡拦腰开挖，坡面开挖卸载，形成了应力集中和临空条件，使剪应力增大，滑动势能增大；渠道在运行中，由于渠道渗水的作用、降雨作用、塬面灌溉和人为用水作用使地下水位上升，软化了土体，减小了土体的抗滑能力；坡脚不适当的挖土和人为活动的影响增加了坡体失稳因素。这就是塬边渠道高边坡常常发生滑坡的原因。这与 1984 年 6—9 月连续集中降雨后，经过蒸发、入渗、使土体含水量增大，强度降低，于 11 月于该处发生滑坡相一致。

5.7.3　土坡整治方案及稳定性评价

1. 新设计断面的坡形、坡比

黄土边坡治理实践表明，平均坡比相同时，一般在坡高的 1/2 稍高处设 6～16m 的大平台较一坡到顶或小平台的坡形既经济又安全。因为在大平台以下采用缓坡少挖土方量，且可增加坡的抗滑能力，平台以上采用陡坡可使平台加宽，减少土坡的滑动力、增加稳定性。鉴于原设计断面坡陡平台小，导致边坡失稳和以上实践经验，将该边坡设计为单级坡比为 1：0.7～1：1.1，总坡比为 1：1.145。与原设计断面比较，平台增宽、坡比增大。具体如图 5.17 所示。

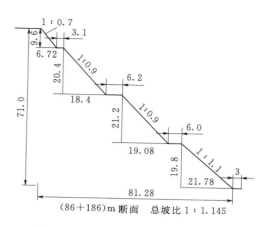

(86＋186)m 断面　总坡比 1：1.145

图 5.17　整治设计断面图（单位：m）

2. 稳定性分析

采用简化的毕肖普方法，对如图 5.17 所示的断面边坡进行了计算，计算中土体强度参数取表 5.2 中的试验值。计算得到安全系数为 $K=1.31$。

该段滑坡按以上设计断面整治后，多年来渠道边坡稳定，未出现滑坡迹象。

5.7.4　边坡整治方案有限元计算

1. 计算参数选取

本书对边坡整治方案进行了弹性和弹塑性有限元计算，相应的计算参数由试验所得，取值见表 5.3。

表 5.3　　　　　　　　　　　　　　(86＋176.5)m 断面有限元计算参数表

计算参数		密度 ρ /(t/m³)	黏聚力 c /kPa	内摩擦角 ϕ/(°)	弹性模量 E /MPa	泊松比 μ	体积系数 K	初始剪切系数 G_I	剪切比 G_e	a	b	a_0	a_1	c_0	c_1	c_2	$\overline{c}$	β
土层	I	1.70	25	26.68	40	0.31	0.28	1.19	1.52	0.55	0.59	0.081	0.043	0.007	0.333	0.186	150	1.05
	II	1.86	64	27.02	50	0.24	0.30	1.10	1.52	0.55	0.59	0.081	0.043	0.007	0.333	0.186	180	1.12
	III	1.87	83	26.33	50	0.24	0.30	1.10	1.52	0.55	0.59	0.081	0.043	0.007	0.333	0.186	180	1.12
	IV	1.99	115	33.02	70	0.20	0.28	1.09	1.50	0.55	0.59	0.081	0.043	0.007	0.333	0.186	213	1.18

2. 有限元网格和计算边界条件

有限元网格剖分如图 5.18 所示，对于计算边界约束，假定坡体的左侧面单向约束，水平约束位移为 0；坡体的底部边界双向约束，水平和垂直向位移为 0。坡体高度 71m，第一层 15m、第二层 17m、第三层 18m、第四层 21m，坡基参数采用第四层值。对于计算边界，坡体后边界取为坡高的 2 倍，坡高的边界也取 2 倍的坡高。

3. 计算成果分析

弹性计算成果如图 5.19～图 5.21 所示，弹塑性帽盖模型计算成果如图 5.22～图 5.25 所示。

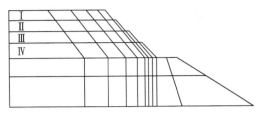

图 5.18　宝鸡峡 86km 黄土高边坡有限元网格图

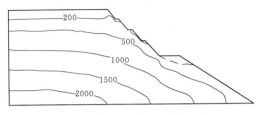

图 5.19　弹性计算 σ_1 等值线图应力（kPa）（一）

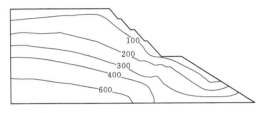

图 5.20　弹性计算 σ_3 等值线图应力（kPa）（一）

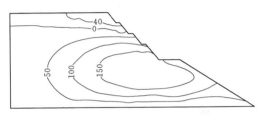

图 5.21　弹性计算水平位移（mm）（一）

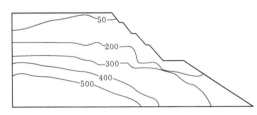

图 5.22　弹性计算 σ_3 等值线图应力（kPa）（二）

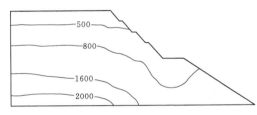

图 5.23　弹塑性计算 σ_1 等值线图应力（kPa）（二）

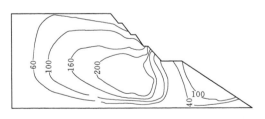

图 5.24　弹塑性计算水平位移（mm）（二）

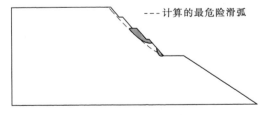

图 5.25　塑性区分布

（1）图 5.20 与图 5.22、图 5.19 与图 5.23 相比，弹性计算和帽盖模型计算的应力变化趋势相近，帽盖模型计算的应力略小于弹性计算的应力。

（2）图 5.21 与图 5.24 相比，帽盖模型计算的位移比弹性计算的位移大，变化趋势不同。

（3）帽盖模型计算的塑性区分布在坡面中部和坡脚局部地方。

（4）图 5.25 中虚线为圆弧条分法计算的最险滑弧面，安全系数大于 1.31，塑性区基本上占滑弧土体部分区域，而且范围并不大，可见边坡整治断面是安全的。

第6章 非饱和黄土增湿变形试验研究与应用

6.1 土样概况

土样为渭北张桥地面以下约 6m 深的原状黄土，土性指标见表 6.1。

表 6.1 　　　　　　　　　　　　渭北张桥原状黄土土性指标

相对密度	天然含水率 /%	天然干密度 /(g/cm³)	颗粒组成/%			液限 /%	塑限 /%
			2～0.05mm	0.05～0.005mm	<0.005mm		
2.70	11.1	1.29	11.1	72.1	16.8	27.6	16.8

6.2 试验方法及成果分析

6.2.1 初始孔隙气压力和孔隙水压力

土样初始吸力采用了直接测定法和轴平移技术法测定，两种方法所测初始吸力很接近，所测最大吸力 $u_a-u_w=68.7$kPa。初始状态下孔隙气压力和孔隙水压力随时间的变化关系如图 6.1 和图 6.2 所示。由图 6.1 和图 6.2 可见，孔隙气压力变幅很小，为 0～2kPa，而孔隙水压力变幅为 0～70kPa。该试验条件下孔隙气压力达到稳定约需 2h，而孔隙水压力达到稳定则需 6h。

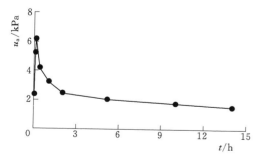

图 6.1 初始状态 t-u_a 关系

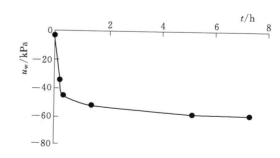

图 6.2 初始状态 t-u_w 关系

6.2.2 不同偏应力下的吸力值变化

初始状态及加不同压力后的初始吸力值和饱和度见表 6.2，在含水率相同的情况下，对试样施加等应力比 $k=\dfrac{\sigma_3}{\sigma_1}=0.5$ 的不同围压值，由于所引起的饱和度在 26.1%～31.4%

之间变化不大，从而导致吸力值变化不大。这也就说明含水率较低时，干密度对吸力影响很小。

表 6.2　　　　　　　　　　加偏压前后的吸力和饱和度

$(\sigma_1-\sigma_3)$ /kPa	(u_a-u_w)/kPa		S_r/%	
	初　始	加压前	初　始	加压后
50	64.9	68.7	29.2	30.0
100	63.8	66.0	27.3	27.8
150	62.3	64.9	26.1	27.7
200	67.9	66.9	29.2	31.4

6.2.3　湿陷性黄土增湿变形过程孔压变化规律

试验过程中，保持应力比 $k=\dfrac{\sigma_3}{\sigma_1}=0.5$。将第一个试样按 $k=0.5$ 加载到 $q=\sigma_1-\sigma_3=50\text{kPa}$，浸水使 w 分别变为 15.0%、17.5%、20.0%、22.5%、25.0%、27.5%，测定各含水率变化产生的增湿变形和孔隙水压力和孔隙气压力变化；再将第二个、第三个和第四个试样同样按 $k=0.5$ 分别加载到 q 为 100kPa、150kPa 和 200kPa 后浸水，使含水率 w 各为 15.0%、17.5%、20.0%、22.5%、25.0%、27.5%，然后测定各 q 变化和各含水率变化产生的增湿变形和孔隙水压力和孔隙气压力变化。

每级浸水需待变形稳定后再浸下一级。浸水自上而下进行。为避免试样出现局部过湿而影响试验结果，浸水时尽量减小进水速度。稳定标准按位移量表读数 60min 不超过 0.005mm；孔隙压力显示器以读数 60min 不超过 0.5kPa 来控制。

测得孔隙压力变化曲线如图 6.3～图 6.6 所示。

1. 孔隙气压力变化规律

（1）由图 6.3（a）可知，当 σ_1 加到 100kPa 时，逐级浸水，在浸水初期孔隙气压力有一定变化，u_a 幅值为 $-6\sim6\text{kPa}$，在 6h 以后除 w 为 15% 曲线以外，其他曲线基本稳定，稳定值为 2kPa 左右。

（2）由图 6.4（a）可知，当 σ_1 加到 200kPa 时，逐级浸水，w 为 12.0%、15.0%、17.5% 和 20.0% 这 4 条曲线在 1h 就稳定了，而 w 为 25.0% 的 u_a 需 23h 才能稳定，稳定值为 2kPa，只有 w 为 27.5% 的 u_a 需要 60h 才能稳定，u_a 稳定值约为 17kPa。

（3）由图 6.5（a）可知，当 σ_1 加到 300 时，逐级浸水，w 为 10.0%、12.0%、15.0%、17.0%、20.0%、22.5%、25.0% 和 27.5% 时，u_a 稳定所需时间 t 为 2h、2h、2h、2h、23h、35h、62h 和 70h；u_a 稳定值 u_a 为 2kPa、2kPa、2kPa、2kPa、5kPa、10kPa、13kPa 和 25kPa。

（4）由图 6.6（a）可知，当施加到 400kPa 时，逐级浸水 w 为 12.0%、15.0%、17.5%、20.0%、22.5%、25.0% 和 27.5% 时，u_a 稳定时间只有 $w=25.0\%$ 为 20h 以外，其他含水率下 u_a 稳定时间在 2h 左右，u_a 稳定值约为 2kPa。

综上所述，孔隙气压力变化规律如下。

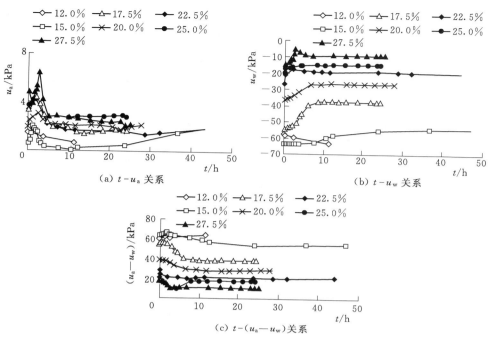

图 6.3 $k=0.5$、$\sigma_1=100\text{kPa}$ 增湿变形过程孔压变化

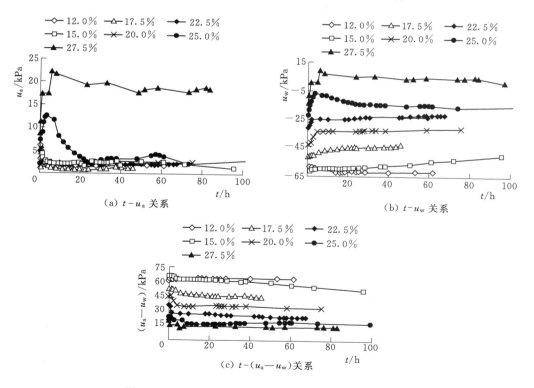

图 6.4 $k=0.5$、$\sigma_1=200\text{kPa}$ 增湿变形过程孔压变化

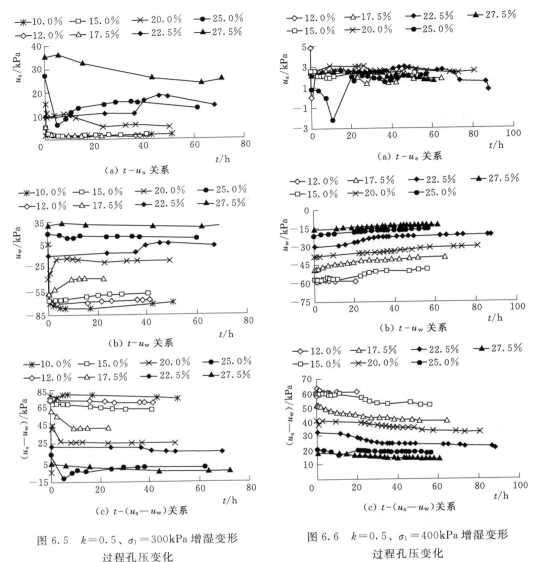

图 6.5　$k=0.5$、$\sigma_1=300$kPa 增湿变形
过程孔压变化

图 6.6　$k=0.5$、$\sigma_1=400$kPa 增湿变形
过程孔压变化

第一，每级压力下，逐级浸水时，每个含水率浸水初期气压力变化较大，最后都达到一定值。

第二，在低压力作用下（$\sigma_1=100$kPa），逐级浸水到饱和，由于黄土的结构强度作用，孔隙气压力变化很小，稳定值接近相等；当增加到一定压力下（$\sigma_1=200$kPa），逐级浸水，黄土结构强度产生一定破坏，只有高含水率 $w>25\%$ 时，孔隙气压力变化较大；当压力增加到较大压力（$\sigma_1=300$kPa），逐级浸水，结构完全破坏，较高含水率 $w>20\%$ 时，孔隙气压力 u_a 变化最大，而且稳定值也各不相等；当压力增加到最高压力时（$\sigma_1=400$kPa），新的结构形成，逐级浸水，各含水率下 u_a 基本不变，稳定值也基本不变。这些增湿变形过程中孔隙气压力的变化规律充分说明了黄土的增湿变形破坏是应力和水作用的结果。

第三，浸水过程孔隙气压力稳定时间是含水率越大，稳定时间越长，这是因为在高含水率下，土体中增湿变形需要较长时间，内部各要素仍在变化，孔隙气压力也在变化。

第四，各应力下，只有 $\sigma_1 = 300$kPa 下浸水 u_a 稳定值产生较大突变，最大值可能在 $200 < \sigma_1 < 300$kPa。

2. 孔隙水压力变化规律

从图 6.3（b）、图 6.4（b）、图 6.5（b）、图 6.6（b）可见以下几点。

（1）对试样施加某一压力后浸水，随含水率增加，孔隙水压力增大。

（2）每级压力分级浸水孔隙水压力稳定值，高含水率与低含水率之差，随压力增加先增大后又减小。当 $\sigma_1 = 100$kPa 时，$w = 12\%$ 的 u_w 减去 $w = 27.5\%$ 的 u_w 差 $\Delta u = 54$kPa，$\sigma_1 = 200$kPa 时，相应地，$\Delta u = 66$kPa，$\sigma_1 = 300$kPa 时 $\Delta u = 95$kPa，$\sigma_1 = 400$kPa 时的 $\Delta u = 45$kPa。

3. 基质吸力变化规律

（1）由于孔隙气压力变化较小，基质吸力主要受孔隙水压力所控制。

（2）基质吸力每条曲线都呈下降趋势。

（3）每个压力下的曲线稳定值都是随含水率增大基质吸力减小。

4. 吸力与含水率的关系

不同应力状态下吸力随含水率的变化关系较明确，如图 6.7 所示。由图 6.7 可见，吸力与含水率的变化关系呈直线方程，即

$$u_a - u_w = 110.87 - 4.7467w \tag{6.1}$$

相关系数 $R = 0.9782$。试样接近饱和后吸力趋于零，与三轴剪切孔隙压力相比，基质吸力都趋于零，但是剪切过程由于围压的作用，u_a 和 u_w 都较大，$u_a - u_w \rightarrow 0$；而湿陷过程，由于水的进入，土体趋于饱和 $u_a \rightarrow 0$，$u_w \rightarrow 0$，$u_a - u_w \rightarrow 0$。

6.2.4 非饱和湿陷性黄土增湿变形特征

浸水前试样的压缩变形稳定值（ε_0）与每级浸水稳定的变形值（ε_i）之差，即为某一应力状态下的增湿变形，如图 6.8 所示，当浸水至 w_1 时，$\varepsilon_1^{sh} = \varepsilon_1 - \varepsilon_0$；当浸水至 w_2 时，$\varepsilon_2^{sh} = \varepsilon_2 - \varepsilon_0$。依此类推，当浸水至 w_i 时，$\varepsilon_i^{sh} = \varepsilon_i - \varepsilon_0$。按此法可分别得到不同浸湿含水率轴向变形 ε_1^{sh} 及体积应变 ε_v^{sh}。

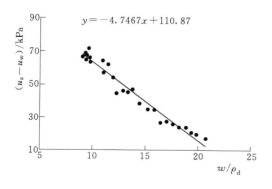

图 6.7 w-$(u_a - u_w)$ 的关系

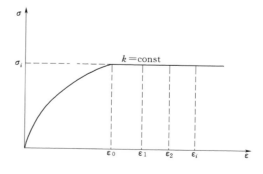

图 6.8 分级浸水增湿变形示意图

（1）按 $K=\dfrac{\sigma_3}{\sigma_1}=0.5$，将应力 σ_1 分别加到 100kPa、200kPa、300kPa 和 400kPa 后逐级浸水，如图 6.9～图 6.12 所示。由图 6.9 可见，$\sigma_1=100$kPa，$\sigma_3=50$kPa，并未达到湿陷起始应力状态，尽管浸水含水率发生了较大的变化（由 15.0%～27.5%），但增湿变形很小，但当应力状态达到或超过湿陷起始状态，再逐级浸水，增湿变形显著变化，如图 6.10～图 6.12 所示。

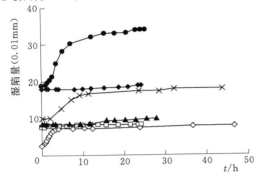

图 6.9　$\sigma_1=100$kPa 湿陷量变化曲线

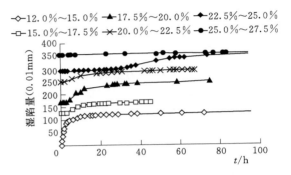

图 6.10　$\sigma_1=200$kPa 湿陷量变化曲线

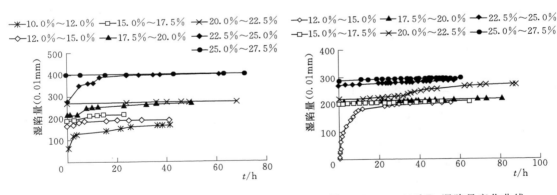

图 6.11　$\sigma_1=300$kPa 湿陷量变化曲线

图 6.12　$\sigma_1=400$kPa 湿陷量变化曲线

（2）每条增湿变形曲线稳定值在含水率相等情况下，随应力增加湿陷量增加，到峰值后随应力增加湿陷量减小。

（3）在以上分析中可以看到，一定的应力状态（$200<\sigma_1<300$kPa）是张桥黄土湿陷过程的关键应力状态；这个应力状态，使孔隙气压力稳定值突然增大，孔隙水压力达到最大和湿陷量出现峰值等。

将不同试样试验结果绘制 $\varepsilon_v^{sh}-p$、$\varepsilon_v^{sh}-(u_a-u_w)$ 曲线和 $\varepsilon_s^{sh}-q$、$\varepsilon_s^{sh}-(u_a-u_w)$ 曲线，如图 6.13 和图 6.14 所示。

由图 6.13 和图 6.14 可见，$\varepsilon_v^{sh}-p$ 与 $\varepsilon_v^{sh}-q$ 曲线形状相似，每个含水率的曲线都由 3 段构成。充分反映了黄土湿陷过程内因（结构强度）通过外因（力和水）所起的作用。第

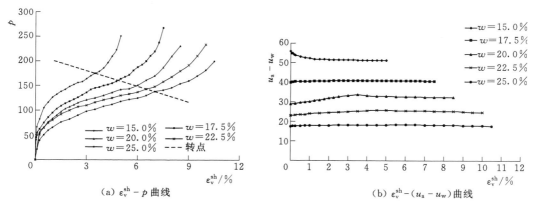

图 6.13　$\varepsilon_v^{sh} - p$ 和 $\varepsilon_v^{sh} -(u_a - u_w)$ 曲线

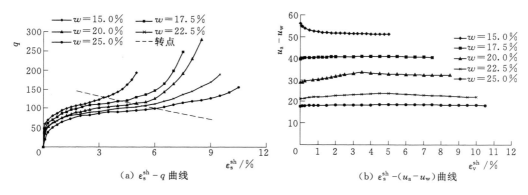

图 6.14　$\varepsilon_s^{sh} - q$ 和 $\varepsilon_s^{sh} -(u_a - u_w)$ 曲线

一段称为起始压缩段，第二段称为湿陷变形段，第三段为固结压密段。要经过两个折点，第一个折点位置约为 $p = 67\text{kPa}$，$q = 50\text{kPa}$，第二个折点位置约为 $p = 160\text{kPa}$、$q = 120\text{kPa}$。综合分析图 6.3～图 6.6、图 6.9～图 6.14 可以发现，两个折点实际是黄土浸水湿陷起止应力状态。在第一个折点前，结构强度大于所加应力，变形很小，由图 6.3 可见，孔隙气压力变化很小，且稳定值接近相等。在第一个折点以后第二个折点以前，如图 6.4 和图 6.5 所示，随应力的增加，原有结构逐渐丧失，新的结构强度形成，这时孔隙气压力变化较大，u_a 的稳定值产生较大突变。

　　由图 6.3（b）、图 6.4（b）、图 6.5（b）所示的孔隙水压力差值（同一压力下 $w = 12.0\%$ 的 u_w 减去 $w = 27.5\%$ 的 u_w）Δu 由小增加到最大，由图 6.9～图 6.11 可知，湿陷量在含水率相等情况下，也由小增加到最大。由图 6.13 和图 6.14 可见，这时湿陷变形大量发生在该段。第二个折点后原有结构强度完全丧失，新的结构强度已形成，如图 6.6 所示，这时孔隙气压力变化又很小。Δu 减小，湿陷量在含水率不变的情况下，也由大变小。该段主要为新的压密变形。

　　由以上分析可知，第二个折点是湿陷过程的关键应力状态，它使孔隙压力稳定值突然增大，孔隙水压力差值达到最大，湿陷量达到峰值。实际是黄土原结构强度完全破坏，新结构强度逐渐形成的应力点，它使 $\varepsilon_v^{sh}-p$、$\varepsilon_s^{sh}-q$ 曲线形状由下凹变为上凹。

6.3　湿陷性黄土在增湿变形条件下的有效应力

将张桥黄土湿陷资料图 6.13 中 $\varepsilon_v^{sh}-p$ 曲线和 $\varepsilon_v^{sh}-(u_a-u_w)$ 曲线以及图 6.14 中 $\varepsilon_s^{sh}-q$ 曲线和 $\varepsilon_s^{sh}-(u_a-u_w)$ 曲线分别代入式（2.95）、式（2.96）和式（2.99），求得有效球应力参数 $\varepsilon_v^{sh}-\chi_p$ 曲线（图 6.15）、有效剪应力参数 $\varepsilon_s^{sh}-\chi_q$ 曲线（图 6.16），进而求得有效球应力 $\varepsilon_v^{sh}-p'$ 曲线（图 6.17）和有效剪应力 $\varepsilon_s^{sh}-q'$ 曲线（图 6.18）具有以下特点。

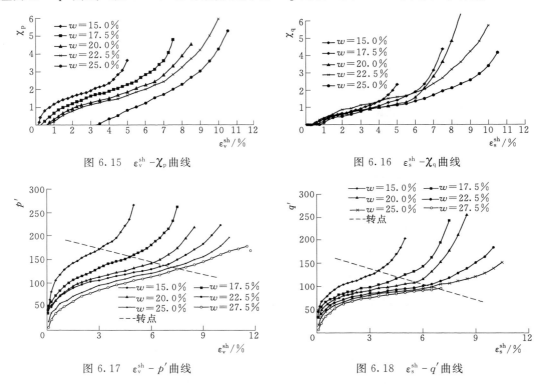

图 6.15　$\varepsilon_v^{sh}-\chi_p$ 曲线　　　　　　图 6.16　$\varepsilon_s^{sh}-\chi_q$ 曲线

图 6.17　$\varepsilon_v^{sh}-p'$ 曲线　　　　　　图 6.18　$\varepsilon_s^{sh}-q'$ 曲线

（1）若含水率不变，随湿陷体应变的增加，χ_p 增加，有效球应力 p' 增加；湿陷剪应变的增加，χ_q 增加，有效剪应力 q' 也增加。

（2）若湿陷体应变不变，随含水率减小，χ_p 增大，有效球应力 p' 增大；若湿陷剪应变不变，随含水率减小，χ_q 增大，有效剪应力增大。

（3）湿陷过程是当含水率增加，吸力减小，有效应力先减小，后增大。如果考察 4 个试样分别施加应力为

$$\sigma_1 = 100\text{kPa}, \ \sigma_3 = 50\text{kPa}(q=50\text{kPa}, \ p=66.7\text{kPa})$$
$$\sigma_1 = 200\text{kPa}, \ \sigma_3 = 100\text{kPa}(q=100\text{kPa}, \ p=133\text{kPa})$$
$$\sigma_1 = 300\text{kPa}, \ \sigma_3 = 150\text{kPa}(q=150\text{kPa}, \ p=200\text{kPa})$$
$$\sigma_1 = 400\text{kPa}, \ \sigma_3 = 200\text{kPa}(q=200\text{kPa}, \ p=267\text{kPa})$$

然后分级浸水，有效剪应力变化情况如图 6.19 所示，有效球应力变化情况如图 6.20 所示。

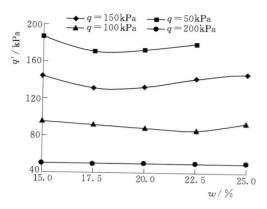

图 6.19 有效剪应力变化

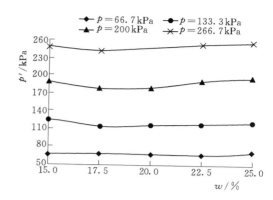

图 6.20 有效球应力变化

在图 6.19 中，$q=50kPa$ 时，含水率增加，有效应力不变；q 为 100kPa、150kPa 和 200kPa 不变情况下浸水，有效应力先下降，然后随含水率增加，有效应力增加。在图 6.20 中，$p=66.7kPa$ 时，随含水率增加，有效应力基本不变；p 为 133kPa、200kPa 和 266kPa 不变时，逐级浸水，含水率增大，有效应力还是先减小后增大。

（4）湿陷曲线下凹到上凹的转点应力，对有效球应力有所增大，而有效剪应力变化很小。如果将不同增湿含水率的转点位置用虚线连起来，可见是一条随含水率增大而下降的直线，如图 6.13（a）、图 6.14（a）、图 6.17 和图 6.18 所示。转点位置坐标见表 6.3。

（5）湿陷过程实际是水进入黄土中，孔隙水压力由增大到衰减的过程，最后当土体饱和时，孔隙水压力为零。整个过程中孔隙气压力变化都很小。

表 6.3　　　　　　　　　　　　　　　　转 点 位 置 坐 标 表

总　应　力				有　效　应　力			
图号	曲线编码	转点坐标		图号	曲线编码	转点坐标	
		横坐标 /%	纵坐标 /kPa			横坐标 /%	纵坐标 /kPa
图 6.13（a） $\varepsilon_v^{sh}-p$	$w=15.0\%$	3.00	164.00	图 6.17 $\varepsilon_v^{sh}-p'$	$w=15.0\%$	3.00	171.10
	$w=17.5\%$	4.75	159.00		$w=17.5\%$	5.00	159.87
	$w=20.0\%$	5.50	144.00		$w=20.0\%$	6.00	142.00
	$w=22.5\%$	7.00	148.00		$w=22.5\%$	7.00	140.18
	$w=25.0\%$	7.00	138.00		$w=25.0\%$	8.00	141.90
	$w=27.5\%$				$w=27.5\%$	8.00	134.00
图 6.14（a） $\varepsilon_s^{sh}-q$	$w=15.0\%$	3.25	128.00	图 6.18 $\varepsilon_s^{sh}-q'$	$w=15.0\%$	3.25	128.00
	$w=17.5\%$	4.50	120.00		$w=17.5\%$	5.00	125.79
	$w=20.0\%$	5.50	116.00		$w=20.0\%$	5.50	108.46
	$w=22.5\%$	5.50	107.00		$w=22.5\%$	6.50	105.30
	$w=25.0\%$	7.00	109.00		$w=25.0\%$	7.00	104.93
	$w=27.5\%$				$w=27.5\%$		

6.4　黄土增湿湿陷过程的三维有效应力分析

黄土地基湿陷量的计算也是工程中遇到的重要问题。传统计算黄土地基湿陷量的方法是分层总和法，其实质是将地基一定深度内的所有湿陷土层，依据土层实际承受的应力值，按压缩试验得到的相对湿陷系数，计算分层土体的湿陷量，累加得到地基的总的湿陷量。陈正汉在原来传统分层总和法的基础上，用三轴湿陷试验的结果代替压缩试验，来计算黄土地基的湿陷量。这些方法概念清楚、计算简单，能够表示土体湿陷的主要特征，在工程中得到广泛的应用。但不能反映实际应力路径对湿陷的影响，且计算出的湿陷量是地基可能发生的最大湿陷量，而不能计算黄土在不完全饱和增湿情况下的湿陷变形，更不能反映地基湿陷的全过程，计算结果与实际有一定的偏差，其应用有一定的局限性。

本研究引入非饱和黄土的研究成果，提出选用数值方法来反映黄土湿陷过程中的有效应力-应变关系，将试验得到的应力-应变曲线特征点直接输入计算机，用三次样条插值的方法对特征点之间的内容进行插值，从而在计算机里形成了完整的数值应力-应变曲线；应用三维非线性弹性数值计算的方法，对黄土地基从天然状态到非饱和增湿，直到完全饱和的全过程进行了仿真模拟，是黄土湿陷性研究的一次有益的尝试，对评价地基在不同浸水程度下的湿陷变形有重要的意义

6.4.1　黄土湿陷应力-应变关系的数值表示

从工程的角度出发，认为湿陷性黄土仍然为连续介质，以连续介质力学的原理作为研究湿陷性黄土的理论基础。

黄土的本构关系不仅与应力有关，还与温度、时间、应变率、变形历史和物理微观结构等有关，特别与土体中的含水率有密切的关系。可以说，湿陷变形是外力和水共同作用的结果。如果不考虑湿陷发生的时间长短，只考虑地基各层土体在不同含水率下（包括饱和和非饱和）的最终湿陷状况，黄土湿陷的本构关系可以用以下通用公式表示，即

$$\varepsilon_{ij} = f(\sigma'_{ij}, w) \tag{6.2}$$

式中：ε_{ij} 为湿陷变形张量；σ'_{ij} 为有效应力张量；w 为浸水后土体的含水率。

大量研究表明，由于以上关系涉及非饱和土、土的结构性等土力学的难点问题，要将以上的函数表示出来是困难的，而现代计算技术和计算设备已经有了巨大的发展，原来困扰人们的内存空间限制、计算速度限制等均已不复存在，使得采用数值数据来反映事物变化的规律成为可能，并在反映复杂问题方面有代替解析方法的趋势。本研究就选用数值方法来反映湿陷性黄土湿陷过程中的有效应力-应变关系曲线，将试验得到的应力-应变曲线特征点直接输入计算机，用三次样条插值的方法对特征点之间的内容进行插值，从而在计算机里形成了完整的数值应力-应变曲线。其优点是能较为精确地反映试验的结果，避免了进行解析概化，在实际应用中也是可行和方便的。其原理如下所述：

引入两个应力不变量（球应力、剪应力）：

$$p' = \frac{\sigma'_1 + \sigma'_2 + \sigma'_3}{3}$$

$$q' = \frac{\left[(\sigma_1' - \sigma_2')^2 + (\sigma_2' - \sigma_3')^2 + (\sigma_3' - \sigma_1')^2\right]^{1/2}}{\sqrt{2}} \tag{6.3}$$

并相应引入对应的湿陷体应变和剪应变量，即

$$\varepsilon_v = \varepsilon_1 + \varepsilon_2 + \varepsilon_3 \tag{6.4}$$

$$\varepsilon_s = \frac{\sqrt{2}}{3}\left[(\varepsilon_1 - \varepsilon_2)^2 + (\varepsilon_2 - \varepsilon_3)^2 + (\varepsilon_3 - \varepsilon_1)^2\right]^{1/2} \tag{6.5}$$

那么湿陷性黄土湿陷的非线性 K、G 参数及模量、泊松比为

$$\left.\begin{aligned} K &= \frac{p'}{\varepsilon_v} \\ G &= \frac{q'}{3\varepsilon_s} \end{aligned}\right\} \tag{6.6}$$

$$\left.\begin{aligned} E &= \frac{9KG}{3K+G} \\ \mu &= \frac{3K-2G}{2(3K+G)} \end{aligned}\right\} \tag{6.7}$$

由试验得到特定土体不同饱和度下的 p' 与 ε_v、q' 与 ε_s 的关系曲线，利用式（6.6）或式（6.7）就可以得到土体在不同应力状态、不同饱和度下的模量值变化曲线，将这变化曲线以一定密度（当然密度越大越好）数值特征点输入计算机，并引入到非线性弹性理论中，就可以采用数值计算的方法计算黄土湿陷的过程。

将图 6.17 和图 6.18 用饱和度表示，如图 6.21 和图 6.22 所示。由这两条曲线并采用

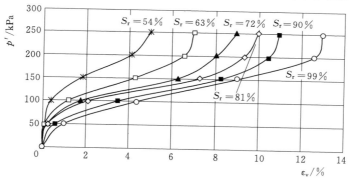

图 6.21　不同饱和度下有效球应力与湿陷体应变的关系

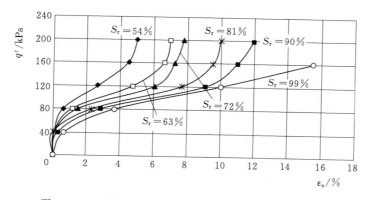

图 6.22　不同饱和度下有效剪应力与湿陷剪应变的关系

上述方法就可以表示该黄土非饱和湿陷的应力-应变关系。

6.4.2　计算实例

应用以上方法计算了一水平地基在 200kPa 压力作用下（承压板面积为 0.8m×0.8m）的浸水湿陷过程。计算中认为地基是均质，其单元划分如图 6.23 所示（只计算了地基的 1/4，其余部分按对称处理）。

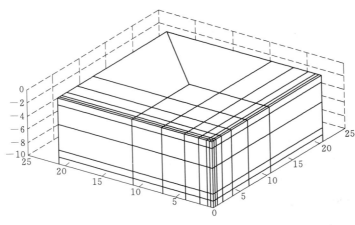

图 6.23　单元网格划分图（整个地基的 1/4）

计算时认为外荷载在湿陷过程中保持不变，而其自重和应力-应变关系随着水的向下浸湿逐步发生变化。将地基土层由上到下分为 5 层，模拟了地基在天然状态下的压缩变形和水由地基顶部向下逐层浸湿，最终使整个地基均达到饱和的湿陷全过程。为了便于比较，假定水由上到下逐层浸湿，即上层饱和后下层才开始浸湿。其中，天然状态下的压缩变形和湿陷初始应力场由邓肯-张模型计算，湿陷过程采用本研究提出的数值计算法进行。计算组次如下。

（1）顶部第一层土（厚 1.0m）由天然状态增湿到饱和度为 54％、63％、72％、81％和 90％时（非饱和状态）的湿陷量，以及增湿到饱和时（$S_r = 99％$）的湿陷量。

（2）第一层土饱和后，第二层土（厚 3.0m）由天然状态增湿到 54％、63％、72％、81％和 90％时（非饱和状态）的湿陷量，以及增湿到饱和时（$S_r = 99％$）的湿陷量。

（3）各层地基均饱和时的湿陷量。

计算时，湿陷土体的屈服强度准则选用莫尔-库仑准则。数值计算方法采用三维有限元与无界元耦合的方法进行。

1. 计算参数

土体天然、饱和状态下的物理力学参数见表 6.4，湿陷时应力-应变关系如图 6.21 和图 6.22 所示。

2. 增湿过程中地基湿陷的变化过程

计算得到地基各阶段湿陷量的变化过程曲线如图 6.24 所示。

计算表明，地基在非饱和增湿时，随着土饱和度的增大，其湿陷量逐渐增大。土的饱

表 6.4   计 算 参 数 表

类型	γ /(g/cm³)	w /%	G_s	φ /(°)	c /kPa	R_f	k	n	G	F	D	备注
1	1.54	12.6	2.7	21	33	0.87	262	0.59	0.31	0.27	1.46	天然状态
2	1.54	27.5	2.7	23	14							饱和状态

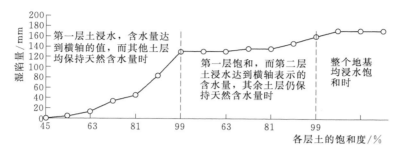

图 6.24   湿陷量变化过程曲线

和度达到 80% 以前，湿陷量较小；当饱和度达到 80% 以上时，湿陷量随含水率的增大急剧增大；地基的湿陷量随着浸湿范围的扩大而增大，所有土层均达到饱和时湿陷量最大。从图 6.24 中可以看出，表层 1.0m 深度范围内的土（第一层土）浸水湿陷量占总湿陷量的 76%，深度在 1.0～2.0m 范围内的土（第二层土）的湿陷量占总湿陷量的 17%，其余土层的湿陷量只占总湿陷量的 7%，说明黄土地基湿陷是一种刺入破坏，深层土体虽然所受的压力较表层大，但由于受到了上部、侧向土体强大的约束，其湿陷量不大。从地基湿陷变形剖面（图 6.25）可以更明显地看出这一点。而传统的分层总和法不能考虑这种约束作用，计算结果是不准确的。

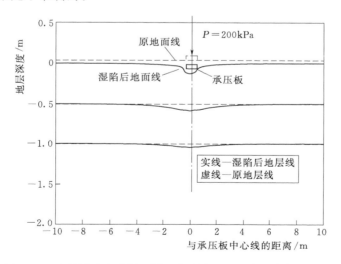

图 6.25   地基湿陷变形剖面图（为了直观，湿陷量放大了 4 倍）

3. 湿陷前后应力场的变化规律

计算表明，浸水前，地基内外荷引起的附加应力在承压板下较为集中，压板周围基本无拉应力，而浸水湿陷后，由于土体结构的破坏，土体刚度的降低，应力发生重分布，使得压板周围一定范围内的土体出现较大的拉应力，承压板下应力分布较为均匀。但两者在地表下一定深度（约为地表下 5.0m）应力状态趋于一致。浸水前后地基在自重与附加荷载作用下的主应力（σ_1）变化等值线图，如图 6.26 所示。

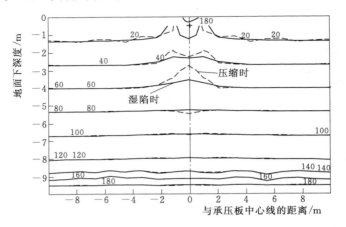

图 6.26　湿陷前后主应力等值线（单位：kPa）

第 7 章 新疆坎儿井破坏机理及加固技术

新疆坎儿井与万里长城、京杭大运河并称为中国古代三大工程，是新疆吐鲁番盆地利用地形坡度引用地下水的一种独具特色的地下水利工程。吐鲁番地区多数坎儿井运行年代已长，井暗渠和竖井破损和坍塌严重，危及坎儿井下游的农业灌溉和人畜饮水安全。因此加强坎儿井保护，合理调配水资源，解决农业生产、人畜饮水和生态用水，已成为当前吐鲁番地区最为紧迫的任务。

2006 年，新疆维吾尔自治区发改委和水利厅组织审批通过了《新疆坎儿井保护利用规划报告》，规划投资 2.5 亿元开始对坎儿井进行保护。2006 年 7 月又审批通过了《新疆坎儿井保护利用规划项目第一期工程可行性研究报告》，确定第一期保护 84 条坎儿井，其中：吐鲁番项目区保护 73 条，恢复 3 条；哈密项目区保护 11 条。工程总投资 2980 万元。坎儿井的保护工作已经列入新疆吐鲁番地区的重点工作。

坎儿井中下部及出口段大部分位于黄土地层中，竖井、暗渠出口段与大气直接接触的黄土层，由于冬季水分集聚和气温周期性波动，产生反复冻结和融化，融化后土体强度降低，极易发生坍塌和破坏，是坎儿井损坏的重点部位。因此，坎儿井破坏机理和加固措施的研究是非饱和黄土增湿理论的重要应用领域。

7.1 新疆吐鲁番地区坎儿井概况

7.1.1 坎儿井工程及应用现状

新疆吐鲁番盆地地处欧亚大陆腹地，绝大部分地区海拔高程低于海平面。由于地势低洼、增温快、散热慢，冷湿空气不易进入，形成了极端干旱的温带内陆荒漠气候。盆地多年平均降水量为 6.3～21.5mm，而蒸发强度却高达 3744～2984mm。为了灌溉和饮用，当地各族劳动人民经过长期生产实践，创造出"坎儿井"这种独具特色的地下水利工程型式。

坎儿井古称"井渠"。"坎儿"即井穴，它把盆地丰富的地下潜流水，通过人工开凿的地下渠道，远距离输送，然后引出地表进行灌溉和饮用。坎儿井由竖井、暗渠、明渠、涝坝四部分组成。竖井主要是为挖暗渠和维修时人员出入及出土使用，竖井口长 1m、宽 0.7m；暗渠是坎儿井的主体部分，高约 1.6m、宽约 0.7m，暗渠又分为集水段（俗称水活）和输水段（俗称旱活）两段；明渠是暗渠出水口至农田之间的水渠；涝坝是在暗渠出水口，修建一个蓄水池，积蓄一定水量，然后通过明渠灌溉农田。坎儿井的长度一般为 3～5km，最长的达 10km 以上。按其成井的水文地质条件来划分，可以分成 3 种类型：第一种是山前潜水补给型，这类坎儿井直接截取山前侧渗的地下水，集水段较短；第二种是山溪河流河谷潜水补给型，这类坎儿井集水段较长，出水量较大，吐鲁番地区分布较广；第三种是平原潜水补给型，这类坎儿井分布在灌区内，地层多为土质，水文地质条件差，出水量较小（俗称土坎）。

20 世纪 50 年代以前，吐鲁番地区的工农业生产用水及人畜饮水，主要靠坎儿井水和泉水，1949 年年底，全地区有水坎儿井 1084 条，年径流量 4.871 亿 m^3。至 1957 年，坎儿井数量达到最高峰，为 1237 条，径流量达 5.626 亿 m^3；至 1966 年，虽然坎儿井的数量减少到 1161 条，但是年径流量达到最大 6.599 亿 m^3。之后坎儿井的数量和年径流量逐年减少。据 2003 年最新统计，吐鲁番地区共有坎儿井 1091 条，其中，还有水的坎儿井只有 404 条，总长度为 3488.5km（暗渠和明渠），总出水量约 7.353m^3/s，年径流量 2.32亿 m^3，单个坎儿井最大出水量为 244.8L/s；干涸的坎儿井 687 条，其中可望恢复的干涸坎儿井有 185 条，不可恢复的干涸坎儿井有 502 条（表 7.1）。

表 7.1　　　　　　　　　　　吐鲁番地区坎儿井现状（2003 年）

项目 地点	有水条数 /条	流量 /(L/s)	年径流量 /$10^8 m^3$	暗渠长 /km	明渠长 /km	涝坝 /座	涝坝容量 /万 m^3
吐鲁番市	254	3795.56	1.197	1635.6	116.6	208	25.0
鄯善县	101	2210.23	0.697	1450.0	121.7	113	29.3
托克逊县	49	1346.30	0.425	344.4	23.5	39	4.9
合计	404	7352.09	2.319	3462.3	261.8	360	59.2

坎儿井作为最古老的引水工程，已经在吐鲁番存在两千多年，是吐鲁番的生命之泉，对吐鲁番地区生产、生活和经济发展曾起过巨大作用，并且早已蜚声中外，在生态价值和人文价值方面具有不可替代的作用。直到今天，它在吐鲁番地区的农牧业生产和人民生活中仍起着不可忽视的作用，更是吐鲁番旅游业的金字招牌。

自 20 世纪 60 年代以来，随着人口的增加和生产的发展，水库、机井和渠道防渗工程的实施，造成坎儿井逐渐衰减，许多坎儿井出现整体或者局部的损坏。为了保护人类历史遗产，促进当地生产和旅游业的发展，修复和保护坎儿井已经成为非常急迫的任务，已经列为新疆重点水利建设计划。

7.1.2　坎儿井工程病害

坎儿井中下部及出口段大部分位于黄土地层中。多数坎儿井运行年代已长，且多数为土坎，年久失修。长期以来，由于缺乏系统的管理、维修和保护，约 20% 的坎儿井暗渠坍塌，竖井破损和坍塌，导致坎儿井淤堵，影响正常的出水量。病险情况集中表现如下。

（1）暗渠段洞顶土层严重脱落或由于地质构造原因（流沙带）而大面积集中坍塌，淤积严重。

（2）竖井口没有封堵严密，寒流进入，冻融使得暗渠出口段和竖井口集中坍塌破损。

造成坎儿井破坏的原因是：冬季井中水汽凝结蓄存在竖井、暗渠出口段土层中，使土体产生反复冻结和融化，融后土体强度降低，造成土体坍塌破坏。另外，地质构造原因（流沙带）也造成坎儿井大面积集中坍塌。

典型坎儿井竖井和暗渠出口破坏情况如图 7.1 和图 7.2 所示。

图 7.1　坎儿井竖井冬季水汽凝结蓄存在土中　　图 7.2　坎儿井冻胀坍塌扩大堵塞的暗渠出口

7.2　吐鲁番坎儿井黄土的工程特性

构成坎儿井的黄土的工程特性，是研究坎儿井的破坏机理、探索有效加固措施的基础。本节选取坎儿井竖井、暗渠出口段原状黄土，从湿度分布规律、饱和黄土的强度和模量特性以及非饱和强度、模量特性等几个方面，开展了系列试验研究，以期掌握土体的工程特性，确定相关参数。

7.2.1　坎儿井黄土物理性质与地层湿度分布规律

取样试验得出，坎儿井黄土层相对密度为 2.71，土样的黏粒含量为 27.3%，粉粒含量为 41.0%，砂粒含量为 31.7%，属于低液限黏土（CL）；其含水率为 9.81% ～ 27.78%，干密度为 1.50～1.53g/cm^3，饱和度为 34.5%～97.71%。不同部位黄土的基本物理性质见表 7.2～表 7.4。

表 7.2　　　　　　　　　　　　　黄土物理指标试验成果表

土样编号	相对密度	液限/%	塑限/%	塑性指数	颗粒组成/%			不均匀系数	曲率系数	土壤类别
					砂粒	粉粒	黏粒			
	G_S	W_L	W_P	I_P	2～0.075mm	0.075～0.005mm	<0.005mm	d_{60}/d_{10}	$d_{30}^2/(d_{60}d_{10})$	
1	2.71	30.2	16.7	13.7	31.7	41.0	27.3	60	9.37	低液限黏土（CL）

表 7.3　　　　　　　　　　　　　冬季坎儿井土样试验成果

土样	地下水位以上距离 h/m	含水率/%	干密度/(g/cm^3)	孔隙比	孔隙率/%	饱和度/%
原状样	0.1	27.28	1.53	0.77	43.5	95.95
	0.2	26.33	1.51	0.79	44.13	90.09

续表

土样	地下水位以上距离 h /m	含水率 /%	干密度 /(g/cm³)	孔隙比	孔隙率 /%	饱和度 /%
原状样	0.30	24.24	1.52	0.78	43.82	84.08
	0.40	19.82	1.53	0.77	43.50	69.71
	0.50	17.44	1.50	0.81	44.75	58.46
	0.60	14.39	1.52	0.78	43.82	49.92
	0.75	13.29	1.50	0.81	44.75	44.55
	1.00	10.14	1.51	0.79	44.13	34.70
	1.20	8.83	1.52	0.78	43.82	30.63
	1.70	7.20	1.53	0.77	43.50	25.32
	2.20	6.89	1.50	0.81	44.75	23.09
	3.00	6.45	1.52	0.78	43.82	22.37

表 7.4　　　　　　　　　　冬季坎儿井进口段洞壁土样试验成果

土样	地下水位以上距离 h /m	含水率 /%	干密度 /(g/cm³)	孔隙比	孔隙率 /%	饱和度 /%
原状样	0.1	27.78	1.53	0.77	43.50	97.71
	0.2	26.43	1.51	0.79	44.13	90.44
	0.3	24.54	1.52	0.78	43.82	85.12
	0.4	21.42	1.53	0.77	43.50	75.34
	0.5	18.84	1.50	0.81	44.75	63.15
	0.6	15.56	1.52	0.78	43.82	53.97
	0.7	14.29	1.50	0.81	44.75	47.90
	1.0	12.04	1.51	0.79	44.13	41.20
	1.2	10.73	1.52	0.78	43.82	37.22
	1.7	9.81	1.53	0.77	43.50	34.50

坎儿井中下部及出口段大部分位于黄土地层中。由于地下水毛细管水位上升作用,使黄土土层含水率沿垂直向上呈逐渐减小趋势。造成坎儿井竖井、暗渠出口段地层含水率变化的原因主要是:地下水的毛细上升作用;冬季由于温度降低至 0℃ 以下,冻结作用使黄土中毛细水向冷端迁移,增大土体中含水率;冬季蒸发量低,增大土体中含水率。

其含水率分布情况如图 7.3 和图 7.4 所示。经多元化线性统计分析表明,含水率与土层距地下水位以上的距离符合幂函数规律。其计算公式如下。

对于黄土层而言,有

$$h = 75.177 w^{-1.8233} \tag{7.1}$$

对于洞壁黄土层而言,有

$$h = 230.89 w^{-2.1624} \tag{7.2}$$

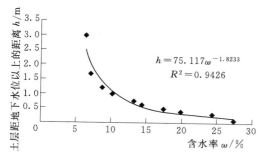

图7.3 冬季坎儿井土层湿度分布情况

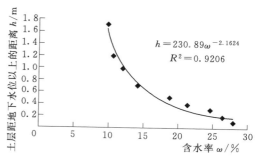

图7.4 冬季坎儿井洞壁湿度分布情况

7.2.2 饱和黄土的强度和变形特性

鉴于坎儿井暗渠出口段和竖井冬季会产生多次冻融循环，且所受围压较低的特点，进行了未冻融和多次冻融饱和黄土三轴CD试验和弹性模量试验各3组，研究黄土的强度和变形特性。试验中，土样冻融次数选定为20次。冻融循环试验控制指标如下。

（1）冻融温度为$-25\sim20℃$。

（2）冻融循环一次历时$2.5\sim4h$。其中，降温历时$1.5\sim2.5h$，升温历时$1.0\sim1.5h$。

（3）降温和升温终止标准。试样中心温度分别为$（-17\pm2）℃$和$（8\pm2）℃$。

1. 莫尔-库仑模型强度参数

（1）强度参数。试验得到冻融和未冻融黄土样的有效黏聚力c'和φ'值见表7.5。3组冻融和未冻融黄土样各级围压下平均值所得到的强度参数也见表7.5。

表7.5 莫尔-库仑模型强度参数结果

土 样	编号	$\sigma_3=100\sim400kPa$		$\sigma_3=20\sim100kPa$		$\sigma_3=20\sim400kPa$	
		c'/kPa	$\varphi'/(°)$	c'/kPa	$\varphi'/(°)$	c'/kPa	$\varphi'/(°)$
未冻原状样	1号	19.330	28.6	5.863	31.8	12.038	29.3
	2号	8.918	28.8	6.256	29.5	7.872	28.9
	3号	19.708	28.8	5.017	32.1	11.048	29.6
	平均值	15.987	28.8	5.795	31.1	10.340	29.3
冻融原状样	1号	16.454	27.0	3.051	30.3	9.138	27.7
	2号	6.274	27.1	3.875	27.8	4.814	27.3
	3号	14.441	27.4	2.829	30.6	8.526	28.0
	平均值	12.456	27.2	3.349	29.5	7.530	27.7

由表7.5可以看出，非冻融黄土饱和三轴CD试验的有效黏聚力和有效内摩擦角大于冻融情况的试验结果。其主要原因是由于土体多次冻融后产生了冻胀，降低了土体的密度和破坏了土体的结构，从而降低了土体强度。另外，从表7.5还可以看出，土体强度的降低主要体现在有效黏聚力的降低，冻胀使土体颗粒间的连接结构破坏是主要原因。

（2）莫尔-库仑屈服函数和势函数。莫尔-库仑模型的弹性阶段必须是线性、各向同性

的，其屈服函数为

$$F = R_{mc}q - p\tan\varphi' - c' = 0 \qquad (7.3)$$

$$R_{mc} = \frac{1}{\sqrt{3}\cos\varphi'}\sin\left(\Theta + \frac{\pi}{3}\right) - \frac{1}{3}\cos\left(\Theta + \frac{\pi}{3}\right)\tan\varphi' \qquad (7.4)$$

式中：R_{mc} 为 π 平面上屈服面形状的一个度量；c'、φ' 为材料的有效黏聚力和内摩擦角；Θ 为极偏角，定义 $\cos(3\Theta) = \frac{r^3}{q^3} = \frac{J_3^{\frac{3}{3}}}{q^{\frac{3}{3}}}$；$J_3$ 为第三不变量。

莫尔-库仑模型的流动势 G 为应力空间子午线平面上的双曲函数，Menèlrey 和 Willan（1995 年）建议用光滑的椭圆函数表示，即

$$G = \sqrt{(\varepsilon c_0'\tan\psi)^2 + (R_{mw}q)^2} - p\tan\psi \qquad (7.5)$$

式中：c_0' 为材料的初始黏聚力，$c_0' = c_{\varepsilon}'^{PL=0}$；$\psi$ 为膨胀（dilation）角；ε 为子午线的偏心率，它控制了 G 的形状变化；R_{mc} 为控制塑性势 G 在 π 平面上形状的参数，其计算公式为

$$R_{mw} = \frac{4(1-e^2)\cos^2\Theta + (2e-1)^2}{2(1-e^2)\cos\Theta + (2e-1)\sqrt{4(1-e^2)(\cos\Theta)^2 + 5e^2 - 4e}}R_{mc}\left(\frac{\pi}{3}, \varphi'\right) \qquad (7.6)$$

e 为偏心率，描述介于拉力子午线（$\Theta = 0$）和压力子午线$\left(\Theta = \frac{\pi}{3}\right)$之间的情况。其默认值由式（7.7）计算，即

$$e = \frac{3 - \cos\varphi'}{3 + \sin\varphi'} \qquad (7.7)$$

6 组试验成果见表 7.6。

表 7.6　　　　　　　　　　**莫尔-库仑屈服函数和流动势参数**

项　　目	围压/kPa	偏心率 e	极偏角 β	偏应力系数 R_{mc}	形状参数 R_{mw}
原状样-1		0.81	1.0471975	0.54	0.54
原状样-2		0.82	1.0471975	0.55	0.55
原状样-3		0.80	1.0471975	0.54	0.54
平均值	20～400	0.80	1.0471975	0.54	0.54
原状样（冻）-1		0.77	1.0471975	0.53	0.53
原状样（冻）-2		0.81	1.0471975	0.55	0.55
原状样（冻）-3		0.79	1.0471975	0.54	0.54
平均值		0.79	1.0471975	0.54	0.54

2. 修正剑桥模型破坏参数

英国剑桥大学以 K. H. Roscoe 为首的研究组在 1958 年根据黏土试验结果提出了状态边界面、临界状态线的概念。以 t、p_f 表示的临界状态线，参数可以在 p-t 平面上求得，对于破坏应变 ε_a 对应的 p_f 和 t，点绘在 p_f-t 坐标系中，p_f 和 t 的关系曲线一般仍为一条通过原点的直线。该直线的具体表达形式为

$$t = Mp_f \qquad (7.8)$$

$$t = \frac{q_f}{2}\left[1 + \frac{1}{k} - \left(1 - \frac{1}{k}\right)\left(\frac{r}{q_f}\right)^3\right]$$

$$p_f = \frac{1}{3}(\sigma_1 + \sigma_2 + \sigma_3)_f$$

$$q_f = (\sigma_1 - \sigma_3)_f$$

式中：M 为直线的斜率。

在三向受压时，$r = q_f$，则 $t = q_f$。

将表 7.6 中各试样破坏时的极限强度值计算得到结果，按照以上公式点绘后得到为未冻土样和冻融土样平均值的临界状态线，见图 7.5 和表 7.7。

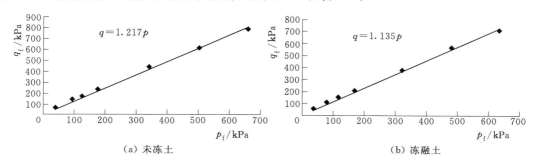

（a）未冻土　　　　　　　　　　　（b）冻融土

图 7.5　修正剑桥模型子午 p-q 线（平均）

表 7.7　　　　　　　　　饱和样固结排水剪各级围压下的剑桥模型参数

土样	编号	M 值			各向等压弹性参数 k	各向等压固结参数 λ	$\ln p = 0$ 时的孔隙比 e_1	弹性模量 /MPa	泊松比
		$\sigma_3 = 100 \sim 400$	$\sigma_3 = 20 \sim 100$	$\sigma_3 = 20 \sim 400$					
未冻原状样	1 号	1.221	1.368	1.227	0.007	0.069	0.940	20.50	
	2 号	1.186	1.280	1.190	0.003	0.068	0.916	23.70	
	3 号	1.230	1.367	1.234	0.005	0.069	0.960	22.15	
	平均值	1.212	1.339	1.217	0.006	0.069	0.947	22.12	0.268
冻融原状样	1 号	1.140	1.262	1.144	0.006	0.072	1.003	17.40	
	2 号	1.104	1.172	1.106	0.006	0.077	1.049	15.82	
	3 号	1.151	1.272	1.155	0.011	0.075	1.000	16.13	
	平均值	1.132	1.236	1.135	0.008	0.075	1.017	16.45	0.240

从表 7.7 中可以看出，未冻融黄土饱和三轴 CD 试验的 M 值大于冻融情况试验值。原因是由于土体多次冻融后产生了冻胀，降低了土体的密度和破坏了土体的结构，从而降低了土体强度。

3. 饱和黄土三轴等向压缩回弹试验

土样在非冻融和多次冻融状态下进行了 6 组三轴等向压缩回弹试验，周围压力分级为 20kPa、50kPa、70kPa、100kPa、200kPa、400kPa、600kPa。土样冻融次数为 20 次。

（1）等向压缩试验参数按式（7.9）进行整理，即

$$e_c = \lambda \ln p_c + a \tag{7.9}$$

式中：e_c 为孔隙比；p_c 为周围压力，kPa；a 为试验常数。

（2）等向回弹试验参数按式（7.10）进行整理，即

$$e_i = k \ln p_i + b \tag{7.10}$$

式中：e_i 为孔隙比；p_i 为周围压力，kPa；b 为常数。

由试验得出，试样在各级压力下的压缩和回弹孔隙比，其成果同样见表7.7。3组试样的平均压缩回弹试验曲线如图7.6所示。

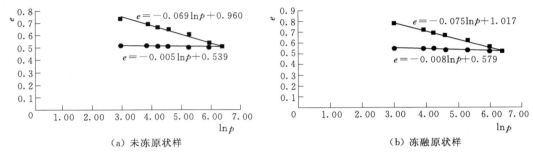

$$e = -0.069 \ln p + 0.960$$
$$e = -0.005 \ln p + 0.539$$
（a）未冻原状样

$$e = -0.075 \ln p + 1.017$$
$$e = -0.008 \ln p + 0.579$$
（b）冻融原状样

图 7.6　平均压缩回弹 e - $\ln p$ 曲线

由表7.7可以看到，3组非冻融饱和黄土样三轴等向压缩回弹试验 $\ln p = 0$ 时的孔隙比 $e_1 = 0.916 \sim 0.96$，对数塑性体积模量 $\lambda = 0.068 \sim 0.069$，对数弹性体积模量 $k = 0.003 \sim 0.007$。3组平行试验结果接近。用3组非冻融黄土饱和样平均值 $e_1 = 0.947$，对数塑性体积模量 $\lambda = 0.069$，对数弹性体积模量 $k = 0.006$。

3组冻融饱和黄土样三轴等向压缩回弹试验 $\ln p = 0$ 时的孔隙比 $e_1 = 1 \sim 1.049$，对数塑性体积模量 $\lambda = 0.072 \sim 0.077$，对数弹性体积模量 $k = 0.006 \sim 0.011$。3组平行试验结果接近。用3组冻融黄土饱和样平均值 $e_1 = 1.017$，对数塑性体积模量 $\lambda = 0.075$，对数弹性体积模量 $k = 0.008$。

3组非冻融饱和黄土样三轴等向压缩回弹试验参数小于3组冻融饱和黄土样三轴等向压缩回弹试验参数。这是因为土体冻融后，密度降低导致的。

4. 饱和黄土三轴弹性模量试验

土样在非冻融和多次冻融状态下进行了6组弹性模量试验，每级压力按预计试样破坏主应力差的 1/10 施加。土样冻融次数为 20 次。

弹性模量试验的典型试样加压、卸压与轴向变形关系曲线如图7.7所示。试验结果见表7.7。

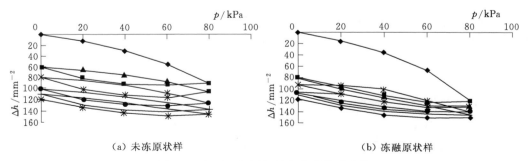

（a）未冻原状样　　　　　　　　　（b）冻融原状样

图 7.7　加压、卸压与轴向变形关系曲线

由表7.7可以看出，3组未冻融饱和黄土样的弹性模量 $E = 20.5 \sim 23.7\text{MPa}$，平均值

为22.12MPa，泊松比为0.268；3组冻融饱和黄土样的弹性模量 $E=15.82\sim17.4$MPa，平均值为16.45MPa，泊松比为0.24。从上述试验结果可以看到，3组未冻融饱和黄土的弹性模量大于3组冻融饱和黄土的弹性模量。

7.2.3 非饱和黄土的强度和变形特性

不同含水率下黄土的力学指标是坎儿井破坏机理研究更为需要的。因此，进行了非饱和黄土相关试验。试验具体内容如下。

（1）3组黄土土-水特征曲线试验。

（2）4组黄土不同饱和度的常吸力抗剪试验。试验围压为100kPa、200kPa、300kPa和400kPa，土样初始饱和度分别为34.21％、43.57％、54.74％和73.74％；根据土-水特征曲线试验成果确定试验控制吸力值。

（3）4组不同饱和度的常吸力三轴等向压缩试验，试验围压为50kPa、100kPa、200kPa、400kPa和600kPa，土样初始饱和度分别为32.63％、41.86％、52.91％和70.84％；根据土-水特征曲线试验成果确定试验控制吸力值。

1. 土-水特征曲线试验

采用压力板吸力仪进行试验，分别按5kPa、10kPa、20kPa、35kPa、50kPa、80kPa、145kPa、250kPa、400kPa、500kPa和770kPa十一级压力对试样施加气压力，同时测量相应的含水率。进行了3组试验，土样的干密度分别为1.48g/cm³、1.5g/cm³和1.47g/cm³，试验结果见表7.8与图7.8。

表7.8 土-水特征曲线试验结果表

土样		吸力/kPa										
		0	5	10	20	35	50	80	145	250	400	500	770
含水率/%	样-1	29.25	29.00	28.80	28.20	22.60	14.30	8.80	7.10	6.70	6.30	6.10	5.90
	样-2	28.85	28.20	27.80	27.40	22.70	13.40	7.90	6.80	6.10	5.90	5.60	5.20
	样-3	29.85	29.40	29.10	28.40	22.80	14.60	9.10	7.30	6.90	6.50	6.20	6.00
	平均	29.32	28.87	28.57	28.00	22.70	14.10	8.60	7.07	6.57	6.23	5.97	5.70

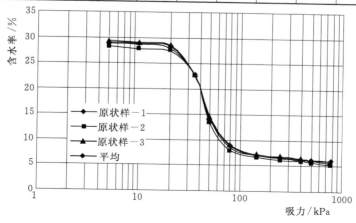

图7.8 土样土-水特征曲线

从表 7.8 及图 7.8 中可以看出，3 组土样的土-水特征曲线形状和变化规律基本相同。含水率随着基质吸力的增大而减小，吸力为 20～80kPa 时，试样的含水率在 28%～8.6% 变化，而之外则微小的含水率变化会引起吸力较大的变动。这种特性也反映出所取土样砂粒和粉粒含量大、持水力较差的特性。

2. 非饱和黄土三轴剪切试验

试验过程中吸力按表 7.9 控制。

表 7.9　　　　　　　　　　　　　吸　力　取　值　范　围

序号	含水率/%	饱和度/%	吸力/kPa
1	10	33.07	68
2	13	43.57	54
3	16	52.91	45
4	22	72.76	36

（1）莫尔-库仑强度参数。试验得出的不同含水率黄土黏聚力和内摩擦角值如图 7.9、表 7.10 所示。利用 SPSS 统计分析软件，对表 7.10 内摩擦角与含水率进行曲线参数估计和非线性估计表明，两者符合二次抛物线规律，可以用式（7.11）计算，即

$$\varphi' = a_1 w^2 + b_1 w + c_1; \quad c' = a_2 w^2 + b_2 w + c_2 \tag{7.11}$$

式中：w 为含水率；a、b、c 为拟合参数。

表 7.10　　　　　　　　　　　　黄土强度参数随湿度变化

序号	饱和度 S_r/%	含水率/%	$\varphi/(°)$	c/kPa
1	33.07	10.00	30.9	32.58
2	43.57	13.00	29.4	29.16
3	52.91	16.00	29.2	24.72
4	72.76	22.00	27.6	17.28
5	100（冻融）	29.84	27.7	7.53
6	100	29.84	29.3	10.34

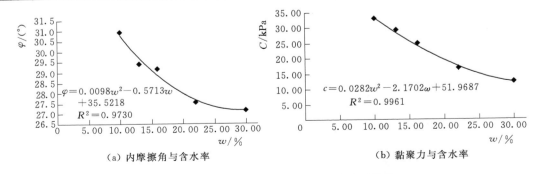

（a）内摩擦角与含水率　　　　　　　　（b）黏聚力与含水率

图 7.9　莫尔-库仑破坏参数与含水率关系曲线

（2）莫尔-库仑屈服函数和流动势参数。非饱和土的参数求取与饱和土的参数计算公式相同，只是有效球应力采用式（7.12）计算，即

$$p' = \frac{1}{3}(\sigma_1 + \sigma_2 + \sigma_3)_f - u_a + S_r(u_a - u_w)_f \tag{7.12}$$

式中：u_a 为孔隙气压力；u_w 为孔隙水压力；S_r 为饱和度；$(u_a - u_w)_f$ 为破坏时的基质吸力；$(\sigma_1 + \sigma_2 + \sigma_3)_f$ 为破坏时的主应力。

试验得到不同含水率下屈服函数和势函数参数值见表7.11。

表 7.11　　　　　　　　　不同含水率下非饱和土试验参数值表

序号	饱和度 S_r /%	含水率 /%	偏心率 e	极偏角 β	偏应力系数 R_{mc}	形状参数 R_{mw}	M	$\ln p = 0$ 时的孔隙比 e_1	各向等压弹性参数 k	各向等压固结参数 λ	弹性模量 /MPa	泊松比
1	33.07	10.00	0.70	1.047	0.48	0.48	1.355	0.95	0.020	0.047	46.65	0.265
2	43.57	13.00	0.72	1.047	0.48	0.48	1.285	0.965	0.018	0.054	39.83	0.287
3	52.91	16.00	0.73	1.047	0.50	0.50	1.261	0.966	0.016	0.063	31.49	0.249
4	72.76	22.00	0.77	1.047	0.51	0.51	1.166	0.990	0.016	0.070	22.44	0.287
5	100（冻融）	29.84					1.135	1.017	0.008	0.075	16.45	0.268
6	100	29.84					1.217	0.947	0.006	0.069	22.12	0.240

（3）修正剑桥模型破坏常数。非饱和土的参数求取与饱和土的参数计算公式相同，只是有效球应力破坏值计算采用式（7.12）。

在三向受压时，将不同含水率土样的临界状态线如图7.10所示，其结果见表7.11。

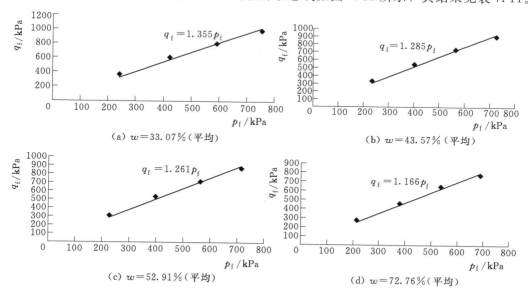

图 7.10　修正剑桥模型临界状态线

利用 SPSS 统计分析软件，对表7.11中 M 与含水率 w 进行曲线参数估计和非线性估计，证明其符合二次抛物线规律。拟合曲线如图7.11所示。计算公式为

$$M = aw^2 + bw + c \tag{7.13}$$

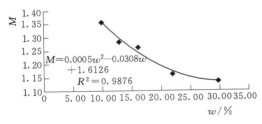

图 7.11　修正剑桥模型 $M - w$ 关系曲线

由表 7.11 可以看到，非饱和黄土三轴试验的有效应力强度指标：当含水率为 10% 时，$M = 1.345 \sim 1.366$，平均值为 1.355；当含水率为 13% 时，$M = 1.278 \sim 1.297$，平均值为 1.285；当含水率为 16% 时，$M = 1.259 \sim 1.261$，平均值为 1.261；当含水率为 22% 时，$M = 1.154 \sim 1.187$，平均值为 1.166。

3. 非饱和黄土三轴等向压缩回弹试验

非饱和黄土在表 7.9 中的吸力状态下进行了 12 组三轴等向压缩回弹试验，周围压力分级为 20kPa、50kPa、70kPa、100kPa、200kPa、400kPa 和 600kPa。数据整理计算的方法与饱和土相同，只是计算球应力时按照式（7.12）计算即可。

试验得出在各级压力下的压缩和回弹孔隙比，然后在 $\ln p - e$ 坐标系中拟合得到 λ 和 k 值，见表 7.11 和图 7.12。

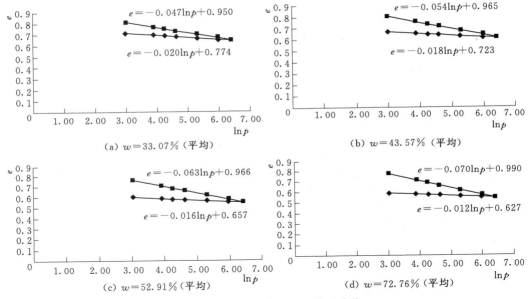

图 7.12　压缩回弹 $\ln p - e$ 关系曲线

利用 SPSS 统计分析软件，对 k、λ、e_1 与含水率 w 进行曲线参数估计，即

$$k = aw + b, \quad \lambda = dw^2 + ew + c, \quad e_1 = fw + g \tag{7.14}$$

式中：a、b、c、d、e、f、g 为拟合参数，值如图 7.13 所示。

从图 7.13 中可以看出，k 与含水率 w 符合线性规律，随着含水率的增大，k 呈减小的趋势。λ 与含水率 w 符合二次抛物线规律，随着含水率的增大，λ 呈增大的趋势。e_1 与含水率 w 符合线性规律，随着含水率的增大，e_1 呈增大的趋势。

4. 非饱和黄土弹性模量试验

进行了 12 组不同含水率状态下非饱和黄土的弹性模量试验、4 组泊松比试验。弹性模量和泊松比仍按饱和土同样的方法计算，其成果见表 7.11 和图 7.14。

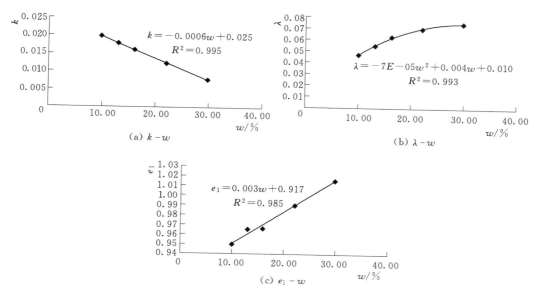

(a) $k-w$

(b) $\lambda-w$

(c) e_1-w

图 7.13 拟合曲线

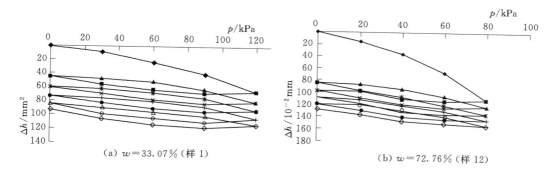

(a) $w=33.07\%$（样 1）

(b) $w=72.76\%$（样 12）

图 7.14 加压、卸压与轴向变形关系曲线

由表 7.11 可以看到，当含水率 10% 时，$E=45.83\sim47.69$MPa，3 组平行试验结果接近，其平均值为 46.65MPa；当含水率 13% 时，$E=39.27\sim40.32$MPa，3 组平行试验结果接近，其平均值为 39.83MPa；当含水率 16% 时，$E=30.12\sim33.54$MPa，3 组平行试验结果接近，其平均值为 31.49MPa；当含水率 22% 时，$E=21.07\sim23.13$MPa，3 组平行试验结果接近，平均值为 22.44MPa。

利用 SPSS 统计分析软件，对 E 与含水率 w 进行曲线参数估计，表明其符合二次抛物线规律。拟合曲线如图 7.15 所示。拟合公式为

$$E=aw^2+bw+c \qquad (7.15)$$

式中：E 为弹性模量；w 为含水率；a、b、c 为参数。

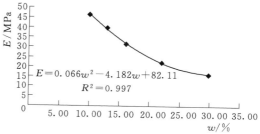

图 7.15 弹性模量与含水率关系的拟合曲线

7.3　坎儿井暗渠破坏机理

本节根据不同季节导致含水率变化而引起的力学参数的变化，利用 ABAQUS 软件，采用修正剑桥本构模型定量化论证分析坎儿井的破坏机理。同时用莫尔-库仑模型结果进行了对比，验证计算的合理性。

7.3.1　本构模型

在 ABAQUS 软件中，进行变形计算中使用最多的是莫尔-库仑和修正剑桥模型，对于黄土而言，以修正剑桥模型计算结果为好。本次分析以修正剑桥模型计算结果为主进行。ABAQUS 软件中的修正剑桥模型是适用于计算黏土变形的本构模型。其特点如下。

（1）变形分为弹性变形与塑性变形两个阶段。弹性变形阶段可以是非线性弹性，当弹性变形达到一定值时，即进入塑性变形。

（2）材料是初始各向同性的。

（3）屈服行为与静水压力有关。在 p、q、v 应力空间中存在一条临界状态线（Critical State Line），称为 CSL 线，它是由试验值确定的土体破坏轨迹线，临界状态线是硬化面与软化面的分界线，软化/硬化行为是体积塑性应变的函数。

（4）塑性变形伴随着体积改变的发生，若软化部分体积膨胀，则硬化部分被压缩，在 CSL 线上，认为材料屈服于同一个剪应力，所以在 CSL 线上体积不变。

（5）屈服面与中间主应力有关。

（6）材料性质可以与温度有关。

（7）在荷载循环时，硬化区可提供相应的材料响应，而软化区还只能对应于单向加载情况。

修正剑桥模型屈服面的形状如图 7.16 所示。

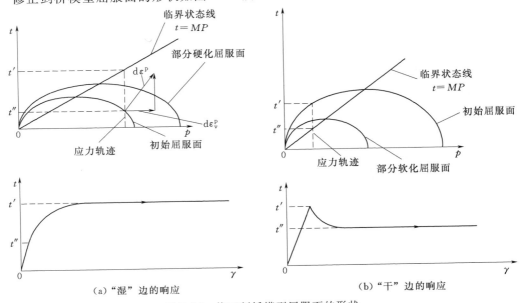

图 7.16　修正剑桥模型屈服面的形状

7.3.2 坎儿井地层计算参数选取与网格

由 7.3.1 节试验得到的不同部位坎儿井黄土含水率分布，以及不同含水率下黄土的强度、模型参数等的变化规律，可以得出模型参数计算公式，见表 7.12。

表 7.12　　　　　　　　　　　模型参数计算公式表

项　目	参数名称		参数随距地下水位的距离 h，或者随含水率 w 变化关系式
含水率变化	冬季	土层	$h=75.11w^{-1.82}$
		洞壁	$h=230.89w^{-2.1624}$
	夏季	土层	$h=11.986w^{-1.2716}$
		洞壁	$h=4.0613w^{-0.9534}$
强度参数	黏聚力		$c=0.0282w^2-2.1702w+51.9687$
	内摩擦角		$\varphi=0.0098w^2-0.5713w+35.5218$
弹性模量	弹模		$E=0.066w^2-4.182w+82.11$
	泊松比		取平均值
剑桥模型	M		$M=0.0005w^2-0.0308w+1.6126$
	k		$k=-0.0006w+0.025$
	λ		$\lambda=-7E-05w^2+0.004w+0.01$
	e_0		$e_0=-0.005w+0.68$
	e_1		$e_1=0.003w+0.917$

由以上公式计算得到的数值分析计算参数汇总见表 7.13。

表 7.13　　　　　　　　　　　数 值 参 数 汇 总 表

（a）冬季含水率坎儿井地层计算参数汇总表

地下水位以上距离 h/m	含水率 /%	分段地层含水率 /%	湿密度 /(kg/m³)	φ/(°)	c/kPa	弹性模量 E/MPa	泊松比	M	k	λ	e_1	e_0
0	29.84	29.84	1974	27.20	12.46	16.09	0.272	1.139	0.007	0.067	1.007	0.531
0.20	26.33	28.09	1947	27.21	13.26	16.71	0.272	1.142	0.008	0.067	1.001	0.540
0.40	19.82	23.08	1871	27.56	16.90	20.75	0.272	1.168	0.011	0.065	0.986	0.565
0.60	14.39	17.11	1780	28.62	23.09	29.88	0.272	1.232	0.015	0.058	0.968	0.594
0.80	12.08	13.24	1721	29.68	28.18	38.31	0.272	1.292	0.017	0.051	0.957	0.614
1.00	10.14	11.11	1689	30.38	31.34	43.79	0.272	1.332	0.018	0.046	0.95	0.624
2.85	6.02	8.08	1643	31.55	36.27	52.63	0.272	1.396	0.020	0.038	0.941	0.640
4.00	6.02	6.02	1612	32.44	39.93	59.33	0.272	1.445	0.021	0.032	0.935	0.650

续表

(b)冬季含水率坎儿井洞壁计算参数汇总表

地下水位以上距离 h/m	含水率/%	分段地层含水率/%	湿密度/(kg/m³)	$\varphi/(°)$	c/kPa	弹性模量 E/MPa	泊松比	M	k	λ	e_1	e_0
0	29.84	29.84	1974	27.20	12.46	16.09	0.272	1.139	0.007	0.067	1.007	0.531
0.20	26.43	28.14	1948	27.21	13.23	16.69	0.272	1.142	0.008	0.067	1.001	0.539
0.40	21.42	23.93	1884	27.46	16.18	19.83	0.272	1.162	0.011	0.066	0.989	0.560
0.60	15.56	18.49	1801	28.31	21.48	27.35	0.272	1.214	0.014	0.060	0.972	0.588
0.80	13.73	14.65	1743	29.26	26.23	35.01	0.272	1.269	0.016	0.054	0.961	0.607
1.00	12.04	12.89	1716	29.79	28.68	39.17	0.272	1.299	0.017	0.05	0.956	0.616
1.70	9.81	10.93	1686	30.45	31.62	44.29	0.272	1.336	0.018	0.045	0.95	0.625

(c)夏季含水率坎儿井土层计算参数汇总表

地下水位以上距离 h/m	含水率/%	分段地层含水率/%	湿密度/(kg/m³)	$\varphi/(°)$	c/kPa	弹性模量 E/MPa	泊松比	M	k	λ	e_1	e_0
0	29.84	29.84	1974	27.20	12.46	16.09	0.272	1.139	0.007	0.067	1.007	0.531
0.20	24.33	27.09	1932	27.24	13.87	17.25	0.272	1.145	0.009	0.067	0.998	0.545
0.40	18.02	21.18	1842	27.82	18.65	23.14	0.272	1.185	0.012	0.063	0.981	0.574
0.60	11.56	14.79	1745	29.24	26.04	34.70	0.272	1.266	0.016	0.054	0.961	0.606
0.80	8.40	9.98	1672	30.80	33.12	46.95	0.272	1.355	0.019	0.043	0.947	0.630
1.00	6.92	7.66	1636	31.72	37.00	53.95	0.272	1.406	0.020	0.037	0.94	0.642
2.85	3.09	5.01	1596	32.91	41.80	62.81	0.272	1.471	0.022	0.028	0.932	0.655
4.00	3.09	3.09	1567	33.85	45.53	69.82	0.272	1.522	0.023	0.022	0.926	0.665

(d)夏季含水率坎儿井洞壁计算参数汇总表

地下水位以上距离 h/m	含水率/%	分段地层含水率/%	湿密度/(kg/m³)	$\varphi/(°)$	c/kPa	弹性模量 E/MPa	泊松比	M	k	λ	e_1	e_0
0	29.84	29.80	1974	27.20	12.46	16.09	0.272	1.139	0.007	0.067	1.007	0.531
0.20	23.84	26.84	1928	27.25	14.04	17.41	0.272	1.146	0.009	0.067	0.998	0.546
0.40	15.95	19.9	1822	28.03	19.95	25.02	0.272	1.198	0.013	0.062	0.977	0.581
0.60	7.26	11.61	1696	30.21	30.57	42.45	0.272	1.322	0.018	0.047	0.952	0.622
0.80	5.50	6.38	1617	32.28	39.27	58.12	0.272	1.436	0.021	0.033	0.936	0.648
1.00	4.22	4.86	1594	32.98	42.09	63.34	0.272	1.475	0.022	0.028	0.932	0.656
1.70	2.52	3.37	1571	33.71	44.98	68.77	0.272	1.514	0.023	0.023	0.927	0.663

计算网格剖分图如图 7.17 所示。地层中央部位经过加密处理，以保证计算的精度（以下计算图示均只画出加密部分的网格）。

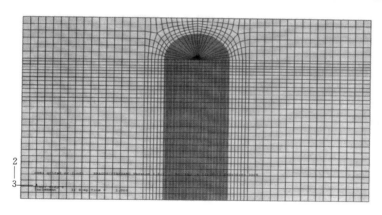

图 7.17 计算网格剖分图

7.3.3 不同上覆土层厚度下黄土暗渠变形计算成果分析

计算了上覆土层厚度从 2.65～5.65m 共 4 个上覆厚度下，冬季和夏季（按相应的含水率计算）坎儿井暗渠的变形特性。计算所得各种工况下暗渠变形特征值，见表 7.14。表中以洞顶最大垂直位移和侧墙最大水平位移，以及最大等效塑性应变值作为表征暗渠变形的特征变量。表中列出了用剑桥模型和莫尔-库仑模型计算的结果。

表 7.14　　　　　　　　　　　黄土暗渠计算结果特征值表

项　目	洞顶上覆土层厚度 h/m	剑桥模型			M－C 模型		
		位移/mm		最大等效塑性应变 P_E	位移/mm		最大等效塑性应变 P_E
		拱顶最大垂直位移 U_y	侧墙最大水平位移 U_x		拱顶最大垂直位移 U_y	侧墙最大水平位移 U_x	
夏季	2.65	16	11.4	0.0502	1.74	3.69	0.0364
	3.65	18.7	14	0.0565	1.77	7.65	0.0734
	4.65	19.5	14.4	0.0566	1.34	13.4	0.125
	5.65	21.1	15.2	0.0655	0.754	19.3	0.174
冬季	2.65	20.9	16.1	0.0839	1.15	4.63	0.0452
	3.65	21.6	16.4	0.0836	0.779	9.26	0.0869
	4.65	22.3	16.8	0.0837	0.107	16	0.146
	5.65	23.1	17.2	0.0853	0.808	23.5	0.202
冬季减夏季	2.65	4.91	4.71	0.0337	−0.589	0.946	0.00879
	3.65	2.88	2.38	0.0271	−0.987	1.61	0.0136
	4.65	2.83	2.39	0.0272	−1.23	2.62	0.0215
	5.65	1.96	1.41	0.0198	0.0545	4.15	0.0282

图 7.18～图 7.20 列出上覆土层厚度最大工况、冬季和夏季垂直位移、水平位移和等效塑性应变的等值线云图。图中反映了暗渠变形分布情况。为方便比较，将冬季和夏季等值线云图并行排列出来。

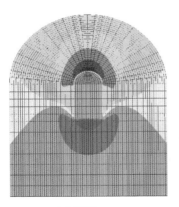
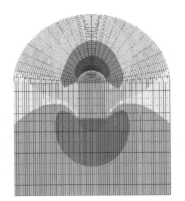

(a) 夏季　　　　　　　　　　　　　　　(b) 冬季

图 7.18　上覆土层厚 $h=5.65\mathrm{m}$、垂直位移 U_y 等值线云图

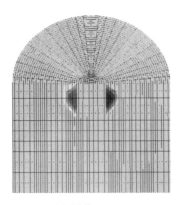
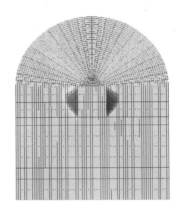

(a) 夏季　　　　　　　　　　　　　　　(b) 冬季

图 7.19　上覆土层厚 $h=5.65\mathrm{m}$、水平位移 U_x 等值线云图

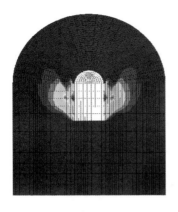
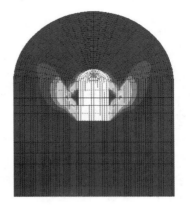

(a) 夏季　　　　　　　　　　　　　　　(b) 冬季

图 7.20　上覆土层厚 $h=5.65\mathrm{m}$、等效塑性应变 P_E 等值线云图

从表 7.14 和图 7.18～图 7.20 有如下发现：

（1）夏季，随着洞顶上覆土层厚度的增大，侧墙最大水平位移为 11.4～15.8mm，最大水平位移发生在侧墙中部；拱顶最大垂直位移为 16.0～21mm；最大等效塑性应变为 0.0502～0.0655，塑性区从拱脚和拱肩部位沿着与水平向成 45°的方向向围岩内部延伸。

（2）冬季，随着洞顶上覆土层厚度的增大，侧墙最大水平位移为 16.1～17.2mm，最大水平位移发生在侧墙中部；拱顶最大垂直位移为 20.9～23.1mm；最大等效塑性应变为 0.0839～0.0851，塑性区从拱脚和拱肩部位沿着与水平向成 45°的方向向围岩内部延伸。

（3）同一上覆土层厚度，冬季含水率土层侧墙最大水平位移、顶拱最大垂直位移和最大等效塑性应比夏季含水率土层大。随着洞顶上覆土层厚度的增大，冬季与夏季含水率土层侧墙最大水平位移、顶拱最大垂直位移和最大等效塑性应变呈增大趋势，但增大幅度较小。

从以上分析可以看出以下几点。

（1）随着洞顶上覆土层厚度的增大，侧墙最大水平位移、顶拱最大垂直位移和最大等效塑性应变增大，但增大幅度较小。从工程实际情况看，侧墙最大水平位移、顶拱最大垂直位移和最大等效塑性应变增大，且增大幅度较大，这一点和工程实际情况有一定差距。

（2）侧墙最大水平位移发生在侧墙底部，塑性区从拱脚和拱肩部位沿着与水平向成 45°的方向向围岩内部延伸。从工程实际情况看，拱肩部位变形很小，塑性变形不明显。从现有坎儿井破坏的情况看，坎儿井首先从侧墙底部破坏剥落，再从侧墙底部沿侧墙向上延伸到顶部。

（3）由于受季节的影响，坎儿井地层含水率的变化，导致暗渠洞壁呈现类似于"热胀冷缩"式的变化。冬季土层在融化时，由于含水量较夏季增大，使土层侧墙水平变形、等效塑性应变增大。另外，再加上冬季冻胀破坏土体结构因素的影响，随着季节周而复始的变化，造成洞壁土体从底脚开始剥落破坏，这和实际工程破坏现状是完全一致的。

从两种模型比较如下。

莫尔-库仑模型由于对土体的硬化现象考虑较少，使得计算得出的塑性区较剑桥模型大；莫尔-库仑模型计算得出的侧墙水平最大位移较剑桥模型大，而洞顶垂直位移要小，这与塑性区计算值较大具有同样的规律。实际应用中用两种模型同时计算相互比较，通过现场观测分析对比，才能计算出符合实际的结果。从本次计算看，剑桥模型对于较软土体的计算较为符合实际，而莫尔-库仑模型对于硬质土体计算结果较好。本书计算的结果仍以剑桥模型为准。

7.3.4　坎儿井破坏机理分析

1. 从季节变化分析坎儿井竖井与暗渠出口段湿度变化

通过调查和分析发现，坎儿井竖井、暗渠出口段地层饱和度变化受诸多因素影响。例如，地下水的毛细上升作用；冬季由于温度降低至零度以下，冻结作用使黄土中毛细水向冷端迁移，增大土体中饱和度；冬季蒸发量低，增大土体中饱和度。这些因素决定了坎儿井竖井、暗渠出口段地层含水率冬季较夏季呈增大趋势。上节试验结果也说明了这个问题。

　　2. 从强度和变形参数变化分析坎儿井的破坏

　　吐鲁番坎儿井黄土从非饱和状态到饱和状态，再从非冻融状态到冻融状态强度变化情况可以看出，非饱和黄土饱和度从 33.7% 上升到 100%，土中吸力由 68kPa 降到 0kPa 时，强度参数 φ' 降低 5.2%，c' 降低 22.4%；饱和黄土再从非冻融状态到冻融状态，强度参数 φ' 降低 5.5%，c' 降低 27.5%；若黄土经历从非饱和状态到饱和状态，再由非冻融状态到冻融状态强度参数值 φ' 降低 10.7%，c' 降低 76.9%。从这些数据可见，坎儿井黄土由非饱和到饱和冻融状态强度显著降低，而且黏聚力降低最为显著，达到 76.9%。

　　从等向压缩回弹试验变形参数可以看出，非饱和黄土饱和度从 33.7% 上升到 100%，土中吸力由 68kPa 降到 0kPa 时，变形参数 k 值降低 70%，λ 值增大 46.8%，e_1 值降低 3%；饱和黄土再从非冻融状态到冻融状态，变形参数 k 值降低 60%，λ 值增大 8.7%，e_1 值增大 7.4%；若黄土经历从非饱和状态到饱和状态，再由非冻融状态到冻融状态，变形参数 k 值降低 60%，λ 值增大 59.6%，e_1 值增大 7.0%。由此可见，坎儿井黄土由非饱和到饱和冻融状态变形能力显著上升，而且 k 值降低 60%，λ 值增大 59.6%。

　　从非冻融状态到冻融状态弹性模量试验结果看，弹性模量 E 随饱和度增加、基质吸力减小而降低，最大降低 52.6%，饱和黄土冻融后 E 降低 25.6%。若黄土经历从非饱和状态到饱和状态，再由非冻融状态到冻融状态，弹性模量 E 降低 64.7%。

　　由以上分析可知，坎儿井的暗渠出口与竖井和大气接触，与渠水相连，季节变化使湿度发生变化，再加上冻融交替作用造成土体强度衰减，抵抗变形的能力减弱，这是坎儿井破坏的主要原因。

　　3. 从数值计算结果分析坎儿井的破坏

　　由莫尔-库仑模型和修正剑桥模型计算结果总结出坎儿井的破坏特点如下。

　　(1) 随着洞顶上覆土层厚度的增大，侧墙最大水平位移和最大等效塑性应变增大。这一点说明坎儿井洞顶上覆土层厚度越小，其稳定性越好。实际工程中，在保证坎儿井出口破坏段处理到位的基础上，应该尽量使出口的洞顶上覆土层厚度越小越好（这个结论是在上覆土层厚度不超过 5m 计算出来的，总体属于浅埋隧洞问题，与以往浅埋隧洞分析结果一致）。

　　(2) 侧墙最大水平位移发生在侧墙底部，塑性区从拱脚处沿着与水平向成 45° 的方向向围岩内部延伸。从现有坎儿井破坏的情况看，坎儿井首先从侧墙底部破坏剥落，再从侧墙底部沿侧墙向上延伸到顶部，计算现象与实际相符。

　　(3) 由于受季节的影响，冬季冻胀破坏土体结构，土层在融化时使土层侧墙水平变形和等效塑性应变增大。随着季节周而复始的变化，造成洞壁土体从底脚开始剥落破坏。这和实际工程破坏现状是完全一致的。

　　4. 坎儿井破坏机理总结

　　坎儿井竖井、暗渠出口段与水相接，与大气相通，地层的不同高度受地下水的毛细上升作用和气温的影响，地层和洞壁湿度发生变化。在冬季由于温度降低至零度以下，冻结作用使黄土中毛细水向冷端迁移和坎儿井中水汽凝结，增大竖井、暗渠出口段土层中湿度，当气温增加，土体冻结融化，应力释放，结构松弛，强度降低，变形增大，产生第一次局部破坏；到了夏天，土体中含水量蒸发，土体收缩出现表面裂纹，造成土体局部损伤；再到冬天，土体破坏再次扩大，这样周而复始的作用，使土体结构破坏，黏聚力减小，变形加大，导致土体破坏，出现土体垮塌现象。竖井、暗渠出口段土层先是底部片状剥落破坏，然后随塑性区扩展发展成块状剥落破坏，最后形成大面积坍塌破坏。

7.4 坎儿井暗渠加固处理新技术

坎儿井破坏机理分析的目的在于保护和加固坎儿井工程，本节结合吐鲁番艾丁湖乡庄子村阿洪坎儿井加固工程，应用以上坎儿井破坏机理分析的结论，通过反复实践、调查分析、施工试验和经济分析，提出了坎儿井加固的新技术——锚杆挂土工格栅喷（抹）混凝土衬护结构，进行了工程试验性施工，并利用数值分析方法对其加固后受力与变形情况进行了计算分析。施工实践和计算分析证明，新技术具有造价低、施工方便和加固效果好的优点，具有较强的实用价值，可以在以后的工程中推广使用。

7.4.1 坎儿井暗渠加固新技术

以往采用的坎儿井加固措施，主要有以下 3 种。

1. 城门形浆砌石拱防护

其断面为城门形状，采用浆砌石衬砌，高度 1.6m、厚 0.25m、宽 0.6m，如图 7.21（a）所示。

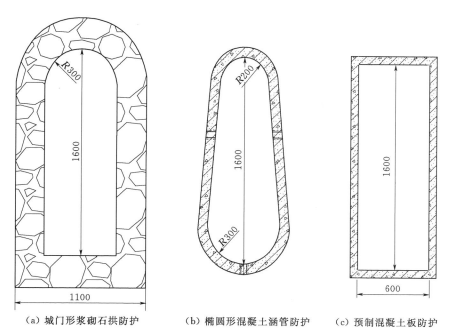

（a）城门形浆砌石拱防护　　（b）椭圆形混凝土涵管防护　　（c）预制混凝土板防护

图 7.21　以往常用的坎儿井暗渠防护横断面示意图（单位：mm）

2. 椭圆形混凝土涵管防护

椭圆形断面混凝土管高度 1.6m、厚度 0.08m，每段长 0.3m，为了保证混凝土管的安全稳定，配置钢筋网，并在混凝土管中部和底部设置凹槽和凸块，使相邻两块混凝土管之间相互交错，便于相邻两个混凝土管之间相互吻合对齐，防止发生相对错动移位，如图 7.21（b）所示。

3. 预制混凝土板防护

防护框架采用高×宽×厚＝1.6m×0.3m×0.06m 和高×宽×厚＝0.6m×0.3m×0.06m 的尺寸，各两块预制板拼接而成，如图 7.21（c）所示。

多年实践证明，以上3种加固技术方案能够较好地解决坎儿井输水段的防护问题，在实践中也发挥了重要的作用。但存在以下几个方面缺点。

（1）工程施工难度大。一方面以上加固技术方案需要大量的砌石、混凝土预制板或预制管；另一方面坎儿井输水线路较长，施工均在地下狭窄空间内进行。这就造成材料运输量大和运输困难的问题，给工程施工造成了极大的困难。

（2）坎儿井实际断面不规则，衬砌断面形状固定，施工中很大的工作量是回填衬砌板与土层之间的空隙，施工难度大，且质量难以保证。

（3）工程造价较高，施工工期长。

这些缺点较大地影响了坎儿井保护工作的开展，通过上节对坎儿井破坏机理分析发现，坎儿井暗渠破坏主要原因在于土体含水率变化。另外，由于暗渠本身断面较小，整体的稳定性基本能够保证，破坏的主要位置在洞体表层土体，只要对表层土体进行适当的保护，防止其表层土体含水率发生大的改变，并对其进行整体性防护，即可起到保护的目的。另外，衬砌材料尽量选用轻便、有一定柔度的材料，以适应坎儿井保护工程施工的特点。鉴于以上思路，提出了坎儿井加固新技术——锚杆挂土工格栅喷（抹）混凝土衬护结构坎儿井保护技术。该新技术的基本思路为：以阻止坎儿井土层含水率随季节的变化、增强洞壁强度为要点，采用土工格栅作为衬砌混凝土的加筋层，以简便自旋式土锚钉加强格栅与土体的连接，并增强衬砌结构的整体性，从而形成轻便、有效和整体性强的衬护结构体系，防止洞体坍塌。施工中还可以采用彩色混凝土，使得混凝土颜色和坎儿井地层颜色协调，达到美观和维持原貌的目的。

新技术的具体设计为：洞顶和洞壁采用自旋式土锚钉锚固土层，土层外挂高分子土工格栅网，格栅网外喷护（或人工抹面）C25 混凝土衬砌；洞底输水采用预制混凝土 U 形渠衬砌。混凝土衬砌层厚 5cm，标号为 C25；混凝土中加土工格栅，格栅型号为 TGSG30-30，格栅用锚杆和螺栓锚固，加固锚杆采用自旋式锚杆，锚杆长度为 0.3～0.8m，排距为 0.8m；输水渠采用预制混凝土 U 形渠，隧洞底脚采用混凝土基础。其具体结构和布置设计如图 7.22 所示。材料实物和工程施工图如图 7.23 所示。

7.4.2　加固后坎儿井变形、应力分析

采用相关有限元分析软件计算，土性参数与前节相同，混凝土和锚杆均采用线性本构模型计算，计算参数见表 7.15。

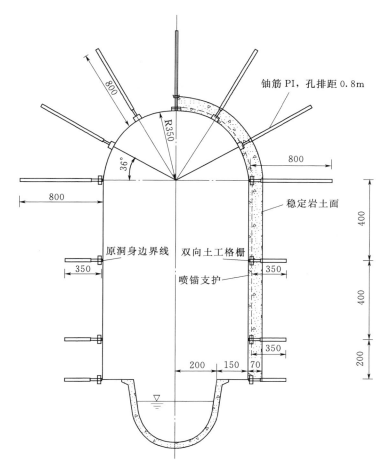

图 7.22 锚杆挂土工格栅喷（抹）混凝土衬护结构和布置设计（单位：mm）

表 7.15 混凝土与锚杆计算参数表

项 目	规格	密度/(kg/m³)	弹性模量 E/Pa	泊松比
钢筋混凝土	C25	2500	2.8e+10	0.2
锚杆	I 级	7800	2.10e+11	0.3

计算得到不同上覆土层厚度 h 情况下，暗渠土层、混凝土衬砌层和锚杆产生的变形、应力特征值见表 7.16～表 7.18。从表中分析得知以下几点。

（1）衬砌混凝土最大变形 3.4mm，按照《水工混凝土结构设计规范》（SL/T 191—96）规定，满足设计要求。

（2）衬砌混凝土最大拉应力为 1.49～2.82MPa，衬砌混凝土最大压应力为 4.90～8.53MPa。满足《水工混凝土结构设计规范》（SL/T 191—96）的规定。

（3）从土层数值分析结果看，衬砌混凝土底脚部位应力集中，土层变形、等效塑性应变较大。隧洞采用 U 形渠输水，隧洞底脚采用混凝土基础措施可有效解决此问题。

（a）自旋式锚杆和土工格栅

（b）安装的自旋式锚杆和土工格栅

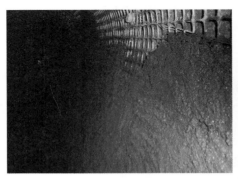

（c）人工抹混凝土衬砌坎儿井

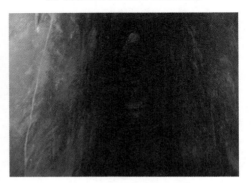

（d）人工衬砌完成的坎儿井

图 7.23 锚杆挂土工格栅喷（抹）混凝土衬护结构坎儿井保护施工图

表 7.16　　　　　坎儿井暗渠加固后变形、应力计算结果特征值表（土层）

项　　目	h/m	位　　移/mm				最大等效塑性应变 P_E
		最大水平位移 U_x		最大垂直位移 U_y		
		侧墙 U_{xp}	洞底 U_{xb}	顶拱 U_{yt}	洞底 U_{yb}	P_E
土　层	2.65	1.03	1.03	3.16	3.54	0.128
	3.86	1.28	1.28	3.44	3.77	0.141
	4.65	1.42	1.42	3.56	3.9	0.146
	5.65	1.59	1.59	3.69	4.04	0.152

表 7.17　　　　　坎儿井暗渠加固后变形、应力计算结果特征值表（混凝土）

项　　目	h/m	最大拉应力 /MPa	最大压应力 /MPa	位　　移/mm	
				侧墙最大水平位移	拱顶最大垂直位移
		S_d	S_p	U_{xp}	U_{yt}
C25 钢筋混凝土	2.65	1.49	4.90	1.03	2.48
	3.86	2.05	6.46	1.28	2.99
	4.65	2.42	7.40	1.25	3.20
	5.65	2.82	8.53	1.60	3.40

表 7.18　　　　　坎儿井暗渠加固后变形、应力计算结果特征值表（锚杆）

项 目	h/m	轴向应力/MPa	
		最大轴向拉应力	最大轴向压应力
		FS_{d}	FS_{p}
锚 杆	2.65	0.216	0.0145
	3.86	0.286	0.0161
	4.65	0.328	0.0177
	5.65	0.379	0.0202

　　以上分析表明，该加固方案在洞体稳定方面符合规范要求，是合理可行的。实际施工也验证其防护效果好，合理可行。

第 8 章　南水北调中线工程穿黄南岸连接段明渠高边坡稳定性分析

南水北调中线工程是从长江流域向京津唐及黄淮海西部地区供水的一项大（1）型一等工程，其中穿黄南岸连接段渠道需要穿过黄土地区，工程地质条件复杂，约有 2/3 的渠段位于地下水位以下，渠道明渠段黄土高边坡高度可达 80m，属一级建筑物。其黄土高边坡的稳定性研究问题是南水北调工程建设中关键的技术难题之一。为了保证穿黄南岸连接段工程施工及运行安全，在对高边坡地质特性进行详细勘察研究的基础上，需要对明渠高边坡稳定性进行研究。

本章分析了大量邙山黄土基本参数试验资料得到计算参数，通过极限平衡法、非线性有限元分析法和动力有限元分析计算了进口和出口段黄土高边坡的稳定性，优化原有设计坡型，借鉴宝鸡峡 98km 塬边渠道黄土高边坡设计经验，推荐出满足稳定性要求、符合黄土特点的边坡设计形式，并对边坡排水等结构设施的设计提出意见，推荐坡型被设计方部分采纳，为工程设计起到了重要的技术支撑作用。

8.1　工程概况及研究任务

8.1.1　工程概况

南水北调中线一期穿黄工程，东距郑州市 34km，西达巩义市 28km，南邻郑州市上街区 7km，于邙山孤柏山湾穿越黄河，是南水北调中线总干渠上规模最大、单项工期最长的关键性工程。穿黄工程一期设计流量为 265m³/s，加大流量为 320m³/s。穿黄工程总体布局自南向北依次为南岸连接明渠、退水建筑物、进口建筑物、穿黄隧洞、出口建筑物、北岸河滩明渠和北岸连接明渠以及北岸防护堤、跨渠建筑物及孤柏嘴控导工程。

穿黄南岸连接段由进口明渠段、黄土隧洞段及出口明渠段组成。进口明渠段及出口明渠段均存在黄土高边坡稳定性问题。

进口明渠段 0+000～0+777.85m 全长 777.85m，设计渠底高程 111.40～113.00m，渠道挖深 32～44m。该段地形平缓，南高北低，轴线两侧发育有小冲沟，宽 12.0～40.0m，沟壁陡立。渠道均坐落在 Q₃ 黄土层内，地下水位 135.27～138.58m，年变幅小于 0.8m，埋深 7.88～14.93m，地下水位最大高出渠底 27.18m。原设计渠道坡比为 1:1，均匀地分 6 级，设平台 6 个，每个平台宽 7m，横断面示意如图 8.1 所示。

出口明渠段长 758.15m，沿满沟布设，沟顶高程为 200.00m 左右，渠底设计高程为 111.66～110.16m，开挖坡高逾 80m。原设计渠道边坡坡比为 1:1，分 11 级，每级边坡之间设宽 7m 的平台。在桩号 1+982m 以南，满沟较窄，沟底高程高于渠底高程，渠坡由

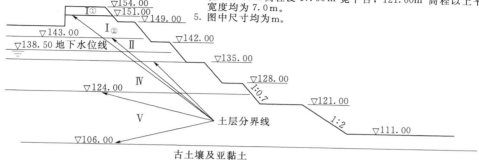

说明：1. 该图参照原设计图绘制。
2. 106.00m 高程以上为 Q_3 黄土，106.00m 高程以下为 Q_2 黄土，Q_3 黄土根据其力学性质不同又划分为5层。
3. 121.00m 高程以下的坡比为1:2，121.00m 高程以上单级坡比均为 1:0.7。
4. 在121.00m 高程设 17.00m 宽平台，121.00m 高程以上平台宽度均为 7.0m。
5. 图中尺寸均为m。

图 8.1　穿黄南岸进口段黄土高边坡原设计断面图（0+628.5）

Q_3 和 Q_2 地层组成，坡脚处为 Q_2 黄土地层，地下水为 $115\sim125m$ 渗出；以北，满沟沟底高程低于渠底高程，需要换土回填。出口明渠段渠道横断面如图 8.2 所示。

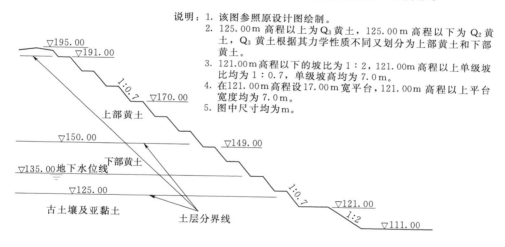

说明：1. 该图参照原设计图绘制。
2. 125.00m 高程以上为 Q_3 黄土，125.00m 高程以下为 Q_2 黄土，Q_3 黄土根据其力学性质不同又划分为上部黄土和下部黄土。
3. 121.00m 高程以下的坡比为1:2，121.00m 高程以上单级坡比均为 1:0.7，单级坡高均为 7.0m。
4. 在121.00m 高程设17.00m 宽平台，121.00m 高程以上平台宽度均为 7.0m。
5. 图中尺寸均为m。

图 8.2　穿黄南岸出口段黄土高边坡原设计断面图（1+759.7）

8.1.2　土层与地下水情况

1. 区域情况地层情况

穿黄连接段南岸明渠段地处河南省郑州市上街区的邙山，是我国黄土分布的边缘地区，黄土的覆盖厚度最大可达100m。由于黄河的下切作用，在黄河的南岸形成了陡峭的黄土高边坡，天然边坡的坡度平均为1:0.9，邙山南坡坡度较缓，平均为3°。区内冲沟发育，以满沟为代表，最大切深115m。根据长江水利委员会第七勘测处的地质勘测，邙山第四系黄土除下更新统（午城黄土）缺失外，其他各统均有分布。由上到下为上更新统黄土 Q_3（马兰黄土）、中更新统黄土 Q_2（离石黄土），在坡面及沟内还分布有全新统冲积层及残坡积层（el-dlQ₄），厚度不大。下伏基岩为上第三系黏土岩、粉砂岩、砂岩。基岩深埋于第四系黄土之下无露头，基岩面高程为48.00～56.00m，揭露深度为49m。渠道坐落在黄土层中。中更新统黄土（dl-plQ₂）坐落于上第三系基岩之上，主要为亚黏土，呈灰黄～褐黄色，含有钙质结核，中夹有8～9层棕红色古土壤。其上为上更新统黄土（alQ₃）为粉粒含量高，具有大孔隙，垂直节理发育。

大气降水下渗受到中更新统古土壤的阻隔，使得黄土含水层分布稳定、厚度较大，在桩号0+628.54m附近，存在地下水位分水岭，水位为138.58m。分水岭南，地下水位为135.27～138.58m，埋深为7.88～72.53m，地势高则埋深较大，反之，地势低埋深较浅；分水岭北，地下水位135.24～138.58m，埋深14.93～72.53m。满沟内有地下水从中更新统黏土中渗出，出渗点高程为115～125m，出渗点渗水量为0.02～0.10L/s。地下水年动态变化为0.3～0.8m。

区内发现了7处滑坡，均发育于邙山及满沟两侧，滑坡规模较小，属于浅层滑坡，多发育于Q₃及Q₂分界面附近，部分切断分界面。区内卸荷裂隙主要分布于坡面下10m之内，其下较为少见。

区内地震基本烈度为Ⅶ度。

2. 明渠段情况地层情况

经过长科院勘察局的勘察表明，明渠段黄土层可以分为5层（图8.3）。各层情况如下。

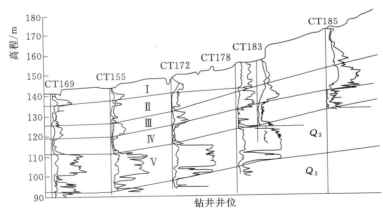

图8.3　明渠段黄土地层剖面图（静力触探结果）

Ⅰ层黄土：处于地下水位以上属非饱和黄土。根据竖井取样试验成果，当含水量随深度由4.97%增加到18.20%时，土的状态从硬塑往下逐渐变为可塑状（I_L=0.15～0.75）；干重度由上部的13.62kN/m³逐渐增加到15.67kN/m³（增加了15.1%），相应地，压缩性由上往下随含水量而增加，顶部为低压缩性（压缩系数为0.07MPa⁻¹），到深度6.5m处为中等压缩性（压缩系数为0.17MPa⁻¹），固结快剪抗剪强度C_{cq}值随深度增加而减小，而φ_{cq}值随深度增加变化不大。

Ⅱ层黄土：其含水量较高（28.22%～33.38%），饱和度在96%以上，为饱和黄土呈软塑-流塑状（I_L=0.71～1.17），为中等压缩性（$a_{0.1～0.2}$=0.12～0.31MPa⁻¹，E_s=4.20～9.40MPa）。

Ⅲ层黄土：也为饱和黄土，含水量较Ⅱ层稍低（23.21%～31.01%），密度稍高（$\gamma_d =$ 15.0～16.2kN/m³，$e = 0.662～0.802$），具中等压缩性（$a_{0.1～0.2} = 0.17～0.27\text{MPa}^{-1}$，$E_s =$ 5.57～10.17MPa），抗剪强度和Ⅱ层无明显区别。

Ⅳ层黄土：其工程性质和Ⅱ层相似，含水量高，呈软塑状，具中等压缩性。

Ⅴ层黄土：分布于高程111.20～131.20m，虽也为饱和黄土，但其物理力学性质较好。呈可塑状（$I_L = 0.25～0.55$），具中等压缩性（$a_{0.1～0.2} = 0.13～0.21\text{MPa}^{-1}$，$E_s =$ 8.07～12.61MPa）。

8.1.3 研究任务

通过对连接段黄土试验资料的分析研究，以及国内外黄土高边坡设计、施工及科研现状的分析总结，选取适合本工程实际的黄土本构关系及计算方法，选择土体的力学参数，通过有限元数值分析法及极限平衡法，求出进口明渠、出口明渠黄土高边坡在静力情况下的变形及应力分布，分析黄土高边坡的作用状态，分析其稳定性，找出高边坡存在的问题，并提出增加稳定性的措施。通过动力有限元计算及拟静力极限平衡法分析在地震（7级烈度）下黄土高边坡的动力反应情况，分析高边坡在地震情况下的稳定性，并提出边坡的抗震措施。提出高边坡开挖施工及运行期排水方案，并进行可行性论证。

8.2 黄土边坡变形失稳机理与特点

8.2.1 天然黄土边坡失稳类型

天然黄土边坡失稳分牵引坐落型（圆弧型）、平滑型、卸荷剥落和剪滑型四种（图8.4）。

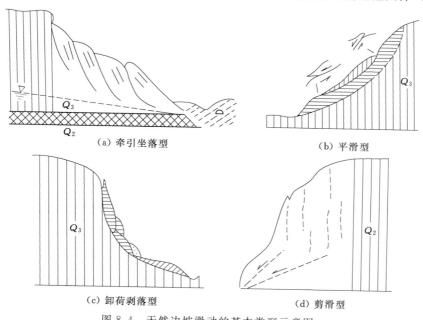

（a）牵引坐落型

（b）平滑型

（c）卸荷剥落型

（d）剪滑型

图8.4 天然边坡滑动的基本类型示意图

1. 牵引坐落型

牵引坐落型也可以称为大型圆弧型滑坡，这种边坡早期应为陡立边坡向缓坡的过渡型，其形成机理一般分为 3 个阶段。

（1）黄土垂直节理卸荷拉裂不断向纵深发展。

（2）前缘坡体局部失稳。滑坡多发生在雨季，因为沟谷地带含水量明显增高，有时甚至饱和，使坡脚部分土体强度降低，前缘边坡的失稳往往使临空的冲沟被充填，而冲沟充填物结构松散，沟谷地表水很容易形成暗流，继而形成沟底的黄土陷穴、黄土井和桥。由于卸荷裂隙向坡体内发展是一个由强渐弱的过程，前沿边坡的失稳不足以触发紧接其后的下一级坡体失稳。但由于前沿滑体充填沟谷，对土体湿度增加有利，同时前沿坡体的位移也给下一级坡体更大的变形空间，故每一次前沿坡体的失稳均代表着一次整体边坡的变形加速过程。

（3）整体失稳阶段。这种急变事件多发生在暴雨期间，各种不利因素的组合使边坡可能沿着古土壤层界面形成大规模的失稳。

2. 平滑型（土溜）

这是黄土缓坡变形失稳最为普遍的一种形式，这种边坡表面看上去形似一个大的滑坡体，且滑坡体边界十分明显。事实上，此种滑坡体每次滑动的方量并不大，但发生十分频繁。其发展一般可分为两个阶段：一是初期表面扩张阶段，当一期滑体出现后，每年雨季很快沿先期滑体的边界向周边发展，平面上表现为多个滑体处于一个大的滑坡边界内；二是后期表面的扩张稳定阶段，其主要特征转变为滑体内部次级滑坡频繁发生。这种滑坡是滑体松散物质在暴雨季节表面浸水、局部单元处于塑性状态所致。有关分析计算表明，当松散土体含水量为 20%～22% 时，这种破坏即发生。

3. 卸荷剥落型

这是陡立黄土边坡常见的一种改造方式。垂直节理卸荷张开，边坡由表及里、由上至下干缩剪裂，相当于在重力作用下的无侧限抗压剪切破坏。垂直裂隙不断向下扩张，抗剪断有效面积不断减小，最后导致柱块状底部剪切剥落。这类滑动与季节的关系不甚明显。

4. 剪滑型

剪滑型与卸荷剥落的机理相同，只是其规模更大。这类失稳必须具备两个条件：边坡一定深度内卸荷裂隙充分发育且坡脚剪出带存在原生软弱结构面或长时间的浸水饱和软化带。这类失稳少见，但临黄河的岸坡在黄河洪水泛滥期间，有可能发生类似滑坡，尤其是坡脚处于冲刷凹岸时。

8.2.2　南水北调中线穿黄南岸连接段明渠高边坡失稳形式分析

从上边天然边坡失稳形式看出，天然黄土边坡当土层含水率较低、边坡较陡时，其滑动面形式为"上部直立、中部圆弧和下部折线"的三段式，而当坡度较缓、土壤含水率较高时，滑动面一般均接近圆弧形；土壤含水率的增大，强度降低是造成黄土边坡失稳的主要原因。

本工程明渠进口段为人工挖方形成的黄土高边坡，出口段是在原来的边坡上整修形成的高边坡，均属于人工形成的黄土边坡。勘探表明，地层内未发现老滑坡、大的断裂带和大的地层变动。另外，该地层地下水位较高，土壤含水率较大，因此，本工程黄土边坡的滑动面以圆弧 '分析较为合适。

8.3 边坡地下水渗流计算

8.3.1 计算方法、模型边界及计算参数的选取

根据《邙山渠段初步设计工程地质勘察简要报告》所述，邙山渠段地下水高程为 $138.58\sim135.27\text{m}$。随着明渠的开挖，渗流水的抽排明渠附近地下水位逐渐降低，形成降落漏斗。其降落速度、影响半径与地质条件、土层渗透系数、渗流量及单位储存量有关。其非稳定渗流微分方程式为

$$\frac{\partial}{\partial x}\left(k_x\frac{\partial h}{\partial x}\right)+\frac{\partial}{\partial y}\left(k_y\frac{\partial h}{\partial y}\right)+\frac{\partial}{\partial z}\left(k_z\frac{\partial h}{\partial z}\right)=s_s\frac{\partial h}{\partial t} \tag{8.1}$$

式中：h 为水头值；k_x、k_y、k_z 为土体 x、y、z 这 3 个方向渗透系数；s_s 为单位储存量。

渗流计算采用有限元分析方法进行，软件应用南科院编制的 DQB 平面渗流有限元计算程序。计算范围取渠道中心线一侧 170m 远，渠底以下深度按渠深投影的 1.5 倍取至高程 70.00m 处。稳定渗流计算时考虑抽水试验的影响半径最大为 31m，将上游水位（地下水位）边界设在距断面开挖边坡起始点 40m、高程 138.58m 处。下游水位按每层开挖 $2\sim4\text{m}$ 后渠底的高程、位置设置，分别为 135.00m、132.50m、130.20m、128.00m、125.70m、123.40m、121.00m、118.60m、116.20m、113.80m 及 111.40m。

渗透系数取地质勘察报告提供数据的平均值 $5.8\times10^{-4}\text{cm/s}$ 计算。单位储存量 s_s 为在单位水头的改变下，在单位截面积的含水层柱体整个高度上平均每单位高度释放出来或取进去的水量。对于有自由面的无压含水层，它近似等于有效孔隙率或给水度 μ。由于无实测值，按照经验公式计算，得到其值为 0.052。其公式为

$$\mu=\alpha n;\ \log\alpha=2.056-3.93(0.607)^{(6+\log k)} \tag{8.2}$$

式中：μ 为给水度；α 为中间变量；n 为孔隙率（这里取平均值 0.44）；k 为渗透系数值。

8.3.2 稳定渗流计算结果

计算得到，渠道开挖至不同高程时的稳定浸润线如图 8.5 中曲线①～⑧所示。从图中

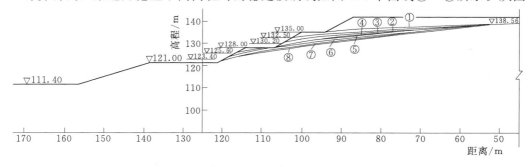

图 8.5 渠道开挖至不同高程时的稳定浸润线

可知，①开挖高程在 128.00m 以上时，渠道附近地下水位降落较明显；浸润线末端均能降至开挖高程处，没有从边坡出逸现象。但浸润线与地下水位相接处附近 20m 以内浸润线降落不明显；②当渠道开挖 128.00m 高程至 121.00m 高程之间时，浸润线末端在渠道边坡上稍有出逸；③ 开挖至 123.40m 高程时，从 123.50m 高程处出逸；④ 开挖至 121.00m 高程时，从 121.20m 高程处出逸，而后渠道再往下开挖浸润线基本保持不变，121.00m 高程以下边坡上均为出渗段。

8.3.3　非稳定渗流计算结果

计算了 3 个降落水位的降落时间：一是从 138.58m 降至 135m；二是从 135m 降至 132.67m；三是从 132.67m 降至 130.20m。从计算结果看，初始降落时段需要时间最长，当渗透系数为 5.8×10^{-4}cm/s，给水度取 0.052 时，浸润线降落至图 8.5 第①条浸润线位置时需 4d；从第①条浸润线位置降至第②条浸润线位置时需 1.365d；从第②条浸润线位置降至第③条浸润线位置时需 0.552d。而当渗透系数取 1.03×10^{-4}cm/s、给水度取 0.0182 时，初始降落时段降至第①条浸润线位置时需 8d；从第①条浸润线位置降至第②条浸润线位置时需 2.225d；从第②条浸润线位置降至第③条浸润线位置时需 0.606d。由于分层开挖每层之间浸润线降落一般不超过 1m，因此 130m 以下降落时间不会大于前 3 个时段降落的时间。但计算时没有考虑地下水流量补给的影响。实际降落时间将会大于计算所得结果，但是幅值不大。

8.4　极限平衡法边坡稳定计算

8.4.1　计算方法与参数

由 8.2 节分析可知，黄土具有质地疏松、粉粒含量多、大孔隙、有湿陷性、垂直节理发育及含水量小时可直立的固有特性，使黄土的失稳破坏有其特有的形式和发展规律，主要表现在以下几个方面。

（1）滑动面的形状。对干燥黄土边坡而言为上部直立、中部圆弧和下部折线的三段式；对饱和黄土边坡而言则接近圆弧状。

（2）滑动受节理裂隙的控制影响较大，滑动的发展又伴随着裂隙的出现和发展。

（3）滑坡受雨水入渗及地下水变化影响较大，对湿陷性黄土这种影响更明显。

这就要求在计算中考虑以下几个问题：根据黄土的性质以及影响边坡失稳的因素、失稳机理和滑动规律的分析，确定比较符合实际情况的滑动面形状，并根据试验资料确定合理的计算参数。

陕西省宝鸡峡管理局对 50 个实测断面的资料，用不同的方法进行反演分析表明，对于含水率较大的黄土边坡，采用圆弧条分法计算符合率可达 90%；铁道部西北水科所曾选择了 8 个极限边坡分层取样试验，并采用多种方法检验结果，也证明圆弧法比较符合实际，其安全系数相差不大。结合本工程土体含水率较大，无较大的控制裂隙和节理存在的特点，本次计算确定滑坡面为圆弧面。考虑到与规范规定的允许安全系数符合，采用毕肖普法、简化毕肖普法和瑞典圆弧法进行计算。

计算参数的确定是非常关键的，由于参数选取不当引起计算结果的偏差远大于计算方法对结果的影响。选取参数应该能如实反映该区域黄土的工程力学性质，准确、可靠，并符合有关规范、规程的规定。

参数依据：长委勘察局《南水北调中线工程邙山初步设计工程地质勘察简要报告》《南水北调中线穿黄工程南岸连接段地基土工程性质试验研究报告》和西北水科所《南水北调工程邙山段土工试验报告》。

从以上依据资料分析可知，计算区域黄土的工程性质以桩号 1+200m 为界，分为南部黄土和北部黄土两类，同一类黄土沿高程方向又可分成 5 层。该工程进口明渠段在南部黄土区域，出口明渠段在北部黄土区域。

本次计算将南部黄土分为 5 层，北部黄土分为上部黄土和下部黄土两部分。其中上部黄土又根据含水量分为饱和和非饱和两层。极限平衡法土层分类与计算参数汇总见表 8.1。

表 8.1　　　　　　　　　　极限平衡法土层分类与计算参数汇总表

土类	部位	层类		含水量/%	湿重度/(kN/m³)	干重度/(kN/m³)	饱和重度/(kN/m³)	抗剪强度			
								天然状态		饱和状态	
								C_{cq}/kPa	φ_{cq}/(°)	C_{cq}/kPa	φ_{cq}/(°)
Q3	南部黄土	Ⅰ①		32.0	19.3	14.6	19.5	20.0	20.6	20.0	20.6
		Ⅰ②		15.5	18.0	15.5	19.5	60.0	25.0		
		Ⅱ		30.4	19.3	14.8	19.4	31.5	23.4	31.5	23.4
		Ⅲ		27.1	19.8	15.6	19.9	30.0	27.0	30.0	27.0
		Ⅳ		27.1	19.8	15.6	19.9	30.0	27.0	30.0	27.0
		Ⅴ		22.6	20.3	16.6	20.5	33.0	26.0	33.0	26.0
	北部黄土	上部	①	32.0	18.8	14.3	19.0	20.0	20.6	20.0	20.6
			②	5.13	15.0	14.3	19.1	64.3	21.7	30.0	27.0
		下部		7.3	16.3	15.2	19.6	62.0	24.2	30.0	27.0
Q2	古土壤及亚黏土			22.1	20.1	16.5	20.4	44.0	25.0	44.0	25.0

注　1. Ⅰ①与上部①参数相同，均为考虑雨水作用时 Q3 黄土的强度指标，范围为 0～3m。
　　2. Ⅱ、Ⅲ、Ⅳ、Ⅴ均为饱和状态，故天然状态与饱和状态强度值相同。

根据以往工程经验，就瑞典圆弧法计算的稳定安全系数而言，黄土高边坡允许的安全系数不应小于 1.15～1.25，考虑地震时不应小于 1.05。考虑到本工程的重要性，建议对于瑞典圆弧法而言，允许边坡稳定安全系数值应大于 1.25，考虑地震时应大于 1.05；对于简化毕肖普法而言，允许边坡稳定安全系数值应大于 1.30，考虑地震时应大于 1.15。

8.4.2　原设计方案计算结果

为了综合反映各段边坡的稳定性，计算中选择了 4 个剖面。其中，进口段选择了两个剖面，其一为桩号为（0+628.5m）横断面（以下简称为横断面），其二为隧洞进口洞脸纵断面（以下简称为纵断面）；出口段同样选择两个剖面进行计算，其一为桩号为（1+759.7m）横断面（以下简称为横断面），其二为隧洞出口洞脸纵断面（以下简称为纵断面）。

计算工况分别如下。

（1）进口纵断面施工期 3 种工况：①由地面开挖至地下水位处；②开挖至地下水位到设计渠底一半处；③开挖至设计渠底。

（2）进口横断面施工期 3 种工况：①由地面开挖至地下水位处；②开挖至地下水位到设计渠底一半处；③开挖至设计渠底。

（3）出口纵断面施工期两种工况：①由地面开挖至地下水位；②开挖至设计渠底。

（4）出口横断面施工期两种工况：①由地面开挖至地下水位；②开挖至设计渠底。

（5）各断面运行期按渠满水加地震情况一种工况计算。

施工期计算中不考虑地震的作用，运行期计算考虑地震作用。

计算得到的原设计方案不同断面、不同工况下的边坡稳定安全系数值见表8.2。

表 8.2　　　　　不同断面、不同工况下的边坡稳定安全系数值

（a）施工期计算安全系数汇总表

位置	断面	工　况	原设计方案安全系数			修改设计方案安全系数		
			毕肖普法	瑞典圆弧	改良圆弧	毕肖普法	瑞典圆弧	改良圆弧
进口段	纵断面	开挖至地下水位	1.912	1.782	1.921	2.193	2.056	2.223
		开挖至地下水位到设计渠底一半处	1.481	1.361	1.525	1.849	1.695	1.821
		开挖至设计渠底	1.042	1.03	1.046	1.109	1.095	1.118
	横断面	开挖至地下水位	2.314	2.127	2.328	1.534	1.46	1.559
		开挖至地下水位到设计渠底一半处	1.644	1.526	1.654	1.583	1.428	1.574
		开挖至设计渠底	1.288	1.159	1.302	1.348	1.235	1.352
出口段	纵断面	开挖至地下水位	1.728	1.617	1.742	1.582	1.536	1.577
		开挖至设计渠底	1.253	1.216	1.254	1.267	1.201	1.267
	横断面	开挖至地下水位	1.613	1.514	1.61	1.569	1.471	1.591
		开挖至设计渠底	1.306	1.197	1.316	1.345	1.278	1.343

（b）运行期计算安全系数汇总表

位置	断面	工　况	原设计方案安全系数			修改设计方案安全系数		
			毕肖普法	瑞典圆弧	改良圆弧	毕肖普法	瑞典圆弧	改良圆弧
进口段	纵断面	渠满水加地震	1.009	0.986	1.007	1.144	1.100	1.137
	横断面	渠满水加地震	1.241	1.109	1.233	1.311	1.192	1.275
出口段	纵断面	渠满水加地震	1.233	1.174	1.225	1.244	1.186	1.227
	横断面	渠满水加地震	1.237	1.158	1.237	1.237	1.171	1.227

对原设计方案稳定计算中，进口段纵断面在开挖到渠底时安全系数较小，分析原因认为是由于计算时隧洞进口处按垂直考虑且未计其衬砌强度所致，实际边坡应该是稳定的。

从整体来看，进口段比出口段边坡的稳定性差，而纵断面比横断面的稳定性差。造成这一结果的原因是进口段的地下水位比出口段的高。

其他计算表明，施工期进口、出口段原设计边坡断面的安全系数均大于规范规定的允许值，证明边坡是稳定的；运行期进口段边坡在地震情况下安全系数较小，小于规范允许的范围，有发生滑动的危险；出口段是稳定的，但安全富余量不大。

8.4.3 修改设计方案计算结果

鉴于原设计方案局部有不稳定情况，且边坡的坡型从上到下采用相同的设计，平台宽度均为 7m，不够宽，未考虑土层特性的不同和不同挖深的渗流特性和应力状况的差别，对原设计方案进行了修改。

修改设计主要依据该处地质、地形情况，并结合宝鸡峡塬边渠道高边坡设计经验，确定修改坡型为"大平台，陡边坡，控制单级坡高"的形式。这种形式采用"大平台"可以有效缓减坡脚应力集中，利于坡体排水系统的设置；"陡边坡"就是在单个边坡上采用较陡的坡比，减小降雨对边坡的冲刷；"控制单级坡高"就是控制单级坡高不超过 10～15m，减小局部滑动可能性。这种形式的设计思路是从大量黄土天然边坡的调查分析中总结出来的，并被大量的工程实践验证。

修改后的设计坡型如下：

（1）进口断面。边坡上部 140.00m 高程以上单级坡比控制在 1：0.7，下部坡比均为 1：1；单级坡高取 10.00m；进口横断面在高程 120.00m 左右将原来宽为 7.00m 的平台改为 10.00m 宽平台，在高程 130.00m 左右设 15.00m 平台，在高程 140.00m 左右设 15.00m 平台；纵断面 130.00m 高程左右设 7.00m 平台，在高程 140.00m 左右设 15.00m 平台，150.00m 高程左右设 15.00m 平台；其余平台宽度均为 5.00m；对原过水断面部分不做变更。修改后渠道开口宽度与原设计一致。变更后的设计断面如图 8.6 所示。

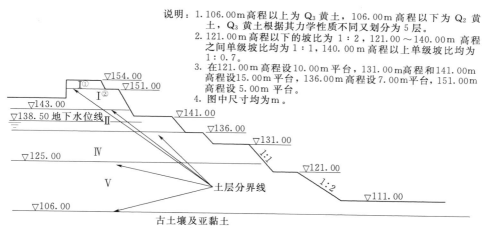

图 8.6　进口段修改设计断面图

（2）出口断面。纵、横断面均在 130.00m 高程左右设 10.00m 平台，在高程 140.00m 左右设 20.00m 平台，高程 170.00m 左右设 15.00m 平台，单级坡高均取为 10.00m，

140.00m 高程以上单级坡比为 1 : 0.7，以下单级坡比为 1 : 1，对原过水断面部分不做变更。

　　对修改设计方案进行稳定计算，得到的各种工况下的安全系数见表 8.2（a）、（b）。

　　计算表明，修改设计方案边坡稳定安全系数较原设计方案大，均可满足规范要求，修改方案是合理的。

8.5　高边坡静力有限元计算

　　静力有限元分析的目的在于计算边坡施工期、运行期的变形场、应力场和破坏区，把握边坡变形、应力变化发展的过程，分析边坡在各种工况下的运行特性和滑动的机理，判断边坡在各种情况下的稳定性。

8.5.1　计算模型与参数

1. 本构关系选择

　　黄土的本构关系受许多因素的影响，如成岩过程、天然应力场、密度、含水量、颗粒组成、应力路径、应力历史等。另外，还与土体的工作条件有关。要全面、正确地反映黄土的本构关系是十分困难的，只有通过对试验资料的适当模拟，建立能够反映黄土主要特性且较为简单的数学模型才能有所作为。

　　原状黄土目前常用的本构关系有邓肯-张 E-μ 模型、折线模型、幂函数模型等非线性弹性模型，以及弹塑性模型（如帽盖模型）。以邓肯-张 E-μ 模型为代表的非线性弹性模型，具有意义明确、计算参数简单易于获得的优点，且应用经验较为丰富，试验参数的试验资料也较多，在实际生产中已经得到广泛应用。

　　《南水北调中线穿黄工程南岸连接段地基土工程性质试验研究报告》（长江科学院）及《南水北调邙山段土工试验报告》（水利部西北水利科学研究所）对本工程黄土的大量土工试验结果表明，本区 Q_2、Q_3 黄土的应力-应变关系呈弱硬化性，个别土样在低压力下呈弱软化性，能较好地满足邓肯-张 E-μ 模型建议的双曲线关系；饱和状态下轴向应变与侧向应变的关系也符合双曲线关系，非饱和状态下剪切过程中表现为一定的剪胀性，不符合邓肯-张模型，但是剪胀量不大。因此，本次计算采用邓肯-张 E-μ 模型来计算。

　　邓肯-张模型计算公式为

$$E_t = (1 - R_f S_1)^2 E_i ; \quad E_i = k P_a \left(\frac{\sigma_3}{P_a} \right)^n ; \quad S_1 = \frac{(1 - \sin\varphi')(\sigma_1 - \sigma_3)}{2c'\cos\varphi' + 2\sigma_3\sin\varphi'} \tag{8.3}$$

$$E_{ur} = k_{ur} P_a \left(\frac{\sigma_3}{P_a} \right)^n \tag{8.4}$$

$$\mu_t = \frac{G - F \lg \frac{\sigma_3}{P_a}}{(1 - A)^2}$$

$$A = \frac{D(\sigma_1 - \sigma_3)}{\left[1 - R_f \frac{(\sigma_1 - \sigma_3)(1 - \sin\varphi')}{2c'\cos\varphi' + 2\sigma_3\sin\varphi'} \right] k P_a \left(\frac{\sigma_3}{P_a} \right)^n} \tag{8.5}$$

式中：E_t 为切线模量；E_{ur} 为卸载模量；μ_t 切线泊松比；S_l 为应力水平；P_a 为大气压力值；k、n、R_f、c'、φ'、F、G、D 及 k_{ur} 均为试验参数。

2. 计算断面、工况与软件

将高边坡按平面应变问题考虑，对进出口段选定了纵、横 4 个典型断面进行计算，即进口明渠段横断面（桩号 0＋628.5m）、隧洞进口段纵断面（沿隧洞轴向剖分）、出口明渠段横断面（桩号 1＋759.7m）、隧洞出口段纵断面（沿隧洞轴向剖分）。为了模拟渠道的开挖过程，每个断面又分为 3 个开挖深度计算，各断面计算工况见表 8.3。

表 8.3 各断面计算工况表

计算断面	第一次开挖	第二次开挖	第三次开挖	备　注
进口横断面 （0＋628.50m）	挖至地下水位高程 138.50m	挖至渠底高程 111.50m		按两次开挖计算
进口纵断面	挖至地下水位顶面 138.50m	挖至渠底高程 111.50m		按两次开挖计算
出口横断面 （1＋359.70m）	一次挖到渠底高程 111.50m			只是削坡，无大规模的开挖，故计算按一次开挖完成计
出口纵断面	挖至 163.00m 高程	挖至地下水位顶面 135.00m 高程	挖至渠底高程 111.50m	按 3 次开挖计算

采用自编的二维等参 4 节点动静力有限元计算程序 CJAP 计算。对开挖的模拟计算思路是：先计算出未开挖时断面的变形及应力场，将初始变形忽略，作为初始应力场；由以上计算出的应力场确定土体的模量、泊松比及卸载模量；然后对开挖单元分 6 级卸载，并将已开挖单元的刚度取很小的值，判断每个单元的应力是加载还是卸载而采用不同的模量值，迭代计算开挖时土体的应力和变形场；这样依次计算直到开挖到渠底。

3. 计算参数

地质勘测表明，本区 Q_3 黄土从力学性质上以桩号 1＋200m 为界可分为南部黄土及北部黄土，进口明渠段属于南部黄土区，出口明渠段属于北部黄土区。南部黄土根据土工室内试验及现场静力触探结果，可由上至下分为 5 层，即 Ⅰ～Ⅴ 层，其中 Ⅰ 层黄土为非饱和，其余土均处于地下水位以下，其中以 Ⅱ 层、Ⅳ 层含水量较高，土体处于软塑状态，承载力较其余各层明显偏低，原位压缩模量较小，属于较软弱的土层。北部黄土以 150.00m 高程为界分为上部和下部两部分，上部黄土密度小，压缩性大，强度受含水量的变化影响较大，含水量小时，土体强度很大，随着含水量的增加，其强度下降很快。下部黄土的密度较大，压缩性较小，强度受含水量的变化影响小。Q_2 亚黏土工程性质较好，密度大，处于可塑状态，具中等压缩性，抗剪强度较大。土中含有多层的古土壤，其均匀性较差，为计算方便，将所有 Q_2 亚黏土按一层土考虑。

计算时采用有效应力法，因此必须选用三轴固结排水剪（CD 试验）的强度指标、应力-应变关系作为计算参数。在邓肯-张模型 9 个参数中，k、n、R_f、c'、φ' 决定变形模量值，其中 k 值对模量的影响最大，k 值大模量相应就大；反之亦然。n 值决定侧压力对模量值的影响程度，n 值大则这种影响就大。一般结构性强的土 n 值要小，较软弱的土 n 值大。c'、φ' 值在土体未达到剪切破坏时，对模量值影响不大。G、F、D 决定土体的泊松比，以 G 值影响最大。另外，邓肯-张 9 个参数是对同一条试验曲线的拟合，是一个整体，特别是 k、n、R_f、G、F、D 中，若一个参数变化了相应的应力-应变曲线就要变化，就会不符合实际，因此选择的 9 个参数应该是同一组土试验得出的，即试验参数应选用同一组试验所得出的数据，而不能对一组参数中的任何一个进行改变（其中 c、φ 值可以适当调整，但不能变化太大）。依据以上分析原则，从地勘报告中选择得出各层土的计算参数见表 8.4 和表 8.5。

表 8.4　　　　　　　　进口段计算参数汇总表

地层编号		状态	γ_d /(kN/m³)	天然 w/%	c' /kPa	φ' /(°)	R_f	k	n	G	F	D	k_{ur}
Q₃	I	天然	15.5	15.54	22.0	29.0	0.907	497	0.097	0.414	0.088	0.938	994
		饱和	15.5	15.54	23.0	28.0	0.802	343	0.748	0.475	0.159	0.932	686
	II	饱和	14.8	30.38	15.0	30.6	0.898	214	0.615	0.215	0.030	8.89	428
	III	饱和	15.6	27.11	23.0	28.0	0.802	343	0.748	0.475	0.159	0.932	686
	IV	饱和	15.3	19.60	10.0	33.5	0.672	116	0.505	0.394	0.201	1.509	232
	V	饱和	16.6	28.60	36.0	33.5	0.670	247	0.797	0.483	0.228	1.459	494
Q₂		饱和	16.5	22.10	39.0	27.8	0.835	336	0.551	0.471	0.248	1.485	672

表 8.5　　　　　　　　出口段计算参数汇总表

地层编号	状态	γ_d /(kN/m³)	天然 w/%	c' /kPa	φ' /(°)	R_f	k	n	G	F	D	k_{ur}
上部黄土 Q₃	天然	14.3	5.13	50.0	32.7	0.838	446	0.064	0.464	0.159	1.415	892
	饱和	14.3	32.10	6.7	27.9	0.845	140	0.337	0.282	0.264	2.291	280
下部黄土 Q₃	天然	15.0	7.26	50.0	32.7	0.316	483	0.393	0.448	0.082	0.999	966
	饱和	14.8	31.00	23.0	28.0	0.802	343	0.748	0.475	0.159	0.932	686
Q₂	饱和	17.0	22.00	39.0	27.8	0.835	336	0.551	0.471	0.248	1.485	672

8.5.2　原设计方案静力计算分析

1. 变形特性

计算表明，各断面在开挖过程中，最大变形发生在边坡中部或底部，以及开挖面底部，位移方向是向上抬升或向渠内移动。坡顶处土体均有较小的下沉变形。边坡的变形值随着开挖的加深而加大。

各断面开挖到不同深度时的最大位移量及其位置见表 8.6。进口明渠段渠底最大上抬位移量为 49.80~75.50cm，最大坡脚水平位移量为 81.50cm；出口明渠段最大上抬位移量为 85.50~88.80cm，最大水平位移量为 97.20~123.00cm。

2. 进口明渠段横断面的应力特性

计算得到该断面开挖到 138.50m 高程和开挖到渠底高程 111.50m 时，应力水平 S_L、大小主应力（σ_1、σ_3）等值线图如图 8.7 所示（注：图中应力的单位是 kg/cm²，长度的单位是 m）。

174

表 8.6 　原设计方案计算最大位移汇总表

断面位置		第一次开挖			第二次开挖			第三次开挖		
		开挖底部高程/m	最大变形值/cm	位置	开挖底部高程/m	最大变形值/cm	位置	开挖底部高程/m	最大变形值/cm	位置
进口明渠段	横断面	138.50 地下水顶面	水平向 32.90 垂直向 55.80	坡脚处开挖面底中央	111.50 渠底	水平向 61.00 垂直向 56.40	第3个平台渠底中央			
	纵断面	138.50 地下水顶面	水平向 49.80 垂直向 82.10	坡脚处开挖面底中央	111.50 渠底	水平向 87.90 垂直向 75.50	第4个平台渠底中央			
出口明渠段	横断面	111.50 渠底	削坡量相对较小，引起的卸载变形也小，略去不计。计算只得到了固结变形值，这里略去不列							
	纵断面	163.00 半坡	水平向 21.20 垂直向 47.30	底部边坡内部开挖面底中央	135.00 地下水顶面	水平向 60.20 垂直向 91.30	第六平台处开挖面底中央	111.50 渠底	水平向 86.50 垂直向 91.60	第七平台处开挖面底中央

计算表明，在开挖到 1385.00m 高程时，渠顶未见拉应力区，说明渠顶不会开裂。开挖到渠底高程 111.50m 时，计算得出在坡顶及第一级平台处出现 $\sigma_x \le 0$ 的情况，拉应力最大值为 43kPa。根据该层土的抗剪强度值，用黄土抗拉强度公式

$$\sigma_t = 2c\tan\left(45° - \frac{\varphi}{2}\right) \tag{8.6}$$

得到土体的抗拉强度值为 25.92kPa，说明渠道顶部部分位置有产生拉裂缝的可能。产生该破坏的原因可能是表面土体强度高，而坡下 142.00m 高程处存在一层压缩性较大的土体〔即 $Q_3(\text{IV})$ 土〕，致使该处土体较为软弱，影响坡体稳定。

断面应力水平 S_L 值反映了土体的剪切破坏情况，当 $S_L \ge 1.0$ 时，表明土体已经被剪切破坏。从计算得到的应力水平等值线看，该断面在计算工况下，应力水平均小于 1，土体不会发生破坏。

以上计算表明，进口段横断面边坡基本稳定，但是 143.00m 高程以上，即在第一级平台处可能发生拉裂破坏，这一点值得注意。因此，在设计及施工时应特别注意上部渠坡的保护，同时也应该对坡顶做一定的处理，防止坡顶开裂使雨水集中入渗，危及边坡的安全。

3. 进口明渠段纵断面的应力特性

计算得到该断面开挖到 138.50m 高程和开挖到渠底高程 111.50m 时，应力水平 S_L 等值线图如图 8.8 所示（注：图中应力的单位是 kg/cm^2，长度的单位是 m）。

计算表明，开挖到 135.00m 高程时，上部坡肩 153.00m 以上土体的应力水平均超过了 0.88，因此形成坡顶贯通破坏面的可能性极大；开挖到渠底 111.50m 高程时，145.00m 高程以上坡肩的应力水平也超过了 1.0，其发生边坡滑动的可能性较大。分析认为，进口纵断面底部平台较横断面窄，最后一级坡也陡，因此其安全性差。

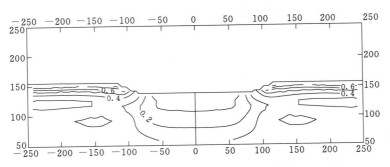

(a) 进口明渠段横剖面应力水平等值线图（开挖到 135.00 m）

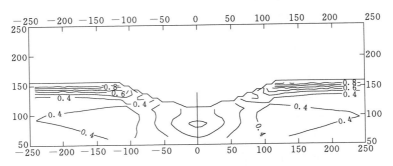

(b) 进口明渠段横剖面应力水平等值线图（开挖到 111.50 m）

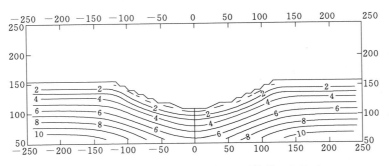

(c) 进口明渠段横剖面 σ_1 等值线图（开挖到 111.50 m）

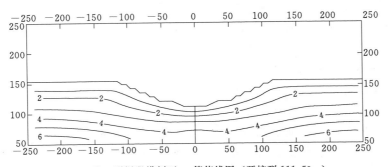

(d) 进口明渠段横剖面 σ_3 等值线图（开挖到 111.50 m）

图 8.7　进口明渠断面等值线图

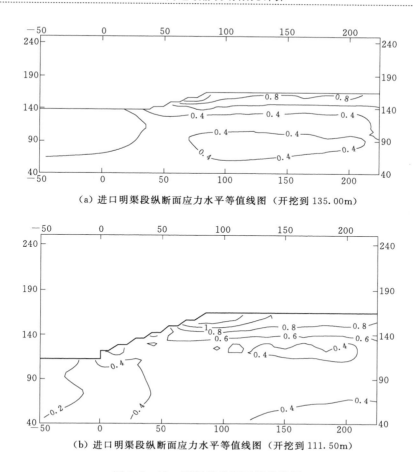

(a) 进口明渠段纵断面应力水平等值线图（开挖到 135.00m）

(b) 进口明渠段纵断面应力水平等值线图（开挖到 111.50m）

图 8.8 进口明渠段纵断面等值线图

设计施工时应该注重对 145.00m 高程以上边坡的防护及坡顶的处理，防止安全事故。

4. 出口明渠段横断面的应力特性

出口明渠段是在满沟上通过削坡开挖而成，在所选的横断面上，削坡的方量不大，计算时只按一次开挖成渠进行，没有考虑渠道的施工过程。计算得到该断面一次开挖到渠底高程时，应力水平 S_L 等值线图如图 8.9 所示（注：长度的单位是 m）。

该段应力的分布规律与进口明渠段一致。虽然出口段边坡高度较大，但其土体的强度及模量值（压缩性）较进口段大，因此计算所得应力水平较低，断面未产生剪切破坏区，最大应力水平值为 0.865，发生在边坡的坡脚处及坡顶，说明边坡是安全的。

5. 出口明渠段纵断面的应力特性

计算了 3 个不同开挖深度断面的应力状态，即开挖到 163.00m 高程时、开挖到 138.50m 高程时、开挖到渠底 111.50m 时。只列出该断面开挖到渠底高程时，应力水平 S_L 等值线图如图 8.10 所示（注：长度的单位是 m）。

计算表明，3 种工况下，最大拉应力为 20.3kPa，尚未达到土体的抗拉强度，不至于开裂；坡内应力水平也未见超过 1.0 者，最大值为 0.86，因此边坡是安全的。

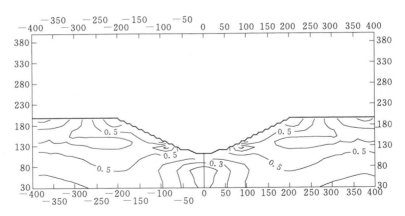

图 8.9 出口明渠段横断面应力水平等值线图（开挖到渠底）

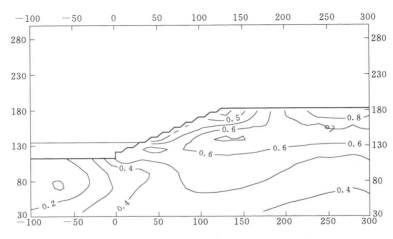

图 8.10 出口明渠段纵断面应力水平等值线图（开挖到渠底 111.50m）

8.5.3 修改设计方案静力计算分析

　　黄土边坡稳定的大量计算分析及现场调查表明，在边坡的中下部设置大平台可以减少边坡上部的滑动力，在同样的开挖方量下，可以增加边坡的抗滑稳定性，同时还有利于施工，并可以和施工公路相结合，做到一举两得。因此，对原设计边坡坡型进行了修改，增设了宽平台，并对该方案进行了静力有限元计算，以比较两种方案的优劣。

　　计算同样分进口明渠段横断面、纵断面及出口明渠段横断面、纵断面 4 种情况，但只计算了各断面开挖到渠底时的变形及应力值。

　　1. 进口明渠段横断面

　　计算表明，修改断面的应力水平较原设计断面有所减小，边坡的稳定安全性好。但边坡的上部 15m 的范围内由于单级坡高加大，坡比变陡，其应力水平较高，这一点值得注意。

　　2. 进口明渠段纵断面

　　该边坡的稳定性规律与横断面基本一致。

3. 出口明渠段横断面

出口明渠横断面开挖到渠底时，虽然改进断面的开挖量较原设计断面减少了很多，但其边坡的稳定性并没有减少，表明改进设计断面的稳定性好。

4. 出口明渠纵断面

其变形及应力规律同横断面，也是稳定的。

8.6 高边坡动力有限元计算

鉴于该工程设计地震烈度为Ⅶ度，需对边坡的地震反应进行分析。动力稳定分析的目的是，应用有限元数值计算技术和综合分析方法，对高边坡在地震情况下的稳定性进行分析，确定高边坡在地震情况下的稳定性，并对高边坡地震情况下的振动变形进行分析。

8.6.1 计算模型与参数

1. 计算断面

为了与静力计算相对应，选用隧洞进口段（桩号 0＋628.5m）、出口段（桩号 1＋759.7m）进行计算，计算时只计算了高边坡在运行期的稳定性，不考虑渠道开挖时发生地震。断面单元划分及计算范围的确定均与静力计算相同，这里不再赘述。

2. 计算地震加速度时程曲线

根据黄河小浪底水利枢纽坝址地质调查资料可知，邙山区段 400km 内有 5 个断裂带：①通过磁县、林县和焦作的太行山东麓断裂；②通过垣曲-平陆一线的中条山南麓断裂；③通过垣曲-济源一线的封门口大断裂；④通过洪洞-临汾的汾河陆槽断裂；⑤通过渭南-华阴的渭河盆地断裂。有 6 个发震区，对应于以上断裂带的安阳-新乡发震区、垣曲-平陆发震区、垣曲-济源发震区、洪洞-临汾发震区、渭南-华阴发震区，还有陕县-渑池-洛阳发震区（其地质背景不明）。其中，离邙山段最近的发震区是安阳-新乡发震区、垣曲-济源发震区及陕县-渑池-洛阳发震区，以这 3 个断裂带为基础进行计算。这几个发震区今后100 年可能发生的震级均为 7 级，以此震级作为设计震级，计算邙山段基岩运动的最大加速度、卓越周期和持续时间。

（1）最大加速度值 a_0。由古登堡（B. Gutenberg）和利克特（C. F. Richter）的经验公式，得

$$a_0 = F_a \times 10^{(-4.1+0.81M-0.02M^2)} \tag{8.7}$$

式中：a_0 为最大地震加速度；M 为设计震级，这里为 7；F_a 为衰减系数，决定于场区与断层的距离。

由场区距断层距离 40km 计算得到场区基岩最大水平地震加速度值为 0.07g。

由西特（H. B. Seed）建议的方法得到基岩最大加速度为 0.1g。最终选取最大值0.1g 作为计算场地基岩的最大水平地震加速度值。

（2）地震卓越周期 T_p。采用西特提出的图表查得场区的卓越周期为 0.30s。

（3）地震持续时间。由豪斯纳提出的图表查得震中处的强震持续时间为 24s。参照类似的计算并考虑到工程设计地震烈度只有 7 度，选择地震持续时间为 20s。

（4）地震加速度时程曲线。由于缺乏本区的实测地震记录，选用唐山地震迁安强余震实测地震加速度反应曲线作为输入水平地震加速度反应曲线模型，根据 Seed 提出的方法把原有地震加速度时程曲线的加速度值乘以 a_0/a_{max} 值，将横坐标（时值）乘以 T_p/T_{max}，并将地震持续时间折算到 20s，得到计算地震加速度时程曲线，如图 8.11 所示。

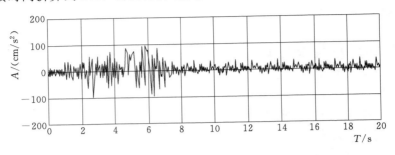

图 8.11　计算地震加速度时程曲线

3．计算条件

将高边坡按平面应变问题考虑，用等参四节点有限元来对断面进行离散，单元划分同静力计算。计算中假定地震惯性力沿水平方向作用于渠底的基岩上，地震波从基岩垂直向上传播，考虑到边坡土质渗透性较小的特点，计算时认为地震时土体是不排水的，即不考虑地震过程中土体内孔隙水压力的消散。

采用自编计算软件 CJAP 计算。

4．动力本构模型

采用最常用、最简单、最成熟的是哈丁-德聂维契（Hardin - Drnevich）提出的等效黏弹性模型。大量的试验研究表明，该模型对黄土是较为适合的，特别对饱和黄土更为适合，其计算公式为

$$而\quad\left.\begin{aligned}
G&=\frac{G_{max}}{1+\gamma_h}\\[2mm]
D&=\frac{\gamma_h}{1+\gamma_h}D_{max}\\[2mm]
G_{max}&=k_2(\sigma'_m)^n;\quad \gamma_h=\left[1+A\exp\left(-B\frac{\gamma}{\gamma_r}\right)\right]\frac{\gamma}{\gamma_r}\\[2mm]
\gamma_r&=\frac{\tau_{max}}{G_{max}}
\end{aligned}\right\}\qquad(8.8)$$

式中：G、D、γ 为剪切模量、阻尼比和动应变；τ_{max} 为最大剪应变；σ'_m 为平均有效应力，指施加动应力前平均固结应力；A、B、k_2、n 为试验参数。

动孔隙水压力计算模型采用徐志英动孔隙水压力增长模型表达式，即

$$\Delta u=\frac{\sigma'_m\left(1-m\dfrac{\tau_0}{\sigma_m}\right)}{\pi\theta N_L}\frac{1}{\sqrt{1-\left(\dfrac{N}{N_L}\right)^{\frac{1}{\theta}}}}\left(\frac{N}{N_L}\right)^{\frac{1}{2\theta}-1}\Delta N$$

$$N_L=10^{\frac{b-\tau_{av}/\sigma'_0}{a}}\qquad(8.9)$$

$$\tau_{av} = 0.65 \tau'_{max}$$

式中：Δu 为振动孔压增量；σ'_m 为初始平均有效应力；σ'_0 为初始法向有效应力；τ'_{max} 为该时段最大动剪应力；τ'_{av} 为该时段平均动剪应力；τ_0 为初始水平静剪应力；N_L 为液化振次；ΔN 为在 Δt 时段内的累积等效振次；N 为振动次数；m、θ 为与土类有关的参数，一般分别取 1.15 和 0.7；a、b 试验参数，由振动液化试验确定。

从以上公式可知，动力计算中，需要的基本试验参数有 k_2、n、D_{max}、a、b 及动强度指标 C_d、φ_d 和动泊松比 μ。

5. 计算参数

根据长科院的试验资料，整理出本次计算用的动力计算参数，见表 8.7 和表 8.8。

表 8.7　　　　　　　　　　　　动力计算参数表（哈丁参数）

位置	状态	C_d /kPa	φ_d /(°)	μ_d	k_2	n	D_{max}	a	b
进口段	水上	11.2	11.4	0.38	428.6	0.027	0.235		
	水下	9.5	7.4	0.49	417.7	0.609	0.253	0.071	0.46
出口段	水上	11.2	11.4	0.38	428.6	0.027	0.235		
	水下	24.0	8.0	0.49	571.2	0.494	0.216	0.071	0.46

表 8.8　　　　　　　　　　　　动力计算参数表（动孔压模式参数）

位 置	状 态	计算条件	A	B
进口段	水上	计算 G 时	1.27	0.13
		计算 D 时	1.53	5.01
	水下	计算 G 时	1.27	0.13
		计算 D 时	1.53	18.32
出口段	水上	计算 G 时	1.27	0.13
		计算 D 时	1.53	5.01
	水下	计算 G 时	1.27	0.13
		计算 D 时	1.53	18.32

8.6.2　计算步骤

首先进行静力计算，为动力分析提供初始应力值；然后进行动力计算。

计算中假定在地震作用下，孔隙水来不及排出，因此不考虑地震过程中的孔压消散，这样假定偏于安全。计算采用有效应力法进行，其实质是求解动力方程，即

$$[M]\{\ddot{u}\} + [C]\{\dot{u}\} + [K]\{u\} = \{R(t)\} \tag{8.10}$$

式中：$[M]$、$[C]$、$[K]$ 为总体质量矩阵、总体阻尼矩阵、总刚度矩阵；$\{R(t)\}$ 为动力荷载向量；$\{\ddot{u}\}$、$\{\dot{u}\}$、$\{u\}$ 为节点相对于基岩的加速度、速度和位移。

总体阻尼矩阵采用瑞利阻尼矩阵，即

$$[C] = \alpha[M] + \beta[K] \tag{8.11}$$

$$\alpha = \frac{D}{\omega} ; \quad \beta = D\omega$$

式中：D 为单元阻尼比；ω 为场地的基频。

采用 Willson-θ 法对以上动力方程积分求解，其具体步骤如下。

（1）输入地震加速度曲线，采用二级时段输入法。即：先按加速度曲线中的各拐点逐段输入，作为一级时段，再规定一个积分时段 Δt，按 Δt 等分每一个一级时段，计算每一个一级时段内需要的积分点数，确定各积分点的时刻作为二级时段。按这些积分点（或时刻）逐段输入随时间变化的地震加速度值。这样确定积分点能较准确地反映地震波加速度的变化规律。本次计算中选 $\Delta t = 0.025s$。

（2）根据边坡静力计算得出的初始应力状态，确定各单元起始剪切模量 G_0 和阻尼比 D_0。

（3）对一级时段循环。

（4）以前级一级时段（或初始时段）计算的剪切模量 G_i、阻尼比 D_i 作为该时段的假定模量及阻尼比。

（5）对本级的二级时段各积分点循环。

（6）求解每个二级时段对应的动力方程，得到该一级时段的剪应力、剪应变。

（7）由平均剪应变值代入哈丁公式，得到该一级时段结束时的剪切模量 G_{i-1}、阻尼比 D_{i-1} 值，若此值与上一级迭代时的模量值不满足 $|G_i - G_{i-1}|/G_i \leqslant 0.05$ 的收敛条件时，进行（4）～（7）步迭代计算，直到满足条件求得该一级时段剪应力、剪应变为止。

（8）计算本一级时段内孔隙水压力增量及累积孔隙水压力，判断土体的液化可能性。

（9）重复（3）～（9）步，计算下个一级时段的土体动力反应，直到地震结束。

8.6.3　进口段计算成果分析

只对原设计方案进行了计算。

计算得到不同高程下边坡表面 10 个节点的加速度变化过程线，如图 8.12 所示，从图中可知，在空间上看加速度从坡底到坡顶逐渐加大，最大发生在坡顶处。最大加速度放大系数（即最大加速度值与输入最大加速度值之比）为 2.0，与极限平衡法所取的值基本一致。从时间上看，最大值发生在振动持续 6.0～6.7s 时，这与输入地震曲线加速度的变化规律基本一致，但稍有滞后。振动最大频率却从坡底到坡顶由高变低，反映了土体的阻尼作用。

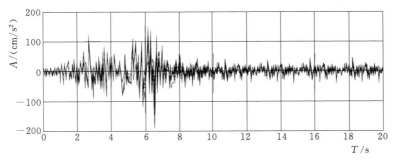

图 8.12　进口段加速度反应过程线（不同高程下边坡表面 10 个节点）

计算得到不同高程下边坡表面 10 个节点的水平位移变化过程线,如图 8.13 所示。从图中可知,在空间上看水平位移最大值分布为坡底处较小,坡顶下 20m 处最大,最大值达到 −20.8cm,坡顶处最大水平位移值达到 −15cm。从时间上看,水平位移最大值发生在振动持续 6.0～6.7s 时,这同样与输入的地震过程曲线的变化规律是一致的。水平位移值随着地震加速度的变化而变化,呈弹性状态,无塑性变形发生。说明在地震发生时边坡土体是稳定的。

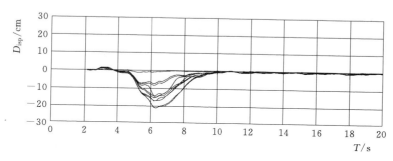

图 8.13 进口段水平位移反应过程线(不同高程下边坡表面 10 个节点)

坡底处 3 个单元中心处动孔隙水压力的变化过程如图 8.14 所示。孔隙水压力随着地震振动的发展单调增大,但最终孔隙水压力值不大。从地震结束时刻动孔隙水压力在断面的分布等值线(图 8.15)可知,动孔隙水压力最大值仅为 $0.6kg/cm^2$,只占静应力值的 4%,另外,计算得到的动孔隙水压力与平均初始静应力之比最大为 0.6<1.0,发生在边坡坡脚附近,说明进口明渠段高边坡在地震情况下不会发生液化。

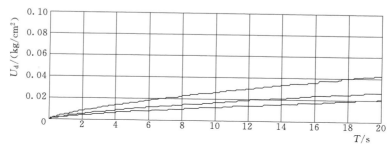

图 8.14 进口段动孔压反应过程线(不同高程下边坡表面 3 个节点)

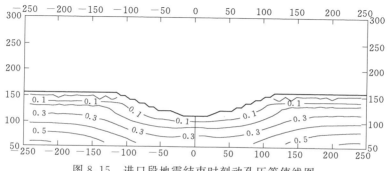

图 8.15 进口段地震结束时刻动孔压等值线图

综上所述，进口明渠段高边坡在地震情况下不会发生液化，边坡坡面上只是弹性变形，幅值不大，说明该段边坡是稳定的。

8.6.4　出口段计算成果分析

计算得到出口段加速度变化结果可知，边坡加速度最大值仍发生在坡顶，最大加速度放大系数值为 1.58。在振动持续到 6.4s 以后，坡面动水平变形最大值达到 64.5cm（图 8.16），幅值较大需要注意。动孔隙水压力随着地震的持续逐渐增大，但其最终幅值不大。地震结束时刻（$t=20s$）动孔隙水压力与平均初始静应力之比，最大只有 0.7，未达到液化条件，说明边坡土体不会发生液化。

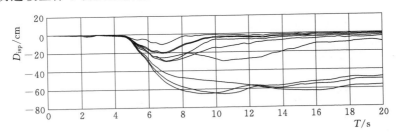

图 8.16　出口段水平位移反应过程线（不同高程下边坡表面 10 个节点）

以上分析表明，出口明渠段黄土高边坡在地震情况下不会发生液化，但边坡上部变形较大，这一点值得注意。

8.7　工程类比确定工程的稳定性

目前绝大多数的黄土深挖方高边坡修建在黄土塬边，塬边土体大部分处于非饱和的状态，土体的含水量不大，强度较大，由于黄土的直立特性，边坡可以修得较陡，这与南水北调工程大部分土体处于饱和状态有区别，但对目前已建工程的分析可以得到高边坡坡比的上限作为本工程设计参考。

8.7.1　与陕西省宝鸡峡引渭工程 98km 塬边渠道高边坡工程类比

陕西省宝鸡峡引渭工程是一项以灌溉为主的大型长距离引水工程，包括宝鸡峡引水渠首、98km 塬边引水渠道、4 个与渠道相连的中小型水库、塬边输水渠道及完整的支斗毛渠灌溉系统组成，形成了“长藤结瓜”式的引水输水体系，工程自建成以来为陕西省关中地区，特别是塬上几个县区的农业生产作出了巨大的贡献。98km 的塬边渠道修建在渭北黄土塬的半中腰，形成渠道左岸及右岸高陡边坡。该段工程黄土高边坡的稳定性问题是工程需解决的关键技术问题，就这个问题曾进行了大量的研究。现将南水北调工程黄土高边坡问题与宝鸡峡高边坡进行类比。

宝鸡峡 98km 塬边渠道处于渭河的阶地上，该区有完整的四级阶地，天然斜坡坡高 30~80m，坡度 33°~39°（即 1:1.2~1:1.5），边坡典型的地质剖面如图 8.17 所示。边坡地下水不丰富，主要分布在砂砾石层中，黄土内存在有孔隙潜水，但坡面下相当深的范围内由于临空面的存在土体含水量较低。自然坡面由于浸水和干缩，有大量的垂直裂隙分布，地面植被差，冲沟发育。试验表明，边坡土体的天然密度为 $1.79\sim1.90\mathrm{g/cm^3}$，天然含水量为 $17.7\%\sim21.6\%$，黏聚力 $c=63.0\sim86.0\mathrm{kPa}$，内摩擦角 $\varphi=26.6°\sim27.9°$。

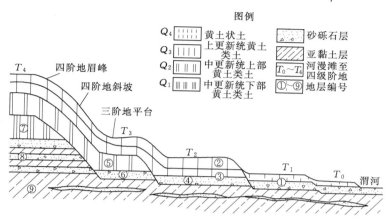

图 8.17 宝鸡峡塬边渠道地质剖面图

渠道左岸原设计挖方边坡高 $30\sim74\mathrm{m}$，坡型为台阶型，台高 $8\mathrm{m}$、台宽 $2\mathrm{m}$，单级坡比 0.25，总坡比为 $0.45\sim0.55$。1970 年 4—5 月，当边坡开挖接近渠道平台时，先后发生了 13 次大崩塌，总塌方量近 100 万 $\mathrm{m^3}$，最大一处塌方量达 30 万 $\mathrm{m^3}$。边坡破坏的过程大体相似，基本过程为：当边坡开挖接近渠道平台时，坡脚为 $1\sim3\mathrm{m}$，产生一条平行于坡脚的裂隙，过数日后，裂隙张开，逐渐形成一条挤压破碎带，并有下错和擦痕，压碎带土体呈多层片状，下部倾角 $40°\sim45°$，中段 $50°\sim55°$，上段大于 $70°$。在压碎带出现几天后，其上坡面或坡顶产生张裂隙，并逐渐延长、加宽、下错，促使坡脚局部外鼓和掉块，进一步加快了坡顶裂隙的发展，到坡顶裂缝环弧形成，并有明显的位移时，几个小时内整个边坡破坏。破坏时，土体破裂声可闻，先是坡脚土体倾倒崩裂，随即上部土体大块下座，造成强大的气浪，土体散碎堆于坡脚，历时仅数分钟。滑坡后破裂面形状为上陡下缓呈折线形，上部有 $10\sim15\mathrm{m}$ 的直立陡壁，两侧边界多为构造裂隙控制，呈锯齿状。

分析多次滑坡的破坏过程，认为滑坡发生的主要原因为：边坡高陡；裂隙纵横切割边坡或坡顶平行于坡面的裂隙存在；坡顶裂缝未及时处理，雨水流入裂缝中；施工放炮影响。

发生滑坡后，对设计进行了修改，采用缩窄渠道断面、渠槽外移等措施，尽量降低边坡开挖高度，在通过山嘴和边坡过陡的地方采用了隧洞，并放缓了坡比、加宽了平台的宽度。最终施工的边坡高度为 $30\sim74\mathrm{m}$，总坡比为 $0.67\sim1.0$，单级坡高度为 $15\sim25\mathrm{m}$，单级坡比为 $0.5\sim0.6$，平台宽度为 $4\sim6\mathrm{m}$。从 20 年来的运用情况看，单级坡比在 $0.5\sim0.6$ 符合边坡裂隙的特点，较为合理；单级边坡高度太高，平台过窄，总体的坡比还觉过陡，特别对已产生压碎带的渠段，总坡比还应该加大 $0.1\sim0.2$ 才能保持边坡稳定。根据该工程的经验，稳定的坡高与坡比可由表 8.9 给出。

表 8.9　　　　　　　　　　　　　高边坡设计参考总体坡比

总坡高/m	总坡比	总坡高/m	总坡比
20～30	0.6～0.7	50～60	0.9～1.0
30～40	0.7～0.8	60～70	1.0～1.1
40～50	0.8～0.9	70～80	1.1～1.2

南水北调黄土高边坡与宝鸡峡黄土高边坡相比，有相同之处，也有许多不同之处。

相同点主要有：总体坡高相当，最高为 70～80m；均是黄土边坡，且表层土体均为 Q_3 黄土；均为挖方边坡；均是为了修建渠道而开挖黄土高边坡，渠道的存在将增大下部黄土浸湿的可能性；后者与前者的出口明渠段黄土高边坡更为相似。

不同点主要有：后者土体基本处于非饱和状态，强度较高；而前者土体大部分处在地下水以下，强度较小，前者与后者相比稳定性更差；前者为两面坡开挖，而后者主要以单面削坡为主；后者是天然形成的塬边，长期的地质作用形成了较稳定的地下水位、开挖后做好渠道的防渗工作，地下水位改变不大；而前者在开挖过程中，地下水位将有较大的变化；后者存在许多的天然滑坡，给工程的建设带来很大的困难；而前者天然边坡无滑坡体存在，这是有利的一面；前者土体的强度与后者相比较低，不利于边坡的稳定；前者渠道的规模较后者大得多，渠道渗漏的影响值得考虑。

通过以上相同点与不同点的比较，可以得出这样的结论：南水北调黄土高边坡大部分土体处于水下，地下水位较高，土体抗剪强度较小，其边坡应该较宝鸡峡黄土高边坡要缓，即平均坡比应该大于 1.1～1.2，就现设计的边坡而言是满足这个条件的。从另一方面看，南水北调高边坡土体较为完整，裂隙不发育，对边坡稳定有利，因此在做好边坡排水的情况下，不宜将边坡放缓太多。另外，在开挖边坡时应该对边坡坡脚加强保护，并增设原型观测的设施，确保施工安全。

8.7.2　已建黄土高边坡工程实践经验总结

公路、铁路和水利部门通过长期实践，总结出黄土高边坡的坡型有一坡到顶、上缓下陡、上陡下缓和平台型 4 种模式。一坡到顶型适用于均质黄土边坡，坡高在 20m 以下。上缓下陡型适用于上部土体密实下部土体疏松或下部土体含水量大的情况。这种边坡的形式与填方稳定情况相似，符合理论边坡的形式，抗滑力大，滑动力小，但这种坡型与黄土的密实情况不符合，土方量大，坡面为凹形，排水不畅，坡面很容易冲刷，因此在黄土地区很少采用。上陡下缓型适用于上部土体疏松下部土体密实的情况，完全符合黄土的土层特点，有一定的优点。平台型适用于坡高大于 30m 的高边坡，采用较陡的单级坡比，中间增设宽平台。这种坡型不仅减少了土方量，而且减轻了坡脚的压力，增加了边坡的稳定性，对边坡的防护和减少坡面水流冲刷均有较大的优越性，还可以减少地震的影响。因此，在黄土高边坡设计中得到广泛应用。

总结出黄土边坡的坡型、坡高及整体坡比的经验设计参数，见表 8.10。表中边坡的坡比只适应于边坡在地下水以上的边坡，对处于水下的边坡应该放缓坡比，并对坡型及平台的位置作适当的修改。南水北调工程黄土高边坡设计为等坡比、等单级坡高及等平台宽度的较为简单的坡型，其进、出口段平均坡比约为1：2，缓于表8.10中的数值，但其平台宽度为7m，不很大，不能充分发挥其应有的作用，应适当加宽。

表8.10　　　　　　　　　　　　　黄土边坡坡型、坡高及总坡比

时代和成因	物理力学性质	坡型、坡高及总坡比			
		$H<10$	$10<H<20$	$20<H<30$	$30<H<40$
Q_{21}	$\gamma_d=14\sim17\text{kN/m}^3$ $c=40\sim150\text{kPa}$ $\varphi=20°\sim25°$	0.3~0.5 一坡到顶	0.3~0.7 设一个平台	0.6~0.63 设两个平台	0.63~0.9 设3个平台
Q_{22}	$\gamma_d=14\sim17\text{kN/m}^3$ $c=20\sim150\text{kPa}$ $\varphi=20°\sim40°$	0.3~0.5 一坡到顶	0.5~0.9 设一个平台	0.6~0.88 设两个平台	0.63~0.9 设3个平台
Q_3 （风积）	$\gamma_d=12\sim15\text{kN/m}^3$ $c=10\sim60\text{kPa}$ $\varphi=20°\sim40°$	0.5 一坡到顶	0.75~0.9 设一个平台	0.85~0.88 设两个平台	0.88~1.15 设3个平台
Q_3 （冲积）	$\gamma_d=13\sim16\text{kN/m}^3$ $c=10\sim80\text{kPa}$ $\varphi=28°\sim40°$	0.3~0.5 一坡到顶	0.5~0.9 设一个平台	0.85~0.88 设两个平台	0.88~0.9 设3个平台
Q_3 （洪积）	$\gamma_d=13\sim16\text{kN/m}^3$ $c=10\sim80\text{kPa}$ $\varphi=22°\sim40°$	0.5 一坡到顶	0.75~0.9 设一个平台	0.85~0.88 设两个平台	0.88~1.15 设3个平台
Q_3 （坡积）	质地疏松	0.75~1.0 一坡到顶	1.0~1.4 设一个平台		

注　平台宽度对于水利工程而言应为5~10m，坡高越大平台宽度应该越大。

已建工程的经验还表明，黄土边坡坡高超过了30m时，土方量大，稳定性差，易于产生崩塌。边坡坡脚处应力集中，易于产生蠕变和强度衰减，一般黄土的长期强度仅为原始强度的0.6~0.7，因而难以保证长期安全稳定。黄土抗冲蚀性很差，坡面极易被冲刷、剥落、掉块等，坡面维护管理较为困难。此外，高边坡造价也很高。据铁路工程比较，双面深挖方高度30m，或单面挖方40~50m时，深挖方与隧洞方案造价相当。而隧洞维护管理较为方便简单。目前铁路部门的观点是尽量多用隧洞而少用高陡的大挖方。对于南水北调工程而言，下部黄土处于饱和状态，土体的蠕变和强度衰减将更加明显。因此应考虑隧洞方案，特别是进口明渠段，应该进行隧洞方案和高边坡方案的比较。

第 9 章　非饱和膨胀土增湿变形试验研究与应用

9.1　试样制备和土的物理、化学性质简介

试验土样均来自陕西安康，分为两个地方：第一批样取自陕西安康的刘家梁，属于安康原八一水库（现统一归于安康黄石滩水库）灌区，其土样主要用于研究膨胀土的一次性浸水试验，也就是研究压实膨胀土在充分浸水后最终膨胀量的变化规律；第二批样取自安康工业开发区，距刘家梁约 3km，主要用于研究膨胀土增湿膨胀变形规律，也就是研究膨胀土在分级浸水过程中随着含水率的变化规律。

以下对于两批土样情况介绍如下。

9.1.1　刘家梁膨胀土样

试样地点为陕西安康市汉滨区刘家梁，土样为中膨胀性棕黄色黏土。取样深度为 1.0～2.0m，总取得 3 组试样，每一组 10 组样品。土样的物理、化学和黏土矿物成分如下。

1. 土样物理性质

对试样进行相对密度、颗粒分析、含水率、干密度、界限含水率、自由膨胀率试验表明，土样的相对密度为 2.72～2.73，天然含水率为 17.0%～23.8%，干密度为 1.56～1.72g/cm³，自由膨胀率为 55.4%～64.7%，其中一组试样属于中液限黏土，另外两种土样属于高液限黏土。其物理力学指标见表 9.1。

表 9.1　　　　　　　　　　土样基本物理力学指标汇总表

土样编号	取样深度 /m	相对密度	含水率 /%	干密度 /(g/cm³)	液限 /%	塑限 /%	缩限 /%	收缩率 /%	饱和度 /%	自由膨胀量/%	分类
01	1.3	2.72	17.6	1.72	40.3	20.2	11.3	33.6	82.6	55.4	CI
02	1.3	2.73	20.3	1.59	42.9	22.2	9.9	39.9	77.7	64.7	CH
03	2.0	2.73	23.8	1.56	45.6	23.1	11.9	38.2	86.6	58.8	CH

2. 土样化学性质

土化学分析（包括易溶、中溶和难溶盐测定以及 pH 值和有机质测定）表明，3 组试样的易溶盐含量均在 0.053% 以下，其中溶盐和难溶盐的含量极其微小，有机质含量为 1.35%，pH 值为 6.9～7.3。这说明南方地区膨胀土由于气候温和湿润，上部土体受到雨水的长期淋滤，盐分含量较少，与北方膨胀土有一定差别。

3. 黏土矿物成分

黏土矿物成分分析（包括差热分析、X 衍射分析、硅铝率、半倍氧化物比值和阳离子

交换总量分析等试验分析内容）表明，3组土的差热曲线基本相似，深吸热谷为130～150℃，X衍射晶面间距的最大峰值为3.36～3.37Å，硅铝率为3.96～4.70，硅和倍半氧化物的比值为2.81～3.33。这些结果证明，土样黏土矿物质以伊利石为主，并含有少许的高岭石、蒙脱石和石英。用半定量方法得到3组土样的矿物组成，见表9.2。从黏土矿物组成可以看出，3种土样均是以伊利石和伊利石-蒙脱石混层为主的膨胀土。

表9.2   土样黏土矿物成分组成表

土样编号	小于0.002mm粒级在全土中百分比含量/%	<0.002mm粒级中黏土矿物成分含量/%				全土中黏土矿物成分含量/%			
		伊利石	高岭石	蒙脱石	石英	伊利石	高岭石	蒙脱石	石英
1	9	55	25	15	5	5	2.3	1.4	0.5
2	29.5	55	25	15	5	16.2	7.4	4.4	1.5
3	26.7	60	22	15	3	16	5.9	4	0.8

4. 土样膨胀等级分类

从土样物理试验看出，土样的自由膨胀量均超过40%，根据威廉姆斯分类图以及自由膨胀量的数据可以判定该土为中膨胀性黏土；土样黏土矿物成分也支持这一结论。

9.1.2 开发区膨胀土样

试验土样取样地点为陕西安康工业开发区地基，距离刘家梁约3km。两地从地质地貌上看属于同一性质。总取得一组原状土样和一组扰动土样，总计30个样品，原状土样和扰动土样均取自同一地点，取土深度为1.0～2.0m。土样的物理性质、化学性质和击实特性如下。

1. 物理性质

膨胀土的物理性质试验成果见表9.3。

表9.3   膨胀土的物理性质试验成果表

相对密度	干密度/(g/cm³)	液限/%	塑限/%	塑性指数	自由膨胀率	颗粒组成/%			不均匀系数	曲率系数
						2～0.075mm	0.075～0.005mm	<0.005mm		
2.71	1.72	51.0	26.5	24.5	91.5	3.0	37.0	60.0	9.80	0.28

从表9.3可以看出，该土以黏粒含量为主，占全土的60%，液限为51.0%，塑性指数为24.5%，按塑性图分类应为高液限黏土，在特殊土塑性图中处于膨胀土区域，并且自由膨胀率为91.5%，可判定该土为具有强膨胀潜势的膨胀土。

2. 土样化学成分

对该膨胀土的化学分析进行了易溶盐、中溶盐、难溶盐、pH值及有机质测定，结果表明，易溶盐含量为0.051%，中溶盐含量约为0.008%，难溶盐含量约为0.009%，有机质含量为1.36%，pH值为7.3，表明其所含盐分较少，与刘家梁膨胀土样具有同样的特性。

3. 击实试验

为了了解膨胀土样的击实特性，进行了击实试验。试样采用干法制备。取一定量的代表性风干试样碾散，过 5mm 筛，拌匀后测定风干含水率，按依次相差约 2% 的含水率制备 6 个试样，静置一昼夜后按单位体积击实功约 592.2kJ/m³ 进行击实。制样时每个试样均匀地分为 3 层填装，每层 25 击进行击实。试验结果如图 9.1 所示。

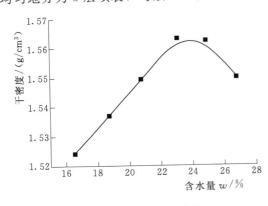

图 9.1　膨胀土击实曲线

从图 9.1 中可以看到，膨胀土的最大干密度为 1.57g/cm³，最优含水率为 23.8%。

本次试验在取土样的过程中，对现场膨胀土的原位密度进行了测定，其干密度为 1.68～1.75g/cm³，平均值为 1.72g/cm³，含水率为 22.5%～22.8%，平均值为 22.7%。

从击实试验结果与其原位密度测试结果来看，其击实最大干密度较低。分析其原因认为，由于其黏粒含量较高，土样风干并碾散后，以坚硬颗粒状形式存在于土中，且含量相对来讲比较多，另外采用的击实功为标准击实功，击实功相对较小，所以在击实过程中，颗粒间孔隙较大，相互之间不易挤密，从而使其最大干密度较小；而原位干密度较大是因为膨胀土在长期的形成过程中，由于历史的原因具有超固结性，土颗粒间结合紧密，孔隙较小，因而干密度较大。

以上结果表明，在膨胀土的填筑密度控制时宜采用重型击实试验。

9.1.3　试样的制备

试验土样分为扰动样和原状样，扰动样是从现场取回后风干碾散，击实试验土样过 5mm 筛，其余试验土样均过 2mm 筛，各土样拌匀后测定风干含水率；过 5mm 筛的土样进行击实试验，过 2mm 筛的土样进行物理、化学试验；按试验要求的含水率配水，放置 48h 待土样水分均匀后，搓土拌匀，测定土样的最终含水率后备用。

侧限压缩浸水试验、增湿剪切试验和直接剪切试验的试样制备均采用压样法。侧限压缩浸水试验的试样面积为 50cm²，增湿剪切试验的试样直径为 6.4cm，直接剪切试验的试样直径为 6.18cm，各试验的试样高度均为 2cm。制样时，根据环刀容积按要求的干密度和土样含水率计算试样所需湿土重，然后倒入装有环刀的压样器，抚平土样表面，以静压力将土压入环刀内，取出试样后称重。同一组试样的制备密度、含水率与制备标准之差值应分别控制在 ±0.02g/cm³ 与 ±1% 范围以内。

三轴增湿试验的试样高度为 8cm，直径为 3.91cm；试样制备采用击样法。制样时，根据环刀容积及所要求的干密度和含水率计算湿土用量，为保证试样的均匀性，按四等分进行称重，分别倒入击样筒内，按试样高度分层击实，每层击实至要求高度后，将表面刨毛，然后再加第二层土料，如此进行，直到击完最后一层。将击样筒中的试样两端整平、称重，试样的密度差值应小于 0.02g/cm³。

对原状样只进行了侧限压缩浸水试验，试样制备时，小心开启原状土样包装，整平土样两端，将试验用的环刀内壁涂一薄层凡士林，按与天然层次垂直的方向削土制样。同一组原状样的密度差值不应大于 0.03g/cm^3，含水率差值不应大于 2%。

9.2　安康膨胀土的土水特征曲线试验

试验采用的仪器为美国进口的压力板仪，试验装置如图 4.13 所示。

安康膨胀土的土水特征曲线由压力板法和增湿变形试验共同测得，结果如图 9.2 所示。图中圆点为压力板试验结果，三角点为增湿试验测得的结果，可见两种方法得到的结果相近。

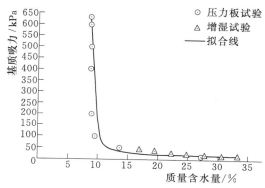

图 9.2　安康膨胀土的土水特征曲线

9.3　膨胀土一次浸水膨胀变形规律

为了分析一次性充分浸水情况下，压实膨胀土在侧限情况下的膨胀变形规律，进行了膨胀土一次性浸水膨胀试验。试验中对两批土样分别进行了测定。其中，用刘家梁膨胀土样主要进行不同初始干密度和含水率下无荷载作用情况下侧限膨胀试验，按正交试验设计，共进行了 38 组，用于分析初始含水率和干密度对膨胀率的影响。另外，还进行了 2 组在不同压力下压缩稳定后一次性浸水侧限膨胀试验，研究压力对膨胀率的影响。用开发区膨胀土样主要进行不同浸水加荷路径对侧限膨胀率的影响试验，主要包括以下几个方面：

（1）不同初始干密度试样的一次性浸水膨胀后压缩试验。

（2）不同初始含水率试样的一次性浸水膨胀后压缩试验。

（3）不同初始干密度土样，侧限压缩稳定后，一次性浸水膨胀试验。

（4）不同初始含水率土样，侧限压缩稳定后，一次性浸水膨胀试验。

（5）膨胀力试验。

试验在固结仪上进行，试验中按照给定的干密度和含水率制样，按照不同的加荷、浸水路径对试样进行充分浸水和加压使之膨胀或压缩，测定其膨胀量值。在膨胀后压缩试验中，还进行了回弹。为了消除仪器本身的压缩变形量，试验前对压缩仪的仪器压缩变形量进行了校核。试验的稳定标准为 2h 内变形不超过 0.01mm。

试验过程中，把试样浸水所产生的变形量（或加压压缩产生的变形量）与试样原始高度之比的百分数统称为试样的膨胀率，其值按式（9.1）进行计算，即

$$\delta_{zp} = \frac{z_p \pm \lambda - z_0}{h_0} \times 100\% \qquad (9.1)$$

式中：δ_{zp} 为试样膨胀率，%；h_0 为试样浸水前高度，mm；z_p 为充分浸水稳定后的量表读数（或为某荷载下变形稳定后的量表读数），mm；z_0 为未加水（或为未加荷载前）的量表读数，mm；λ 为某荷载下的仪器压缩变形量（试验前通过校正确定，若未加荷载，其值为 0），mm。式中"±"号的取法：先加荷压缩后浸水取"+"；若先浸水后加荷压缩取"−"。

9.3.1　不同初始干密度、含水率土样无荷一次性浸水膨胀试验

1. 试验组数与方法

用刘家梁膨胀土样进行试验。从表 9.1 分析表明，所取得 3 组土样中，第 2 号、第 3 号土样性质相差不大，因此试验选用这两种土进行。

对于同一组膨胀土而言，影响其浸水最终膨胀变形的主要因素为初始干密度和初始含水率，因此，本次试验按照两因素的正交试验方法进行组数设计，其中初始干密度选用 1.731g/cm³、1.613g/cm³、1.513g/cm³、1.413g/cm³、1.313g/cm³ 和 1.163g/cm³ 试样 6 个，每个干密度对应又选用 4～9 个初始含水率。总试验组数为 38 组。试验按照《土工试验方法标准》（GB/T 50123—1999）进行。

2. 试验结果

试验结果见表 9.4。结果表明，膨胀土的垂直单向膨胀量随初始含水率的增加而减少，随土样初始干密度的增加而增加。

表 9.4　　　　　不同初始含水率和干密度下一次性浸水侧限膨胀试验结果

编号	平均干密度 /(g/cm³)	初始干密度 /(kN/m³)	初始含水率 /%	垂直膨胀量 /%	孔隙比	饱和度 /%
1	1.731	1.74	20.71	0	0.563	100.02
		1.74	20.0	7.3	0.563	96.59
		1.70	20.3	5.5	0.600	92.03
		1.70	20.0	8.3	0.600	90.67
		1.74	17.6	9	0.563	85.00
		1.74	17.6	9	0.563	85.00
		1.74	16.0	13.5	0.563	77.27
		1.74	12.0	15.7	0.563	57.95
		1.74	8.0	17.9	0.563	38.64

编号	平均干密度 /(g/cm³)	初始干密度 /(kN/m³)	初始含水率 /%	垂直膨胀量 /%	孔隙比	饱和度 /%
2	1.613	1.62	24.0	1.8	0.679	96.14
		1.60	24.0	1.6	0.706	92.43
		1.62	20.3	6.2	0.679	81.32
		1.62	20.3	6.2	0.679	81.32
		1.60	20.0	9.2	0.700	77.71
		1.60	20.0	9.2	0.706	77.03
		1.65	17.6	9.8	0.648	73.82
		1.62	16.0	11.4	0.679	64.09
		1.60	16.0	13.5	0.706	61.62
		1.62	12.0	14.9	0.679	48.07
		1.60	12.0	16.4	0.706	46.22
		1.62	7.7	16.6	0.679	30.84
		1.60	8.0	18.3	0.706	30.81
3	1.513	1.50	30.1	0	0.820	99.84
		1.50	20.3	5.8	0.813	67.89
		1.50	20.0	8.9	0.813	66.89
		1.55	17.6	9.6	0.755	63.42
4	1.413	1.40	34.66	0	0.943	99.99
		1.40	20.3	5.6	0.943	58.56
		1.45	17.6	6.1	0.876	54.66
		1.40	20.0	7.8	0.943	57.70
5	1.313	1.30	40.16	0	1.092	100.00
		1.35	17.6	5	1.015	47.17
		1.30	20.3	5.4	1.092	50.55
		1.30	20.0	7.2	1.092	49.80
6	1.163	1.15	50.19	0	1.365	100.00
		1.20	17.6	3.6	1.267	37.79
		1.15	20.3	4.6	1.365	40.44
		1.15	20.0	5.3	1.365	39.85

9.3.2　不同初始干密度、含水率土样一次性浸水膨胀后压缩试验

1. 试验类型与方法

用开发区膨胀土样进行试验。进行了以下两种类型的试验研究。

（1）不同初始干密度试样的一次性浸水膨胀后压缩试验。对起始含水率为 15.1%，

干密度分别为 1.40g/cm³、1.45g/cm³、1.50g/cm³、1.55g/cm³ 和 1.60g/cm³ 的试样，在无荷载作用下，先自下而上向压缩容器内一次性浸水使试样饱和，测定其浸水过程中的变形量，如图 9.3 所示，在浸水过程的不同阶段对初始干密度为 1.40g/cm³、1.50g/cm³ 和 1.60g/cm³ 的试样进行试验过程中干密度测定；各试样在膨胀变形稳定后对试样加 300kPa 的压力进行压缩，测定其变形量，如图 9.4 所示，直到压缩变形稳定，拆除试样进行试验后含水率测定，即可结束试验。

（2）不同初始含水率试样的一次性浸水膨胀后压缩试验。对于干密度为 1.55g/cm³，起始含水率分别为 12.1%、14.3%、16.3%、18.4% 和 20.6% 的 5 个试样，在无荷载作用下，先自下而上向压缩容器内一次性浸水使试样至饱和，测定其变形量，在膨胀变形稳定后对试样分级加压进行压缩，压力分别为 50kPa、100kPa、200kPa 和 300kPa 等，每级压力下压缩稳定后，再施加下一级压力直至试样高度小于未加水增湿前的高度，测定其变形量；然后按加荷分级量进行卸压，每级卸压稳定后，再卸下一级，直到试样所受的垂直压力为 0，如图 9.5 所示。

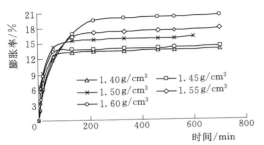

图 9.3　无荷情况下不同密度试样一次浸水
自由膨胀率历时曲线
（初始含水率 15.1%）

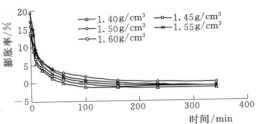

图 9.4　不同密度饱和膨胀稳定后在
压缩过程中膨胀率变化历时曲线
（初始含水率 15.1%）

2. 试验结果及分析

相同起始含水率、不同起始干密度试样的一次性浸水变形及加荷变形历时曲线如图 9.3 和图 9.4 所示，相同起始干密度、不同起始含水率试样的一次性浸水、分级加荷及卸荷变形历时曲线如图 9.5 所示。

从图 9.3 中可以看到，对于不同起始干密度的试样在一次性浸水过程中，随着时间的增加，试样的膨胀率逐渐增大，在浸水 200min 左右以后，各试样的膨胀率就趋于稳定；图中曲线表明，试样的密度越大，其遇水增湿产生的最终膨胀率越大。

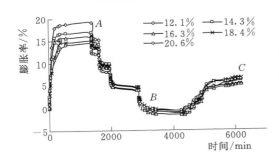

图 9.5　不同起始含水率一次浸水后
压缩试验的膨胀率历时曲线
（起始密度 1.55g/cm³）

在浸水初期，密度越小的试样，其膨胀率增加得越快，而密度越大的试样其膨胀率增加得越慢，当浸水 80min 左右以后，密度较小试样的膨胀率开始趋于稳定，密度较大试样的膨胀率还在迅速增加并在 200min 左右也逐渐趋于稳定。这主要是由于密度越小试样孔隙率越大，在最初浸水过程中，水分容易进入到试样内部，使得试样能在较短的时间内发生较大的膨胀变形，而密度较大的试样，在最初浸水过程中，由于其密度较大，孔隙率较小，起初水分比较难以进入到试样内部，使得试样不能充分吸收水分，从而其膨胀变形较小，随着浸水过程的进行及试样膨胀变形的增加，其密度也将逐渐减小，造成其孔隙率增大，水分就有机会充分进入到试样内部，使得试样膨胀变形急剧增大而达到最大，当达到饱和状态时，其膨胀变形将趋于稳定。

对于不同起始干密度的试样，当一次性加水增湿膨胀稳定后，对各试样加压进行压缩，试样膨胀后压缩变形的历时曲线如图 9.4 所示。从图中可以看到，随着时间的增加，在起始阶段压缩变形量变化得最快，当时间达到 100min 以后，各试样的压缩变形趋于稳定。

图 9.5 所示为不同起始含水率的试样一次浸水到饱和在整个试验过程中变形量的历时曲线，其中 $0A$ 为加水变形阶段，AB 为加压压缩阶段，BC 为卸荷回弹阶段。从图中可以看到，对于不同起始含水率的试样，在浸水变形的过程中，随着时间的增加，试样的膨胀率逐渐增大，含水率越小，膨胀变形量越大。但其膨胀率的增长过程与不同起始干密度试样在浸水过程的增长规律是不一样的，主要是含水率越小的试样在浸水起始阶段膨胀量增长的速率越快，含水率越大的试样膨胀量增长的速率越慢。这是由于各试样的干密度相同，因而孔隙率相同。所以，含水率较小的试样较含水率较大的试样水分容易进入到试样内部，使得膨胀变形较快。当膨胀变形稳定后，对各试样分级加荷进行压缩，在较小压力下，各试样的变形量较大，随着压力的增大，试样的压缩变形量变小，这是由于试样膨胀稳定后的孔隙较大，较容易压缩，从而使得在较小压力的作用下压缩变形量较大，而当压力增大后，随着试样孔隙逐渐减小，相同压力增量的压缩变形也将逐渐减小；当试样进入卸荷阶段后，随着压力的减小，膨胀变形又开始恢复，但其增长速率较慢，当荷载完全卸完后，试样的膨胀变形恢复到最大值，但远小于自由浸水状态下的膨胀率。

经过对不同起始含水率试样一次性浸水膨胀变形稳定后进行压缩试验的资料整理，绘制了浸水变形稳定后进行压缩及卸压过程的压力与膨胀率的关系曲线，如图 9.6 所示。

从图中可以看到，相同初始密度不同起始含水率的一次性浸水后进行压缩再卸压的试验在加压压缩阶段，随着压力的增大，膨胀率减小，也就是压缩变形增大，试样的变形在压力 100kPa 以前变化得较 100kPa 以后要快；压力从 200kPa 卸压到 50kPa 的过程

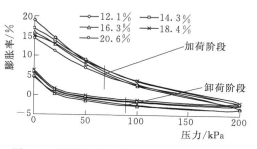

图 9.6 不同起始含水率一次性浸水后加压及卸压过程的压力与膨胀率关系曲线
（起始密度 1.55g/cm³）

中，其膨胀率恢复值不大，而当压力从 50kPa 卸到 0 后，膨胀率恢复较快而达到最终稳定值，但卸压完成后的膨胀率远远小于其自由膨胀率，卸压后膨胀率减小了约 64%。

从浸水后压缩试验结果（图 9.6）可以看出，饱和膨胀土的压缩变形包括可恢复的弹性变形和不可恢复塑性变形两部分。本次试验中，初始含水率分别为 12.1%、14.3%、16.3%、18.4%、20.6% 的 5 种试样，在一次性浸水后压缩试验中的可恢复弹性膨胀率占总膨胀率的百分数分别为 24.6%、34.2%、31.2%、42.2% 和 41.3%，不可恢复的塑性

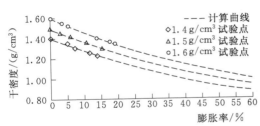

图 9.7　试验过程中干密度与膨胀率关系曲线

膨胀率占总膨胀率的百分数分别为 75.4％、65.8％、68.8％、57.8％ 和 58.7％。可见，塑性膨胀率在总膨胀率中占有相当大的比例。

试验中还对初始干密度分别为 1.40g/cm³、1.50g/cm³、1.60g/cm³ 这 3 种试样在试验过程中测定了干密度变化值，并点绘了试验过程中试样干密度

与膨胀率关系，如图 9.7 所示。

设试样干土质量为 m，试样为圆柱形，试验前高度为 h_0，半径为 r_0，试验前的干密度为 ρ_{od}，浸水后试样的高度增加到 $h_0+\Delta h$，半径增加到 $r_0+\Delta r$。则膨胀后试样的干密度 ρ_{zh} 为

$$\rho_{zh}=\frac{m}{\pi(r_0+\Delta r)^2(h_0+\Delta h)}$$

给上式右端的分子和分母同除以试样试验前的体积 $\pi r_0^2 h_0$，则有

$$\rho_{zh}=\frac{\rho_{od}}{(1+\delta_r)^2(1+\delta_h)} \tag{9.2}$$

式中：δ_r 为径向膨胀率，$\delta_r=\dfrac{\Delta r}{r_0}$；$\delta_h$ 为轴向膨胀率，$\delta_h=\dfrac{\Delta h}{h_0}$。

由于本试验使用的仪器为固结仪，试样侧向受到限制，此时 $\delta_r=0$，故在本试验中式（9.2）变为

$$\rho_{zh}=\frac{\rho_{od}}{1+\delta_h} \tag{9.3}$$

把按此式计算得到的试样膨胀过程中不同膨胀率所对应的干密度绘制于图 9.7 中，结果与试验点吻合很好，可见膨胀土在膨胀变形过程中，随着膨胀变形的增大，其干密度呈双曲线变化。

9.3.3　不同初始干密度土样侧限压缩稳定后一次性浸水膨胀试验

1. 试验组数与方法

用开发区膨胀土样进行试验。进行的试验方法与组数如下。

对起始含水率为 15.1％，干密度分别为 1.40g/cm³、1.45g/cm³、1.50g/cm³、1.55g/cm³ 和 1.60g/cm³ 这 5 种试样，每种密度下制取 5 个试样，分别在压力 0、30kPa、50kPa、100kPa 和 200kPa 作用下进行压缩，测定其变形量，待其变形稳定后自下而上向压缩容器内一次性加水使试样增湿至饱和，测定其膨胀变形量直至变形稳定，然后拆除试样进行试验后含水率测定，即可结束试验。

2. 试验结果及分析

对于不同起始干密度的试样分别施加不同的压力，待其变形稳定后进行浸水膨胀试验，各试样的变形历时曲线规律十分相似，其膨胀率变化历时曲线如图 9.8～图 9.12 所示。

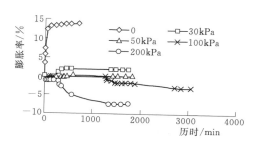

图 9.8 干密度 1.40g/cm³ 的试样加荷稳定
后浸水饱和过程中膨胀率变化历时曲线
（初始含水率 15.1％）

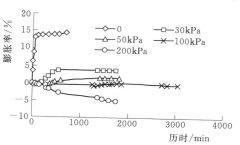

图 9.9 干密度 1.45g/cm³ 的试样加荷稳定
后浸水饱和过程中膨胀率变化历时曲线
（初始含水率 15.1％）

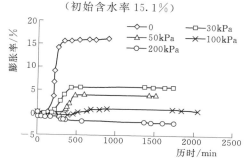

图 9.10 干密度 1.50g/cm³ 的试样加荷稳定
后浸水饱和过程中膨胀率变化历时曲线
（初始含水率 15.1％）

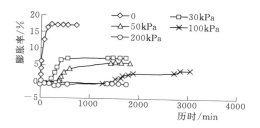

图 9.11 干密度 1.55g/cm³ 的试样加荷稳定
后浸水饱和过程中膨胀率变化历时曲线
（初始含水率 15.1％）

从图 9.8～图 9.12 中可以看到，压力越小，膨胀变形越大，在压力为 0 时其膨胀变形达到最大值；在未浸水前的起始压缩阶段，各试样的压缩变形量虽然相差不大，但还是随着压力的增大而增大；当压缩稳定后对试样浸水，不同压力下的试样遇水产生变形的速率就表现出不同情况，压力越大，变形速率越小，反映在曲线上就是压力越大，曲线上升段的斜率越小，甚至出现负值（即压缩）；经过对不同密度在不同压力下浸水膨胀的历时曲线的比

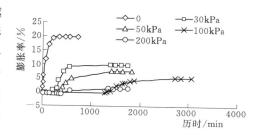

图 9.12 干密度 1.60g/cm³ 的试样加荷稳定
后浸水饱和过程中膨胀率变化历时曲线
（初始含水率 15.1％）

较分析发现，压力一定时，干密度越大，变形量越大；干密度一定时，压力越大，变形量越小；而且不同密度的试样在膨胀率为负值时（产生压缩变形）所需的压力也不同，密度越大，使该试样的膨胀率为负值所需的压力越大。

9.3.4 不同初始含水率土样侧限压缩稳定后一次性浸水膨胀试验

1. 试验方法

用开发区膨胀土样进行试验。试验组数与方法如下。

对于干密度为 1.55g/cm³ 和起始含水率为 12.1％、14.3％、16.3％、18.4％ 和 20.6％这 5 个试样，在压力为 100kPa 作用下压缩稳定后自下而上向压缩容器内一次性加水使试样饱和，待其变形稳定后，先卸荷 50kPa，测定其变形量，再卸荷到 0，测定其变形量直到变形稳定。

2．试验结果及分析

干密度为 1.55g/cm³，不同起始含水率的 5 个试样在 100kPa 作用下压缩稳定后一次性浸水到饱和过程中，各试样的膨胀率历时曲线如图 9.13 所示。

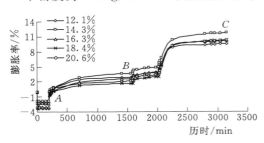

图 9.13　在 100kPa 压力下压缩稳定后一次性浸水饱和再卸荷膨胀率历时曲线
（起始密度 1.55g/cm³）

图 9.13 反映了相同密度不同初始含水率试样在压缩、浸水、卸荷整个试验过程中膨胀率的变化发展过程，图中 0A 为起始压缩变形段，AB 为浸水膨胀段，BC 为膨胀率卸荷恢复段。从图中可以看到，在浸水和卸荷过程中，膨胀率随着时间的增加而逐渐增大，但膨胀土不论处于哪个阶段，其膨胀变形规律都不很明显；压缩变形稳定后进行一次性浸水，各试样都发生了不同程度的膨胀变形，卸荷后初始含水率为 12.1％、14.3％、16.3％、18.4％ 和 20.6％，各试样的膨胀率分别增加了 6.69、8.16、7.50、8.52 和 8.08；这说明对于同一干密度的土，压力对其膨胀变形有较大的影响。

9.3.5　膨胀力试验

膨胀力是指膨胀土体在吸水膨胀过程中保持土体体积不变而产生的最大内应力。为了了解本次试验膨胀土样在不同初始干密度条件下的膨胀力，采用加荷平衡法按照《土工试验方法标准》（GB/T 50123—1999），并参照《膨胀土地区建筑技术规范》（GBJ 112—87）进行膨胀力试验。

1．试验方法

膨胀力试验按下列步骤进行。

（1）采用压样法制取初始含水率为 15.10％，干密度分别为 1.40g/cm³、1.45g/cm³、1.50g/cm³、1.55g/cm³、1.60g/cm³ 的试样。

（2）在压缩仪容器内放置护环、透水板和滤纸，将带有试样的环刀装入护环内，放上导环，试样上依次放上滤纸、透水板和加压盖，并将固结容器置于加压框架正中，使加压上盖与加压框架中心对准，安装百分表。

（3）施加 1kPa 的预压力使试样与仪器上下各部件之间接触，测读百分表初读数，自下而上向容器注入纯水，并保持水面高出试样顶面。

（4）百分表开始顺时针方向转动时，立即施加适当的平衡荷载，使百分表指针回到原位。

（5）当施加的荷载足以使仪器产生变形时，在施加下一级平衡荷载时，百分表指针应逆时针转动一个等于仪器变形量的数值。

（6）当试样在某级荷载作用下间隔 2h 而不再膨胀时，则试样在该级荷载下达到了稳定，允许膨胀量不应大于 0.01mm，记录施加的平衡荷载。

（7）试验结束后，吸去容器内水，卸除荷载，取出试样，称量，测定含水率。

计算膨胀力的公式为

$$P_e = \frac{W}{A} \times 10^{-4} \tag{9.4}$$

式中：P_e 为膨胀力，kPa；W 为施加在试样上的总平衡荷载，kN；A 为试样面积，cm^2。

2. 试验结果

在相同起始含水率不同干密度下的膨胀力试验结果见表 9.5。

表 9.5　　　　　　**相同初始含水率不同干密度下的膨胀力试验结果**

干密度/(g/cm^3)	1.40	1.45	1.50	1.55	1.60
膨胀力/kPa	67	94	126	190	237

从表 9.5 中可以看到，在相同初始含水率下，初始干密度越大，膨胀力就越大。

9.4　膨胀土侧限增湿变形试验

试验也在固结仪上进行，试验方法与一次性浸水基本相同，不同之处主要有以下两点。

（1）按照土样最终含水率和初始含水率之差，计算需要向土样加入的水量，从试样顶部分级向试样加水增湿，并保持足够的时间，使得土样达到试样要求的增湿含水率，测定土样的膨胀。

（2）为避免透水石吸收水分而无法准确确定试样的吸水量，试验中用钢制透水板代替了原仪器中的透水石。为了消除滤纸对水分吸附的影响，对滤纸吸附水量进行了校正。经多次试验表明，滤纸吸水量不大，约为 0.3g，因此在试样第一次加水中，多加 0.3g 的水，以抵消滤纸吸收的水分。为了消除仪器本身的压缩变形量，试验前对压缩仪的仪器压缩变形量进行了校核。

试验中进行了以下几个增湿路径下的侧限膨胀试验，试验项目如下。

9.4.1　膨胀土增湿膨胀后侧限压缩试验

1. 试验组数与方法

对起始含水率为 15.1%，干密度分别为 1.40g/cm^3、1.45g/cm^3、1.50g/cm^3、1.55g/cm^3 和 1.60g/cm^3 的试样，在无荷载作用下，根据试样饱和含水率与初始含水率差值的大小分 10 级通过加压盖上的排气孔自上而下给试样加水增湿至饱和，每级浸水情况下测定其变形量，在试样浸水膨胀变形稳定后再进行下一级浸水直到试样饱和为止；在试样饱和变形稳定后分级对试样加压进行压缩，压力从 20kPa 加起，视试样膨胀率的大小分别按 5～50kPa 不等的压力作为每级荷载的增加量进行压缩试验，每级压力下压缩稳定后，再施加下一级压力直至试样高度小于未加水增湿前的高度，测定其变形量。

对于干密度为 1.55g/cm^3、起始含水率分别为 12.1%、14.3%、16.3%、18.4% 和

20.6％的 5 种试样，在无荷载作用下，根据试样饱和含水率与初始含水率差值的大小，分 5 级通过加压盖上的排气孔自上而下给试样加水增湿至饱和，测定其变形量，在膨胀变形稳定后按上述分级方式对试样加压进行压缩，每级压力下压缩稳定后，再施加下一级压力直至试样高度小于未加水增湿前的高度，测定其变形量，拆除试样进行试验后含水率测定，即可结束试验。

2．试验结果及分析

无荷载下相同起始含水率、不同起始干密度试样的分级浸水变形历时曲线如图 9.14 所示，浸水变形稳定后对各试样进行压缩，其压力与膨胀率（实际上是压缩率）的关系曲线如图 9.15 所示；相同起始干密度、不同起始含水率试样分级浸水、分级加荷及卸荷过程中各试样变形历时曲线如图 9.16 所示。

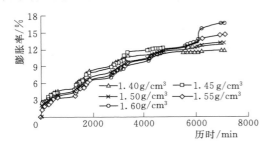

图 9.14　无荷情况下不同干密度试样分级
浸水过程的膨胀率历时曲线
（初始含水率 15.1％）

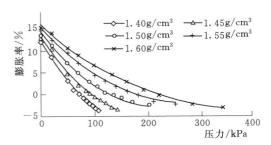

图 9.15　不同初始干密度分级浸水饱和
后压缩试验的压力与膨胀率的关系
曲线（初始含水率 15.1％）

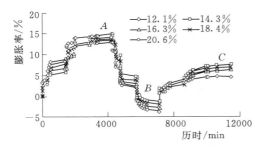

图 9.16　不同起始含水率分级浸水稳定后
加荷压缩全过程自由膨胀率历时
曲线（初始干密度 1.55g/cm³）

从图 9.14 中可以看到，对于不同起始干密度的试样在分级加水的过程中，随着时间的增加，试样的膨胀率也逐渐增大，当各级浸水完成后试样达到饱和状态时，各试样的膨胀率便趋于稳定，其密度大小对膨胀率的影响与一次性浸水试验所表现出来的规律一致，即在浸水初期密度越小膨胀率增加得越快，密度较大的试样在浸水后期膨胀率增加得较快。

从图 9.15 中可以看到，各试样随着压力的增大，加压后膨胀率逐渐减小；试样密度越小，其膨胀率随压力的增大变化得越快，而密度越大，其膨胀率随压力的增大变化得越慢。

图 9.16 所示为相同初始干密度、不同起始含水率的试样分级浸水到饱和在整个试验过程中变形量的历时曲线，同样图中 0A 为加水变形阶段，AB 为加压压缩阶段，BC 为卸荷回弹阶段；和图 9.5 相比，虽然浸水方式不同，但各试样的曲线变化规律却基本相似，即在浸水饱和过程中，随着时间的增加，试样的膨胀率逐渐增大，含水率越小，膨胀变形量越大。

为说明试验过程中试样含水率的变化情况，对于初始干密度为 1.55g/cm³ 不同起始含水率的分级浸水试验，绘制了各试样含水率变化的历时曲线，如图 9.17 所示。

从图 9.17 中可以看到，随着分级浸水的进行，各试样的含水率逐渐增大，不同起始含水率分级浸水试验中各试样含水率最终趋于某个确定的含水率，这个含水率就是该试样变形稳定后的饱和含水率。

为了对比分级浸水和一次性浸水膨胀变形稳定后的压缩及卸压过程中膨胀率的变化规律，对干密度为 1.55g/cm³、起始含水率分别为 12.1%、14.3%、16.3%、18.4% 和 20.6% 的试样，也绘制了在分级浸水膨胀变形稳定后压缩及卸压过程中的压力与膨胀率关系曲线，如图 9.18 所示。

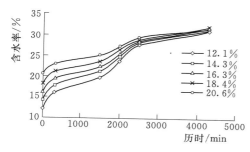

图 9.17 不同起始含水率的分级浸水试验
含水率历时曲线
（起始干密度 1.55g/cm³）

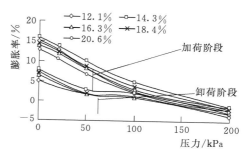

图 9.18 不同起始含水率分级浸水后加压
及卸压过程的压力与膨胀率关系曲线
（起始密度 1.55g/cm³）

从图 9.18 和图 9.6 的对比中可以看到，相同初始密度不同起始含水率的两组不同浸水方式的试验在加压压缩阶段，其变化规律和变化快慢非常相似；不同的是在卸压阶段，对于分级浸水的试样，当压力从 200kPa 卸压到 100kPa 的过程中，膨胀率恢复较大，当压力从 100kPa 卸压到 50kPa 的过程中，试样几乎不发生变形，当压力卸到 0 时，膨胀率再次发生较大的变化而达到最终稳定值，而一次性浸水的试样，却在从 200kPa 卸压到 50kPa 这一阶段的膨胀率恢复值很小，在从 50kPa 卸到 0 后的过程中，膨胀率恢复较快。卸压完成后分级浸水试验卸荷到 0 后的膨胀率比其自由膨胀率减小了约 53%。

从图 9.18 可以得到，在分级浸水后压缩试验中，初始含水率分别为 12.1%、14.3%、16.3%、18.4% 和 20.6% 的 5 种试样的可恢复弹性膨胀率占总膨胀率的百分数分别为 31.7%、48.1%、46.2%、48.5% 和 49.6%，不可恢复的塑性膨胀率占总膨胀率的百分数分别为 68.3%、51.9%、53.8%、51.5% 和 50.4%。与图 9.6 相比，弹性膨胀率增大，塑性膨胀率减小，而且增加的比例与减小的比例完全相同。

9.4.2 膨胀土侧限压缩后增湿膨胀试验

1. 试验组数和方法

对于干密度为 1.55g/cm³、起始含水率为 16.1% 的 5 个试样，分别在压力 0kPa、50kPa、100kPa、150kPa 和 200kPa 作用下进行压缩，测定其变形量，待其变形稳定后，按含水率分别为 18%、20%、22%、24%、26% 和 28% 分级通过加压盖上的排气孔自上而下对试样进行浸水，测定其膨胀变形量直至变形稳定，然后除未加荷载的试样外，对其余试样分级卸荷直到试样上覆荷载为 0；而对于起始未加荷载的试样，按 50kPa、100kPa 和 150kPa 的压力分级进行压缩，测定其变形量，待其变形稳定后再按分级卸荷到 0，测定变形量。

2. 试验结果及分析

干密度为 1.55g/cm³、初始含水率为 16.1％的 5 个试样在增湿变形试验过程中试样在不同压力下的膨胀率历时如图 9.19 所示。

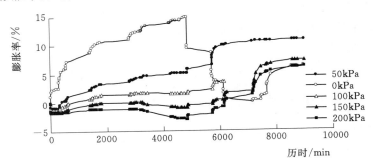

图 9.19　不同压力下试样分级浸水再卸荷（加荷）膨胀率历时曲线
（初始密度 1.55g/cm³，初始含水率 16.1％）

从图 9.19 中可以看到，膨胀土在起始压力大于 100kPa 的情况下，分级浸水到饱和，其膨胀变形为负值，说明试样发生了压缩变形，随着含水率的增大，起始压力越大者，其压缩变形量越大；在起始压力小于 100kPa 的情况下，试样均发生了膨胀变形，且起始压力越小，膨胀变形量越大；对于起始无荷载的试样，在分级浸水膨胀变形稳定后，其膨胀率达 15％左右，在加荷压缩稳定后再卸荷，其膨胀率仍有 6％，膨胀率较无荷分级浸水膨胀率降低了 60％。可见，压力对膨胀率有很大的抑制作用。

为比较先分级浸水膨胀后压缩试验与先压缩稳定后分级浸水试验两种浸水路径曲线的异同点，把在两种试验中加压都为 200kPa 且初始物理性质接近的两个试样的膨胀率历时曲线绘制在同一幅图中，如图 9.20 所示。

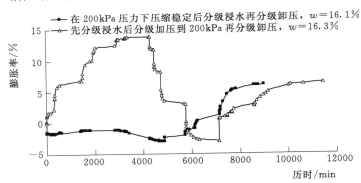

图 9.20　同一初始状态下两个试样在不同浸水路径下的膨胀率历时曲线
（初始密度 1.55g/cm³）

从图 9.20 中可以看到，两种不同分级浸水路径下的膨胀率历时曲线具有以下特点。

（1）分级浸水过程中变形表现方式不同。先分级浸水膨胀后压缩试验在分级浸水过程中的变形只在水的作用下产生，由于没有压力的抑制作用，其膨胀变形量较大；先压缩后分级浸水试验在分级浸水过程中的变形是在压力和水的共同作用下产生的，其变形受到双重制约，若压力占主导地位，变形就会以压缩变形为主，试样表现为压缩变形，若压力较小，变形就会以膨胀变形为主，试样表现为膨胀变形。

（2）分级浸水过程完成所需的时间不同。先分级浸水膨胀后压缩试验分级浸水过程完成需要约62h，而先压缩后分级浸水试验分级浸水过程完成需要的时间更长，约75h；但两种浸水路径下卸荷过程所需的时间大致相当。

（3）两种浸水路径对最终变形影响是一样的。试验过程中的最小变形量基本相同，先分级浸水后压缩试验的最小变形量为-2.94%，先压缩后分级浸水试验的最小变形量为-2.96%。另外，两种浸水路径下卸荷过程完成后的膨胀率稳定值基本一致，先分级浸水后压缩试验卸荷后的膨胀率稳定值为6.36%，先压缩后分级浸水试验卸荷后的膨胀率稳定值为6.27%。

这说明膨胀土地基在一定压力下浸水变形终值与先加压后浸水还是先浸水后加压的路径无关，但两种路径的过程变形却相差悬殊。

9.4.3 原状膨胀土样膨胀变形试验

为了解原状膨胀土与扰动膨胀土在增湿方面的差别，对原状膨胀土开展了以下试验。

（1）浸水变形稳定后压缩试验（一个试样浸水变形稳定后分级加压到200kPa再分级卸荷到0，另一个试样浸水变形稳定后分级加压到150kPa再分级卸荷到0）。

（2）分级浸水变形稳定后压缩试验（分级浸水变形稳定后分级加压到200kPa再分级卸荷到0）。

（3）压缩浸水变形试验（先加压到100kPa稳定后浸水再分级卸荷到0）。

把上述各试验的变形历时曲线绘制于图9.21中。

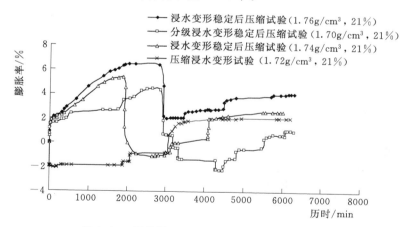

图 9.21 原状样不同试验方法膨胀率历时曲线

从图中可以看到，虽然试验方式不同，但膨胀变形规律却很相似，即密度越大，膨胀率越大；各试样在卸荷后的膨胀率比加荷前浸水变形稳定后的膨胀率存在有不同程度上的减小（先压缩的试样除外）。现以初始密度为1.74g/cm³和1.72g/cm³两种不同试验方式的试样进行说明，从图9.21中可见：①在浸水阶段，先压缩后浸水试验的试样膨胀率比只浸水不加压的膨胀率小约134%，说明对膨胀土实施预压法可以明显地降低膨胀土的膨胀变形率；②先压缩后浸水与先浸水后压缩在加压阶段和卸荷阶段过程中，两条曲线变形差异较大，但稳定值却趋向一致，说明膨胀土在一定压力下浸水变形终值与浸水加压路径无关。

9.5　膨胀土三轴增湿变形试验

9.5.1　试验仪器简介

试验仪器采用 SLB-1 型应力、应变控制式三轴剪切渗透试验仪，该仪器可以对三轴试验进行等应力、等应变控制，等应变控制范围在 0.002～4mm/min 内，控制精度为 10%，等应力控制范围在 6～30kN，控制精度为 1%；该仪器可以进行 UU、CU、CD 试验、不等向固结、等向固结、反压力饱和、应力路径试验和渗透试验。仪器轴向力为 0～30kN，测量精度为 1%，围压 0～2.0MPa，控制精度为 5%FS，能量测的体积变化范围在 0～800mL。仪器各部分采用单片机控制，各部分能够独立工作，而且能够与计算机数据交换，集中数据采集处理。该仪器属于多功能柔性控制三轴试验仪。

本次试验时，对压力室进行了改造，采用双层压力室，试样竖直加压轴的直径改变为与试样直径一致，试验时试样的轴向压力即为 σ_1，而围压与三轴试验一样，为 σ_3。由于试样起始状态为非饱和试样，其内体变无法通过试验仪器的自记系统进行测记，所以试验时在围压管路上增接了体变管来进行外体变的测定以反映试样体积的变化；试样轴向位移的变化通过试验仪器自带的位移传感器由计算机进行采集，也可人工测记；压力室底座镶有陶土板，其进气值经测定大于 150kPa，满足试验要求，试样的孔隙水压力通过陶土板经孔压传感器由人工测记，也可由计算机采集。试样顶端的竖直加压轴底部开有两个小孔，其中一个孔接有排气管和阀门，在试样浸水过程中阀门是关闭的，浸水完成后打开阀门与大气相通，这样使得孔压传感器测得的孔隙水压力便成为试样的吸力的负值；另一个孔与给试样加水装置相连接，加水装置是由调压阀和体变管组成，调压阀的作用是为了保证进水时有一定的水头压力，自上而下向试样浸水，体变管的作用是用于监测进水量的大小。其试验装置示意图如图 9.22 所示。

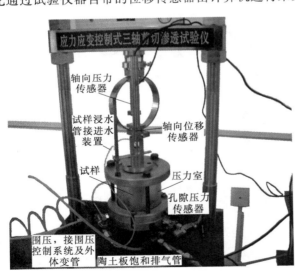

图 9.22　膨胀土增湿试验装置示意图

9.5.2　膨胀土三轴浸水变形试验

试样采用压实系数为 0.98 的扰动样，其制样控制干密度均为 1.54g/cm³，初始含水率为 13.9%。安装试样前，给压力室进水，通过空压机和调压阀对底座的陶土板在 250kPa 的水压力作用下进行饱和，至少饱和两昼夜后放掉压力室内的水，安装试样，同时测定试样的初始孔隙水压力，待孔隙水压力稳定后，在保持应力比 $k=\sigma_3/\sigma_1=0.5$ 的情况下对试样施加围压和轴压进行固结，固结完成后通过加水装置采用分级进水和一次性进水两种试验方式给试样浸水，进行三轴增湿变形试验和三轴一次性浸水变形试验，同时测记试样的进水量、外体变、轴向位移、孔隙水压力等数据。

1. 膨胀土三轴增湿变形试验

（1）试验方法。当试样初始孔隙水压力稳定后，将第一个试样按 $k=\sigma_3/\sigma_1=0.5$ 加载到 $\sigma_1=20\text{kPa}$、$\sigma_3=10\text{kPa}$ 进行固结，固结完成后给试样浸水，使含水率分别达到 16.7%、19.6%、22.3%、25.0%、27.8%、30.6%、33.4%，测定各级含水率变化引起的试样外体变变化量、轴向变形和孔隙水压力的变化，在各级含水率下每隔 30min 测记一次读数，2h 后每隔 2~3h 测记一次读数，直至该级含水率下外体变变化量和轴向变形变化量稳定；再将第二个、第三个、第四个和第五个试样同样按 $k=0.5$ 分别加载到 $\sigma_1=$ 40kPa、60kPa、80kPa、100kPa 后浸水使含水率分别达到 16.7%、19.6%、22.3%、25.0%、27.8%、30.6%、33.4%，然后测定各含水率变化引起的试样外体变变化量、轴向变形和孔隙水压力的变化。另外，对上述相同初始物理状态的试样，在不加围压和轴压的情况下，按上述分级进水方式给试样浸水，测定各级含水率变化产生的试样外体变变化量、轴向变形和孔隙水压力的变化，试验结束后，对试样进行含水率测定。试验中每级含水率下的稳定标准为每两个小时体变量不超过 0.1mL 和轴向位移变化量不超过 0.01mm。

（2）试验结果及分析。通过对试样初始孔隙水压力（实际上就是吸力，因为试样顶部的加压轴中部有一小孔与大气相通）的测定可知，随着时间的延长，孔隙水压力逐渐减小并趋于稳定，其典型的孔隙压力历时曲线，如图 9.23 所示。

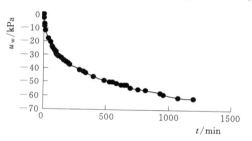

图 9.23　典型的孔隙压力历时曲线

各试样在固结过程中，孔隙水压力逐渐上升，但上升的值并不大。固结过程中，试样体积变小，高度降低，但变化值较小，体变量为 0.8~2.2mL，高度变化量为 0.08~0.87mm。试验结束后，对试样的含水率测定后得到的饱和度均大于 95%。

根据试验结果分别绘制了含水率与体应变、轴向应变的关系曲线，如图 9.24 和图 9.25 所示。

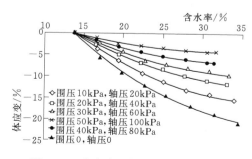

图 9.24　含水率与体应变的关系曲线

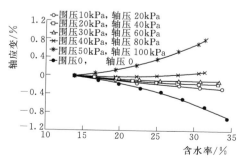

图 9.25　含水率与轴向应变的关系曲线

图 9.24 反映了同一初始干密度的膨胀土在不同应力状态下浸水增湿过程中体应变与试样含水率之间的变化规律。从图中可见，在同一应力状态下，随着含水率的增大，体应变逐渐减小，当含水率达到一定程度后，体应变有趋于稳定的趋势。图 9.24 还表明，在含水率相同的条件下，应力越小，膨胀土在浸水过程中体积变化越大，在不受压的状态下，浸水使其体积膨胀最大，这是由于膨胀土受到外力的抑制作用造成的，试样受到的外力越大，对膨胀变形的抑制作用越明显。

图 9.25 反映了膨胀土在不同应力状态下浸水增湿过程中轴向应变与试样含水率之间的变化规律。从图中可以看到，轴向应变在高应力状态下随着含水率的增大而增大（表现为压缩），在低应力状态下随着含水率的增大而减小（表现为膨胀），宏观现象上表现为试样在高应力状态下随着含水率的增大试样高度减小，在低应力状态下试样高度增大。从图中还可以得到，在相同含水率的情况下，应力越大，膨胀土在浸水过程中压缩量越大，而应力越小其轴向膨胀量越大。

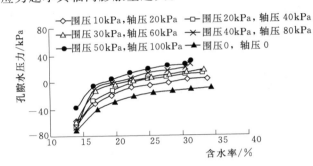

图 9.26　含水率与孔隙水压力关系曲线

试验过程中孔隙水压力随着含水率的变化规律，如图 9.26 所示，图中表现出应力越大，孔隙水压力上升得越快，数值越大，而且在含水率达到 17% 左右以前，孔隙水压力上升得较快，表现为曲线斜率较大，当含水率达到 17% 以后，不同应力状态下的孔隙水压力增加的程度变慢，表现为曲线斜率变小；当试样增湿含水率达到一定程度以后，孔隙水压力有趋于稳定的趋势。

为了解试样体积的变化对孔隙水压力的影响，通过对试验资料的整理绘制了不同应力状态下试样在试验过程中当含水率相同时的孔隙水压力与体应变和剪应变关系曲线，如图 9.27 和图 9.28 所示。

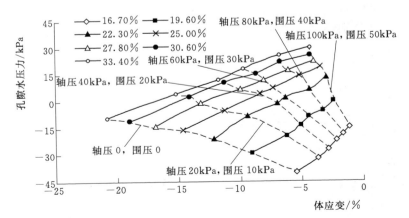

图 9.27　不同含水率情况下体应变与孔隙水压力的关系曲线

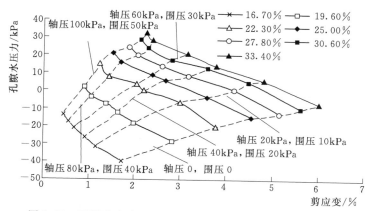

图 9.28 不同含水率情况下剪应变与孔隙水压力的关系曲线

图 9.27 和图 9.28 反映的是在不同应力状态下各试样浸水过程中含水率相同时的孔隙水压力与体应变和剪应变的变化规律，从中可以看出不同应力状态下，试样在保持含水率不变的情况下，随着试样体积的增大或剪应变增大，试样的孔隙水压力减小，而且含水率越小，孔隙水压力减小得越快。从图中可以看到，应力越小，孔隙水压力也越小，应力越大，孔隙水压力也越大，在同一应力状态下，随着试样体积的增大或剪应变的增大，孔隙水压力逐渐增大，说明试样的吸力在减小，而且在应力较大时，孔隙水压力增大得较快。

在试验过程中，试样不仅受到水的作用，而且还要受到力的作用。通过前面的叙述可以了解到，试样在浸水过程中由于含水率不断发生变化，从而对膨胀土的变形产生了显著的影响，但应力状况对其变形却有着很大的制约作用。通过对试验资料的分析和整理，分别绘制了在含水率相同时各试样的球应力与体应变、剪应力与剪应变的关系曲线，如图9.29 和图 9.30 所示。

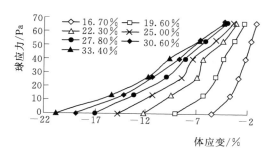

图 9.29 球应力与体应变的关系曲线

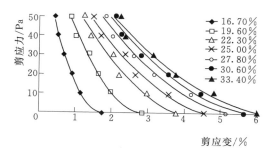

图 9.30 剪应力与剪应变的关系曲线

从图 9.29 中可以看到，在含水率相同的条件下，随着球应力的增大，体应变也逐渐增大，说明试样在力的约束下体积逐渐减小；在含水率较大时，随着球应力的增加，体应变增大得较快，说明试样含水率较大时，随着试样所受约束力的增加，其膨胀变形量减小的幅度就越大。

从图 9.30 中可以看出，相同含水率的情况下，随着剪应力的增大，试样的剪应变整体上仍表现为减小的趋势。比较图 9.29 和图 9.30 可以看到，土样在增湿剪切过程中以体积膨胀为主，剪切变形较小。

2. 膨胀土三轴一次性浸水变形试验

（1）试验方法。试验过程中，从装样、加载固结和测记内容都与膨胀土增湿变形试验方法完全相同，只是在试样固结完成后给试样浸水是一次完成，直到试样饱和。

（2）试验结果。通过对三轴一次性浸水试验资料的整理，绘制了试样浸水过程中体应变与孔隙水压力、体应变与轴向应变的关系曲线，如图9.31和图9.32所示。

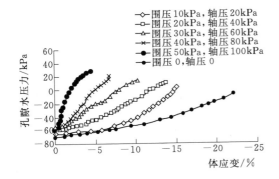

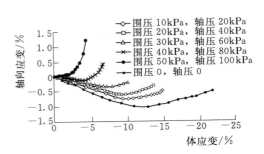

图9.31　三轴一次性浸水体应变与
孔隙水压力的关系曲线

图9.32　三轴一次性浸水体应变与轴向
应变的关系曲线

从图9.31可以看到，膨胀土在不同应力状态下一次性浸水过程中的体应变均为膨胀变形，试样浸水过程中，孔隙水压力随着试样体积的增大而增大，应力较大时，孔压增加得较快。从图9.32可以看到，应力较小时，试样的轴向变形在浸水过程前半段以膨胀为主，后半段以压缩为主，应力较大时，浸水过程中的轴向变形均表现为压缩变形，但变形量都较小，并且表现出试样在浸水过程中以体积膨胀变形为主。

3. 膨胀土三轴增湿与一次性浸水变形试验结果比较

为了比较三轴增湿变形试验与一次性浸水变形试验的结果，绘制了两种试验方式下试样在不同应力状态浸水稳定后的应力及各变形量间的关系曲线，如图9.33～图9.37所示。

从图9.33～图9.37中曲线的变化规律可以得到，不同应力状态下，两种不同浸水方

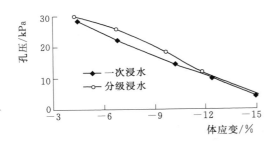

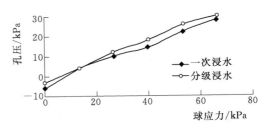

图9.33　不同浸水方式试验变形稳定后
孔隙水压力与体应变对比曲线

图9.34　不同浸水方式试验变形稳定后
孔隙水压力与球应力对比曲线

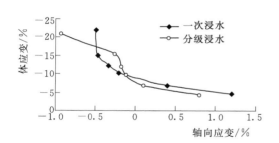

图 9.35　不同浸水方式试验变形稳定后体
应变与轴向应变对比曲线

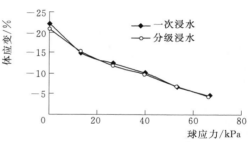

图 9.36　不同浸水方式试验变形稳定后
体应变与球应力对比曲线

式的三轴增湿变形试验的结果及变形数值的大小非常接近，两种不同浸水方式对应状态中的孔隙水压力、体应变、轴向应变、剪应变的最大相差依次为 3.7kPa、1.3%、0.44% 和 0.86%。从图中还可以看到，在浸水变形稳定后各变量的变化规律也几乎完全一致；可见在三轴应力状态下，在浸水方向相同的情况下，膨胀土不论是分级浸水还是一次性浸水，其变形的最终结果是一致的，两种试验结果的相互印证，证明了本次试验结果是可靠的。

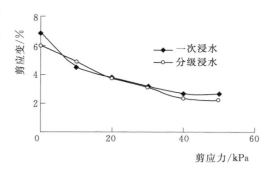

图 9.37　不同浸水方式试验变形稳定后
剪应变与剪应力对比曲线

9.6　膨胀土增湿剪切试验研究

为了揭示膨胀土在增湿过程中抗剪强度的变化规律，在改制的直剪仪上对膨胀土进行了增湿剪切试验研究，以研究膨胀土增湿剪切破坏的规律性及不同固结压力下增湿剪切过程中的变形特性。

9.6.1　试验仪器和试验方法简介

本次试验采用两种方法：①相同初始干密度不同含水率试样的常规直剪试验；②相同初始干密度和初始含水率的增湿剪切试验。

常规直剪试验采用应变控制式直接剪切仪按《土工试验方法标准》（GB/T 50123—1999）所规定的方法和步骤进行试验，试验采用的固结压力分别为 50kPa、100kPa、150kPa 和 200kPa，固结变形稳定标准为每小时不大于 0.005mm，剪切速率为 0.02mm/min。

增湿剪切试验是在改制的四联直接剪切仪上进行，直剪仪上的法向垂直压力仍采用原直剪仪上的杠杆式加压方式进行施加，水平剪应力采用由钢丝绳绕过定滑轮后加砝码来实现，试验装置实物如图 9.38 所示。试验中的水平剪应力采用一次性加荷方式进行，浸水过程采用分级浸水方式，每级浸水作用下的增湿剪切变形的稳定标准为 1h 不超过 0.01mm，在某级浸水作用下若水平位移达到 6mm 时，则认为试样发生了增湿剪切破坏；在试验过程中分

图 9.38　增湿剪切试验装置

别记录时间、法向应力、剪应力、水平位移、垂直位移、浸水量等参数。

9.6.2　不同初始含水率的膨胀土常规直剪试验

膨胀土常规直剪试验是在维持试样原有的物理状态不变的情况下，通过不断的施加外力使试样最终达到破坏，试样破坏的直接原因是外力作用。

对相同初始干密度为 1.54g/cm^3，初始含水率分别为 13.9％、14.9％、17.7％、22.2％和28.0％（饱和试样）的安康膨胀土按《土工试验方法标准》（GB/T 50123—1999）进行了常规直剪试验，试验结果见表9.6、表9.7和图9.39，含水率与极限剪应力、黏聚力和内摩擦角的关系曲线如图9.40～图9.42所示。

表 9.6　　　　　　　　　各固结压力下不同含水率试样的极限剪应力

含水率 /％	极限剪应力/kPa			
	50	100	150	200
13.9	160.0	198.0	219.9	240.0
14.9	156.0	190.0	212.0	233.0
17.7	149.0	176.1	203.0	220.0
22.2	108.1	135.5	150.0	171.9
28.0	20.5	40.5	46.2	55.4

表 9.7　　　　　　　　　不同含水率试样的常规直剪试验抗剪强度值

土样编号	含水率/％	黏聚力/kPa	摩擦角/(°)
1	13.9	139	27.6
2	14.9	135	26.9
3	17.7	127	25.6
4	22.2	90	22.4
5	28.0	13	12.5

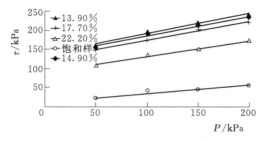

图 9.39　常规直剪试验试样的抗剪强度 τ 与垂直压力关系曲线

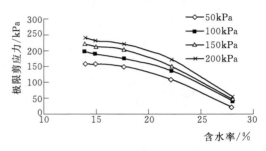

图 9.40　常规直剪试验含水率与极限剪应力关系曲线

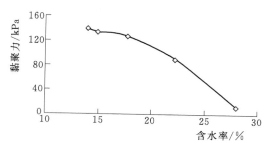

图 9.41 含水率与黏聚力关系曲线

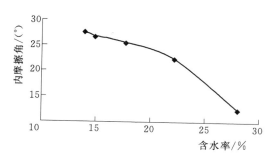

图 9.42 含水率与内摩擦角关系曲线

由图可见，极限剪应力、黏聚力和摩擦角都随着含水率的增大而减小，试样含水率越接近饱和含水率，试样的抗剪强度减小得越快；试样饱和后的极限剪应力平均降低了约80%，内摩擦角降低了约55%，而黏聚力降低得更多，约为91%。可见，含水率对膨胀土抗剪强度的影响是极其显著的。

9.6.3 膨胀土增湿剪切试验

增湿剪切不但与土体的应力状态、应力路径、边界条件有关，而且与应力和水对土体的作用次序、增湿程度、应力水平等因素密切相关。增湿剪切试验步骤如下。

（1）施加法向固结压力进行固结。

（2）待固结变形稳定后，根据不同的剪应力水平给试样施加水平剪应力。

（3）待剪切变形稳定后，使用医用针管自上而下向试样进行分级浸水，使土样产生增湿剪切变形。

（4）每级浸水剪切变形稳定后，进行下一级浸水。

（5）在某一级浸水完成后试样发生剪切破坏或浸水到试样饱和且变形稳定后，即可结束试验。

试验土样仍为安康工业开发园区的膨胀土。试样的试验初始干密度均为 1.54g/cm³。本次试验前，对试验用的透水石和滤纸进行了吸水量的测定，正式试验时，分级浸水量中扣除了透水石和滤纸吸水量的影响；试验中法向固结压力 P 分别为 50kPa、100kPa、150kPa 和 200kPa，以含水率为 13.9% 的土样在不同法向固结压力下直接剪切试验的极限剪应力为基准，分别采用应力水平约为 0.6、0.5、0.4 和 0.3 所对应的剪应力作为试验剪应力；固结变形稳定后含水率从 13.9% 开始，按 16.0%、18.2%、20.3%、22.4%、24.5% 和 26.6% 等含水率所需水量分级给试样浸水，直到试样饱和或试样发生增湿剪切破坏。

浸水前后分别测定试样的剪切位移和垂直变形量，同一应力状态下，浸水前后的剪切位移之差定义为增湿剪切变形，用 λ_{sp} 表示，即 $\lambda_{sp} = \lambda_w - \lambda_0$，分级浸水情况下增湿剪切变形示意图，如图 9.43 所示。

增湿剪切的试样在力和水的共同作用下，随着土体含水率的逐渐增大，土体沿着剪切面产生较大的剪切变形直至破坏；在增湿剪切过程中，试样的浸水历时、应力状态、应力路径及试样含水率均会对其破坏过程的发展产生影响。

211

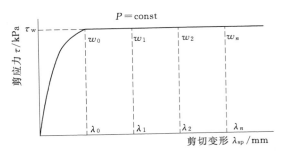

图 9.43　分级浸水情况下增湿剪切变形示意图

1. 膨胀土增湿变形量与时间的关系

本次试验的增湿水平位移（包含未加水前的剪切位移）的历时曲线，如图 9.44～图 9.47 所示。

图 9.44～图 9.47 所示的共同特点是各试样在不同剪应力作用下分级浸水后，每级含水率下的增湿变形量随着时间的增加而逐渐增大，并且开始浸水前两级变形稳定所需的时间较长，前两级浸水后，变形稳定大约需要至少 24h，并且固结压力

越大，变形稳定所需时间越长。例如，固结压力为 150kPa 的试样第一级浸水后，变形稳

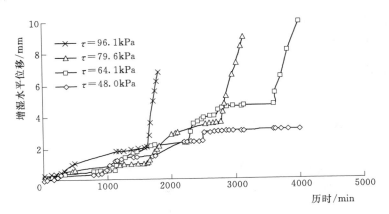

图 9.44　在固结压力为 50kPa 下不同剪应力作用时水平位移
历时曲线（P=50kPa）

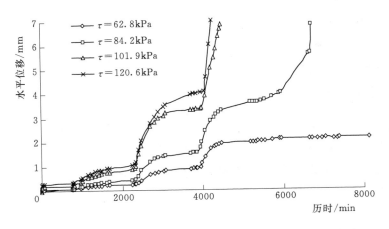

图 9.45　在固结压力为 100kPa 下不同剪应力作用时水平位移
历时曲线（P=100kPa）

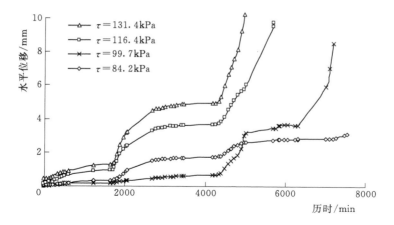

图 9.46 在固结压力为 150kPa 下不同剪应力作用时水平位移
历时曲线（$P=150$kPa）

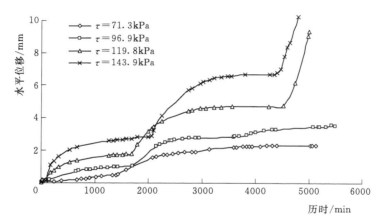

图 9.47 在固结压力为 200kPa 下不同剪应力作用时水平位移
历时曲线（$P=200$kPa）

定所需的时间为 26h，第二级浸水后，变形稳定所需的时间约为 41h，而固结压力为 100kPa 的试样第一级浸水后，变形稳定所需的时间为 24h，第二级浸水后，变形稳定只需要约 25h。从图 9.47 中还可以看到，在剪应力水平较小时，试样浸水达到一定程度以后，增湿变形量几乎不再发生变化，直到试样饱和也没有发生剪切破坏；而在较大剪应力水平下，试样含水率未达到饱和前的某一级浸水后就发生了剪切破坏，而且水平剪应力越大，发生剪切破坏的速度越快，现象越明显，图中表现为水平剪切变形量急剧增大，曲线斜率变大。这些现象表明，上覆一定压力的膨胀土，虽然在原始状态下具有较高的抗剪强度而处于稳定状态，当含水率逐渐增大后，就会发生增湿剪切变形，而且膨胀土所处的应力状态越高，增湿变形发展的历时越长，若膨胀土所受的剪应力较小，即使膨胀土含水率增湿到饱和仍能保持原来的稳定状态而不会发生增湿剪切破坏，但当剪应力较大时（远小于原始状态的极限剪应力），膨胀土含水率增加到一定程度以后而不需达到饱和状态，膨胀土便会因含水率的增加而发生增湿剪切破坏，并且破坏时剪应力越大，破坏发生所需的时间越短。

分级增湿过程中不同固结压力下垂直方向位移的历时曲线，如图 9.48～图 9.51 所示。

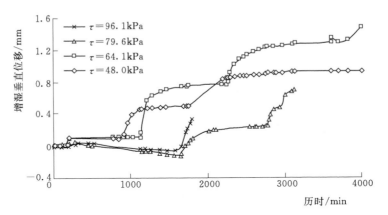

图 9.48　在固结压力为 50kPa 下不同剪应力作用时垂直位移
历时曲线（$P = 50$kPa）

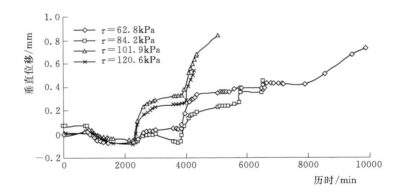

图 9.49　在固结压力为 100kPa 下不同剪应力作用时垂直位移
历时曲线（$P = 100$kPa）

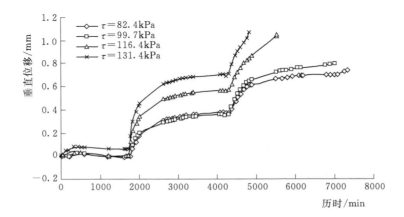

图 9.50　在固结压力为 150kPa 下不同剪应力作用时垂直位移
历时曲线（$P = 150$kPa）

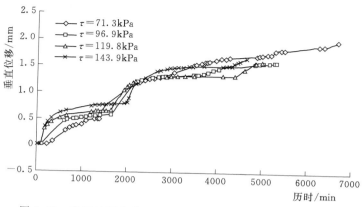

图 9.51 在固结压力为 200kPa 下不同剪应力作用时垂直位移
历时曲线 （P＝200kPa）

从图 9.48～图 9.51 可以看出，在固结压力小于 150kPa 的情况下，在第一级增湿剪切的过程中，受不同水平剪应力的试样都发生了不同程度的增湿剪胀，第一级之后试样随着增湿过程的进行几乎都发生了不同程度的增湿剪缩；在固结压力大于 200kPa 的情况下，各试样在整个增湿剪切过程均发生了不同程度的剪缩。从图中还可以看到，一般情况下，水平剪应力越大，试样发生的剪缩变形量越大。

2. 应力水平对增湿变形量的影响

为了解试样在分级浸水情况下增湿变形量的变化情况，分别绘制了在不同固结压力和不同剪应力水平作用下试样分级浸水产生的增湿剪切变形图，如图 9.52～图 9.55 所示。

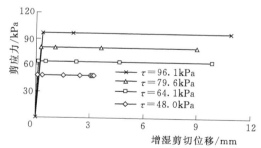

图 9.52 分级浸水 50kPa 压力下增湿剪切变形

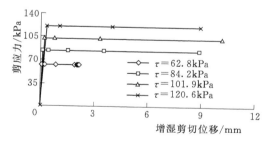

图 9.53 分级浸水 100kPa 压力下增湿剪切变形

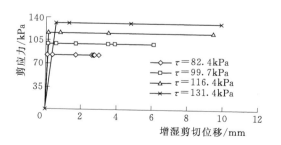

图 9.54 分级浸水 150kPa 压力下增湿剪切变形

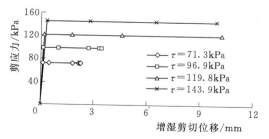

图 9.55 分级浸水 200kPa 压力下增湿剪切变形

从图 9.52～图 9.55 中可以看到，对于一定应力状态的膨胀土，在分级浸水的情况下，即使每次的浸水含水率相等，但对应的分级增湿剪切变形量并不相等；分级增湿剪切变形主要取决于剪应力水平，当剪应力水平较低时，在前几级浸水情况下，增湿剪切变形相对整个分级浸水试验过程来讲变化较为显著，之后逐渐减小直到饱和状态而没有发生增湿剪切破坏；当剪应力水平较高时（见图中剪应力较大的试样），在前一两级浸水情况下，增湿剪切变形发展得就非常显著，并且随着分级浸水过程的进行，增湿剪切变形很快增大，使试样还没有达到饱和状态就发生了增湿剪切破坏。这一变化规律与低剪应力情况恰好相反。

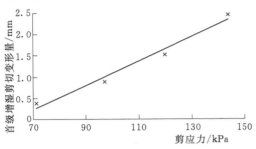

图 9.56　分级浸水 200kPa 压力下首级
增湿剪切变形与剪应力关系

从图 9.52～图 9.55 中还可以看到，在首级浸水后试样将发生不同程度的增湿剪切变形，这表明膨胀土地基或边坡在初次微量浸水的情况下即开始发生增湿剪切变形。首级微量浸水剪切变形的大小主要取决于应力状态。图 9.56 给出了膨胀土试样在固结压力为 200kPa 下不同剪应力作用的首级微量增湿的增湿变形量与剪应力关系曲线。

从图 9.56 中可见，在相同固结压力下，剪应力越大，首级微湿剪切变形量越大，经过对不同固结压力下的首级微湿剪切变形量与剪应力的分析后认为，首级微湿剪切变形量与剪应力呈线性变化规律。

为考察首级浸水对微湿剪切变形量的效果，计算了首级微湿剪切变形量所占破坏时总的增湿变形量为 6mm 的百分数，计算得到：在 $P=200$kPa 时，当 $\tau=71.3$kPa 所占的百分数为 6.15%，当 $\tau=96.9$kPa 所占的百分数为 14.8% 时，$\tau=143.9$kPa 所占的百分数却达到了 41.0%，接近破坏标准的一半，说明剪应力越大，首级增湿变形量越大，试样产生增湿剪切破坏的可能性也就越大。这一试验结果表明，在进行膨胀土地区建（构）筑物设计与施工中，要特别重视少量的浸水作用。特别是当地基或边坡中出现剪应力水平较高的区域更需要防止微量的浸水发生；否则，即便是少量的浸水作用，仍有可能引起建（构）筑物的破坏或边坡的浅层滑动。

为了解增湿水平对增湿变形量的影响，根据试验结果，整理了在不同固结压力和水平剪应力下含水率与增湿变形量的关系曲线，如图 9.57～图 9.60 所示。

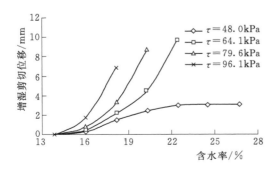

图 9.57　在固结压力为 50kPa 下不同剪应力
作用时含水率与增湿变形量关系曲线

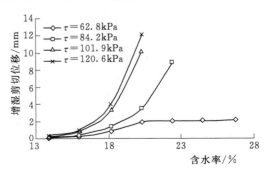

图 9.58　在固结压力为 100kPa 下不同剪应力
作用时含水率与增湿变形量关系曲线

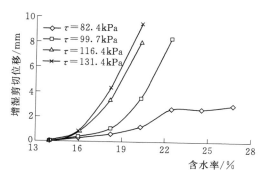

图 9.59 在固结压力为 150kPa 下不同剪应力
作用时含水率与增湿变形量关系曲线

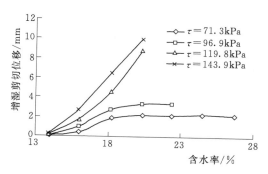

图 9.60 在固结压力为 200kPa 下不同剪应力
作用时含水率与增湿变形量关系曲线

图 9.57~图 9.60 的共同特点是在浸水初期含水率达到 22% 左右以前且剪应力较小的情况下，增湿剪切位移随含水率的增大而增大，在含水率达到 22% 左右以后，增湿剪切位移随含水率的增大其增加趋势变得非常缓慢，甚至趋于稳定；而在剪应力较大的情况下，从浸水开始增湿到破坏的整个试验过程中，试样的增湿剪切位移随着含水率的增大呈快速增长的发展趋势，表现在试样的增湿剪切位移从浸水开始就迅速增大而没有明显的转折点。

从图 9.57~图 9.60 的对比可知，不同固结压力下，试样增湿剪切破坏是在水平剪应力和增湿含水率达到某一确定的数值后才能发生，这就是说在一定的固结压力下试样增湿过程中存在着能使试样发生剪切破坏的最小剪应力，把这个最小剪应力称为增湿极限剪应力，相应于增湿极限剪应力的含水率称为增湿极限含水率；作用有一定上覆荷载的膨胀土在增湿过程中所受到的剪应力低于增湿极限剪应力，则膨胀土即使增湿到饱和状态也不会发生增湿剪切破坏，若膨胀土受到的剪应力等于或大于增湿极限剪应力，膨胀土一旦浸水增湿，其含水率达到增湿极限含水率时就会发生增湿剪切破坏。对于给定上覆荷载的膨胀土其增湿极限剪应力是一个确定的值。

从图 9.57~图 9.60 可以得到，试样分别在 50kPa、100kPa、150kPa 和 200kPa 不同固结压力下，当剪应力水平为 0.6 时，各试样破坏时的含水率依次分别为 18.0%、18.7%、18.6% 和 18.0%；当剪应力水平为 0.5 时，各试样破坏时的含水率依次分别为 19.2%、19.2%、19.4% 和 19.1%；当剪应力水平为 0.4 时，各试样破坏时的含水率依次分别为 21.0%、21.4%、21.4% 和 21.2%（内插取值）。在试验误差范围内可以认为，土样在不同固结压力作用下，受到大约相同剪应力水平的剪应力作用时，试样发生剪切破坏时的增湿含水率是相同的。

通过对本次试验资料的分析后用内插法取值得到，当固结压力 $P = 50kPa$ 时，增湿极限剪应力 $\tau_{sf} \approx 56.0kPa$，$w_{sf} \approx 22.0\%$；当 $P = 100kPa$ 时，$\tau_{sf} \approx 74.0kPa$，$w_{sf} \approx 22.0\%$；当 $P = 150kPa$ 时，$\tau_{sf} \approx 85.0kPa$，$w_{sf} \approx 22.4\%$；当 $P = 200kPa$ 时，$\tau_{sf} \approx 105.0kPa$，$w_{sf} \approx 21.0\%$。在试验误差范围内，也可以认为增湿极限含水率约为 22.0%。

3. 增湿剪切变形与应力状态的关系

增湿剪切变形是膨胀土在外力保持不变的情况下遇水作用后所产生的位移，其变化规律和大小不仅与增湿程度有关，而且与水平剪应力更有着直接的关系。可以说，应力状态是影响增湿剪切变形的主要因素。为了揭示膨胀土在剪应力作用下增湿剪切变形的发展规律，通过对不同固结压力和不同剪应力作用下试验资料的分析，整理绘制了试验过程中试样浸水达到相同含水率时的水平剪应力与增湿剪切变形量之间的关系曲线，见图 9.61～图 9.64（图 9.61 中的水平位移含未浸水前的剪切位移，其余图中均扣除了未浸水前的剪切位移）。

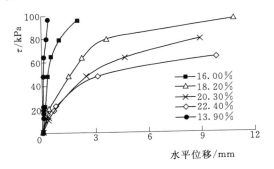

图 9.61　在固结压力为 50kPa 下剪应力 τ
与水平位移关系曲线

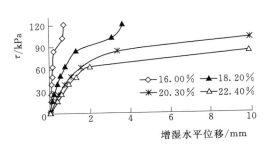

图 9.62　在固结压力为 100kPa 下剪应力 τ
与增湿变形量关系曲线
（$\rho_0 = 1.54 \text{g/cm}^3$，$w_0 = 13.9\%$）

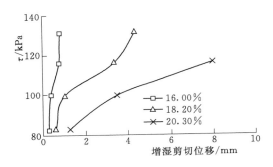

图 9.63　在固结压力为 150kPa 下剪应力 τ
与增湿变形量关系曲线

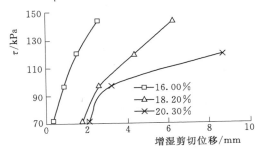

图 9.64　在固结压力为 200kPa 下剪应力 τ
与增湿变形量关系曲线

　　图 9.61～图 9.64 中曲线的变化规律表明，随着剪应力的增大，增湿剪切变形也由小到大逐渐发展。天然状况下（未分级浸水前），膨胀土的剪切变形量很小；以图 9.61 为例，从图中可以得到，在固结压力为 50kPa 的作用下，当 $\tau = 21.4$kPa 时，$\lambda_0 = 0.046$mm，当 $\tau = 64.1$kPa 时，$\lambda_0 = 0.143$mm，当 $\tau = 79.6$kPa 时，$\lambda_0 = 0.282$mm，当 $\tau = 96.1$kPa 时，剪切变形量也只有 0.361mm。这是由于膨胀土天然湿度较低，负孔隙压力较高，土的强度较大，压缩变形就会较小。

　　膨胀土一旦浸水后，土体中的负孔隙压力开始减小，强度降低，就会产生较大的增湿剪切变形。由图中可见，膨胀土浸水后，增湿剪切变形随剪应力的增加而增大，当含水率较大时，随着剪应力的增加，增湿剪切变形发展较快，在含水率和剪应力达到一定程度后，试样达到剪切破坏状态；浸水后的增湿剪切变形与剪应力之间呈非线性变化关系。仍以图 9.61 为例来说明，从图中可以得到，膨胀土在含水率为 18.2% 时，当 $\tau = 21.4$kPa 时，$\lambda_{sp} = 0.387$mm，当 $\tau = 48.0$kPa 时，$\lambda_{sp} = 1.475$mm，当 $\tau = 79.6$kPa 时，$\lambda_{sp} = 3.347$mm，当 $\tau = 96.1$kPa 时，剪切变形量竟达 10.510mm 而发生增湿剪切破坏。

从图中还可以看到，不同含水率情况下增湿剪切变形随剪应力的变化大致有两类曲线形状，一类是含水率较小时，增湿剪切变形随着剪应力呈上凹形发展；另一类是含水率较大时，增湿剪切变形随着剪应力呈下凹形发展而达到增湿剪切破坏状态。以图 9.62 为例，对于含水率分别为 16.0％和 18.2％的两条曲线来讲，在施加的剪应力水平达到约 0.4 以前，随着剪应力的增加，增湿剪切变形增大的速率较为缓慢，当剪应力水平超过 0.4 以后，随着剪应力的增加，增湿剪切变形却突然增大，当剪应力超过约 0.5 的剪应力水平后，增湿剪切变形的增加速率随着剪应力的增加却又减慢了，表现出明显的上凹形发展规律；而对于含水率分别为 20.3％和 22.4％的两条曲线来讲，随着剪应力的增加，增湿剪切变形的增加速率较快，当剪应力水平达到约 0.3 以后，增湿剪切变形量急剧增加而达到增湿剪切破坏状态，表现出明显的下凹形发展规律。可见，含水率越大，增湿剪切破坏的可能性也就越大。

9.6.4　两种不同剪切试验抗剪强度比较

常规直剪试验是在维持膨胀土原有的物理状态不变的条件下，通过不断施加外部荷载使土体达到剪切破坏，膨胀土的增湿剪切试验是在应力状态不变的情况下，通过浸水使膨胀土体的物理状态改变而导致剪切破坏。

在不同固结压力下的增湿剪切试验中，各试样所受的水平剪应力是按含水率为 13.9％试样在相应固结压力下所对应的直接剪切试验极限剪应力的 0.3、0.4、0.5 和 0.6 进行施加的。但在试验过程中，不同固结压力下剪应力水平为 30％的试样在增湿到饱和的整个过程中未发生剪切破坏，而施加的剪应力水平分别为 0.4、0.5、0.6 的各试样在不同固结压力下均发生了增湿剪切破坏，说明膨胀土在不同固结压力下浸水增湿后，增湿极限剪应力比相同固结压力下的常规直剪极限剪应力小得多。

为了解在增湿剪切过程中试样的极限剪应力的变化情况，以便与常规直剪试验结果作对比，通过对增湿剪切试验结果的分析，整理了试样在不同固结压力下，浸水增湿到不同含水率试样发生破坏时的剪应力，见表 9.8，同时为了比较增湿剪切试验与常规直剪试验在相同含水率条件下的破坏时剪应力差别，用内插法从常规直剪的图中查得，在含水率分别为 18.4％、19.2％、21.0％和 22％时所对应不同固结压力下的试样常规直剪极限剪应力也列于表 9.8 中，并绘制了增湿剪切试验中不同固结压力下试样含水率与破坏剪应力的关系曲线，如图 9.65 所示。

表 9.8　　　　　两种不同剪切试验试样在不同含水率破坏时的剪应力

含水率/％	破坏剪应力/kPa							
	增湿剪切试验				常规直剪试验			
	50	100	150	200	50	100	150	200
18.4	96	121	134	154	143	173	194	215
19.2	80	102	116	134	138	166	187	207
21.0	64	84	98	115	122	149	168	187
22.0	56	74	87	105	111	137	154	173

从图 9.65 中可以看出，随着增湿含水率的增大，试样在增湿过程中达到剪切破坏时的剪应力越小，而且在浸水初期，破坏剪应力减小得越快。

　　从表 9.8 中两种不同方式剪切试验的破坏剪应力来看，相同固结压力下相同含水率的试样增湿剪切试验的破坏剪应力值比常规直剪试验的极限破坏剪应力值小得多。例如，在 $P = 50 \mathrm{kPa}$ 的固结压力下，当增湿剪切试验的试样含水率增湿到 18.4%，其破坏剪应力值比相同含水率常规直剪试验试样的极限破坏剪应力值减小了约 33%，当增湿到 19.2% 时，破坏剪应力减小了约 42%，当增湿到 21% 时，破坏剪应力减小了约 47.5%，当试样含水率增加到增湿极限含水率 22.0% 时，破坏剪应力几乎减小了约 50%，达到了相同含水率试样的常规直剪试验极限破坏剪应力值的一半。可见，增湿剪切与常规剪切两种试验方法产生的破坏剪应力值有显著的差异。

　　另外，增湿剪切试验中，含水率的增加所造成试样破坏剪应力的减小程度对不同固结压力是不同的。为了说明这个问题，增湿剪切试验比常规剪切试验的极限剪应力减小的百分数与含水率的关系曲线如图 9.66 所示。

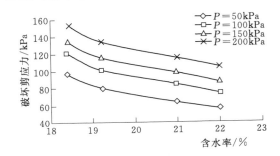

图 9.65　含水率与破坏剪应力的关系曲线

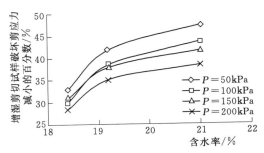

图 9.66　增湿剪切试验破坏剪应力随含水率减小的百分数关系曲线

　　从图 9.66 中可见，相同固结压力下，含水率的增加越大，增湿剪切试验的试样破坏时的剪应力值比常规直剪试验破坏时的剪应力值小得越多，而且在含水率越小，两种剪切试验试样的破坏剪应力值差别越小。相同含水率情况下，固结压力越大，增湿剪切试验试样破坏时的剪应力值比直剪试验小得越少。例如，在含水率为 21.0% 的情况下，当 $P = 50 \mathrm{kPa}$ 时，其值减小了约 48%；当 $P = 100 \mathrm{kPa}$ 时，其值减小了约 44%；当 $P = 150 \mathrm{kPa}$ 时，减小了约 42%；而当 $P = 200 \mathrm{kPa}$ 时，减小了约 38.5%。可见，加大固结压力可以提高膨胀土的极限剪应力。

　　为比较增湿剪切与常规直剪试验结果，列出两种剪切试验不同含水率下的抗剪强度参数，见表 9.9。从表中可以看到，相同含水率条件下试样增湿剪切的抗剪强度比常规直剪试验的抗剪强度小得多；增湿剪切试验的试样分别在含水率为 18.4%、19.2%、21.0% 和 22.0% 时的黏聚力分别比常规直剪试验的黏聚力减小了约 35%、46%、53% 和 56%，而内摩擦角减小了约 20%。

　　为了解增湿剪切过程中试样含水率与抗剪强度的变化规律，绘制了增湿剪切试验试样的含水率与黏聚力及内摩擦角的关系曲线，如图 9.67 和图 9.68 所示。

　　从图 9.67 和图 9.68 中可以看到，试样在增湿过程中的黏聚力和内摩擦角都随着含水率的增加而减小，并具有较好的线性关系，分别对其进行回归后得到以下公式。

表 9.9　　　　　　　　　　两种剪切试验不同含水率下的抗剪强度参数

含水率/%	抗 剪 强 度			
	增湿剪切试验		常规直剪试验	
	黏聚力/kPa	内摩擦角/(°)	黏聚力/kPa	内摩擦角/(°)
18.4	79.5	20.5	122.0	25.4
19.2	64.0	19.4	117.5	24.5
21.0	48.5	18.7	103.0	23.2
22.0	40.5	17.5	93.0	22.1

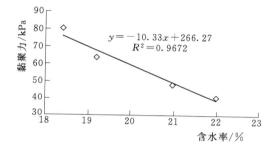

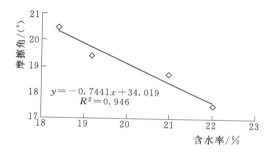

图 9.67　增湿剪切试验含水率与黏聚力关系曲线　　图 9.68　增湿剪切试验含水率与摩擦角关系曲线

增湿试样黏聚力：　　　$c_{zs} = -10.33w + 266.27$，相关系数 $R^2 = 0.967$　　　(9.5)

增湿试样内摩擦角：　　　$\varphi_{zs} = -0.7441w + 34.019$，相关系数 $R^2 = 0.946$　　　(9.6)

式中：c_{zs} 为增湿黏聚力，kPa；φ_{zs} 为增湿内摩擦角，(°)；w 为增湿含水率，%。

将增湿剪切强度线、初始状态和饱和状态的常规直剪强度线分别绘制在同一个图上，如图 9.69 所示。从该图可得出以下几点：

（1）一定固结压力下的膨胀土在增湿剪切过程中存在着能使试样发生剪切破坏的最小极限增湿剪应力和增湿极限含水率；膨胀土的增湿极限强度和常规直剪强度一样，都可以用莫尔-库仑准则来描述，即

$$\tau_{zsf} = c_{zs} + \sigma\tan\varphi_{zs} \qquad (9.7)$$

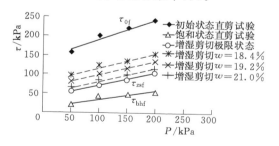

图 9.69　膨胀土的初始、饱和及
增湿状态下的强度包线

式中：c_{zs} 和 φ_{zs} 分别为试样达到增湿极限含水率而发生增湿剪切破坏时的最小黏聚力和最小内摩擦角。对于本次试验 $c_{zs} = 40.5\text{kPa}$，$\varphi_{zs} = 17.5°$。

（2）膨胀土的增湿极限强度比初始常规直剪强度低，但大于饱和状态的常规直剪试验抗剪强度。从图中可知，膨胀土增湿发生剪切破坏时的极限抗剪强度与初始状态相比，黏聚力降低了约 71.0%，内摩擦角减小了约 37.0%；而与饱和状态下相比，黏聚力提高了

约 68％，内摩擦角增加了约 28％。

（3）膨胀土初始强度线和增湿极限强度线之间所夹的区域称为增湿强度丧失区。当膨胀土边坡或地基中某点的应力状态落入这一区域后，虽然膨胀土在未浸水前能保持稳定结构，一旦遇到浸水增湿后，就会发生增湿剪切破坏。

另外，在增湿剪切试验中，当试样增湿到某一含水率而发生剪切破坏时的剪应力也小于相同含水率试样的常规直剪试验的极限剪应力。这一现象说明，用不同含水率常规直剪试验测得的膨胀土抗剪强度指标过高估计了土体强度，因此用于设计膨胀土地基或边坡是不安全的。

9.7　膨胀土增湿变形计算模式

9.7.1　相同含水率不同初始干密度的膨胀土侧限膨胀力的计算模式

将起始含水率为 15.1％、干密度分别为 1.40g/cm³、1.45g/cm³、1.50g/cm³、1.55g/cm³ 和 1.60g/cm³ 的试样膨胀力试验结果，以及同样初始含水率、干密度分级浸水后压缩、浸水饱和后压缩及压缩后增湿膨胀试验的压力与膨胀率关系曲线中膨胀率为 0 时所对应的压力列于表 9.10 中。

表 9.10　膨胀力及各试验中膨胀率为 0 时对应的压力（初始含水率：15.1％）　　单位：kPa

试验方法	干密度/(g/cm³)				
	1.40	1.45	1.50	1.55	1.60
加荷平衡	67	94	126	190	237
分级浸水后压缩	70	90	130	185	246
浸水饱和后压缩	72	89	156	192	250
压缩膨胀	50	89	120	190	230

从表 9.10 中的数值来看，各种试验方法中，当膨胀率为 0 时所对应的压力与加荷平衡法试验所测得的膨胀力相比，数值相差不大，可以认为是一致的。这也从侧面说明，可以通过使膨胀土充分浸水膨胀稳定后用加压进行压缩的办法来测定膨胀土的膨胀力。

以干密度为横坐标，表中的压力值为纵坐标，绘制密度与膨胀力的关系曲线，如图 9.70 所示。图中曲线线性规律较好，拟合后得到：$a=901.5$，$b=-1208.6$，相关系数 R^2 为 0.97，即

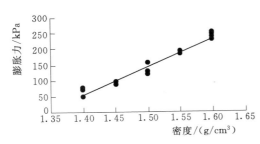

图 9.70　干密度与膨胀力的关系曲线

$$P_e = 901.5\rho_{0d} - 1208.6 \qquad (9.8)$$

这样就得到膨胀力与试样初始干密度之间的估算公式。该估算公式由 4 种不同浸水、增湿和压缩路径得到，反映了不同浸水压缩路径条件下，膨胀土的侧限膨胀力基本相同，并随着初始干密度的增大而呈现线性变化规律，证明膨胀力只与土样初始物理性质有关，

与浸水和加压路径无关。该估算公式可以用来计算相同初始含水率、不同初始干密度膨胀土的膨胀力，对于实际工程有较大的应用价值。

实际工程中，可以通过有限几组不同初始干密度下的膨胀力试验，通过线性拟合得到相关的参数，可以计算在相同初始含水率情况下任意干密度的膨胀土的膨胀力值。

9.7.2 一次性浸水饱和情况下膨胀土侧限膨胀率计算模式

以往许多学者进行过大量膨胀土膨胀变形试验，也给出了许多估算膨胀率的计算模式，如吴侃、郑颖人（1991），徐永福等（1997），王明芳（2005），况文礼（1990），徐永福、史春乐（1997）等。但是这些文章中给出的计算模式只是针对一个变量而言的，只是分析了某一个变量变化与膨胀率的关系。而大量的研究表明，膨胀土的膨胀率与土体的矿物成分、结构、初始含水率、初始干密度、上覆压力等多个因素有关。对于特定的土体而言，膨胀率主要与初始含水率、初始干密度和上覆压力有关，而这些因素对膨胀率的影响是耦合的。本小节试图通过对以上试验结果的分析，总结提出考虑初始含水率、初始干密度和上覆压力3个因素耦合变化，满足工程精度要求的膨胀率估算模式，使之可以直接应用于工程实际。

1. 初始含水率和干密度两个因素耦合的无荷载膨胀率计算模式

膨胀土的单向膨胀变形大小用膨胀率 V_h 表示为

$$V_h = \frac{\Delta H}{H_0} \times 100\% \tag{9.9}$$

式中：H_0 为土样原始高度；ΔH 为膨胀后土样高度的变化。膨胀率用百分数表示。

Gysel M（1975），徐永福等（1997），徐永福、史春乐（1997）等研究表明，膨胀率与初始含水率之间呈直线关系。为了反映不同干密度的影响，这里用饱和含水率与初始含水率差与饱和含水率之比，即 $w_r = \frac{w_m - w_0}{w_m}$（姑且定义之为含水比）对无荷载膨胀率试验结果进行归一，如图 9.71 所示。

含水比实际上是土体原始孔隙中空气占用的孔隙能够充填的孔隙水量与饱和含水率的比值，表示孔隙中可能再充填的孔隙水的能力，可以很好地表示膨胀土的膨胀潜势，是膨胀土研究中一个较为简单而有效的指标。从图 9.71 中可以看出，同一干密度的土样膨胀率随含水比的增加而增加，两者的关系可以用直线表示，其形式为

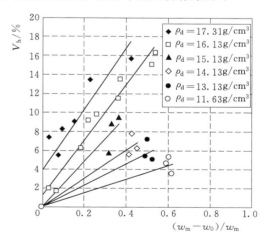

图 9.71 含水比 w_r 与无荷载膨胀率 v_h 的关系曲线（干重度的单位：kN/m^3）

$$V_h = aw_r + b \tag{9.10}$$

式中：V_h 为无荷载单向膨胀率，%；w_r 为含水比，$w_r = \dfrac{w_m - w_0}{w_m}$，$w_m$ 为饱和含水率；w_0 为初始含水率；a 和 b 为试验参数。

将试验结果（表 9.11）数据代入式（9.10），得到试验参数 a 和 b 的值，见表 9.11。

表 9.11　　试验参数 a 和 b 的值

干密度/(kN/m³)	a	b	干密度/(kN/m³)	a	b
17.31	32.30	3.87	14.13	14.99	0.04
16.13	29.24	1.19	13.13	11.40	0.05
15.13	23.96	0.02	11.63	7.34	0.04

将 a 值、干密度 ρ_d 与水的密度 ρ_w 之比的关系绘制成关系曲线，如图 9.72 所示，将 b 值、干密度 ρ_d 与水的密度 ρ_w 之比的关系绘制成关系曲线，如图 9.73 所示。

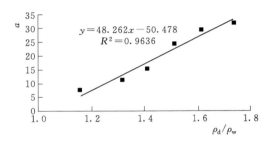
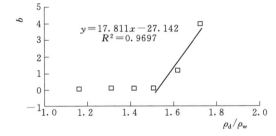

图 9.72　ρ_d/ρ_w 与参数 a 的关系曲线　　　　图 9.73　ρ_d/ρ_w 与参数 b 的关系曲线

从图中可以得到，ρ_d/ρ_w 与 a 可以用直线方程表示为

$$a = c\frac{\rho_d}{\rho_w} + d \tag{9.11}$$

式中：c 和 d 为试验参数，对于本次试验而言，其值分别为 48.3 和 −50.5。

$$b = \begin{cases} 0 & \rho_d \leqslant \rho_m \\ e\dfrac{\rho_d}{\rho_w} + f & \rho_d > \rho_m \end{cases} \tag{9.12}$$

式中：e 和 f 为试验参数，对于本次试验而言，其值分别为 17.8 和 −27.1；ρ_m 为界限干密度，对于本次试验而言，其值为 15.23kN/m³。

这样无荷载膨胀率与含水率、干密度的关系可以用以下统一的公式表示，即

当 $\rho_d \leqslant \rho_m$ 时　　　　　　　　$V_h = \left(c\dfrac{\rho_d}{\rho_w} + d\right)w_r$

当 $\rho_d > \rho_m$ 时　　　　　　$V_h = \left(c\dfrac{\rho_d}{\rho_w} + d\right)w_r + e\dfrac{\rho_d}{\rho_w} + f \tag{9.13}$

对于本次试验而言，其公式为

当 $\rho_d \leqslant 15.23$kN/m³ 时　　　$V_h = \left(48.3\dfrac{\rho_d}{\rho_w} - 50.5\right)w_r$

当 $\rho_d > 15.23$kN/m³ 时　　　$V_h = \left(48.3\dfrac{\rho_d}{\rho_w} - 50.5\right)w_r + 17.8\dfrac{\rho_d}{\rho_w} - 27.1 \tag{9.14}$

2. 上覆压力与膨胀率的计算模式

关于上覆压力与膨胀率的关系目前已经提出了许多计算公式。Gysel 的一维膨胀理论认为，在弹性范围内，在有侧限的情况下，根据弹性理论和经验公式可以得到垂直向的膨胀率，可以用以下公式计算，即

$$V_{hp} = V_h \left(1 - \frac{\ln\sigma_z}{\ln\sigma_{max}} \right) \tag{9.15}$$

式中：V_{hp} 为在压力作用下的膨胀率；V_h 为无荷载下的膨胀率；σ_z 为作用于土体的垂直向的应力；σ_{max} 为膨胀率为 0 时的垂直最大应力。

刘特洪（1997）提出压力作用下膨胀变形按照以下公式计算，即

$$V_{hp} = A\ln \frac{\sigma_{max}}{\sigma_z} \tag{9.16}$$

式中：A 为参数，与含水率有关；σ_{max} 为膨胀变形为 0 时的最大膨胀压力，对于同一种土，其只与初始含水率有关。

徐永福、史春乐（1997）提出膨胀率与压力的关系为

$$V_{hp} = a \left(\frac{\sigma_z + p_a}{p_a} \right)^{-b} \tag{9.17}$$

式中：a 和 b 为试验参数；p_a 为大气压力。

李献民（2003）提出的计算公式为

$$V_{hp} = 10^{A + B\sigma_z} \tag{9.18}$$

式中：A 和 B 为试验参数。

式（9.15）各参数均有明确的物理意义，能较好地表示膨胀率随压力减少的规律，但是公式在上覆压力为 0 时无意义，不能反映无荷载膨胀率的计算问题；式（9.16）同样不能反映压力为 0 时的膨胀率的计算问题。式（9.17）和式（9.18）均可以表示膨胀率随压力增加而减少的规律，但是式（9.18）将压力作为指数项，其值的少许变化对膨胀率的影响极大，不利于拟合参数的稳定性；式（9.17）将压力通过与大气压力的比值使之无量纲化，且可以反映压力为 0 时膨胀率的情况。因此本研究以式（9.17）来对膨胀率与上覆压力的关系进行拟合。

式（9.17）中当压力为 0 时，膨胀率值等于参数 a，因此 a 值的物理意义应该是无荷载膨胀率值，这样 a 值就可以确定了。而 b 值随初始含水率、初始干密度的不同而不同，需要由试验确定。这样实际上式（9.17）中只有一个参数。张颖钧（1994）已经证明该式可以很好地反映膨胀率与压力的关系。用式（9.17）对本次试验结果进行拟合，如图 9.74 所示。图中也表明式（9.17）可以很好地拟合试验结果，说明式（9.17）是合理的。

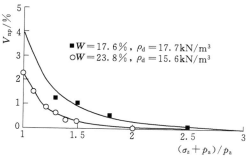

图 9.74 不同上覆压力下的膨胀率试验值以及对试验值的拟合曲线

3. 考虑初始干密度与含水率耦合情况下膨胀率的计算模式

将式（9.13）和式（9.17）两式联立，就可以得到考虑初始含水率、初始干密度和上

覆应力耦合作用的膨胀率计算模式为

当 $\rho_d \leqslant \rho_m$ 时

$$V_{hp} = \left(c\frac{\rho_d}{\rho_w} + d \right) w_r \left(\frac{\sigma_z + p_a}{p_a} \right)^{-b}$$

当 $\rho_d > \rho_m$ 时

$$V_{hp} = \left[\left(c\frac{\rho_d}{\rho_w} + d \right) w_r + e\frac{\rho_d}{\rho_w} + f \right] \left(\frac{\sigma_z + p_a}{p_a} \right)^{-b} \tag{9.19}$$

式中：c、d、e、f 和 b 为试验参数。

9.7.3　增湿情况下膨胀土侧限膨胀率计算模式

1. 先增湿后加压路径

将相同初始含水率不同起始干密度的分级浸水（增湿）过程线（图 9.14）中的含水率与膨胀率点绘曲线，如图 9.75 所示。

其膨胀率随含水率的增加量的变化规律可用式（9.20）表示，即

$$\delta_{zp} = \frac{a(w - w_0)}{b(w - w_0) + 1} \tag{9.20}$$

式中：a 和 b 为试验参数；w_0 为初始含水率；w 为某级浸水稳定后试样含水率。对于本次试验，各系数的值见表 9.12。

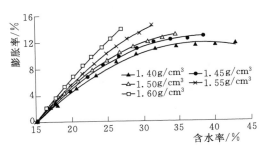

图 9.75　不同初始干密度试样在分级浸水过程中含水率与膨胀率关系曲线

（初始含水率 15.1%）

表 9.12　试验参数 a 和 b 的值

初始干密度/(g/cm^3)	a	b	相关系数 R^2
1.40	1.4622	0.0816	0.9924
1.45	1.4146	0.0630	0.9958
1.50	1.3865	0.0521	0.9988
1.55	1.3335	0.0298	0.9994
1.60	1.2964	0.0086	1.0000

由于试验前试样的初始含水率为同一值 15.1%，只有初始干密度不同，且试验过程中其他条件一致，所以对式（9.20）的影响只有初始干密度，所以把初始干密度与水的密度的比值分别与 a、b 绘制成关系曲线，如图 9.76 和图 9.77 所示。

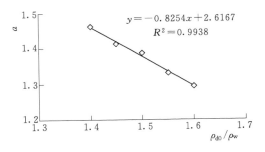

图 9.76　a 与 ρ_{d0}/ρ_w 的关系曲线

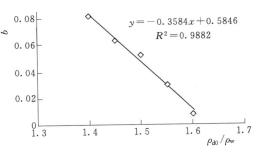

图 9.77　b 与 ρ_{d0}/ρ_w 的关系曲线

从图 9.76 和图 9.77 中可以得到，ρ_{d0}/ρ_w 与 a、b 的关系可以用直线方程分别表示为

$$a = A\frac{\rho_{d0}}{\rho_w} + B \tag{9.21}$$

$$b = C\frac{\rho_{d0}}{\rho_w} + D \tag{9.22}$$

式中：A、B、C 和 D 为试验参数；ρ_{d0} 为试样初始干密度；ρ_w 为水在 4℃ 时的密度。对于本次试验而言，其值分别为 -0.8254、2.6167、-0.3584 和 0.5846。

这样，膨胀土无荷自由浸水情况下，其膨胀率与含水率增加量、初始干密度的关系可以用以下统一的公式表达为

$$\delta_{zp} = \frac{\left(A\dfrac{\rho_{d0}}{\rho_w} + B\right)(w - w_0)}{\left(C\dfrac{\rho_{d0}}{\rho_w} + D\right)(w - w_0) + 1} \tag{9.23}$$

从式（9.23）可以看到，当含水率的增加量为 0 时，即不浸水时，其膨胀率为 0；若含水率增加到试样的饱和含水率时，其膨胀率为无荷自由状态下的最大膨胀率。

当膨胀土在无荷情况下浸水变形稳定后，对其进行加压压缩，各试样的膨胀率变化随着垂直压力的增大而减小，其压力与膨胀率的试验结果关系，如图 9.78 所示，其膨胀率与压力的关系存在以下规律，即

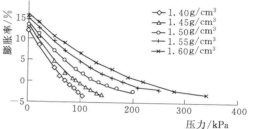

图 9.78　不同初始干密度分级浸水饱和后压缩试验的压力与膨胀率的关系曲线（初始含水率 15.1%）

$$\delta_{hy} = \frac{a + b\dfrac{p}{p_a}}{1 + c\dfrac{p}{p_a}} \tag{9.24}$$

式中：a、b 和 c 为试验参数；p_a 为大气压。从式（9.24）可以得到，当压力为 0 时，其值为无荷自由状态下的最大膨胀率。

对于本次试验，式（9.24）中各系数值见表 9.13。

表 9.13　试验参数 a、b 和 c 的值

初始干密度/(g/cm³)	a	b	c	相关系数 R^2
1.40	12.0801	-16.5659	0.6850	0.9968
1.45	13.3459	-14.1148	0.5895	0.9970
1.50	13.6954	-10.1073	0.5542	0.9973
1.55	14.9693	-8.2218	0.4528	0.9979
1.60	15.7721	-6.9840	0.3493	0.9985

把初始干密度与水的密度之比值分别与 a、b、c 绘制成关系曲线，如图 9.79～图 9.81 所示。

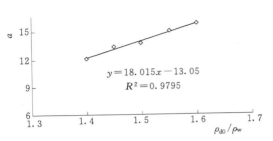

图 9.79　a 与 ρ_{d0}/ρ_w 的关系曲线

从图中可以得到，ρ_{d0}/ρ_w 与 a、b 和 c 的关系可以用直线方程分别表示为

$$a = E_1 \frac{\rho_{d0}}{\rho_w} + F_1 \qquad (9.25)$$

$$b = E_2 \frac{\rho_{d0}}{\rho_w} + F_2 \qquad (9.26)$$

$$c = E_3 \frac{\rho_{d0}}{\rho_w} + F_3 \qquad (9.27)$$

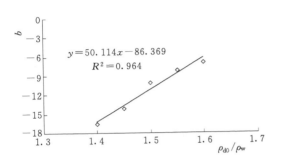

图 9.80　b 与 ρ_{d0}/ρ_w 的关系曲线

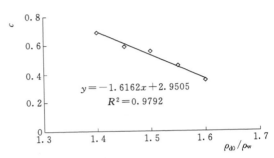

图 9.81　c 与 ρ_{d0}/ρ_w 的关系曲线

事实上，各试样的 a 应为该试样在无荷情况下增湿引起的最大膨胀率，即

$$\delta_{\text{maxzp}} = a = E_1 \frac{\rho_{d0}}{\rho_w} + F_1 = \frac{\left(A\dfrac{\rho_{d0}}{\rho_w} + B\right)(w_m - w_0)}{\left(C\dfrac{\rho_{d0}}{\rho_w} + D\right)(w_m - w_0) + 1} \qquad (9.28)$$

这样，膨胀土在增湿后进行压缩的情况下，其膨胀率与垂直压力、初始干密度的关系可以用以下统一的公式表达为

$$\delta_{\text{hy}} = \frac{\delta_{\text{maxzp}} + \left(E_2 \dfrac{\rho_{d0}}{\rho_w} + F_2\right)\left(\dfrac{p}{p_a}\right)}{\left(E_3 \dfrac{\rho_{d0}}{\rho_w} + F_3\right)\left(\dfrac{p}{p_a}\right) + 1} \qquad (9.29)$$

2. 先压缩后增湿路径

膨胀土在上覆荷载作用下的膨胀量的计算模式较多，但这些计算模式都是针对不同初始含水率或不同初始干密度的膨胀土而言的。在实际情况下，膨胀土的膨胀变形是由于膨胀土体含水率的逐渐增加而引起的，膨胀土在这一增湿过程中膨胀变形如何变化，这一增湿过程中的膨胀变形如何计算，这方面的研究成果目前还不多见。本节将在这方面进行一些尝试。

同种试样在不同压力作用下进行增湿过程中，各试样的膨胀率随着试样含水率的增大而发生变化，试验结果如图 9.82 所示。

在较大压力下，随着含水率的增大，试样的膨胀率开始时稍有增加后又减小而表现为压缩变形，在压力较小时，试样的变形基本上是随着含水率的增加而增大，在含水率增加

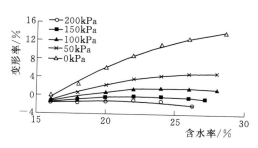

图 9.82 同种试样在不同压力下膨胀率与
含水率关系曲线（初始干密度 1.55g/cm³
初始含水率 16.1%）

到饱和状态时，膨胀变形趋于稳定。在这一过程中含水率的累积增加量与膨胀率的变化规律基本符合式（9.30），即

$$\delta_{yp} = a(w-w_0)^2 + b(w-w_0) + c \qquad (9.30)$$

式中：a、b、c 为试验参数；w_0 为初始含水率；w 为某级浸水稳定后试样含水率。从式（9.30）可见，当试样未浸水时，式（9.30）的值为压力作用下的试样压缩率。对于本次试验，式（9.30）中各系数的值见表 9.14。

由于试验前试样的初始含水率和初始干密度各为同一值，只是压力不同，其他条件一致，所以对式（9.30）的影响只有试样上作用的垂直压力，把垂直压力与大气压强 p_a 之比值分别与 a、b、c 绘制成关系曲线，如图 9.83～图 9.85 所示。

表 9.14   试验参数 a、b 和 c 的值

压力/kPa	a	b	c	相关系数 R^2
50	−0.0423	1.0175	−1.0471	0.9982
100	−0.0344	0.6431	−1.2726	0.9954
150	−0.0330	0.4524	−1.6253	0.9968
200	−0.0263	0.2391	−1.7230	0.9507

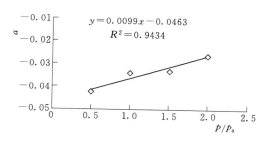

图 9.83 a 与 p/p_a 的关系曲线

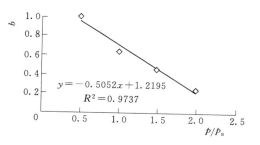

图 9.84 b 与 p/p_a 的关系曲线

从图 9.83～图 9.85 中可以得到，p/p_a 与 a、b、c 可以用直线方程分别表示为

$$a = a_3 \frac{p}{p_a} + b_3 \qquad (9.31)$$

$$b = c_1 \frac{p}{p_a} + d_1 \qquad (9.32)$$

$$c = e_1 \frac{p}{p_a} + f_1 \qquad (9.33)$$

式中：a_3、b_3、c_1、d_1、e_1 和 f_1 为试验参数；对于本次试验而言，其值分别为 0.0099、

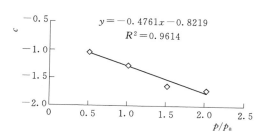

图 9.85 c 与 p/p_a 的关系曲线

-0.0463、-0.5052、1.2195、-0.4761 和 -0.8219。

这样，膨胀土在有垂直压力作用的浸水情况下，其膨胀率与垂直压力、含水率的关系可以用以下统一的公式表达为

$$\delta_{yp} = \left(a_3\frac{p}{p_a} + b_3\right)(w - w_0)^2 + \left(c_1\frac{p}{p_a} + d_1\right)(w - w_0) + e_1\frac{p}{p_a} + f_1 \tag{9.34}$$

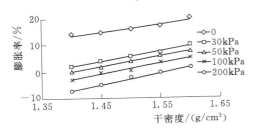

图 9.86　不同压力下初始干密度
与膨胀率关系曲线
（初始含水率 15.1%）

不同起始干密度相同初始含水率的试样在先加压且压缩稳定后浸水膨胀试验结果如图 9.8~图 9.12 所示，将这些试验结果进行整理，其变化规律具有很好的线性关系（图 9.86）。特点是：在同一干密度下，压力越小，膨胀率越大，但在同一压力下随着起始干密度的增大，膨胀率也增大。

在先有压力作用后进行浸水的最大膨胀率和初始干密度与水的密度之比值的变化规律，可用以下线性关系形式表示为

$$\delta_{maxyp} = a\frac{\rho_{d0}}{\rho_w} + b \tag{9.35}$$

式中：δ_{maxyp} 为有压力作用后进行浸水的最大膨胀率，%；a 和 b 为试验参数。

对于本次试验，a 和 b 的值见表 9.15。

表 9.15　　　　　　　　　　　　　　试验参数 a 和 b 的值

压力 p/kPa	a	b	R^2
30	38.43	-51.97	0.9926
50	39.03	-54.76	0.9952
100	41.02	-60.36	0.9838
200	43.40	-67.89	0.9897

由于试验前试样的初始含水率为同一值，只有作用在各试样上的压力不同，且试验过程中其他条件一致，所以对式（9.35）的影响只有试样上作用的垂直压力，把垂直压力与大气压力 p_a 的比值分别与 a、b 绘制成关系曲线，如图 9.87 和图 9.88 所示。

从图 9.87 和图 9.88 中可以得到，p/p_a 与 a 和 b 可以用直线方程分别表示为

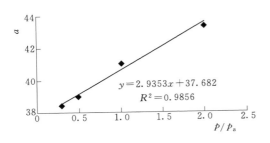

图 9.87　a 与 p/p_a 的关系曲线

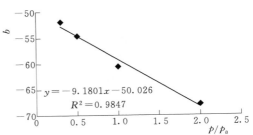

图 9.88　b 与 p/p_a 的关系曲线

$$a = G\frac{p}{p_a} + H \tag{9.36}$$

$$b = N\frac{p}{p_a} + M \tag{9.37}$$

式中：G、H、N 和 M 为试验参数；对于本次试验而言，其值分别为 2.9353、37.682、-9.1801 和 -50.026。

这样，膨胀土在垂直压力作用进行浸水的情况下，其最大膨胀率与初始干密度、垂直压力的关系可以用以下统一的公式表达为

$$\delta_{\text{maxyp}} = \left(G\frac{p}{p_a} + H\right)\frac{\rho_{d0}}{\rho_w} + N\frac{p}{p_a} + M \tag{9.38}$$

9.7.4 膨胀土三轴应力条件下增湿变形计算模式

从分级浸水试验的体应变与含水率的关系曲线可以看到（图 9.24），在不同应力状态下，其形状和变化规律与在侧限条件下分级浸水的曲线形状完全一致，也可以用以下的关系式进行拟合，即

$$\varepsilon_v = -\frac{a(w-w_0)}{1+b(w-w_0)} \tag{9.39}$$

式中：w_0 为初始含水率；w 为某级浸水稳定后试样含水率；"$-$"表示膨胀变形。各曲线拟合后各应力状态下的系数 a 和 b 见表 9.16。

表 9.16　　　　　　　　　　试验参数 a 和 b 的值

球应力/kPa	a	b	相关系数 R^2
0.00	1.9261	0.0445	0.9999
13.33	1.5055	0.0460	0.9788
26.67	1.1677	0.0470	0.9976
40.00	0.9731	0.0487	0.9972
53.33	0.7319	0.0495	0.9994
66.67	0.4700	0.0510	0.9682

三轴分级浸水试验中，各试样的初始含水率及其初始干密度分别为 13.9% 和 1.54g/cm³。试验其他条件一致，所以只有球应力和含水率对试验结果有直接的影响，把上述各系数和球应力与大气压的比值进行回归拟合，其规律呈线性趋势变化，如图 9.89 和图 9.90 所示。

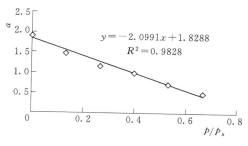

图 9.89　a 与 p/p_a 关系曲线

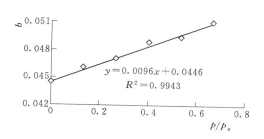

图 9.90　b 与 p/p_a 关系曲线

从图 9.89 和图 9.90 中可以得到，p/p_a 与 a 和 b 的关系可以用以下直线方程分别表示为

$$a = A\frac{p}{p_a} + B \tag{9.40}$$

$$b = C\frac{p}{p_a} + D \tag{9.41}$$

这样，在三轴分级浸水试验中，膨胀土的体应变与球应力、含水率的关系可用统一的关系式表达为

$$\varepsilon_v = -\frac{\left(A\dfrac{p}{p_a} + B\right)(w - w_0)}{1 + \left(C\dfrac{p}{p_a} + D\right)(w - w_0)} \tag{9.42}$$

式中：p 为球应力；p_a 为大气压强；w 为含水率；A、B、C 和 D 为试验参数，对于本次试验，其值分别为 -2.991、1.8288、0.0096 和 0.0446。

而试样在相同含水率的情况下，剪应变随着剪应力的增加而减小，剪应变与剪应力的关系曲线如图 9.30 所示，对图中曲线进行了数学拟合，得到剪应变与剪应力的以下变化规律，即

$$\frac{q}{p_a} = a\ln(\varepsilon_s) + b \tag{9.43}$$

式中：a 和 b 为试验参数；q 为剪应力，kPa；p_a 为大气压强，kPa，其值取 100kPa。

各曲线拟合后各含水率下的系数 a 和 b 见表 9.17。

表 9.17　　　　　　　　　　　　　　试验参数 a 和 b 的值

含水率/%	a	b	R^2
16.7	-0.3588	0.1748	0.9889
19.6	-0.4396	0.4318	0.9862
22.3	-0.4399	0.5793	0.9838
25.0	-0.4406	0.6595	0.9869
27.8	-0.4692	0.7622	0.9886
30.6	-0.4845	0.8260	0.9838
32.4	-0.4734	0.8408	0.9829

表 9.17 中系数 a 和 b 分别与含水率的变化规律如图 9.91 和图 9.92 所示，对其进行回归拟合后可表示为

$$a = Sw + K \tag{9.44}$$
$$b = Hw^2 + Rw + T \tag{9.45}$$

式中：S、K、H、R 和 T 为试验参数，对于本次试验而言其值分别为 -0.006、-0.2938、-0.0025、0.1611 和 -1.8127。

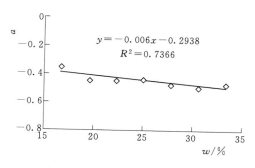

图 9.91　a 与含水率关系曲线

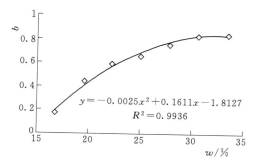

图 9.92　b 与含水率关系曲线

这样，试样在三轴分级浸水增湿试验中，膨胀土的剪应变与剪应力、含水率的关系可用下列的关系式进行表述，即

$$\frac{q}{p_a} = (Sw + K)\ln(\varepsilon_s) + Hw^2 + Rw + T \tag{9.46}$$

可见在三轴增湿试验中，不同应力状态下，试样增湿到相同含水率时的剪应力与剪应变的对数呈线性相关关系。

同样，在相同含水率的情况下，体应变随着球应力的增加而减小，球应力与体应变的对数也有以下的线性关系，即

$$\frac{p}{p_a} = a\ln(-\varepsilon_v) + b \tag{9.47}$$

式中：a 和 b 为试验参数；p 为球应力，kPa；p_a 为大气压强，kPa，其值取 100kPa。

各曲线拟合后各含水率下的系数 a 和 b 见表 9.18。

表 9.18　　　　　　　　　　　　　试验参数 a 和 b 的值

含水率/%	a	b	R^2
16.7	−0.5285	0.7387	0.9941
19.6	−0.5182	1.1266	0.9865
22.3	−0.4896	1.2406	0.9803
25.0	−0.4653	1.2717	0.9810
27.8	−0.4728	1.3583	0.9881
30.6	−0.4648	1.3826	0.9872
32.4	−0.4360	1.3420	0.9828

表 9.18 中系数 a 和 b 分别与含水率的变化规律见图 9.93 和图 9.94，对其进行拟合后可表示为

$$a = S_1 w + K_1 \tag{9.48}$$
$$b = H_1 w^2 + R_1 w + T_1 \tag{9.49}$$

式中：S_1、K_1、H_1、R_1 和 T_1 为试验参数，对于本次试验而言其值分别为 0.0052、−0.6115、−0.0038、0.2238 和 −1.8731。

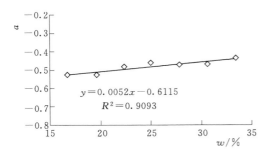

图 9.93　a 与含水率关系曲线

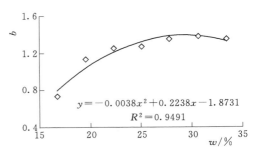

图 9.94　b 与含水率关系曲线

这样，试样在三轴分级浸水增湿试验中，膨胀土的体应变与球应力、含水率的关系可用下列的关系式进行表述，即

$$\frac{p}{p_a} = (S_1 w + K_1)\ln(\varepsilon_v) + H_1 w^2 + R_1 w + T_1 \tag{9.50}$$

可见在三轴增湿试验中，不同应力状态下，试样增湿到相同含水率时的球应力与体应变的对数也呈线性相关关系。

分级浸水过程中，试样的吸力也随试样的体积变化而变化，见图 9.27，从图中可以看到，在相同含水率的情况下，试样的孔隙水压力随着体应变的增大而增大，也就是说，孔隙水压力随着试样体积的增加而减小。从图中可见，含水率越小，试样的孔隙水压力越小。通过对孔隙水压力与体应变变化关系的分析得到，其关系符合以下的规律，即

$$\frac{U_w}{p_a} = -(a\varepsilon_v + b) \tag{9.51}$$

式中：U_w 为试样的孔隙水压力；p_a 为大气压强；a 和 b 为试验参数。

通过对各试样的变化曲线进行拟合后得到的各含水率下的系数 a 和 b 见表 9.19。

表 9.19　　　　　　　　　　　　　试验参数 a 和 b 的值

含水率/%	a	b	R^2
16.7	−0.0586	0.0905	0.9811
19.6	−0.0433	−0.0942	0.9913
22.3	−0.0352	−0.2321	0.9849
25.0	−0.0310	−0.2981	0.9996
27.8	−0.0275	−0.338	0.9954
30.6	−0.0252	−0.3788	0.9937
32.4	−0.0241	−0.4105	0.9980

将 a 值与含水率的关系绘制成关系曲线，如图 9.95 所示；将 b 值与含水率的关系绘制成关系曲线，如图 9.96 所示。

从图 9.95 和图 9.96 中可以得到，含水率与 a 可以用二次抛物线表示为

$$a = Mw^2 + Nw + R \tag{9.52}$$

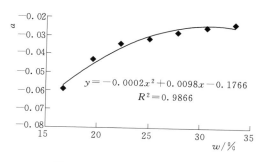

图 9.95 a 与含水率关系曲线

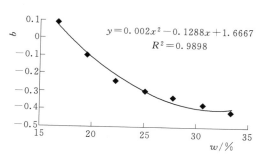

图 9.96 b 与含水率关系曲线

含水率与 b 可以用二次抛物线表示为

$$b = M_1 w^2 + N_1 w + R_1 \tag{9.53}$$

式中：M、N、R、M_1、N_1 和 R_1 为试验参数，对于本次试验其值分别为 -0.0002、0.0098、-0.1766、0.002、-0.1288 和 1.6667。

这样，试样孔隙水压力与体应变、含水率的关系可以用以下统一的公式表示为

$$\frac{U_m}{p_a} = -\{(Mw^2 + Nw + R)\varepsilon_v + M_1 w^2 + N_1 w + R_1\} \tag{9.54}$$

通过对试验资料的整理，绘制了孔隙水压力与球应力的关系曲线，如图 9.97 所示。

从图 9.97 中可以看到，随着球应力的增大，试样的孔隙水压力在逐渐增大，其变化规律基本符合如下的线形方程：

$$\frac{U_w}{p_a} = -\left(a\frac{p}{p_a} + b\right) \tag{9.55}$$

式中：U_w 为试样的孔隙水压力；p_a 为大气压强；a 和 b 为试验参数。

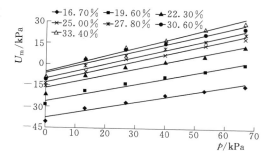

图 9.97 孔隙水压力与球应力的关系曲线

通过对各试样的变化曲线进行拟合后得到的各含水率下的系数 a 和 b 见表 9.20。

表 9.20 试验参数 a 和 b 的值

含水率/%	a	b	R^2
16.7	-0.371	0.38029	0.9787
19.6	-0.411	0.26267	0.9694
22.3	-0.462	0.17000	0.947
25.0	-0.504	0.12952	0.9682
27.8	-0.515	0.10114	0.9608
30.6	-0.526	0.06605	0.9514
33.4	-0.57	0.05557	0.9726

将 a 值与含水率的关系绘制成关系曲线，如图 9.98 所示；将 b 值与含水率的关系绘制成关系曲线，如图 9.99 所示。

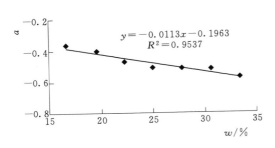

图 9.98　a 与含水率关系曲线

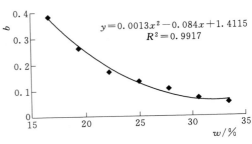

图 9.99　b 与含水率关系曲线

从图 9.98 中可以看到，随着含水率的增大，a 的值变化范围为 $-0.371 \sim -0.57$，其值与含水率呈线性变化规律，其线性规律可表示为

$$a = A_1 w + B_1 \tag{9.56}$$

式中：A_1 为 -0.0113；B_1 为 -0.1963。

从图 9.99 中可以看到，随着含水率的增大，b 的值随着含水率的增大呈抛物线形的规律而降低，其抛物线方程可以表示为

$$b = J w^2 + L w + K \tag{9.57}$$

式中：J、L 和 K 为试验参数，对于本次试验，其值分别为 0.0013、-0.084 和 1.4115。

这样，在三轴浸水试验中，试样的吸力与球应力、含水率的关系方程可用以下统一的公式进行表示，即

$$\frac{U_w}{p_a} = -\left\{ (A_1 w + B_1)\frac{p}{p_a} + J w^2 + L w + K \right\} \tag{9.58}$$

9.8　膨胀土增湿变形条件下的有效应力

9.8.1　吸力与剪应变、吸力与球应变曲线确定

从三轴增湿试验结果（图 9.26）含水率与孔隙水压力关系曲线中可以看到，此时的孔隙水压力不能代表吸力，因为试样还含有一定的孔隙气压力。根据土样饱和时吸力为 0 这一原则，对于图 9.26 中曲线进行校正，从而得到含水率与吸力关系曲线（图 9.100），同时可得剪应力与吸力关系曲线（图 9.101）、体应变与吸力关系曲线（图 9.102）。

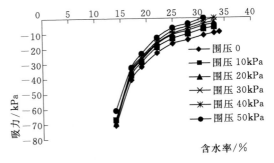

图 9.100　含水率与吸力关系曲线

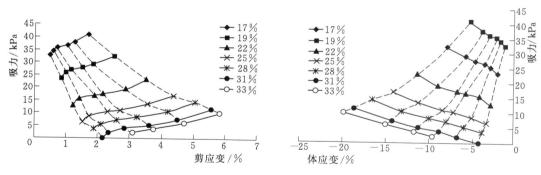

图 9.101 剪应变与吸力关系曲线

图 9.102 体应变与吸力关系曲线

9.8.2 膨胀土在增湿变形条件下的有效应力

将试验曲线图 9.30 和图 9.101 对应数值代入式（2.107）整理后绘出增湿条件下有效剪应力曲线（图 9.103）。

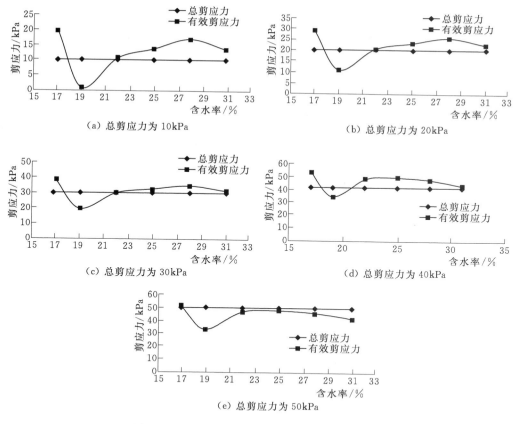

图 9.103 非饱和膨胀土增湿条件下有效剪应力

将试验曲线（图 9.29 和图 9.102）代入式（2.104）整理后绘出增湿条件下有效球应力曲线（图 9.104）。

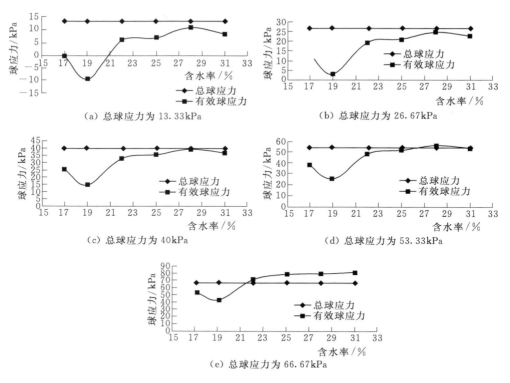

图 9.104　非饱和膨胀土增湿条件下有效球应力

从图 9.103 和图 9.104 可以看出，膨胀土增湿膨胀过程中，当总应力不变时，有效剪应力和有效球应力都是随含水率增加先减小，然后逐渐增大；当土体饱和时，有效应力等于总应力。所不同的是含水率增加到一定值之后，有效剪应力大于总剪应力。而有效球应力始终小于总球应力，只有土体达到饱和时有效球应力才等于总球应力。

9.9　膨胀土增湿变形计算模式的应用

徐永福等（1997）对宁夏盐环定工程某一膨胀土渠道地基开展了较为详细的研究，取得了宝贵的室内试验和现场浸水变形试验资料。本研究采用建立的膨胀土增湿变形计算模式对现场浸水变形试验工程进行计算，并与实测数据进行比较来验证所建立模式的适用性。

9.9.1　膨胀土渠道地基浸水变形试验的基本情况

该渠道膨胀土初始干密度，在渠底为 1.62g/cm³、渠腰为 1.61g/cm³、渠臂为 1.59g/cm³，初始含水率分别为 23.3%、23.1% 和 23.0%；上覆压力，在渠底为 10.6kPa、渠腰为 10.6kPa、渠臂为 0；浸水饱和土层的厚度分别是渠底垂直方向为 470mm、渠腰垂直方向和水平方向均为 230mm、渠臂垂直方向为 250mm 和水平方向为 220mm。浸水变形试验的现场实测值见表 9.21。

9.9.2 膨胀土渠道地基土性室内试验资料简介

徐永福等在相关文献中列出了这些试验资料，具体如下。

1. 基本性质资料

该工程膨胀土的基本特性见表9.21。

表 9.21 工程膨胀土的基本特性表

相对密度	塑限	液限	塑性指数	天然含水率/%	颗粒组成/%				自由膨胀率/%	膨胀力/kPa
					砂粒	粉粒	黏粒	胶粒		
2.68	25.4	45.0	20.0	17.8	22.0	57.0	18.0	16.5	55.5	101

2. 热差分析和X射线衍射分析资料

热差分析（图9.105）和X射线衍射分析（图9.106）表明，该工程膨胀土的主要矿物成分是蒙脱石、凹凸棒石、水云母、高岭石和绿泥石等，在威廉姆斯分类图上［图9.107（a）］，该膨胀土属于中等膨胀性，而在塑性分类图上［图9.107（b）］，该膨胀土则表现为弱膨胀性。因此，该膨胀土的膨胀等级是弱-中膨胀性。

3. 变形试验资料

上述文献给出了10kPa、20kPa和30kPa压力下的初始含水率分别为17.3%、19.3%、21.3%、23.3%和25.3%的变形试验结果，见表9.22。

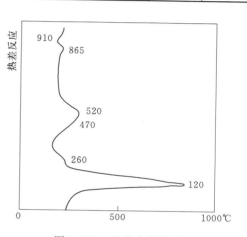

图 9.105 差热分析结果

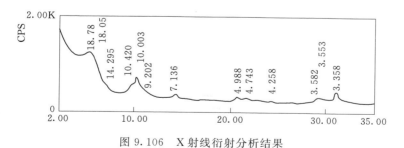

图 9.106 X射线衍射分析结果

9.9.3 计算模式选用

依据宁夏膨胀土渠道地基的室内试验和现场浸水变形试验情况，选取式（9.59）作为该问题的计算模式，即

$$\delta = \left(G \frac{p}{p_a} + H \right) \frac{\rho_{d0}}{\rho_w} + N \frac{p}{p_a} + M \qquad (9.59)$$

式中：G、H、N 和 M 分别为试验参数。

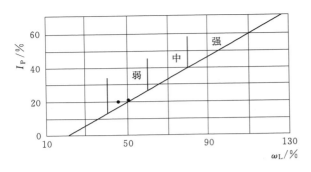
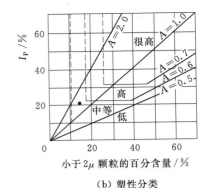

（a）威廉姆斯分类　　　　　　　　　　　（b）塑性分类

图 9.107　膨胀土分类

　　将式（9.59）对徐永福等（1997）所给出的 10kPa、20kPa 和 30kPa 压力下的初始含水率分别为 17.3%、19.3%、21.3%、23.3% 和 25.3% 的试验结果进行了拟合，得到不同初始含水率下的计算模式，见表 9.22。

表 9.22　　　　　　　　　　　　宁夏膨胀土在不同初始含水率下的计算模式

初始含水率/%	计 算 模 式
17.3	$\delta = \left(0.25\dfrac{p}{p_a}+18.667\right)\dfrac{\rho_{d0}}{\rho_w}-0.5575\dfrac{p}{p_a}-18.72$
19.3	$\delta = \left(0.15\dfrac{p}{p_a}+15.333\right)\dfrac{\rho_{d0}}{\rho_w}-0.4015\dfrac{p}{p_a}-14.02$
21.3	$\delta = \left(0.3\dfrac{p}{p_a}+8.0\right)\dfrac{\rho_{d0}}{\rho_w}-0.628\dfrac{p}{p_a}-3.18$
23.3	$\delta = \left(0.25\dfrac{p}{p_a}+5.0\right)\dfrac{\rho_{d0}}{\rho_w}-0.5475\dfrac{p}{p_a}+1.05$
25.3	$\delta = \left(0.35\dfrac{p}{p_a}-0.6667\right)\dfrac{\rho_{d0}}{\rho_w}-0.7035\dfrac{p}{p_a}+9.34$

　　用表 9.22 中的计算模式对宁夏膨胀土进行计算，并与室内试验数据进行比较，见表 9.23。从表 9.23 中可以看出，计算数据与试验数据符合得较好，两者的最大相对误差值为 7.4%，证明了本研究提出的计算模式是可以用于该问题计算的。

表 9.23　　　　　　　　　宁夏膨胀土在不同初始含水率下的计算与试验结果比较表

初始干密度 /(g/cm³)	初始含水率 /%	膨胀率数据类别 /%	压力/kPa		
			10	20	30
1.51	17.3	试验膨胀量	7.8	5.6	4.2
		计算膨胀量	7.7	5.9	4.1
	19.3	试验膨胀量	7.5	5.4	4.0
		计算膨胀量	7.5	5.8	4.1
	21.3	试验膨胀量	7.3	5.1	3.8
		计算膨胀量	7.2	5.4	3.7

续表

初始干密度 /(g/cm³)	初始含水率 /%	膨胀率数据类别 /%	压力/kPa		
			10	20	30
1.51	23.3	试验膨胀量	7.0	5.0	3.6
		计算膨胀量	6.9	5.2	3.5
	25.3	试验膨胀量	6.7	4.6	3.2
		计算膨胀量	6.6	4.8	3.1
1.61	17.3	试验膨胀量	9.9	8.0	6.8
		计算膨胀量	9.8	8.2	6.7
	19.3	试验膨胀量	9.2	7.2	6.0
		计算膨胀量	9.1	7.6	6.1
	21.3	试验膨胀量	8.3	6.7	5.4
		计算膨胀量	8.3	6.8	5.4
	23.3	试验膨胀量	7.7	6.1	4.8
		计算膨胀量	7.7	6.2	4.8
	25.3	试验膨胀量	7.0	5.2	4.2
		计算膨胀量	6.9	5.5	4.1

9.9.4　宁夏膨胀土渠道地基计算

采用表 9.22 中初始含水率为 23.3% 所对应的计算模式对宁夏膨胀土渠道地基进行计算，并将计算的膨胀率与现场实测结果进行比较，见表 9.24。

表 9.24　　　　　　　　　　　　　计算值与现场实测值比较表

观测点 位置	干密度 /(g/cm³)	含水率 /%	压力 /kPa	饱和土层厚 /mm	位移方向	计算膨胀率 /%	位移量/mm	
							实测值	计算值
渠底	1.62	23.3	10.6	470	垂直	7.64	37.00	35.91
渠腰	1.61	23.1	3.6	230	垂直	8.58	15.14	19.73
				230	水平	8.58	18.90	19.73
渠臂	1.59	23.0	0	250	垂直	9.00	21.58	22.50
				220	水平	9.00	19.00	19.80

从表 9.24 可以看到，计算值和实测结果一致，这表明本研究提出的综合考虑初始含水率初始干密度和上覆压力三因素耦合变化的膨胀土变形计算模式，具有形式简单、无量纲化、准确性高、便于工程实践应用等特点，同时具有重要的应用价值。

第10章　膨胀土地基及渠道离心模型试验

10.1　离心模拟技术

离心力产生的机理是：如果一个物体以半径 r 和速率 v 绕中心轴做旋转运动，为了保持它按照这个轨道运动，那么需要给它一个大小为 v^2/r 或者 rw^2 的向心加速度，w 为角速度。为了产生这个向心加速度，必须给它一个大小为 mrw^2 的向心力，用 ng 表示就是

$$ng = \frac{mrw^2}{g}g \tag{10.1}$$

离心模拟试验中，模型尺寸取为原型的 $1/n$。为了使模型与原型对应点具有相同的应力状态，在材料模型和原型材料模量相同条件下，模型加速度必须是原型的 n 倍，即 ng。虽然模型和原型应力有这种线性对应关系，但其他物理量却不一定具有这种关系，表10.1列出了一些物理量的缩尺比例系数。

表 10.1　　　　　　　　　　离心模拟试验中常见物理量的缩尺比例

物理量	缩尺比例（原型：模型）	物理量	缩尺比例（原型：模型）
加速度	$1:N$	力	$NP^2P:1$
模型尺寸	$N:1$	位移	$N:1$
土体密度	$1:1$	时间（惯性）	$N:1$
土体单位重度	$1:N$	时间（固结和扩散）	$NP^2P:1$
应力	$1:1$	时间（黏滞流）	$1:1$
应变	$1:1$		

10.2　试验设备及测量仪器

10.2.1　LXJ-4-450 土工试验离心机

本研究的离心模拟试验在中国水利水电科学研究院 LXJ-4-450 大型土工离心模拟试验机上进行（图10.1）。离心机于1991年3月正式投入运行，近20年来承担了多项国家大型水利水电工程研究和试验研究。离心机主电动机功率为 700kW，主机动平衡性能好，试验吊篮容积大。转臂有效半径为 5.03m，模型沿长方向摆动，可以提高试验精度。数据传输系统采用光电滑环及无线网络数据传输相结合，配有多通道液压滑环（包括油、气和水环）。数据采集系统可以编程控制传感器测量。主控制台如图10.2所示。

离心机主要性能指标如下。

图 10.1 LXJ-4-450 大型土工离心模拟试验机

图 10.2 主控制台

最大加速度：$300g$。

有效负重：1.5t。

有效负荷：$450gt$。

最大半径：5.03m。

吊篮尺寸：1.5m×1.0m×1.2m（长×宽×高）。

驱动电机功率：700kW。

加速到 $300g$ 所需时长：15～20min。

设计连续工作时长：48h。

电源/信号通道数量：14/64。

离心机总重：58t。

10.2.2 土压力传感器

试验中共采用两种微型土压力传感器，即 BE10-KD 和 PS-B 系列。这两种传感器均由日本 KYOWA 株式会社制造。BE10-KD 系列直径 30mm、厚约 5mm，有效测量直径为 25mm，最大量程为 1MPa，如图 10.3 所示。PS-B 系列直径为 6mm，体形较小，如图 10.4 所示，应力测量范围为 200～7MPa。试验采用传感器的测量范围为 1MPa 和 2MPa 两种。在测量时，将其黏结在方形塑料薄片上，如图 10.5 所示。

图 10.3 BE10-KD 微型土压力传感器

10.2.3 位移传感器

采用常规线性差分位移传感器 LVDT 以及微型激光位移传感器（图 10.6）。

LVDT 为北京泰泽科技开发有限公司制造，采用量程为 ±10mm 和 ±15mm 两种传感器。前者尺寸为 ϕ12mm×112mm，后者尺寸为 ϕ12mm×155.5mm，线性精度为 0.2%。整体密封，防水，耐水压 15kg/cm²。

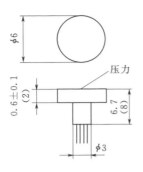

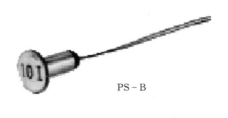

图 10.4　PS-B 系列微型土压力传感器尺寸示意图（单位：mm）

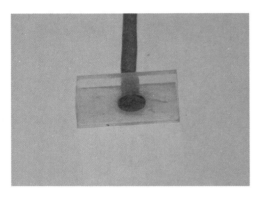

图 10.5　黏结在塑料板上的
PS-B 微型土压力传感器

激光位移传感器为英国 Wenglor 公司制造，采用型号为 06YPMGVL80，标定输入电压为 18～30V，实测输入电压为 24V。测量范围为 40～60mm，误差在 ±0.02mm 内，线性精度为 0.5%。

10.2.4　模型箱及加水装置

模型箱内尺寸为 1350mm × 740mm × 690mm（长×宽×高）。箱内中部位置沿长度方向设置了高 500mm、厚 20mm 的钢挡板（图 10.7），将模型箱空间阻隔为两部分，一侧有支撑杆，支撑杆连接挡板并固定在模型箱壁上，另一侧为模型空间。为进一步减小模型尺寸，紧贴模型箱壁放置了一个大小合适的铁箱（定制）。最后模型制作空间为 655mm×400mm×500mm（500mm 为挡板高度）。

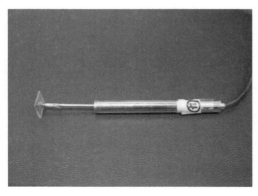

（a）LVDT

（b）Wenglor 激光位移计

图 10.6　位移传感器

加水装置包括进水箱、旋转水箱和水管。进水箱采用 2mm 白铁皮制作；旋转水箱为

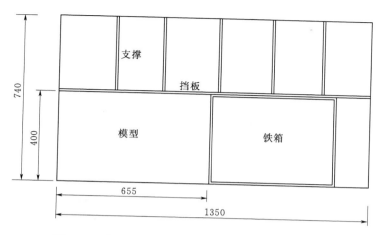

图 10.7 模型箱结构示意图（俯视图）（单位：mm）

同心圆形，内圆穿过离心机转轴并固定在转臂上，如图 10.8 所示；加水排管采用直径约 30mm 的普通不锈钢管，长约 30mm，并沿长度方向布置数十个小孔，目的是防止试验中离心加速形成的高速水流直接冲击模型表面；加水排管固定在模型箱上，进水箱到旋转水箱再到排管之间由普通塑料软管连接。

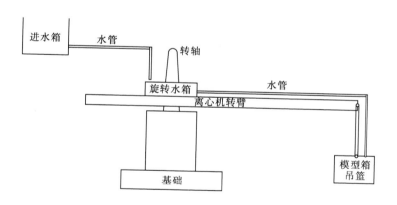

图 10.8 加水装置示意图

10.3 非饱和土基质吸力量测研究

10.3.1 基质吸力传感器

试验室中测量非饱和土基质吸力常用的仪器和方法有压力板、张力计、轴平移法、滤纸法（可测量基质吸力和总吸力）和露点法等；现场有 TDR 法、FDR、热传导传感器及张力计等。一些现场测量方法也常用于试验室。基质吸力的测量仪器和方法仍在不断研制和改进中。笔者曾分析比较了离心模拟试验中采用的几种吸力传感器。

在离心模拟试验中，测量饱和土的正孔隙水压力，较多采用英国 DRUCK 公司制造的基质吸力微型孔隙压力传感器（图 10.9）。这种微型孔压传感器广泛使用于离心模拟试验中测量水压力。1990 年，德国、英国、丹麦、意大利及法国的 5 所离心模拟试验室曾对基质吸力孔隙水压力传感器在离心模拟试验中的应用展开联合研究。他们在试验中测得了孔隙水压力从负值变为正值并达到稳定的变化过程。Deshpande 和 Muraleetharan 考察了采用不同饱和液体时基质吸力传感器测量基质吸力的性能，并在静态和动态离心模拟试验中采用基质吸力传感器测量基质吸力。在测量较高基质吸力时，需要替换基质吸力传感器的陶瓷滤水石，这极易损坏传感器。针对此情况，Take 和 Bolton 利用微型 Entran EPB 压力传感器制成了应用于离心模拟中测量较高吸力的微型张力计。

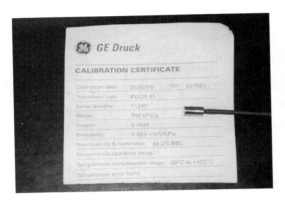

图 10.9　基质吸力微型孔隙压力传感器

图 10.10 是基质吸力传感器的结构示意图。该传感器外壳是起保护作用的薄壁钢管，直径 6.5mm、长 12mm，薄壁钢管中部镶嵌有玻璃圆环，外端贴有压力应变膜；圆管外壳外端镶嵌陶瓷滤水石，滤水石和压力应变膜之间是微型水室，薄处约为 0.09mm。图

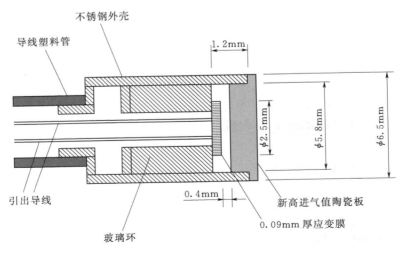

图 10.10　基质吸力传感器结构示意图

10.10 所示为用高进气值陶瓷板替换原来较低进气值陶瓷头后的改进型传感器，用于在三轴仪上测量非饱和土的基质吸力。

基质吸力传感器的透水石是个薄陶瓷板，里面充满不含气的纯水时，若气和水压力的差值不超过某个值，那么气就不能自由进入陶瓷板孔隙。陶瓷板能阻断气的流动，但对水没有限制。这个水气压力差值就是进气值，与饱和流体的表面张力和孔隙大小有关。基质吸力传感器测量原理是：饱和后，陶瓷板及其与压力应变膜之间的微型水室充满无汽水，陶瓷板直接接触外界土体。陶瓷滤水石与土接触后，两侧的水压力不同，水室内水会透过陶瓷板迁移到非饱和土中，导致微型水室中水压力降低。在大气压力（通过导线与大气相通）作用下，压力应变膜发生弯曲变形。当大气压力和应变片以及水室中水压力达到平衡时，测定应变片中电压变化，就可以得到微型水室中的水压力，也就是非饱和土中的孔隙水压力 u_w。因为传感器后端通过导线与大气相通，因此测值以大气压力为基准，即 $u_a=0$，$s=u_a-u_w=-u_w$，即基质吸力值。

基质吸力传感器陶瓷板（滤水石）的进气值只有 100kPa 左右，如要测量较高基质吸力，必须用较高进气值的陶瓷滤水石替换原来的滤水石。Ridley 采用 15bar（1bar = 10^5Pa）进气值陶瓷头替换原来的滤水石，并用 2000kPa 压力进行饱和，可测量负孔隙水压力高达 1370kPa。Meilani 等采用 5bar 进气值陶瓷板替换基质吸力传感器原陶瓷滤水石，应用于三轴试验中测量非饱和土的基质吸力。不过，这种替换极易造成传感器的损坏，且由于结构的原因，在测量高基质吸力时传感器内部的应变膜容易被剥离，陶瓷滤水石密封困难，高饱和压力也有可能损坏传感器。因此，这里不采用高进气值替换基质吸力传感器的陶瓷头。由于基质吸力传感器陶瓷头仅能承受约 100kPa 吸力，因此需要控制试验中吸力不大于 100kPa，这可通过控制含水率来实现。

为了防止气体进入传感器饱和水室影响测量结果，必须将传感器的陶瓷头和不锈钢外壳之间的缝隙密封，这里采用环氧树脂密封。在正式试验前，有必要做标定和试测准备，这些工作涉及制备试测土样、饱和传感器及埋设，后两者也适用于正式的离心模拟试验。

10.3.2 传感器的饱和

饱和是让传感器的陶瓷头和微型水室内充满脱气水。如果饱和水中含有气体，那么气体在负水压下不断膨胀，直到达到一个平衡状态，影响测量结果甚至造成错误。因此，测量负孔隙水压力时，基质吸力传感器对饱和的要求非常高。König 等的饱和方法是将陶瓷头（为防止饱和煮沸损伤传感器，他们拆卸下陶瓷板）放入水中煮沸，直到没有气泡从陶瓷头中排出，这个过程大概需要 15min；然后在脱气水中把陶瓷头装到传感器上。Muraleetharan 和 Granger 的做法是：在饱和器中充 3/4 的饱和液（脱气水，或其与甘油按一定比例配制的混合液），控制负压力为 −90kPa，置传感器于饱和液上方 2min，然后将传感器放入饱和液中；静置 2h，并保持负压为 −90kPa。

这里采用的饱和方法是：将传感器放入真空缸内，抽气使负压达到 −95kPa 以上；约 30min 后加入低于 50℃脱气水（普通自来水煮沸后降温至 50℃），使基质吸力传感器完全浸入水中。在低压下，水会汽化沸腾，温度会使附着在传感器和陶瓷头的残留气泡容易膨

图 10.11 传感器饱和系统

胀溢出；待温度降低沸腾停止后，观察到传感器陶瓷头外表面没有气泡，即可完成饱和过程。为此研制一套真空饱和系统，如图 10.11 所示。

10.3.3 传感器的标定

标定是将传感器置于负空气压力下测量其敏感系数，这里采用的方法是将传感器放入真空缸内，抽真空并控制负压稳定，测量此时输出电压。结果表明，传感器的输出电压和负压力之间是线性关系（图 10.12），计算得到的敏感系数和说明书上给定的系数基本一致。考虑自行标定过程的精度问题，试验仍然采用厂家给定的敏感系数。另外，对传感器饱和前和饱和后的标定试验结果表明，用于测量负压值时，两种状态下测值无差别。这是因为传感器本身是利用内部的应变膜测量吸力。König 等用正压力标定，也得到了相似的结果。做负压力标定符合测量基质吸力时应变片的工作状态。

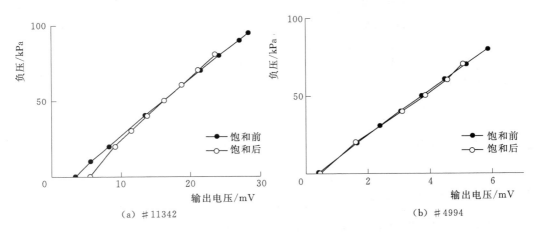

(a) ♯11342   (b) ♯4994

图 10.12 传感器的标定结果（部分）

10.3.4 传感器的埋设和测量试验

1. 试样制备

依据《土工试验规程》（SL 237—1999）对安康膨胀土筛除粒径大于 2mm 颗粒后，将含水率配至 20%～27%，静置至少 48h，使水分分布均匀。试样制备过程中含水率测定采用烘干法。按干密度 1.55g/cm³ 的要求制备试样。试样容器为内直径 96mm、高 120mm 的有机玻璃圆筒，圆筒底部用有机玻璃封闭，如图 10.13 所示。试样分 3 层按照计算好的体积进行压实，层间抛毛。制作完成的试样总高度为 60mm 或 80mm。

必须说明的是，传感器陶瓷滤水石的进气值约为 100kPa，将含水率控制在 20% 以上，目的是防止基质吸力值超过 100kPa；当含水率接近 27％时，土样结团严重，制样又比较困难。因此，试验中含水率控制范围为 20％～26.7％。这个范围覆盖了安康膨胀土的天然含水率。

2. 基质吸力传感器埋设

基质吸力传感器体型微小，将其埋入土中操作比较困难。例如，在制样过程中随土样一起压实，可能会损坏传感器，或引起测头水分散失。通过多次试探，设计了一种长管套筒（图 10.14）。套筒直径为 16mm，长度可根据传感器埋设深度要求确定，一端开口，另一端不完全封闭，仅留一个允许传感器导线穿过的小孔，端面平直。埋设时，首先在土样上钻一个直径比套筒直径稍大的孔，深度比传感器的埋设深度浅约 8.10mm（约等于传感器长度）。然后将传感器的导线穿过套筒的小孔并从中引出。接着用套筒将传感器送入埋设孔中，并将其压入土体，使其与土体紧密接触。最后将套筒慢慢旋出，塞入相同含水率的土体，用套筒分层压实。在压实过程中，导线随着埋设孔的封填逐渐封埋在土中。

图 10.13　试测土样

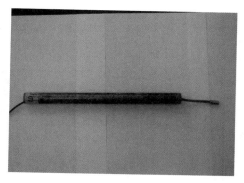

图 10.14　埋设基质吸力传感器的套筒工具

3. 测量结果

试测在室温下进行，采用两种量程的传感器，量程分别 300kPa 和 700kPa（出厂标称正压力）。共做了 17 组试测试验。图 10.15 所示为部分传感器的试测曲线，其中也标明了采用的基质吸力传感器出厂序列号，如♯11341 和♯11342。可以看出，传感器的一个明显特征是基质吸力稳定平衡的时间比较长，直到试验结束，传感器测值达 4h 没有明显衰减。在其他试验中甚至达 13h，直到试验结束而不发生衰减。不过，在试验中也有测量曲线很快发生衰减的情况，这可能是由于传感器中存在残留气泡，在测量过程中随着基质吸力的增大，气泡不断膨胀，直到发生汽蚀；另一个原因可能是土样不均匀，土体中空气透过陶瓷滤水石扩散到传感器中。此外，陶瓷头周边缝隙没有密封好也会引起基质吸力衰减。因此，传感器的密封和完全饱和是测量基质吸力的关键。

图 10.16 是传感器测量基质吸力的试验结果。试验结果表明，在这个含水率区段内，随着含水率的增加，基质吸力有减小现象；含水率最小为 20％，基质吸力测值为 81kPa；质量含水率最大 26.7％时，基质吸力测值为 62kPa。

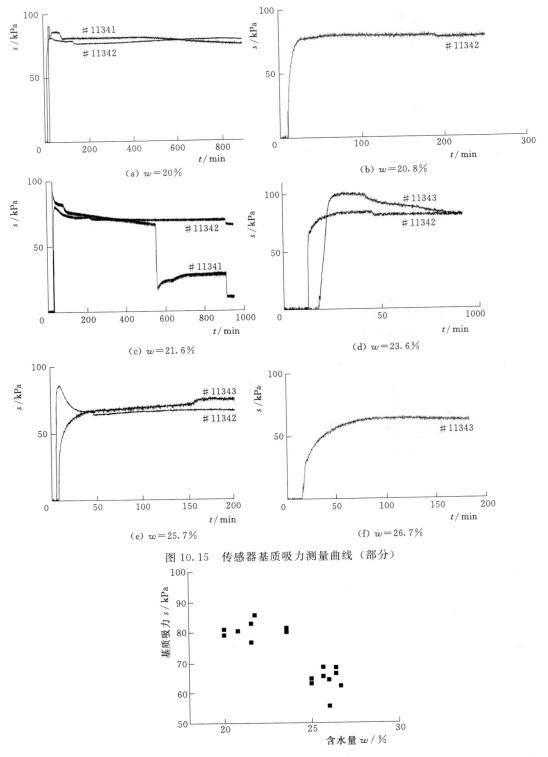

图 10.15　传感器基质吸力测量曲线（部分）

图 10.16　传感器测量基质吸力的试验结果

10.4　模型制作和试验步骤

10.4.1　土样概况

离心模型试验土样采用第 9 章非饱和膨胀土增湿变形试验土样，该土样取自陕西省安康工业开发区，物理指标见表 9.3。

10.4.2　模型制作

试验模型体积较大，需要准备大量土样，且要求其具有相同含水率。参照《土工试验规程》（SL 237—1999）的要求，将土样经过碾碎，过 2mm 筛，喷洒水分配制到所需含水率后，将土样存储在大塑料桶内，搅拌均匀静置，桶盖的缝隙用塑料胶带封闭。间隔几天后从桶顶部、中部和底部测量含水率，并搅拌土样，直至不同部位的含水率一致。

一般土工试验中，试样体型较小，如固结仪试验，试样直径一般仅为 20mm；《土工试验规程》（SL 237—1999）规定，三轴压缩试样的直径为 39.1mm、61.8mm 和 101mm等 3 种，其高度可取为直径的 2～2.5 倍。一些研究中也采用其他尺寸，如 Sivakumar 等采用直径 50mm、高度 100mm，崔玉军等采用直径 38.1mm、高度 71.0mm 的试样，这些小型试样都可以直接在定型试模内采用静力压实或者击实法制备。本试验采用击实法制备模型。称取每层所需的土样质量，夯至设计密度所需的高度，一般为 50mm。夯完一层后在其表面做适当抛毛处理，再填入下一层土样夯实。对渠道模型，先按照地基夯实，然后削坡至要求的坡度。模型制作完毕后的初始状态见表 10.2。

表 10.2　模型设计参数

指标	模型 1	模型 2	模型 3
初始含水率/%	23.00	21.40	21.00
初始干密度/(g/cm³)	1.50	1.55	1.55
初始饱和度/%	77.40	77.60	76.10

试验室曾专门测定了土压力传感器的敏感系数，发现与厂家给定系数几乎没有差异。考虑到自行标定中可能受测量系统的影响，这里取厂家给定的敏感系数。对位移传感器（LVDT）则直接取厂家给定的敏感系数。

基质吸力传感器简称为 PPT（Porewater Pressure Transducer），土压力传感器简称为 EPT（Earth Pressure Transducer），激光传感器简称为 LST（LaSer Transducer）。

1. 模型 1

模型 1 尺寸为 655mm×400mm×200mm（长×宽×高）。埋设 8 个土压力传感器，EPT1、EPT4、EPT5 和 EPT6 测量模型不同深度的侧压力；与 EPT1 对应，EPT2 和EPT3 测量模型底部竖向压力；与 EPT6 对应，EPT7 测量侧向压力；EPT8 测量模型端部侧向土压力。埋 8 个吸力传感器（PPT1～PPT8），布设位置和土压力传感器相对应。设置 3 个 LVDT 测量模型表面位移。各传感器位置如图 10.17 所示，敏感系数见表 10.3。

为防止水分沿箱壁渗透，模型周围箱壁涂抹适量凡士林。

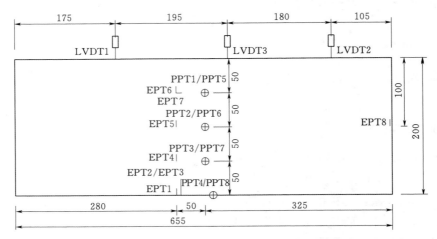

图 10.17　模型 1 尺寸及传感器布置（正视图）（单位：mm）

表 10.3　　　　　　　　　　　　模型 1 采用的传感器规格

类型	编号	型号	序列号	敏感系数	量程	电压/V
PPT	PPT1	PDCR 81	4921	0.028mV/V/kPa	1MPa	5
	PPT2	PDCR 81	4937	0.0078mV/V/kPa	1MPa	5
	PPT3	PDCR 81	4984	0.0078mV/V/kPa	1MPa	5
	PPT4	PDCR 81	4994	0.015mV/V/kPa	1MPa	5
	PPT5	PDCR 81	11341	0.055mV/V/kPa	300kPa	5
	PPT6	PDCR 81	11342	0.055mV/V/kPa	300kPa	5
	PPT7	PDCR 81	11343	0.055mV/V/kPa	300kPa	5
	PPT8	PDCR 81	11346	0.023mV/V/kPa	700kPa	5
EPT	EPT1	PS−10KB	PS−10KB−D	0.856mV/V	1MPa	3
	EPT2	BE10−KD	9Y0460005	0.2646mV/V	1MPa	3
	EPT3	BE10−KD	9Y0460003	0.299mV/V	1MPa	3
	EPT4	PS−10KB	PS−10KB−D	0.856mV/V	1MPa	3
	EPT5	PS−10KB	PS−10KB−C	0.839mV/V	1MPa	3
	EPT6	PS−10KB	PS−10KB−C	0.839mV/V	1MPa	3
	EPT7	PS−10KB	PS−10KB−H	0.928mV/V	1MPa	3
	EPT8	BE10−KD	GY0460002	0.2648mV/V	1MPa	3
LVDT	LVDT1	TW20	TW20−7	2.003mm/V	±10mm	5
	LVDT2	TW20	TW20−9	2.06mm/V	±10mm	5
	LVDT3	TW20	TW20−11	3.006mm/V	±15mm	5

2. 模型 2

模型 2 尺寸也为 655mm×400mm×200mm（长×宽×高）。从模型底部算起，每

50mm 作为一个测点，布置相应的土压力传感器和吸力传感器。EPT2、EPT3、EPT5 和 EPT1 测量侧向土压力；与 EPT2 对应，EPT6 和 EPT7 测量竖向土压力。EPT4 和 EPT5 对应测量竖向土压力。设 4 个 PPT，分别为 PPT1～PPT4，埋设在 EPT 相同高度相邻位置。采用两个激光位移传感器，分别为 LST1 和 LST2，两个位移传感器，分别为 LVDT1 和 LVDT2。各传感器的具体位置如图 10.18 所示。

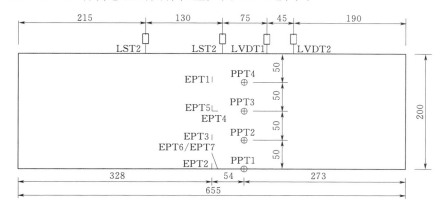

图 10.18 模型 2 尺寸及传感器布置（正视图）（单位：mm）

在模型周围箱壁涂抹适量凡士林作为防水措施。另外，在模型底部均匀铺设 20mm 厚粗砂，沿模型箱角部设置竖立铝管插入粗砂（图 10.19）。这样模型底部与大气相通，在浸水过程中利于土体中气体顺利排出和水分在土体中迁移，保证土体中气压力等于大气压。

模型压实后表面平整光滑（图 10.20），不需特别处理即可进行试验。模型 2 采用的各种传感器规格见表 10.4。

图 10.19 模型 2 底部粗砂、模型箱及角部铝管

图 10.20 模型 2 表面

3. 模型 3

模型 3 为渠道模型，为制作方便，根据对称性取渠道一半制作模型。模型尺寸及传感器布置如图 10.21 所示。设 8 个土压力传感器，其中 EPT1、EPT4、EPT6 测量侧向土压力，EPT3、EPT5、EPT7、EPT8 和 EPT9 测量竖向土压力。设 7 个吸力传感器，

表 10.4　　　　　　　　　　　模型 2 采用的各种传感器规格

类型	编号	型号	序列号	敏感系数	量程	测量电压/V
PPT	PPT1	PDCR 81	11341	0.055mV/V/kPa	300kPa	5
	PPT2	PDCR 81	11342	0.055mV/V/kPa	300kPa	5
	PPT3	PDCR 81	11343	0.055mV/V/kPa	300kPa	5
	PPT4	PDCR 81	11346	0.023mV/V/kPa	700kPa	5
EPT	EPT1	PS－10KB	PS－10KB－C	0.839mV/V	1MPa	3
	EPT2	PS－10KB	PS－10KB－C	0.839mV/V	1MPa	3
	EPT3	PS－10KD	PS－10KD－D	0.856mV/V	1MPa	3
	EPT4	PS－10KD	PS－10KD－H	0.928mV/V	1MPa	3
	EPT5	PS－10KD	PS－10KD－H	0.928mV/V	1MPa	3
	EPT6	BE－10KD	9Y0460005	0.2646mV/V	1MPa	3
	EPT7	BE－10KD	9Y0460002	0.299mV/V	1MPa	3
LVDT /LST	LVDT1	TW20	TW20－13	3mm/V	±15mm	5
	LVDT2	TW20	TW20－16	3mm/V	±15mm	5
	LST1	YP06MGVL80	—	10mm/V	40～60mm	24
	LST2	YP06MGVL80	—	10mm/V	40～60mm	24

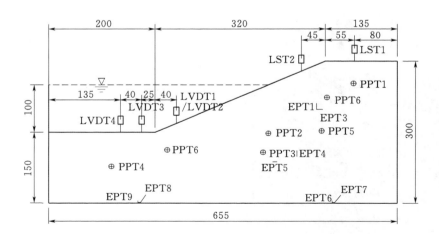

图 10.21　模型 3 尺寸及传感器布置（单位：mm）

分别为 PPT1～PPT7。渠道顶部设 LST1，渠道坡面上部设 LST2；PPT1 和 PPT2 布置在坡面下部同一平面。渠道底部设 PPT3 和 PPT4。

和模型 2 一样，除在模型周围箱壁涂抹适量凡士林作防水外，模型底部也设置了 20mm 厚的粗砂，并在模型箱角部设竖向铝管。为保证表面的平整度，削坡后适当刮平表面，如图 10.22（a）所示，图 10.22（b）为模型侧面。模型 3 采用的传感器规格见表 10.5。

（a）表面

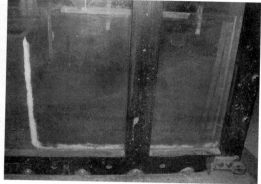

（b）侧面

图 10.22 模型 3 布置

表 10.5　　　　　　　　　　　　　模型 3 采用的传感器规格

类型	编号	型号	序列号	敏感系数	量程	测量电压/V
PPT	PPT1	PDCR 81	11341	0.055	300kPa	5
	PPT2	PDCR 81	11342	0.055	300kPa	5
	PPT3	PDCR 81	11343	0.055	300kPa	5
	PPT4	PDCR 81	11346	0.023	700kPa	5
	PPT5	PDCR 81	4937	0.0078	300kPa	5
	PPT6	PDCR 81	4984	0.0078	300kPa	5
	PPT7	PDCR 81	4994	0.015	300kPa	5
EPT	EPT1	PS－10KB	PS－10KB－C	0.839	1MPa	3
	EPT2	PS－20KB	2mh	0.874	2MPa	3
	EPT3	PS－10KB	1mh	0.856	1MPa	3
	EPT4	PS－10KB	1mh	0.928	1MPa	3
	EPT5	PS－10KB	1mh	0.928	1MPa	3
	EPT6	BE10－KD	9Y0460005	0.2646	1MPa	3
	EPT7	BE10－KD	9Y0460002	0.299	1MPa	3
	EPT8	BE10－KD	9Y0460009	0.275	1MPa	3
	EPT9	BE10－KD	9Y0420002	0.275	1MPa	3
LVDT /LST	LVDT1	TW20	TW20－12	3mm/V	±15mm	5
	LVDT2	TW20	TW20－13	3mm/V	±15mm	5
	LVDT3	TW20	TW20－15	3mm/V	±15mm	5
	LVDT4	TW20	TW20－16	3mm/V	±15mm	5
	LST1	YP06MGVL80	—	10mm/V	40～60mm	24
	LST2	YP06MGVL80	—	10mm/V	40～60mm	24

10.4.3　试验方法和步骤

1. 模型 1

从离心机开始转动到开始停机，试验历时 383min。其中加载到 60g 用了 6.3min；在 16min 加水，水位高度约 85mm。在 60g 离心加速度下持续时间为 383－6＝377min。试验结束后，在拆除模型过程中沿深度方向用环刀取样测定模型含水率和密度。

2. 模型 2

模型 2 制作完毕后，为形成水分梯度，先在模型表面浸水 2kg；13h 后发现水分完全浸入，再次浸水 0.6kg；待变形基本稳定后，测量模型深度方向含水率，并埋设吸力 PPT，然后进行离心模拟试验。对含水率的测定表明，模型内沿深度方向已形成含水率梯度。

离心加载路径：分级加载至 10g、20g、30g、40g、50g、60g、80g 和 100g，每级稳定时间为 20～90min，直至卸载。从离心加载开始，试验历时 378min。

3. 模型 3

模型 3 的试验路径和模型 1 类似，区别是前者为地基，后者为渠道模型。试验路径为先加载到 60g；待变形稳定后在渠道内浸水，保持 100mm 水头基本不变。从开始离心加载到开始卸载，试验总历时 315min。以开始加载时间为零点，5min 时加速度达到 60g；22min 时加水 15.5kg；随后间断加水，在 74min、144min、223min、303min 时分别加水 1kg。多余水量可从铁箱壁上的排水孔流出，这样可保持水头稳定。

10.5　试验结果及分析

10.5.1　模型 1 试验结果与分析

1. 位移

这里取模型沉降位移为正，膨胀位移为负，此后试验也遵循此约定。试验过程中 3 个 LVDT 测量的模型表面位移，如图 10.23 所示。各传感器的初始位移（加水前）有较大

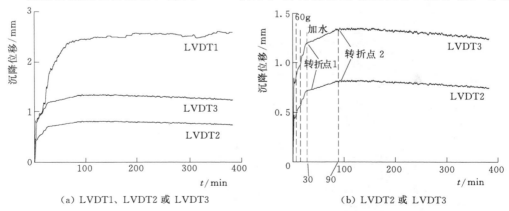

（a）LVDT1、LVDT2 或 LVDT3　　　　　　（b）LVDT2 或 LVDT3

图 10.23　模型 1：表面位移

差异，位于模型两侧的 LVDT1 和 LVDT2 测定的沉降值比模型中部 LVDT3 测值大些；LVDT1 测定的沉降比其余两个测值大。

从图 10.23 中可以看出，加速到 60g 后，3 个位移测值变化幅度也不一样，但均同时对加水有反应。加水后，3 个传感器测值逐渐趋于稳定。从图 10.23（b）可看出，在加水后，LVDT2 和 LVDT3 测量的位移在 30min 和 90min 有两个明显的转折点。在第 1 个转折点后沉降位移变化趋缓，在第 2 个转折点后测值由沉降位移转变为膨胀位移。第 1 个转折点前的沉降位移可以认为是模型表面加水形成的上敷荷载导致的压缩变形；两个转折点之间的沉降位移可以认为是模型上部浸水造成的沉降位移；在第 2 个转折点后，随着水分的浸入，模型内部发生膨胀变形，因此表面测得位移由沉降转为膨胀。但与离心加载前和加水前相比，模型仍然表现为沉降位移。试验过程中 LVDT 测值变化见表 10.6。

表 10.6　　　　　　　　　　　模型 1：试验过程中 LVDT 测值变化

序号	60g 后沉降/mm			
	加水前	30min 转点 1	90min 转点 2	最终值
LVDT1	1.01	1.82	2.44	2.58
LVDT2	0.57	0.72	0.81	0.75
LVDT3	0.98	1.20	1.32	1.24

2. 土压力

可能受埋设过程以及夯实过程的影响，有些土压力计测量不正常，这里只分析 3 个测量较理想的土压力的测量结果。图 10.24 所示为这 3 个 EPT 的测量曲线，其中 EPT1 和 EPT2 分别测量模型底部侧向和竖向土压力，EPT8 测量模型右侧端面的侧压力。取压应力为正，此后的试验分析也遵循此约定。

离心加速度达到 60g 后，加水前 EPT1 测得模型底部侧向土应力约为 130kPa，EPT2 测得相同位置处竖向土压力约为 230kPa。按加速度 60g 计算，模型底部竖向应力应为 217kPa。测量值与计算结果两者基本相符。此时侧压力系数约为 0.55。

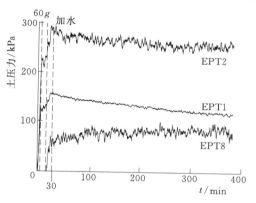

图 10.24　模型 1：土压力测量曲线

加水后，EPT2 测值上升到 280kPa 左右，EPT1 也增加到 150kPa；然后两者有随时间测值缓慢减少的趋势；至试验结束前，EPT2 约为 254kPa，EPT1 为 120kPa。

EPT8 在最初 22min 内测值为零，加水后才有测值，并有逐渐增大趋势，这似乎表明 EPT8 和土体逐渐紧密接触。这可能是由于加水形成的附加压力作用，也有可能是水分沿模型箱壁入渗，使土体膨胀而挤压传感器。试验后没有测量此处的含水率。

至试验结束前，EPT8 侧压力测值约为 81kPa。图 10.25 所示为模型中部和底部侧压力系数变化（取为 EPT2 测值的 1/2 为模型中部竖向压力）。可以看出，模型底部侧压力系数有减小趋势，从加水后的 0.56 逐渐减小至试验结束前的 0.47。这主要是由于 EPT1

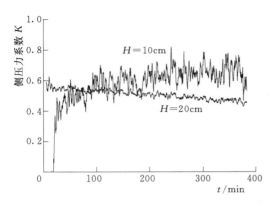

图 10.25　模型 1：模型中部和底部
的侧压力系数

逐渐减小的缘故，这可能是受边界条件的影响。模型 1/2 深度处侧压力系数有增大的趋势，从加水后的 0.45 变化到试验结束前的 0.6 左右，这是由于 EPT8 测值不断增大的缘故。

3. 吸力

图 10.26 所示为试验中基质吸力测量曲线，可能受初始埋设压力影响或未完全饱和的影响，测量结果较分散。这里仅分析认为测量结果较好的 3 条基质吸力曲线，即 PPT1、PPT5 和 PPT7，如图 10.26（b）所示。

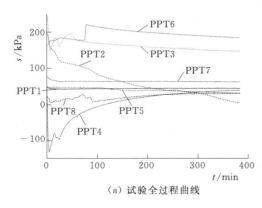

（a）试验全过程曲线

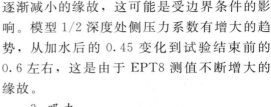

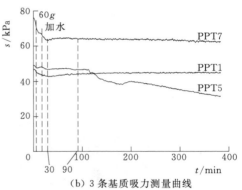

（b）3 条基质吸力测量曲线

图 10.26　模型 1：基质吸力测量曲线

总体来看，模型中初始含水率相同，3 个 PPT 初始吸力测值应相同。但 PPT7 测值明显比其余两个大，这可能说明模型内部存在相对含水率不均匀的现象。不同于三轴试验的试样，模型采用较多膨胀土，有可能存在含水率不均匀的现象。另外，由于模型体积较大，夯实也不容易做到使模型内部密实度非常均匀。根据前面吸力试测结果，认为 PPT7 初始测值较合理，为 63kPa。

加载到 60g 的过程中，直到 30min 前，3 个 PPT 测值有减小现象，这些变化可联系图 10.23 中 30min 前后较大的位移变化说明。在 30min 前，土体在离心加载和水压力作用下发生较大压缩变形，使模型整体密度发生较大变化，PPT 测头周围相对含水率发生变化，导致吸力测值减小。在 30～90min 变形趋缓，此时模型内部含水率变化也不大，因此吸力基本保持不变。随着水分进一步入渗，在 100min 后，PPT5 测值从 47kPa 逐渐减小，至试验结束前为 31kPa。试验后测定该位置含水率为 28.5%。

PPT7 在浸水过程中基本保持不变，说明此处含水率变化不大。这可由试验后测定该处含水率证实得到。

4. 试验后含水率和密度

试验结束后，沿模型深度 H 方向用环刀取样测定了含水率及干密度，结果如图

10.27 所示。图 10.27（a）表明，试验后模型表面平均含水率为 33%；浸水后，模型内形成了含水率梯度，在 12cm 深度以下含水率较试验前变化不大，梯度也不明显。

图 10.27（b）表明，在模型相同深度，干密度较试验前大，其变化幅度随深度增加。这说明试验后模型以体缩为主。试验后在模型底部没有发现水分溢出现象。

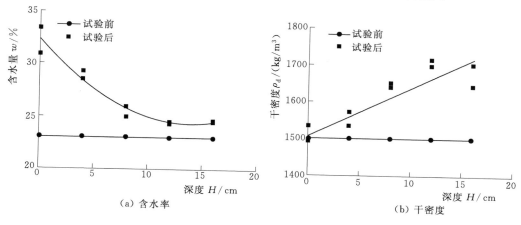

（a）含水率　　　　　　　　　　　　（b）干密度

图 10.27　模型 1：试验前后变化

10.5.2　模型 2 试验结果与分析

1. 位移

模型 2 在 $1g$ 下浸水发生的膨胀位移，用高精度千分尺测量。测量时取模型箱顶部和模型表面测点之间的相对距离计算浸水膨胀位移。位移的变化如图 10.28（a）所示。

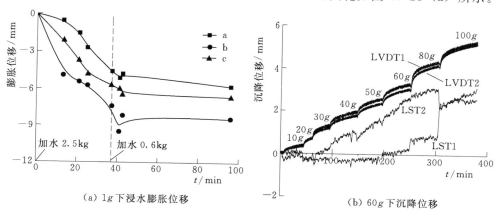

（a）$1g$ 下浸水膨胀位移　　　　　　　　（b）$60g$ 下沉降位移

图 10.28　模型 2：位移的变化

在离心模拟试验中，模型表面位移由 LVDT 和 LST 测量。图 10.28（b）所示为离心加速度分级加载到 $100g$ 过程中模型表面位移变化。整体来说，PPT 的测量结果明显好于激光位移传感器。前者测量曲线光滑连续，对每级加载有明显反应；LST2 在 $100g$ 前测得位移和 LVDT 相差不大，但两个 LST 测量结果有明显扰动。在试验结束时，LVDT 测得最大沉降位移为 5.24mm。

2. 土压力

图 10.29 所示为不同加速度下土压力测量曲线。从曲线来看，土压力测量结果较理想。图 6.29（a）所示为模型竖向土压力 EPT 测量曲线。EPT6 和 EPT7 测量模型底部竖向土压力。虽然各级加速度下两者测量值一致，但若忽略离心试验前的加水量，在 100g 下，底部土压力应为 $\rho g h = (1.55 \times 1.214) \times 9.81 \times 100 \times 0.2 = 369$（kPa）。而两者测值均达到 450kPa，与理论值偏差较大。然而两者在 60g 前测值与理论值一致。引起这些差异的原因可能在模型边界上形成了应力集中，这可与 EPT4 对比说明。EPT4 测量模型 1/2 深度竖向土压力。在 60g 下，理论值应为 111kPa，在 100g 下为 185kPa，实际测量值约为 96kPa 和 187kPa，测值与理论值基本一致。在 60g 和 100g 下，与 EPT4 对应的 EPT5 侧向土压力测值分别为 45kPa 和 91kPa。

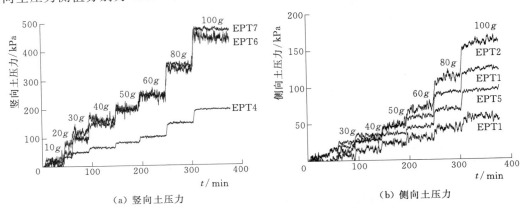

（a）竖向土压力　　　　　　　　　　（b）侧向土压力

图 10.29　模型 2：土压力测量曲线

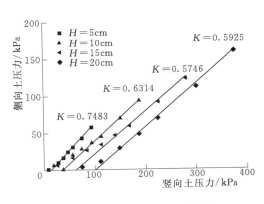

图 10.30　模型 2：侧压力系数

图 10.30 所示为试验过程中侧压力系数变化。可以看出，随着离心加速度的增加，同一深度的侧向土压力系数有逐渐增大并趋于稳定的趋势；沿深度方向，侧压力系数有逐渐减小趋势，最小值为 0.5746，最大值为 0.7483。在含水率基本不变的情况下，离心加速度增加会导致土体逐渐密实，这说明侧压力系数随土体密度增加而增大。杨和平等对宁明膨胀土的试验也表明，侧压力系数随围压增大而增大。

3. 吸力

图 10.31 所示为试验过程中吸力测量曲线。由于埋设于模型底部的 PPT1 失效，故在图中未画出。可以看出，与其他两个 PPT 相比，PPT4 的测量反应较复杂，为对每级离心加载，其测值有个突降；在加速度稳定后，测值又逐渐恢复稳定，但稳定值随加速度增加而减小。

这种现象有两种解释：

一种解释是与传感器测线形成电容效应有关。在试验中传感器的引线较长，通常盘成直径为 $200\sim300\mathrm{mm}$ 的圆形，并固定在支撑架或模型箱转轴上。如果固定引线圈上一点，容易形成类似弹簧螺旋的线圈结构，在测量过程中起到电容作用。在稳定加速度下，电容没有被扰动，不会影响测量。但在加速时，电容绕线之间的相对位置不断变化，导致电容不断被充电或者放电，从而影响测量。待加速稳定后，电容再度稳定，吸力测值也逐渐

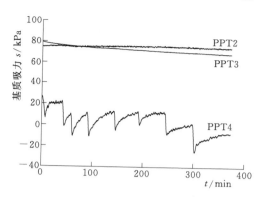

图 10.31 模型 2：基质吸力测量曲线

趋于稳定。在后来的吸力试测实践中，当置引线为无约束螺旋分散结构时，即使没有干扰，也会产生和以上类似的试验现象。当将引线拉直时，这种现象随之消失。

另一种解释是 PPT4 正确测量到了孔压的变化。此处含水率约为 28%，含水率较高。在离心加速度增加的过程中，由于土体压缩导致孔隙水压力升高；在加速度稳定后，水压力逐渐消散，因此有孔压逐渐减小并趋于稳定现象。这里倾向于此种解释。

PPT3 测量模型 $1/2$ 深度吸力，测值从试验初的 $79\mathrm{kPa}$ 逐渐减小至试验结束时的 $71\mathrm{kPa}$，表明此处含水率逐渐增加。这由试验后测定的含水率证实。PPT2 测量 15cm 深度吸力，为 $75\mathrm{kPa}$，在试验过程中保持稳定值，表明含水率没有显著变化，这可由试验后测定含水率得到证实。与 PPT4 不同，这两个 PPT 对每级离心加载没有明显反应。

4. 试验后含水率

试验后分层测定了模型不同深度含水率，但没有成功测量出密度。根据试验 1 的结果，可以推测模型 2 的干密度也随深度增加。图 10.32 所示为模型的含水率测量结果。

从图 10.32 可以看出，在 1g 下浸水后，模型沿深度形成了水量梯度，从表层含水率 31.4% 逐渐过渡到底部含水率 22.6%。离心模拟试验后，模型 5cm 深度下含水率基本保持不变，这可能说明安康膨胀土的渗透系数很小。模型表面直接与空气接触，受风吹影响，表层约 1cm 厚土层形成干裂表面（图 10.33）。

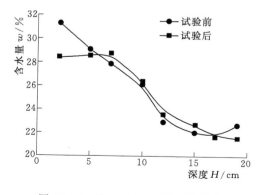

图 10.32 模型 2：试验前后含水率

图 10.33 模型 2：试验后模型表面的干裂缝

10.5.3 模型 3 试验结果与分析

1. 位移

图 10.34 (a) 所示为试验过程中模型表面位移曲线,图 10.34 (b) 所示为加载初期 50min 内位移曲线。从后者看出,离心加载开始后,LVDT 首先测得微小的负位移即膨胀位移,LVDT3/LVDT4 最大膨胀测值为 0.26mm,LVDT1/LVDT2 为 0.22mm。这可能是由于加速过程中右侧坡体下降引起了坡趾部位产生隆起。这种隆起随离心加速度稳定逐渐减小并向沉降位移转化。在加水前,坡趾附近坡面实际为沉降位移 (LVDT1/LVDT2),渠底部位为零位移 (LVDT3/LVDT4)。LST1 和 LST2 在达到 60g 后,均测得沉降位移,渠道顶部 LST1 沉降测值为 2.5mm,大于坡面上 LST2 沉降测值 2.0mm。

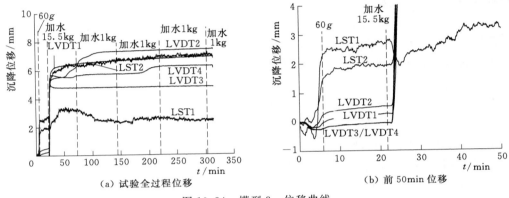

图 10.34 模型 3:位移曲线

第一次加水后,坡趾附近坡面和渠底都观察到较大沉降位移,如图 10.34 (a) 所示。在渠道底部,靠近坡趾处的沉降 (LVDT3) 小于远离坡脚的位移 (LVDT4)。位于渠道顶部的 LST1 在加水 3min 后产生 0.9mm 膨胀变形,然后逐渐变化为沉降变形。LST2 和 LVDT 的主要位移,也在这 3min 内完成。3min 后,尽管也间断性加水,但各位移传感器测值似乎不受加水的影响。这些传感器在短时间内发生的位移变化,可能是由于第一次加水量较多 (15.5kg),对模型形成了较大附加压力。

LVDT3 在第一次加水产生较大沉降后,短时间内又测得微小膨胀变形,并且在以后整个试验过程中测量曲线基本为一条平直线,这不像一个正常的测量过程。

值得注意的是,第一次加水后,渠顶 LST1 在 50min 时达到最大沉降位移 3.3mm;随后试验过程中逐渐由沉降向膨胀过渡,但在试验结束时仍然表现为沉降位移 (与模型原尺寸比较) 为 2.4mm。

坡面上 LST2 和 LVDT1/LVDT2 沉降位移缓慢增长,相同位置的 LVDT1 和 LVDT2 测值稍有差别。在 65min 和 190min 时,位于渠底的 LVDT4 测得两次较大沉降位移,但看起来这与间断加水没有直接的关系。

图 10.35 所示为根据传感器测量位移勾画的试验结束前模型变形,虚线表示变形后轮廓。可以看出,模型变形以沉降为主,渠顶的沉降位移最小,仅 2.4mm,而坡面和渠底的沉降位移为 6~7mm。

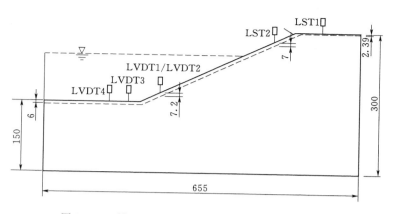

图 10.35　模型 3：试验前后模型轮廓（单位：mm）

2. 土压力

图 10.36（a）所示为土压力测量曲线，其中剔除了无效测值（EPT2 和 EPT3）；图 10.36（b）所示为试验初期前 50min 内土压力曲线。从前者可见，除了 EPT1，各个传感器都在 $60g$ 的加速度下具有稳定的测值。

从图 10.36 来看，EPT 仅对第一次加水有明显反应，对随后几次加水反应并不明显。测量竖向土压力的 EPT5 和 EPT8 在第一次加水后测值缓慢增长，但增长幅度不大，而另一个测量竖向土压力的 EPT7 则没有明显变化。测量模型底部侧向土压力的 EPT6 和 EPT9 测值也缓慢增长，两者最终测值基本相同。与此相反，埋设在模型内部测量侧向土压力的 EPT4 和 EPT1 测值却缓慢减小，其中 EPT1 在 200min 前实际失效。

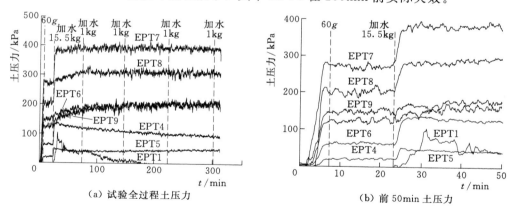

(a) 试验全过程土压力　　　　　　　　(b) 前 50min 土压力

图 10.36　模型 3：土压力测量曲线

图 10.37（a）所示为模型底部同一测点测量竖向和侧向土压力的 EPT7 和 EPT6 测量曲线（位置见图 10.21）。第一次加水前，EPT7 测值约为 275kPa，EPT6 约为 125kPa；第一次加水导致 EPT7 短时间内上升到 380kPa，EPT6 上升到 190kPa。侧压力系数在试验过程中缓慢增长，从加水初的 0.46 增长至试验结束前的 0.51。

图 10.37（b）所示为测量模型底部同一测点竖向和侧向土压力的 EPT8 和 EPT9（位置见图 10.21）测量曲线。第一次加水前，EPT8 测值约为 200kPa，EPT9 约为 150kPa；

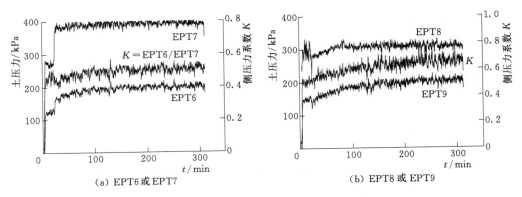

(a) EPT6 或 EPT7　　　　　(b) EPT8 或 EPT9

图 10.37　模型 3：土压力及侧压力系数

第一次加水后，EPT8 短时间内上升到 300kPa，EPT9 变化不大，仅增加到 160kPa。因此，侧压力系数从加水前的 0.75 下降到加水后的 0.55 左右。但在随后试验中侧压力系数缓慢增长，至试验结束前为 0.66 左右。

　　侧压力系数增大的现象和水分浸入土体中有关。吴宏伟等也观察到类似现象。他们对湖北枣阳 11m 高膨胀土边坡进行了为期一个月的观测，模拟人工降雨 1.5d 后观察到侧压力系数增大现象，侧向压力甚至达到竖向压力的 3 倍。

　　杨和平等对宁明膨胀土的试验也表明，侧压力系数随含水率和围压增大而增大，但他们采用的含水率指标为土样初始含水率。

3. 吸力

　　图 10.38 所示为模型 3：吸力测量曲线。在加速到 60g 前，PPT1、PPT3 和 PPT5 测值有个很小的增加。这和模型 1 中在加速过程中 PPT 测值减小不同。在模型 1 中加速过程中，PPT 测值减小是由于加载体缩造成传感器测头周围土体相对含水率增加引起。PPT1、PPT2、PPT5、PPT7 完成了全过程的测量；PPT6 在加速到 60g 前即失效（图中未画出）；PPT3 在 22min 第一次加水时测值从 85kPa 迅速减小 3kPa 左右，也已经失效。PPT4 可能没有完全饱和，在埋入后不久即失效（图中未画出）。

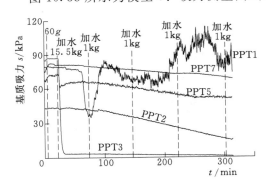

图 10.38　模型 3：吸力测量曲线

　　PPT1 位于渠顶部位，试验后测定含水率为 21.5%，含水率在试验前后基本没有变化。但 PPT1 测值在试验中却不断变化。在浸水前，测值吸力约为 78kPa；62min 时测值突然从 78kPa 降到 33kPa，然后又基本恢复到 88kPa 左右，随后测值紊乱。

　　PPT2 初值为 43kPa 左右，明显小于此含水率合理吸力值。在试验结束时为 14kPa，降低了 29kPa，该部位含水率为 25% 左右。如果 PPT2 的初值不准确，而测量过程可靠，那么若取 PPT2 的初值 83kPa，试验结束前 PPT2 的测值应为 54kPa。这个修正值接近毗邻的 PPT5 测值 51kPa。

PPT5 在第一次加水前，测值为 74kPa；在第一次加水时，迅速下降到 62kPa，说明受到了加水压力影响。随后其测值有个轻微增长，然后逐渐降低，在试验结束时为 51kPa。试验后测定该部位含水率为 26% 左右。

4. 试验后含水率

试验后拆除模型时分层测定了含水率结果如图 10.39 所示，图中每个数据代表一个土样。可见，除渠道顶部，其余部位含水率变化显著，与水接触的表层土达到饱和。图 10.40 粗略画出含水率等值线，基本反映模型内部含水率分布。

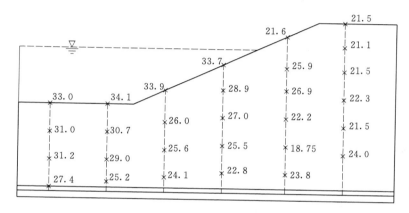

图 10.39 模型 3：试验后含水率

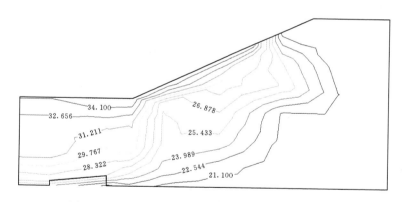

图 10.40 模型 3：试验后含水率等值线（单位：%）

第 11 章　新疆水磨河细土平原区硫酸（亚硫酸）盐渍土的盐-冻胀试验

11.1　水磨河细土平原区硫酸（亚硫酸）盐渍土分布

天山北麓地势南高北低，在水磨河流域垂直天山山脉向北分为山前区、山前洪冲积倾斜平原区、冲洪积平原区、湖积平原区，如图 11.1 所示。

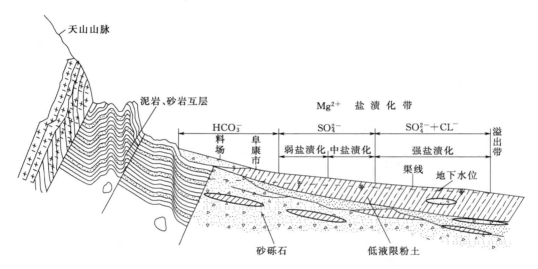

图 11.1　天山北麓水磨河流域盐渍土水平分带示意图

山前区是受天山山脉的隆起而形成的白垩系地层的低山区，其岩性为湖泊沉积的红色、棕红色泥岩和灰绿色的砂岩，经对其进行化学分析，含硫酸盐、氯化物和铁质化合物等，是形成山前小冲洪积扇上部、中部、下部细土平原区的来源。

山前小冲洪积扇上部出露砂砾石和厚度较薄低液限粉土地层含少量的碳酸盐，主要是由于碳酸盐溶解度小的原因。

山前小冲洪积扇中部是从含少量的碳酸盐过渡到以含硫酸盐为主的盐渍化区。

山前小冲洪积扇下部细土平原区是以含硫酸盐、亚硫酸盐为主的盐渍化区。地层主要由第四系洪积低液限粉土组成，砂以透镜体形式存在，地形平坦。地下水潜水位埋藏深度一般随季节性变化而变化，地下水位埋深一般在 2.0～5.0m 内，地下水位年变幅一般为 0.52～1.2m。夏、秋季由于降雨量少，蒸发量大，地下水位降低，地下水中的离子含量高。在冬春季由于降雨量大且蒸发量小，地下水位高，地下水中的离子含量低，见表 11.1。

表 11.1　　　　　　　　　　地下水离子含量随季节变化情况　　　　　　　　　单位：mg/L

离子含量变化	冬、春季节	夏、秋季节	离子含量变化	冬、春季节	夏、秋季节
K^+	2～6	3～8	SO_4^{2-}	682～5027	5200～10926
Na^+	1800～5500	4800～8500	HCO_3^-	150～200	190～480
Ca^{2+}	156～770	568～780	CO_3^{2-}	—	—
Mg^{2+}	135～671	671～1123	矿化度	6956～15870	13278～30901
Cl^-	1800～3900	3500～9084			

　　细土平原区硫酸（亚硫酸）盐渍土从地表沿地层深度的离子含量、易溶盐含量见图11.2。从图中可以看出，地下1m深易溶盐含量最大，地表0～1m深度易溶盐含量随深度逐渐增加，1～5m深度易溶盐含量逐渐减小，最后到达地下水位，地下水位以下土中离子总量和地下水离子总量一致。

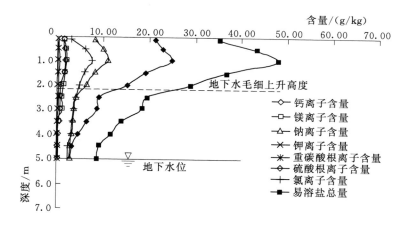

图 11.2　离子含量、易溶盐含量沿地层深度分布

　　从图11.2可以看出，地层表层（0～0.5m）是硫酸强盐渍土层，0.5～2.5m为亚硫酸盐强盐渍土层，2.5～4.0m为亚硫酸盐中盐渍土层，4.0～4.5m为弱亚氯盐渍土层。造成地层含盐成分和含盐量随深度变化的原因是由于易溶盐中硫酸钠溶解度受温度变化影响较大，在气温0～20℃时其溶解度为4.5～16.1g/100g，而氯化钠的溶解度受温度变化影响较小，在气温0～20℃时其溶解度平均为36g/100g，溶解度变化很小，且溶解度大。地层土体在地下水的毛细水上升和地面降雨的溶渗循环过程中，温度导致硫酸钠溶解度变化，且使硫酸钠吸水结晶析出变成芒硝，体积膨胀。而氯化钠溶解度大且受温度影响较小，在降雨入渗和毛细水上升蒸发的循环过程中很少形成滞留。因此，从总的趋势上形成了地表向地下含盐量逐渐减少，且形成了从硫酸强盐渍土层过渡到亚硫酸盐强盐渍土层，最后到弱亚氯盐渍土层的分布规律。

　　低液限粉土颗粒成分见表11.2（a）和表11.2（b）。

表 11.2 　　　　　　　　　　**低液限粉土颗粒成分**

（a）低液限粉土颗粒分析成果（一）

岩性名称	取样深度 /m	粒径/mm 与含量/%				
		>0.25	0.25～0.075	0.075～0.005	<0.005	<0.002
低液限粉土	0～5.0		$\dfrac{44.0-16.3}{25.8}$	$\dfrac{66.4-38.0}{56.4}$	$\dfrac{20.0-9.0}{16.0}$	$\dfrac{9.0-1.8}{3.2}$

（b）低液限粉土颗粒分析成果（二）

盐性名称	取样深度 /m	不均匀系数 C_u	曲率系数 C_c	有效粒径 d_{10}/mm
低液限粉土	0～5.0	$\dfrac{25.0-4.5}{16.4}$	$\dfrac{2.6-1.9}{2.3}$	$\dfrac{0.003-0.0016}{0.0029}$

低液限粉土易溶盐化学成分见表 11.3。

表 11.3 　　　　　　　　　　**低液限粉土易溶盐化学成分**

取样深度 /m	土壤化学成分								易溶盐含量 /(g/kg)	$\dfrac{Cl^-}{SO_4^{2-}}$
	Ca^{2+} /(g/kg)	Mg^{2+} /(g/kg)	Na^+ /(g/kg)	K^+ /(g/kg)	CO_3^{2-} /(g/kg)	HCO_3^- /(g/kg)	SO_4^{2-} /(g/kg)	Cl^- /(g/kg)		
0.1	1.20	1.30	8.00	0.06	0	0.31	21.10	3.00	34.97	0.19
0.5	1.50	1.80	10.00	0.10	0	0.43	23.02	6.00	42.85	0.35
1.0	1.70	2.04	11.00	0.12	0	0.53	24.82	7.50	47.71	0.41
1.5	1.40	1.60	8.00	0.10	0	0.40	19.00	5.80	36.30	0.41
2.0	0.80	1.20	6.40	0.05	0	0.40	15.10	4.80	28.75	0.43
2.5	0.65	1.00	4.00	0.10	0	0.38	9.20	4.01	19.34	0.59
3.0	0.68	1.02	3.58	0.04	0	0.42	8.70	3.81	18.25	0.59
3.5	0.33	0.08	3.28	0.02	0	0.22	6.30	3.50	13.73	0.75
4.0	0.21	0.05	3.11	0.04	0	0.32	4.60	3.32	11.63	0.98
4.5	0.20	0.05	2.89	0.04	0	0.38	3.20	2.42	9.18	1.02
5.0	0.20	0.04	2.78	0.04	0	0.39	2.98	2.33	8.76	1.06

　　细土平原区地层表层为硫酸盐强盐渍土，0.5～2.5m 为亚硫酸盐强盐渍土，2.5～4.0m 为亚硫酸盐中盐渍土，4.0～4.5m 为弱亚氯盐渍土。

　　低液限粉土平均物理力学指标见表 11.4～表 11.7。

表 11.4 　　　　　　　　　　**低液限粉土物理性质（一）**

相对密度 G_s	液限 w_L/%	塑限 w_P/%	塑性指数 I_P	毛细水上升高度 H_k/cm
$\dfrac{2.73-2.70}{2.71}$	$\dfrac{25.9-17.3}{22.9}$	$\dfrac{15.3-10.2}{14.9}$	$\dfrac{12.8-6.1}{9.5}$	$\dfrac{220-300}{250}$

表 11.5　　　　　　　　　　　　　　　低液限粉土物理性质（二）

硫酸钠含量 /%	易溶盐 /%	中溶盐 /%	天然状态下		
			含水量 /%	湿密度	干密度
				g/cm³	
$\dfrac{3.15-0.08}{1.25}$	$\dfrac{5.15-0.078}{3.33}$	$\dfrac{3.1-0.34}{1.42}$	$\dfrac{34.3-7.2}{17.5}$	$\dfrac{2.2-1.5}{1.75}$	$\dfrac{1.64-1.44}{1.49}$

表 11.6　　　　　　　　　　　　　　　低液限粉土力学性质（一）

击实（N=25）		抗　剪　强　度			
最优含水量 w_{op} /%	最大干密度 ρ_{dmax} /(g/cm³)	最优含水快剪		饱和快剪	
		黏聚力 C /kPa	摩擦角 φ /(°)	黏聚力 C /kPa	摩擦角 φ /(°)
$\dfrac{14.3-12.1}{13.2}$	$\dfrac{1.87-1.80}{1.84}$	$\dfrac{50-23}{36.5}$	$\dfrac{31.5-30.5}{30.1}$	$\dfrac{30-15}{22.8}$	$\dfrac{30-27}{28.8}$

表 11.7　　　　　　　　　　　　　　　低液限粉土力学性质（二）

压　缩		渗透系数 K_{20} /(cm/s)
饱和状态下		
压缩系数/MPa⁻¹	压缩模量 $E_{s0.1-0.3}$/MPa	
$\dfrac{0.105-0.085}{0.09}$	$\dfrac{17.5-13.6}{16.4}$	$\dfrac{2.5\times10^{-5}-2.5\times10^{-7}}{1.1\times10^{-6}}$

11.2　硫酸（亚硫酸）盐渍土主要工程性质和工程地质问题

当土中盐以液相形式存在时，溶于水中，不增加液相体积，但土中液相含量已不单纯是含水量，应引用含液量指标，含液量计算公式为

$$w_B = \frac{w + Bw}{1 - Bw} \tag{11.1}$$

式中：w_B 为含液量，%；B 为溶于土中水的盐量，%；$B = \dfrac{C}{w}$，当 B 值大于在某温度下的溶解度时，取等于该盐的溶解度；C 为易溶盐含量，%；w 为含水量，%。

硫酸钠（Na_2SO_4）的溶解度曲线如图 11.3 所示。结晶盐基本特性见表 11.8。

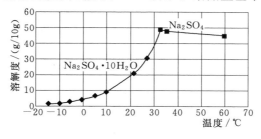

图 11.3　不同温度下硫酸钠在水中的溶解度

表 11.8　　　　　　　　　　　　　结 晶 盐 基 本 特 性

名称	分子式	分子量	外形	相对密度
硫酸钠	$Na_2SO_4 \cdot 10H_2O$	322.22	白色晶体	1.464
无水硫酸钠	Na_2SO_4	142.06	白色晶体	2.700
氯化钠	$NaCl$	58.45	白色晶体	2.163
碳酸氢钠	$NaHCO_3$	84.01	白色粉末	2.159
碳酸钠	$Na_2CO_3 \cdot 10H_2O$	286.16	白色晶体	1.460
无水碳酸钠	Na_2CO_3	106.00	白色粉末	2.530
氯化钙	$CaCl_2 \cdot 6H_2O$	218.99	白色晶体	2.150
硫酸镁	Mg_2SO_4	120.37	白色晶体	1.680

从硫酸钠的溶解度曲线看出，硫酸钠的最大溶解度在 32.4℃，在低于 32.4℃时硫酸钠溶解度随温度降低而降低，在低于 0℃时溶解度随温度变化十分缓慢；在高于 32.4℃时硫酸钠溶解度随温度升高而降低。根据上述硫酸钠的工程性质，硫酸（亚硫酸）盐渍土工程特性可归纳如下。

1. 盐胀性

硫酸（亚硫酸）盐渍土中的无水硫酸钠在低于 32.4℃的温度时，吸收水分子变成芒硝晶体（$Na_2SO_4 \cdot 10H_2O$）；芒硝晶体高于 32.4℃的温度时，又变成无水硫酸钠。相同质量无水硫酸钠变成芒硝晶体体积膨胀，体积变化率为

$$D_{V2} = \frac{\dfrac{M_1}{G_1}}{\dfrac{M_2}{G_2}} = \frac{\dfrac{322.22}{1.464}}{\dfrac{142.06}{2.7}} \times 100\% = 418\% \tag{11.2}$$

式中：D_{V2} 为体积变化率；M_1、M_2 为含结晶水和无水硫酸钠的克分子量；G_1、G_2 为含结晶水和无水硫酸钠的相对密度。

从式（11.2）可以看出，无水硫酸钠吸水变成芒硝晶体，其体积将增大 3.18 倍，体积膨胀率 η 为 318%。

对于溶于土中水的硫酸钠结晶变成芒硝晶体时（高于水结冰温度），其体积和相应吸收的水分比体积变化率为

$$D_{V3} = \frac{\dfrac{M_1}{G_1}}{\dfrac{10M_3}{G_3}} = \frac{\dfrac{322.22}{1.464}}{\dfrac{180}{1}} \times 100\% = 122.2\% \tag{11.3}$$

式中：D_{V3} 为体积变化率，%；M_1、M_3 为含结晶水硫酸钠和水分子克分子量；G_1、G_3 为含结晶水硫酸钠和水的相对密度。

从式（11.3）可以看出，溶于水中硫酸钠变成芒硝晶体（高于水结冰温度），其体积和相应吸收的水分比将增大 0.222 倍，体积膨胀率 η 为 22.2%。芒硝晶体固相体积和相应吸收的水分比膨胀 1.222 倍，固相体积膨胀率 η 为 122.2%。

对于溶于土中水的硫酸钠结晶变成芒硝晶体时（低于水结冰温度），其体积和相应吸收的水分变成冰比体积变化率为

$$D_{V4} = \frac{\dfrac{M_1}{G_1}}{1.09 \times \dfrac{10M_3}{G_3}} = \frac{\dfrac{322.22}{1.464}}{1.09 \times \dfrac{180}{1}} \times 100\% = 112.1\% \qquad (11.4)$$

式中：D_{V4} 为体积变化率；M_1、M_3 为含结晶水硫酸钠和水分子克分子量；G_1、G_3 为含结晶水硫酸钠和水的相对密度。

从式（11.4）可以看出，溶于水中硫酸钠变成芒硝晶体（低于水结冰温度），其体积和相应吸收的水分的冰比将增大 0.121 倍，固相体积膨胀率 η 为 12.1%。芒硝晶体固相体积和相应吸收的水分的冰比膨胀 1.121 倍，固相体积膨胀率 η 为 112.1%。

在天然地基和人工填土建筑中，当土中硫酸钠以溶于水中的离子状态存在且达到饱和时，随着温度降低（高于水结冰温度），硫酸钠溶解度减小，硫酸钠吸水变成芒硝晶体，和相应吸收水分比体积增大 0.222 倍，且由液相变成固相，芒硝晶体固相体积和相应吸收的水分比固相膨胀 1.222 倍，固相体积膨胀率 η 为 122.2%；温度继续降低（低于水结冰温度），硫酸钠溶解度继续减小，土中水变成冰体积膨胀 1.09 倍，芒硝晶体固相体积和相应吸收的水分比固相膨胀 1.222 倍，固相体积膨胀率 η 为 122.2%，芒硝晶体固相体积和相应吸收的水分的冰比膨胀 1.121 倍，固相体积膨胀率 η 为 112.1%。当土中硫酸钠以无水硫酸钠形式存在且遇水溶解达到饱和时，多余硫酸钠吸水变成芒硝，和无水硫酸钠相比，其体积膨胀 3.18 倍，固相体积膨胀率 η 为 318%。相反，当温度从低向高变化或高于 32.4℃时，芒硝溶于土中溶液或变成无水硫酸钠，使体积减小，如此反复循环，土的结构遭到破坏。

天山北麓水磨河流域细土平原区硫酸（亚硫酸）盐渍土随着温度的降低，不同含水量、不同土干密度、不同硫酸钠含量试样盐-冻胀率逐渐增大。试样土体冻结前，随着温度的降低，硫酸钠溶解度降低，使土体中硫酸钠溶液计算浓度大于硫酸钠溶解度，溶液中的硫酸钠结晶析出，土体产生膨胀，固相体积增大 4.18 倍，试样冻结前土体产生的膨胀是盐胀；随着温度的进一步降低，当土体达到冻结温度时，土体中水开始结冰，水结冰体积膨胀 1.09 倍，由于土颗粒表面能的作用，始终存在一定数量的未冻水，同时也将有部分硫酸钠将以液体形式存在于水中，随着温度的降低，土体中未冻水含量将减少，同时增大硫酸钠计算浓度，将有部分硫酸钠结晶析出，使土体继续产生盐胀，土体冻结后产生的膨胀是盐-冻胀。当土体达到 −15℃ 以后，由于土体中的未冻含水量已很少，且未冻含水量随温度降低减少量也很少，使土体盐-冻胀趋于稳定。

2. 溶陷性

硫酸（亚硫酸）盐渍土中盐在土中可以以固态和液态两种形式存在，且相互转化。硫酸（亚硫酸）盐渍土在一定条件下，如长期地表或地下径流、灌溉等情况下盐渍土地层随含水量的增大或土体浸水溶蚀（土中可溶物质的溶解和搬移），使土的盐胶结失效，力学强度降低，土中盐分充填的孔隙在荷载作用下失稳压密造成地层下沉。

根据石油天然气总公司颁发的《盐渍土地区建筑规定》，当溶陷系数 δ 小于 0.01 时称为非溶陷性土；当溶陷系数 δ 不小于 0.01 时称为溶陷性土。

3. 氯化钠对硫酸钠的盐胀抑制性

氯化钠对硫酸钠吸水结晶变成芒硝（$Na_2SO_4 \cdot 10H_2O$）的盐胀抑制作用主要是通过

降低硫酸钠的溶解度和降低毛细水上升高度体现的。随着土中溶液氯化钠浓度的增大，使硫酸钠的溶解度降低，对于有地下水补给，毛细水上升形成盐胀为主的盐胀发育地层，将使毛细管溶液中的硫酸钠浓度降低，从而起到延缓抑制盐胀的作用。另外，随着土中氯化钠溶液浓度的提高，将降低毛细水上升高度，从而起到抑制表层地层盐胀的作用。

4. 腐蚀性

硫酸（亚硫酸）盐渍土中的盐通过化学作用和结晶膨胀作用对水泥制品（砂浆、混凝土）和黏土砖类建筑材料发生膨胀腐蚀破坏。硫酸盐渍土对钢结构、混凝土中钢筋、地下管道等也有一定腐蚀作用。SO_4^{2-} 离子对金属电化学腐蚀促进作用仅次于 Cl^- 离子，土中可能含有的硫酸盐还原菌能造成钢铁严重破坏，K^+、Na^+、Ca^{2+}、NH_4^+ 离子对金属作用同氯盐渍土。

氯盐和硫酸盐同时存在的盐渍土，具有更强的腐蚀性，其他可溶盐的存在通常都会提高土的腐蚀性。

由于上述硫酸（亚硫酸）盐渍土工程特性，对水利工程建设造成了严重危害，主要表现在以下几个方面。

（1）作为填筑用料的硫酸（亚硫酸）盐渍土由于盐-冻胀变形，对渠道混凝土衬砌板和水库上游混凝土面板造成破坏。

（2）在渠道、堤防和水库土坝上，由于土体中盐分迁移引起渠坡的坡脚、堤脚、坝脚含盐量增高、密度降低、变形增大，造成它们的边坡表面的一定厚度土体边坡失稳。

（3）由于盐-冻胀变形引起桥梁、涵洞基础破坏。

（4）挡土墙由于墙后土体盐-冻胀变形引起的破坏。

（5）含盐离子对建筑物混凝土产生的化学腐蚀，引起建筑物腐蚀破坏。

11.3　试验土料选择

为了更好地分析控制盐-冻胀影响因素，简化试验条件，使试验具有一定的可比性，该试验研究采用天山水磨河流域细土平原区的地层含盐较低（硫酸钠含量为 0.5%）的低液限粉土作为试验用土，在此基础上掺加硫酸钠人工合成不同硫酸钠含量的盐渍土进行试验。试验用低液限粉土物理、化学、力学指标见表 11.9～表 11.13。

表 11.9　试验用低液限粉土颗粒分析成果表

盐性名称	取样深度 /m	粒径/mm					不均匀系数	曲率系数	有效粒径
		>0.25	0.25～0.075	0.075～0.005	<0.005	<0.002	C_u	C_c	d_{10}/mm
		含量/%							
低液限粉土	0～5.0	0	25.6	55.4	16.0	3.0	21.8	3.0	0.0022

表 11.10　试验用低液限粉土物理性质（一）

相对密度	液限 /%	塑限 /%	塑性指数	孔隙比	毛细水上升高度 /cm	易溶盐 /%	中溶盐 /%	天然状态下		
								含水量 /%	湿密度 /(g/cm³)	干密度 /(g/cm³)
2.71	25	15.3	9.7	0.82	280	3.15	1.42	17.5	1.75	1.49

表 11.11　　　　　　　　　　　**试验用低液限粉土物理性质（二）**

击实（$N=25$）		抗　剪　强　度				压　缩		渗透系数
		最优含水快剪		饱和快剪		饱和状态下		
w_{op} /%	ρ_{dmax} /(g/cm³)	C /kPa	φ /(°)	C /kPa	φ /(°)	$av_{0.1-0.3}$ /MPa^{-1}	$E_{s0.1-0.3}$ /MPa	K_{20} /(cm/s)
13.0	1.84	28.5	30.1	22.8	28.8	0.09	16.4	10^{-6}

表 11.12　　　　　　　　　　　**试验用土样易溶盐含量（一）**　　　　　　　单位：g/kg

土　壤　化　学　成　分								易溶盐含量	NaCl	Na₂·SO₄
Ca^{2-}	Mg^{2+}	Na^+	K^+	CO_3^{2-}	HCO_3^-	SO_4^{2-}	Cl^-	易溶盐含量	NaCl	Na₂·SO₄
1.616	0.192	3.461	0.101	0.067	0.239	7.445	3.133	16.254	5.01	4.59

表 11.13　　　　　　　　　　　**试验用土样易溶盐含量（二）**

化合盐名称	化合盐含量/%	氯硫比	化合盐名称	化合盐含量/%	氯硫比
$CaCO_3$	0.011		Na_2SO_4	0.459	
$Ca(HCO_3)_2$	0.032	0.57	NaCl	0.501	0.57
$CaSO_4$	0.508		KCl	0.019	
$MgSO_4$	0.095		合计	1.626	

11.4　试验研究内容

为了研究硫酸（亚硫酸）盐渍土盐-冻胀规律、建立预报模型、为建筑物提供附加计算荷载，确定试验内容如下。

（1）不同硫酸钠含量硫酸（亚硫酸）盐渍土单次盐-冻胀量试验。

（2）不同含水量硫酸（亚硫酸）盐渍土单次盐-冻胀量试验。

（3）不同土干密度硫酸（亚硫酸）盐渍土单次盐-冻胀量试验。

（4）无荷载条件下不同干密度不同硫酸钠含量硫酸（亚硫酸）盐渍土多次冻融盐-冻胀量试验。

（5）有荷载条件下不同硫酸钠含量硫酸（亚硫酸）盐渍土多次冻融盐-冻胀量试验。

（6）不同硫酸钠含量硫酸（亚硫酸）盐渍土盐-冻胀力试验。

（7）不同含水量硫酸（亚硫酸）盐渍土盐-冻胀力试验。

（8）不同土干密度硫酸（亚硫酸）盐渍土盐-冻胀力试验。

11.5　制样和试验设备简介

1. 试验土料制备

按《土工试验规程》（SL 237—1999）中土样的制备方法，在保证室温 32℃的情况下，用制备好的硫酸钠溶液，拌制成一定含水量和含盐量的土样，且在 32℃的条件下放置 24h。

2. 降温设备及试验温度

采用可调控温度冷冻冰箱。为了使土样在降温过程中造成一维温度场，即单向降温，将土样置于环境箱内。环境箱内壁与土样盒之间的空隙用聚乙烯泡沫填满。冷源由上到下降温。依次按下列温度级：30℃～25℃～20℃～15℃～10℃～5℃～0℃～−5℃～−10℃～−15℃～−20℃～−25℃～−30℃降温。根据硫酸钠含量、含水量定起测温度，也就是起测温度略高于土体中硫酸钠结晶温度，每级降温完成后稳定 8h，再进行下一级降温过程。

3. 无荷载盐-冻胀变形试验设备

使用《公路土工试验规程》（SL 237—011.1999）中的承载比试验设备（SL 237—011.1999）进行无荷载盐-冻胀变形试验观测。其中击实筒内径为 152mm、高 170mm，护筒高度 50mm；测量顶板为带调节杆的多孔顶板，顶板直径为 150mm；测量设备为量程 50mm 百分表，如图 11.4 所示。

4. 盐-冻胀力及有荷载盐-冻胀变形试验设备

使用《公路土工试验规程》（SL 237—1999）中的石灰土压力试验仪作为盐-冻胀力及有荷载盐-冻胀变形加荷设备，试样容器采用马歇尔击实仪，其直径为 100mm、高 87mm，如图 11.5 所示。

图 11.4　无荷载盐-冻胀变形试验设备

图 11.5　盐-冻胀力试验设备

11.6　硫酸（亚硫酸）盐渍土单次盐-冻胀变形试验

11.6.1　不同含水量的单次盐-冻胀试验

1. 不同含水量的单次盐-冻胀试验试样的制备

试验采用低液限粉土，制样最优含水率为 13％，最大击实土干密度为 1.84g/cm³。

在保证硫酸钠以溶液形式掺配的条件下，试样的不同干密度、不同含盐量按式（11.5）～式（11.10）计算。

土干密度为

$$\rho_s = \frac{G_s}{V} \qquad (11.5)$$

式中：ρ_s 为土干密度，g/cm^3；G 为土质量，g；V 为土体积，cm^3。

土＋易溶盐干密度为

$$\rho_{ss} = \frac{G_{ss}}{V} + \frac{G_s + G_c}{V} \qquad (11.6)$$

式中：ρ_{ss} 为土＋盐干密度，g/cm^3；G_c 为盐质量，g。

土干密度与土＋盐干密度关系为

$$\rho_{ss} = \frac{G_{ss}}{V} = \frac{G_s + G_c}{V} = \rho_s + \frac{CG_s}{V} = (1+C)\rho_s \qquad (11.7)$$

式中：C 为含盐量。

土含水量为

$$w = \frac{G_w}{G_s} \times 100\% \qquad (11.8)$$

式中：w 为含水量，％；G_w 为水质量，g。

土＋易溶盐含水量为

$$w_{ss} = \frac{G_w}{G_s + G_c} \times 100\% \qquad (11.9)$$

式中：w_{ss} 为土＋盐含水量，％。

含液量见式（11.1）。

土含水量与土＋盐含水量关系为

$$w_{ss} = \frac{G_w}{G_s + G_c} = \frac{\dfrac{G_w}{G_s}}{1 + \dfrac{G_s}{G_s}} = \frac{w}{1+C} \qquad (11.10)$$

制备的试样见表 11.14。

2. 硫酸（亚硫酸）盐渍土无上覆荷载条件下同一干密度在不同含水量条件下的单次盐-冻胀变化规律

由于土体盐-冻胀达到−20℃时，土体盐-冻胀基本达到稳定，因此，对于无荷载条件不同含水量、不同硫酸钠含量的单次盐-冻胀试验最低温度选择−20℃。

硫酸钠含量为 0.5％、1％、1.5％、2％、3％和 4％的试样，在不同含水量条件下随温度变化的盐-冻胀率如图 11.6～图 11.11 所示。

表 11.14　　　　　硫酸（亚硫酸）盐渍土单次盐-冻胀变形试样物理指标

试样编号	（土＋易溶盐）干密度 /（g/cm³）	土干密度 /（g/cm³）	土孔隙率 /%	土含水量 /%	易溶盐含量 /%	硫酸钠含量 /%	氯化钠含量 /%	氯硫比	土样名称
D-1	1.85	1.84	32.07	16.00	2.13	0.5	0.5	0.54	
D-2	1.85	1.84	32.07	14.00	2.13	0.5	0.5	0.54	
D-3	1.85	1.84	32.07	12.00	2.13	0.5	0.5	0.54	
D-4	1.85	1.84	32.07	10.00	2.13	0.5	0.5	0.54	
D-5	1.85	1.84	32.07	8.00	2.13	0.5	0.5	0.54	亚硫酸盐渍土
D-6	1.86	1.84	32.04	16.00	2.63	1.0	0.5	0.37	
D-7	1.86	1.84	32.04	14.00	2.63	1.0	0.5	0.37	
D-8	1.86	1.84	32.04	12.00	2.63	1.0	0.5	0.37	
D-9	1.86	1.84	32.04	10.00	2.63	1.0	0.5	0.37	
D-10	1.86	1.84	32.04	8.00	2.63	1.0	0.5	0.37	
D-11	1.87	1.84	32.02	16.00	3.13	1.5	0.5	0.29	
D-12	1.87	1.84	32.02	14.00	3.13	1.5	0.5	0.29	
D-13	1.87	1.84	32.02	12.00	3.13	1.5	0.5	0.29	
D-14	1.87	1.84	32.02	10.00	3.13	1.5	0.5	0.29	
D-15	1.87	1.84	32.02	8.00	3.13	1.5	0.5	0.29	
D-16	1.88	1.84	31.99	16.00	3.63	2.0	0.5	0.23	
D-17	1.88	1.84	31.99	14.00	3.63	2.0	0.5	0.23	
D-18	1.88	1.84	31.99	12.00	3.63	2.0	0.5	0.23	
D-19	1.88	1.84	31.99	10.00	3.63	2.0	0.5	0.23	
D-20	1.88	1.84	31.99	8.00	3.63	2.0	0.5	0.23	硫酸盐渍土
D-21	1.90	1.84	31.93	16.00	4.63	3.0	0.5	0.17	
D-22	1.90	1.84	31.93	14.00	4.63	3.0	0.5	0.17	
D-23	1.90	1.84	31.93	12.00	4.63	3.0	0.5	0.17	
D-24	1.90	1.84	31.93	10.00	4.63	3.0	0.5	0.17	
D-25	1.90	1.84	31.93	8.00	4.63	3.0	0.5	0.17	
D-26	1.91	1.84	32.23	16.00	5.63	4.0	0.5	0.13	
D-27	1.91	1.84	32.23	14.00	5.63	4.0	0.5	0.13	
D-28	1.91	1.84	32.23	12.00	5.63	4.0	0.5	0.13	
D-29	1.91	1.84	32.23	10.00	5.63	4.0	0.5	0.13	

　　根据试验结果整理出不同硫酸钠含量的无荷载条件下的单次盐-冻胀率区间，见表 11.15。

　　从表 11.15 可以看出，当土干密度为 1.84g/cm³ 时，小于 0.5% 硫酸钠含量其单次盐-冻胀率小于 1%；0.5%～1% 硫酸钠含量其单次盐-冻胀率小于 2%；1%～1.5% 硫酸钠

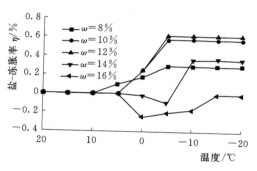

图 11.6 0.5％硫酸钠不同含水量
单次盐-冻胀过程线

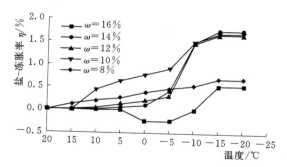

图 11.7 1％硫酸钠不同含水量
单次盐-冻胀过程线

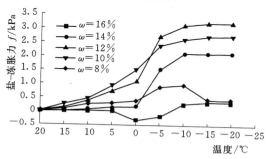

图 11.8 1.5％硫酸钠不同含水量
单次盐-冻胀过程线

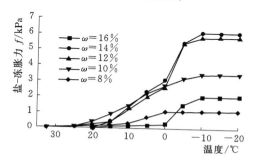

图 11.9 2％硫酸钠不同含水量
单次盐-冻胀过程线

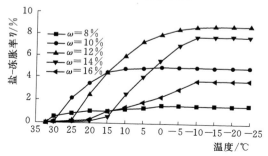

图 11.10 3％硫酸钠不同含水量
单次盐-冻胀过程线

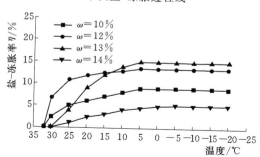

图 11.11 4％硫酸钠不同含水量
单次盐-冻胀过程线

表 11.15 不同硫酸钠含量单次盐-冻胀率区间

土干密度 /(g/cm³)	氯化钠含量 /％	硫酸钠含量 /％	含水量区间 /％	最小盐-冻胀率 /％	最大盐-冻胀率 /％
		0.5	8～16	0.03	0.67
		1.0	8～16	0.53	1.75
		1.5	8～16	0.32	3.32
1.84	0.5	2.0	8～16	1.21	6.19
		3.0	8～16	5.42	9.85
		4.0	10～16	6.12	19.35

含量其单次盐-冻胀率小于 4%；1.5%～2%硫酸钠含量其单次盐-冻胀率小于 7%；2%～3%硫酸钠含量其单次盐-冻胀率小于 10%；3%～4%硫酸钠含量其单次盐-冻胀率小于 20%。随着硫酸钠含量的增大，其最大最小单次盐-冻胀率区间增大。

根据试验结果，同样可整理出如图 11.12 和图 11.13 所示。

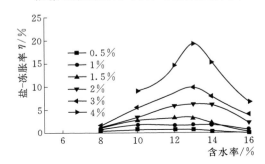

图 11.12　不同含水量的盐-冻胀率　　　　图 11.13　不同硫酸钠含量的单次盐-冻胀率

对图 11.12 所示曲线进行拟合，得式（11.11），曲线拟合系数见表 11.16。

$$\eta = aw^2 + bw + c \tag{11.11}$$

表 11.16　　　　　　　　不同含水量与单次盐-冻胀率关系系数

硫酸钠含量 /%	土干密度 /(g/cm³)	a	b	c	R^2
0.5		−0.03	0.6783	−3.1698	0.9476
1.0		−0.0778	1.8503	−9.1026	0.9415
1.5	1.84	−0.1656	3.8861	−19.521	0.9734
2.0		−0.2682	6.6637	−35.442	0.9084
3.0		−0.3896	9.7354	−51.917	0.9495
4.0		−1.0505	26.968	−155.89	0.9140

对图 11.13 所示曲线进行拟合，得式（11.12），曲线拟合系数见表 11.17。

$$\eta = aC_{ss}^2 + bC_{ss} + c \tag{11.12}$$

式中：η 为土体盐-冻胀率，%；C_{ss} 为硫酸钠含量，%；a、b、c 为系数。

表 11.17　　　　　　　　不同硫酸钠含量与单次盐-冻胀率关系系数

含水量 /%	土干密度 /(g/cm³)	a	b	c	R^2
8		−0.1187	0.8828	−0.0727	0.9994
10		0.3143	0.8898	0.3444	0.9910
12	1.84	0.4705	1.7985	−0.3837	0.9933
13		1.1091	0.1801	0.4740	0.9902
14		0.6945	0.9854	−0.1611	0.9722
16		0.3793	0.1957	−0.2191	0.9834

11.6.2　不同干密度、不同硫酸钠含量的单次盐-冻胀试验

1. 不同干密度、不同硫酸钠含量的单次盐-冻胀试验试样的制备

本试验土料制备含水量采用最优土含水量13％。试样情况见表11.18。

表11.18　　硫酸（亚硫酸）盐渍土单次盐-冻胀变形试样物理指标

试样编号	（土+易溶盐）干密度 /(g/cm³)	土干密度 /(g/cm³)	土孔隙率 /％	土含水量 /％	易溶盐含量 /％	硫酸钠含量 /％	氯化钠含量 /％	氯硫比	土样名称
D-30	1.47	1.44	46.86	13.00	2.13	0.5	0.5	0.54	
D-31	1.51	1.48	45.39	13.00	2.13	0.5	0.5	0.54	
D-32	1.59	1.56	42.44	13.00	2.13	0.5	0.5	0.54	
D-33	1.65	1.62	40.22	13.00	2.13	0.5	0.5	0.54	
D-34	1.72	1.68	38.01	13.00	2.13	0.5	0.5	0.54	
D-35	1.79	1.75	35.42	13.00	2.13	0.5	0.5	0.54	
D-36	1.84	1.80	33.58	13.00	2.13	0.5	0.5	0.54	
D-37	1.88	1.84	32.10	13.00	2.13	0.5	0.5	0.54	
D-38	1.95	1.91	29.52	13.00	2.13	0.5	0.5	0.54	
D-39	1.40	1.36	49.82	13.00	2.63	1.0	0.5	0.37	亚硫酸盐渍土
D-40	1.48	1.44	46.86	13.00	2.63	1.0	0.5	0.37	
D-41	1.52	1.48	45.39	13.00	2.63	1.0	0.5	0.37	
D-42	1.59	1.55	42.80	13.00	2.63	1.0	0.5	0.37	
D-43	1.67	1.63	39.85	13.00	2.63	1.0	0.5	0.37	
D-44	1.80	1.75	35.42	13.00	2.63	1.0	0.5	0.37	
D-45	1.85	1.80	33.58	13.00	2.63	1.0	0.5	0.37	
D-46	1.89	1.84	32.10	13.00	2.63	1.0	0.5	0.37	
D-47	1.95	1.90	29.89	13.00	2.63	1.0	0.5	0.37	
D-48	2.00	1.95	28.04	13.00	2.63	1.0	0.5	0.37	
D-49	1.49	1.44	46.86	13.00	3.13	1.5	0.5	0.29	
D-50	1.53	1.48	45.39	13.00	3.13	1.5	0.5	0.29	
D-51	1.59	1.54	43.17	13.00	3.13	1.5	0.5	0.29	
D-52	1.65	1.60	40.96	13.00	3.13	1.5	0.5	0.29	
D-53	1.73	1.68	38.01	13.00	3.13	1.5	0.5	0.29	硫酸盐渍土
D-54	1.79	1.74	35.79	13.00	3.13	1.5	0.5	0.29	
D-55	1.86	1.80	33.58	13.00	3.13	1.5	0.5	0.29	
D-56	1.89	1.83	32.47	13.00	3.13	1.5	0.5	0.29	
D-57	1.93	1.87	31.00	13.00	3.13	1.5	0.5	0.29	
D-58	1.96	1.90	29.89	13.00	3.13	1.5	0.5	0.29	

续表

试样编号	（土＋易溶盐）干密度 /(g/cm³)	土干密度 /(g/cm³)	土孔隙率 /%	土含水量 /%	易溶盐含量 /%	硫酸钠含量 /%	氯化钠含量 /%	氯硫比	土样名称
D－59	1.48	1.43	47.23	13.00	3.63	2.0	0.5	0.23	
D－60	1.52	1.47	45.76	13.00	3.63	2.0	0.5	0.23	
D－61	1.61	1.55	42.80	13.00	3.63	2.0	0.5	0.23	
D－62	1.68	1.62	40.22	13.00	3.63	2.0	0.5	0.23	
D－63	1.78	1.72	36.53	13.00	3.63	2.0	0.5	0.23	
D－64	1.81	1.75	35.42	13.00	3.63	2.0	0.5	0.23	
D－65	1.87	1.80	33.58	13.00	3.63	2.0	0.5	0.23	
D－66	1.91	1.84	32.10	13.00	3.63	2.0	0.5	0.23	
D－67	1.97	1.90	29.89	13.00	3.63	2.0	0.5	0.23	
D－68	2.02	1.95	28.04	13.00	3.63	2.0	0.5	0.23	
D－69	1.51	1.44	46.86	13.00	4.63	3.0	0.5	0.17	
D－70	1.55	1.48	45.39	13.00	4.63	3.0	0.5	0.17	
D－71	1.62	1.55	42.80	13.00	4.63	3.0	0.5	0.17	
D－72	1.68	1.61	40.59	13.00	4.63	3.0	0.5	0.17	
D－73	1.75	1.67	38.38	13.00	4.63	3.0	0.5	0.17	
D－74	1.80	1.72	36.53	13.00	4.63	3.0	0.5	0.17	
D－75	1.84	1.76	35.06	13.00	4.63	3.0	0.5	0.17	硫酸盐渍土
D－76	1.88	1.80	33.58	13.00	4.63	3.0	0.5	0.17	
D－77	1.93	1.84	32.10	13.00	4.63	3.0	0.5	0.17	
D－78	2.00	1.91	29.52	13.00	4.63	3.0	0.5	0.17	
D－79	1.56	1.48	45.39	13.00	5.63	4.0	0.5	0.13	
D－80	1.64	1.55	42.80	13.00	5.63	4.0	0.5	0.13	
D－81	1.68	1.59	41.33	13.00	5.63	4.0	0.5	0.13	
D－82	1.77	1.68	38.01	13.00	5.63	4.0	0.5	0.13	
D－83	1.84	1.74	35.79	13.00	5.63	4.0	0.5	0.13	
D－84	1.89	1.79	33.95	13.00	5.63	4.0	0.5	0.13	
D－85	1.94	1.84	32.10	13.00	5.63	4.0	0.5	0.13	
D－86	2.01	1.90	29.89	13.00	5.63	4.0	0.5	0.13	
D－87	2.05	1.94	28.41	13.00	5.63	4.0	0.5	0.13	
D－88	1.58	1.48	45.39	13.00	6.63	5.0	0.5	0.11	
D－89	1.62	1.52	43.91	13.00	6.63	5.0	0.5	0.11	
D－90	1.65	1.55	42.80	13.00	6.63	5.0	0.5	0.11	
D－91	1.73	1.62	40.22	13.00	6.63	5.0	0.5	0.11	
D－92	1.78	1.67	38.38	13.00	6.63	5.0	0.5	0.11	

续表

试样编号	（土＋易溶盐）干密度/(g/cm³)	土干密度/(g/cm³)	土孔隙率/%	土含水量/%	易溶盐含量/%	硫酸钠含量/%	氯化钠含量/%	氯硫比	土样名称
D-93	1.88	1.76	35.06	13.00	6.63	5.0	0.5	0.11	
D-94	1.92	1.80	33.58	13.00	6.63	5.0	0.5	0.11	
D-95	1.96	1.84	32.10	13.00	6.63	5.0	0.5	0.11	硫酸盐渍土
D-96	2.02	1.89	30.26	13.00	6.63	5.0	0.5	0.11	
D-97	2.07	1.94	28.41	13.00	6.63	5.0	0.5	0.11	

2. 硫酸（亚硫酸）盐渍土无荷载时不同干密度、不同硫酸钠含量单次盐-冻胀规律

硫酸钠含量为 0.5%、1%、1.5%、2%、3%、4% 和 5% 时，在不同干密度条件下盐-冻胀率随温度变化如图 11.14～图 11.20 所示。

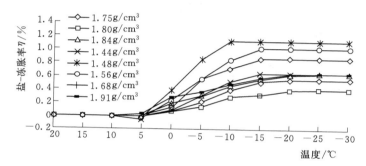

图 11.14 0.5% 硫酸钠在不同干密度条件下的单次盐-冻胀过程线

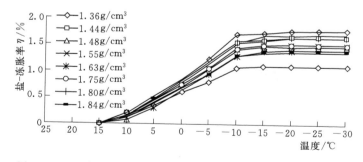

图 11.15 1% 硫酸钠在不同干密度条件下的单次盐-冻胀过程线

根据试验结果整理出不同硫酸钠含量无载荷条件下的单次盐-冻胀率区间，见表 11.19。

从表 11.19 可以看出，小于 0.5% 硫酸钠含量其单次盐-冻胀率小于 1.3%；0.5%～1% 硫酸钠含量其单次盐-冻胀率小于 2%；1%～1.5% 硫酸钠含量其单次盐-冻胀率小于 4%；1.5%～2% 硫酸钠含量其单次盐-冻胀率小于 7%；2%～3% 硫酸钠含量其单次盐-冻胀率小于 10%；3%～4% 硫酸钠含量其单次盐-冻胀率小于 20%；4%～5% 硫酸钠含量其单次盐-冻胀率小于 27%。

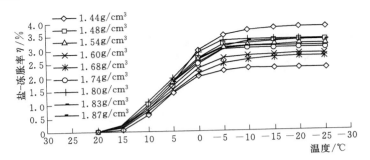

图 11.16　1.5％硫酸钠在不同干密度条件下的单次盐-冻胀过程线

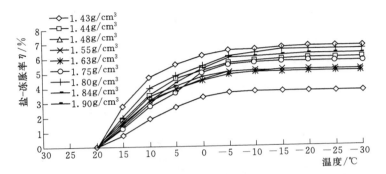

图 11.17　2％硫酸钠在不同干密度条件下的单次盐-冻胀过程线

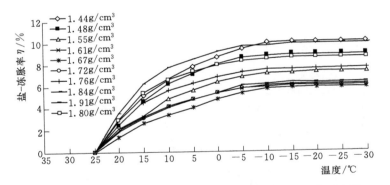

图 11.18　3％硫酸钠在不同干密度条件下的单次盐-冻胀过程线

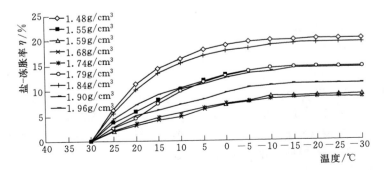

图 11.19　4％硫酸钠在不同干密度条件下的单次盐-冻胀过程线

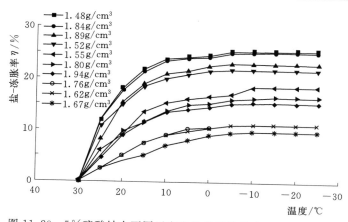

图 11.20 5%硫酸钠在不同干密度条件下的单次盐-冻胀过程线

表 11.19 不同硫酸钠含量单次盐-冻胀率区间

含水量 /%	氯化钠含量 /%	硫酸钠含量 /%	土干密度区间 /(g/cm³)	最小盐-冻胀率 /%	最大盐-冻胀率 /%
13.00	0.5	0.5	1.44～1.91	0.41	1.30
		1.0	1.36～1.95	1.12	1.78
		1.5	1.44～1.90	2.29	3.80
		2.0	1.43～1.95	3.72	6.69
		3.0	1.44～1.95	5.80	9.99
		4.0	1.48～1.94	8.50	20.00
		5.0	1.48～1.94	10.21	26.35

这和公路部门的研究对硫酸（亚硫酸）盐渍土盐-冻胀的研究分类有所不同。公路部门对硫酸（亚硫酸）盐渍土盐-冻胀性的分类见表 11.20。产生不一致的原因主要是表中分类是在原位观测的结果上得出的结论，土体产生盐-冻胀条件不一样，天然土体盐-冻胀其下部土体受上部土体荷载的影响，而试验土样是在无荷载条件下进行的。

表 11.20 硫酸（亚硫酸）盐渍土按土的盐-冻胀性分类

盐-冻胀性分类	非盐-冻胀土	弱盐-冻胀土	盐-冻胀土	强盐-冻胀土
盐-冻胀率 η/%	$\eta \leqslant 1$	$1 < \eta \leqslant 3$	$3 < \eta \leqslant 6$	$\eta > 6$
硫酸钠含量 C_s/%	$C_s \leqslant 0.5$	$0.5 < C_s \leqslant 1.2$	$1.2 < C_s \leqslant 3$	$C_s > 3$

对硫酸钠含量和最小单次盐-冻胀率、最大单次盐-冻胀率进行曲线拟合，如图 11.21 所示。

从图 11.21 可以看出，随着硫酸钠含量的增加，最大单次盐-冻胀率增加速度较快，最小单次盐-冻胀率增加速度较慢，且最大和最小单次盐-冻胀率变化区间增大。

不同硫酸钠含量、不同土干密度（孔隙率）的单次盐-冻胀率如图 11.22 和图 11.23 所示。

对不同硫酸钠含量、不同土干密度的盐-冻胀率进行曲线拟合，见式（11.12），拟合参数见表 11.21。

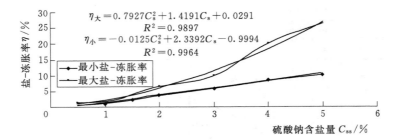

图 11.21　不同硫酸钠含量在不同干密度下的最大最小单次盐-冻胀率

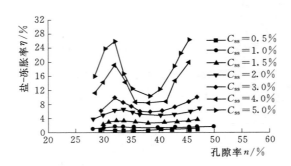

图 11.22　在不同硫酸钠含量情况下不同孔隙率的单次盐-冻胀率

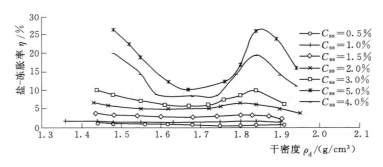

图 11.23　在不同硫酸钠含量情况下不同土干密度的单次盐-冻胀率

表 11.21　　　　　　　　　　　　　不同干密度的单次盐-冻胀率关系系数

硫酸钠含量 /%	含水量 /%	a	b	c	R^2
0.5		5.0039	−18.317	17.330	0.9140
1.0		5.5084	−17.821	15.844	0.9081
1.5		20.631	−68.244	59.231	0.9078
2.0	13.0	49.244	−159.650	134.260	0.9778
3.0		103.170	−339.350	284.960	0.9732
4.0		374.550	−1247.100	1045.900	0.9492
5.0		482.460	−1613.100	1358.700	0.9473

$$\eta = a\rho_d^2 + b\rho_d + c \tag{11.13}$$

式中：η 为土体盐-冻胀率，%；ρ_d 为土干密度，g/cm^3；a、b、c 为与土干密度有关的系数。

不同硫酸钠含量在不同干密度情况下其单次盐-冻胀率最小的干密度值，见表 11.22。

表 11.22　　　　　　　　　不同硫酸钠含量单次盐-冻胀率最小干密度及压实度

硫酸钠含量 /%	试验土干密度区间 /(g/cm³)	最小盐-冻胀率 /%	最小土干密度 /(g/cm³)	轻型击实压实度
0.5	1.44～1.91	0.41	1.80	0.98
1.0	1.36～1.95	1.40	1.63	0.89
1.5	1.44～1.90	1.50	1.68	0.91
2.0	1.43～1.95	5.01	1.62	0.88
3.0	1.44～1.91	1.67	1.67	0.91
4.0	1.48～1.94	8.50	1.68	0.91
5.0	1.48～1.94	10.21	1.67	0.91

从表 11.21 和表 11.22 中可以看出，在干密度区间内增加干密度不能减少土体单次盐-冻胀率，说明靠增大土干密度来增大土体内摩阻力、黏聚力、土颗粒间的引力是不能降低土体单次盐-冻胀率；在干密度区间内减小土干密度不能减少土体单次盐-冻胀率，说明靠减小土体干密度增大孔隙率来吸收结晶硫酸钠是不能降低土体单次盐-冻胀率的。孔隙率大小不能反映其对结晶硫酸钠的吸收程度。土体盐-冻胀率是土体溶液所处位置（孔隙间和孔隙接触间）、土体内部结构、内摩阻力、黏聚力、土颗粒间的引力等综合因素作用的结果。

从图 11.24 中可以看出，在保证硫酸钠以溶液形式掺配的情况下，在硫酸钠含量小于 1% 时，单次盐-冻胀率增长速率较缓慢，最大单次盐-冻胀率小于 2%，这主要是由于土体孔隙和颗粒接触间吸收部分结晶硫酸钠所造成的；硫酸钠含量大于 1% 以后，随着硫酸钠含量的增加，其单次盐-冻胀率增长速率较快。

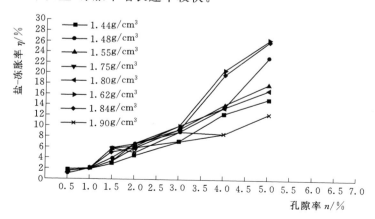

图 11.24　不同硫酸钠含量的单次盐-冻胀率

对硫酸钠含量和单次盐-冻胀率进行曲线拟合，见式（11.14），曲线拟合参数见表 11.23。

$$\eta = aC_{ss}^2 + bC_{ss} + c \tag{11.14}$$

式中：η 为土体盐-冻胀率，%；C_{ss} 为硫酸钠含量，%；a、b、c 为无量纲系数。

表 11.23　　　　　　　　　不同硫酸钠含量单次盐-冻胀率关系系数

土干密度 /(g/cm³)	含水量 /%	a	b	c	R^2
1.44		0.3475	2.5163	-0.4867	0.9738
1.48		0.9552	0.5822	0.3081	0.9846
1.55		0.5268	1.1871	0.1269	0.9871
1.62		0.1130	1.8815	-0.1586	0.9863
1.75	13.00	-0.0908	3.0324	-1.0145	0.9737
1.80		0.019	3.7278	-1.7991	0.9855
1.84		0.7686	1.5480	-0.4997	0.9929
1.90		1.1522	-1.3924	1.6075	0.9868

11.7　硫酸（亚硫酸）盐渍土无荷载多次盐-冻胀变形试验

11.7.1　试样的制备

试验制样采用低液限粉土，取最优含水率 13%，硫酸钠以溶液形式掺配。试样制备见表 11.24。

表 11.24　　　　　　硫酸（亚硫酸）盐渍土多次盐-冻胀变形试样物理指标

试样编号	（土＋易溶盐）干密度 /(g/cm³)	土干密度 /(g/cm³)	孔隙率 /%	含水量 /%	易溶盐含量 /%	硫酸钠含量 /%	氯化钠含量 /%	氯硫比	土样名称
D-1	1.75	1.71	36.90	13.00	2.13	0.50	0.5	0.54	硫酸盐渍土
D-2	1.88	1.84	32.10	13.00	2.13	0.50	0.5	0.54	硫酸盐渍土
D-3	1.76	1.71	36.90	13.00	3.13	1.50	0.5	0.29	
D-4	1.90	1.84	32.10	13.00	3.13	1.50	0.5	0.29	
D-5	1.77	1.71	36.90	13.00	3.63	2.00	0.5	0.23	
D-6	1.91	1.84	32.10	13.00	3.63	2.00	0.5	0.23	
D-7	2.00	1.93	28.78	13.00	3.63	2.00	0.5	0.23	亚硫酸盐渍土
D-8	1.79	1.71	36.90	13.00	4.63	3.00	0.5	0.17	
D-9	1.93	1.84	32.10	13.00	4.63	3.00	0.5	0.17	
D-10	2.01	1.92	29.15	13.00	4.63	3.00	0.5	0.17	
D-11	1.81	1.71	36.90	13.00	5.63	4.00	0.5	0.13	

续表

试样编号	（土＋易溶盐）干密度/(g/cm³)	土干密度/(g/cm³)	孔隙率/%	含水量/%	易溶盐含量/%	硫酸钠含量/%	氯化钠含量/%	氯硫比	土样名称
D-12	1.94	1.84	32.10	13.00	5.63	4.00	0.5	0.13	
D-13	1.98	1.87	31.00	13.00	5.63	4.00	0.5	0.13	
D-14	1.82	1.71	36.90	13.00	6.63	5.00	0.5	0.11	亚硫酸盐渍土
D-15	1.96	1.84	32.10	13.00	6.63	5.00	0.5	0.11	
D-16	2.02	1.89	30.26	13.00	6.63	5.00	0.5	0.11	

11.7.2 无荷载条件下不同干密度、不同硫酸钠含量的多次冻融盐-冻胀变形随温度变化关系

硫酸钠含量为 0.5%、1.5%、2%、3%、4% 和 5% 时，在不同干密度条件下随温度的变化如图 11.25～图 11.40 所示。

从图 11.25～图 11.40 中可以看出，土体多次冻融盐-冻胀试验每一次冻融循环分为 3 个阶段。第一阶段为冻结前由于土温降低土体收缩和盐结晶膨胀引起的变形阶段；第二阶段为冻结后由于水结冰和盐结晶膨胀引起的盐-冻胀变形阶段；第三阶段为土体升温冰融化和硫酸钠晶体溶解引起下沉变形阶段。在每一次冻融循环过程中，第一和第二阶段的盐-冻胀变形在第三阶段的融化下沉过程中不能完全恢复，即每次循环后均有残留变形，

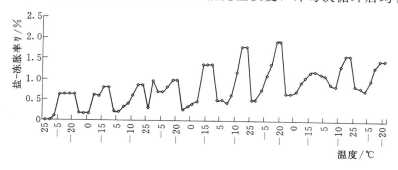

图 11.25 硫酸钠含量 0.5% 多次盐-冻胀随温度变化过程线（$\rho_d = 1.71\text{g/cm}^3$）

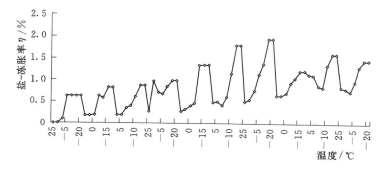

图 11.26 硫酸钠含量 0.5% 多次盐-冻胀随温度变化过程线（$\rho_d = 1.84\text{g/cm}^3$）

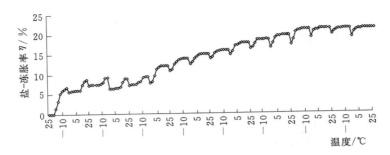

图 11.27　硫酸钠含量 1.5% 多次盐-冻胀随温度变化过程线（$\rho_d = 1.71\text{g/cm}^3$）

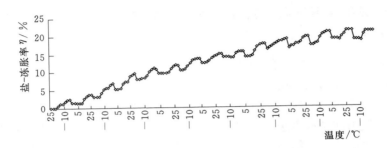

图 11.28　硫酸钠含量 1.5% 多次盐-冻胀随温度变化过程线（$\rho_d = 1.84\text{g/cm}^3$）

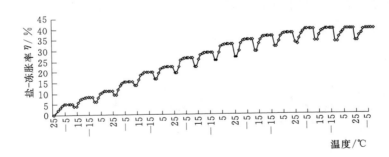

图 11.29　硫酸钠含量 2% 多次盐-冻胀随温度变化过程线（$\rho_d = 1.71\text{g/cm}^3$）

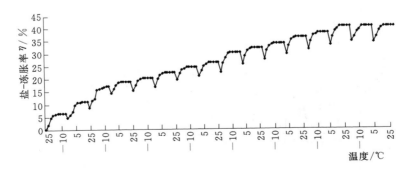

图 11.30　硫酸钠含量 2% 多次盐-冻胀随温度变化过程线（$\rho_d = 1.84\text{g/cm}^3$）

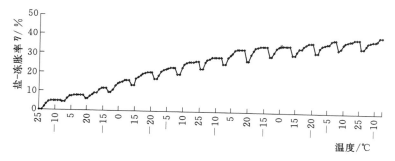

图 11.31　硫酸钠含量 2% 多次盐-冻胀随温度变化过程线（$\rho_d = 1.93 \text{g/cm}^3$）

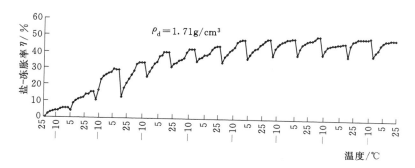

图 11.32　硫酸钠含量 3% 多次盐-冻胀随温度变化过程线（$\rho_d = 1.71 \text{g/cm}^3$）

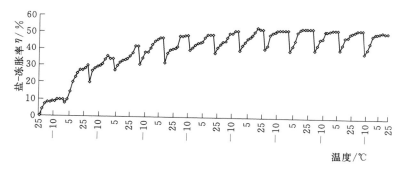

图 11.33　硫酸钠含量 3% 多次盐-冻胀随温度变化过程线（$\rho_d = 1.84 \text{g/cm}^3$）

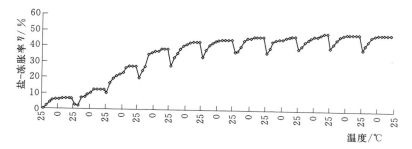

图 11.34　硫酸钠含量 3% 多次盐-冻胀随温度变化过程线（$\rho_d = 1.92 \text{g/cm}^3$）

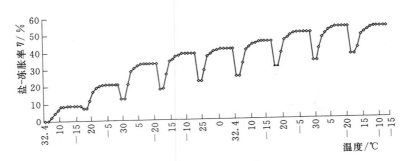

图 11.35　硫酸钠含量 4% 多次盐-冻胀随温度变化过程线（$\rho_d = 1.71 \mathrm{g/cm^3}$）

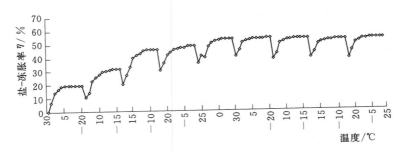

图 11.36　硫酸钠含量 4% 多次盐-冻胀随温度变化过程线（$\rho_d = 1.84 \mathrm{g/cm^3}$）

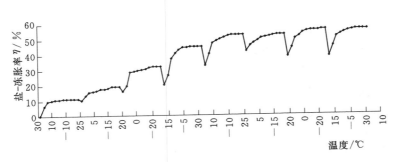

图 11.37　硫酸钠含量 4% 多次盐-冻胀随温度变化过程线（$\rho_d = 1.87 \mathrm{g/cm^3}$）

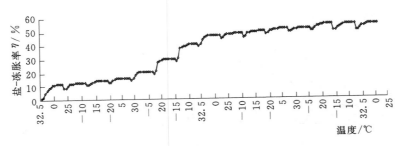

图 11.38　硫酸钠含量 5% 多次盐-冻胀随温度变化过程线（$\rho_d = 1.71 \mathrm{g/cm^3}$）

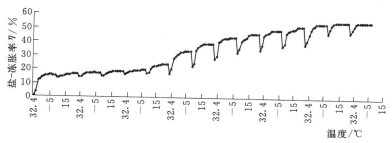

图 11.39　硫酸钠含量 5% 多次盐-冻胀随温度变化过程线（$\rho_d = 1.84 g/cm^3$）

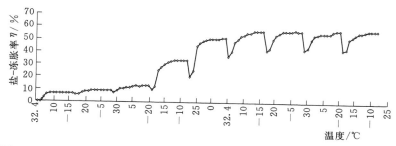

图 11.40　硫酸钠含量 5% 多次盐-冻胀随温度变化过程线（$\rho_d = 1.89 g/cm^3$）

随着土体盐-冻胀次数的增加，土体盐-冻胀率增加，土体盐-冻胀率最终将趋于稳定。

不同硫酸钠含量、不同土干密度在无荷载条件下的土体盐-冻胀率可归纳为表 11.25。

表 11.25　　　不同硫酸钠含量不同土干密度在无荷载条件下土体盐-冻胀率

硫酸钠含量 /%	土初始干密度 /(g/cm³)	第一次盐-冻胀率 /%	最大盐-冻胀率 /%
0.5	1.71	0.64	1.46
0.5	1.84	0.49	1.76
1.5	1.71	3.31	21.13
1.5	1.84	7.12	21.14
2.0	1.71	5.16	39.53
2.0	1.84	6.38	40.02
2.0	1.93	4.85	39.91
3.0	1.71	5.54	50.49
3.0	1.84	9.74	53.05
3.0	1.92	9.66	48.92
4.0	1.71	8.75	53.98
4.0	1.84	19.54	53.48
4.0	1.87	11.19	55.56
5.0	1.71	10.75	54.35
5.0	1.84	14.79	55.37
5.0	1.89	6.79	58.04

从表 11.25 中可以看出，土体单次盐-冻胀率低于其最大稳定土体盐-冻胀率，土体有盐-冻胀发育问题。土体单次盐-冻胀率不能反映土体最终盐-冻胀率。

11.7.3　无荷载、同一硫酸钠含量和不同干密度条件下多次冻融盐-冻胀规律

不同硫酸钠含量、不同干密度的土体多次冻融盐-冻胀试验成果如图 11.41～图 11.46 所示。依据下列公式计算土体盐-冻胀土干密度值，即

$$\rho_{\mathrm{d}} = \frac{G_{\mathrm{s}}}{V_{\mathrm{s}}} \tag{11.15}$$

$$\rho_{\mathrm{ds}} = \frac{G_{\mathrm{s}}}{V_{\mathrm{s}} + \Delta V} = \frac{G_{\mathrm{s}}}{V_{\mathrm{s}} + \Delta hA} \tag{11.16}$$

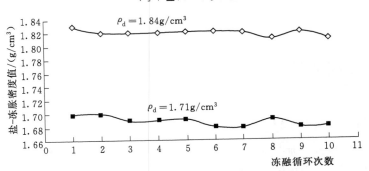

图 11.41　硫酸钠含量 0.5% 土体盐-冻胀土干密度降低过程线

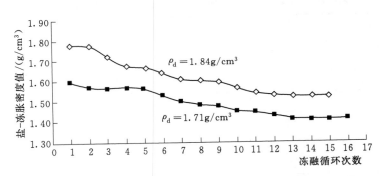

图 11.42　硫酸钠含量 1.5% 土体盐-冻胀土干密度降低过程线

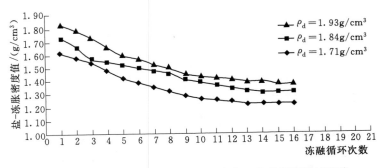

图 11.43　硫酸钠含量 2% 土体盐-冻胀土干密度降低过程线

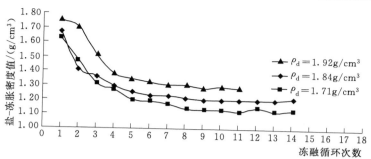

图 11.44 硫酸钠含量 3% 土体盐-冻胀土干密度降低过程线

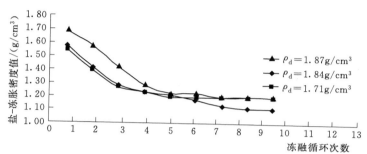

图 11.45 硫酸钠含量 4% 土体盐-冻胀土干密度降低过程线

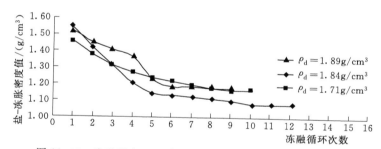

图 11.46 硫酸钠含量 5% 土体盐-冻胀土干密度降低过程线

$$\rho_{ds} = \rho_d \frac{V_s}{V_s + \Delta h A} = \rho_d \frac{h}{h + \Delta h} \tag{11.17}$$

$$B = \frac{\rho_{ds}}{\rho_d} = \frac{h}{h + \Delta h} = \frac{1}{1 + \eta} \tag{11.18}$$

式中：ρ_d 为试样土初始干密度；ρ_{ds} 为试样盐胀和冻胀土干密度；Δh 为试样盐胀和冻胀量；A 为试样面积；ΔV 为试样盐胀和冻胀体积；h 为试样高度；V_s 为试样体积；G_s 为土体重量；B 为土密度降低比；η 为土体盐-冻胀率。

从图 11.41～图 11.46 中可以看到，不同硫酸钠含量、不同土干密度土体多次冻融盐-冻胀变形试验，随着冻融次数的增加，从总的趋势上看，盐-冻胀值逐渐增大，盐-冻胀增量逐渐减小，最后趋于稳定。土体融化沉降值逐渐增大，土体融化沉降值增量逐渐减小，最后趋于稳定。也就是说，随着冻融次数的增加，土体盐-冻胀变形逐渐增大，土体残留变形（即结构性变形）逐渐增大，土体的非结构性变形增大，其变形增量减少，最后趋于稳定。产生上述现象的原因是由于以下几点。

（1）土体在每一次冻融循环过程中，第一和第二阶段降温过程使土体发生盐-冻胀变形，处于孔隙中和颗粒接触间的硫酸钠随着温度的降低，在孔隙中和颗粒接触间吸水结晶膨胀，使土体颗粒发生位移，扩大土体孔隙空间和拉大土颗粒接触间距离，降低土体干密度，土体在第三阶段的升温过程中孔隙和土颗粒接触间硫酸钠和水溶于土体孔隙中，土体中结晶硫酸钠和冰由固相变成液相，体积减小，在土体中起固相骨架作用的结晶硫酸钠（主要处于颗粒接触间和小孔隙中）和冰由于溶解，由固相变成液相，使土体产生融化下沉，即产生非结构性变形。虽然是膨胀土体，但在土体中不起骨架作用的硫酸钠（主要处于较大孔隙中）和冰溶于孔隙中，在土体融化下沉过程中不发生沉降，使土体发生残留变形（即结构性变形）。

（2）土体冻融循环初期，虽然土干密度较大，使土体内摩阻力、黏聚力、颗粒间引力较大，但土体孔隙的孔径和含量相对较小，使土体有较大的盐-冻胀变形增量，相应其融化沉降值增量和融化沉降稳定值增量也较大，随着土体冻融次数的增加，虽然土体内摩阻力、黏聚力、颗粒间引力减小，但土体孔径和数量逐渐增大，使土体有较大的孔隙空间和距离较大颗粒接触间容纳硫酸钠，这样虽然土体的盐-冻胀变形继续增大，但土体的盐-冻胀变形增量将逐渐减小。由于孔隙孔径和数量增大使土体硫酸钠溶液由孔隙中向孔隙接触间转移，对土体起结构性破坏的大孔隙已可以容纳硫酸钠的膨胀，体现土体在融化阶段融化稳定值趋于稳定，而由于孔隙接触间距离增大和数量增多，虽然在融化阶段使融化下沉值增大，但其增量将逐渐减少或不变，融化下沉值也将趋于稳定。

在不同硫酸钠含量和干密度情况下，对不同土干密度的多次盐-冻胀率进行曲线拟合，见式（11.19），参数见表11.26。

表 11.26　　　　不同干密度、硫酸钠含量土体多次盐-冻胀干密度关系系数

硫酸钠含量 /%	土初始干密度 /(g/cm³)	含水量 /%	a	b	c	R^2
0.5	1.71		0.00030	−0.0051	1.7058	0.7676
0.5	1.84		0.00004	−0.0018	1.8275	0.5554
1.5	1.71		0.00040	−0.0197	1.6210	0.9655
1.5	1.84		0.00120	−0.0382	1.8235	0.9896
2.0	1.71		0.00220	−0.0646	1.6970	0.9973
2.0	1.84		0.00140	−0.0503	1.7495	0.9843
2.0	1.93		0.00240	−0.0716	1.9135	0.9968
3.0	1.71	13.00	0.00530	−0.1080	1.6539	0.9375
3.0	1.84		0.00490	−0.0964	1.6466	0.8744
3.0	1.92		0.00880	−0.1501	1.8998	0.9575
4.0	1.71		0.00910	−0.1426	1.6717	0.9729
4.0	1.84		0.01090	−0.1444	1.6426	0.9506
4.0	1.87		0.01510	−0.2057	1.8877	0.9879
5.0	1.71		0.00610	−0.1133	1.6164	0.9651
5.0	1.84		0.00400	−0.0733	1.5163	0.9920
5.0	1.89		0.00540	−0.0988	1.6310	0.9588

$$\rho_{ds} = an^2 + bn + c \tag{11.19}$$

式中：ρ_{ds} 为土体盐-冻胀干密度，g/cm^3；n 为冻融次数；a、b、c 为无量纲系数。

利用式（11.19）和表 11.26 计算估计最大盐-冻胀土干密度值，见表 11.27。

表 11.27　不同干密度、硫酸钠含量土体估计最大多次盐-冻胀土干密度

硫酸钠含量 /%	土初始干密度 /(g/cm³)	含水量 /%	估计最大盐-冻胀土 干密度/(g/cm³)	土干密度降低比
0.5	1.71		1.68	0.98
0.5	1.84		1.81	0.98
1.5	1.71		1.38	0.81
1.5	1.84		1.52	0.83
2.0	1.71		1.22	0.72
2.0	1.84		1.30	0.71
2.0	1.93		1.38	0.71
3.0	1.71	13.00	1.10	0.65
3.0	1.84		1.17	0.64
3.0	1.92		1.26	0.66
4.0	1.71		1.11	0.65
4.0	1.84		1.16	0.63
4.0	1.87		1.19	0.63
5.0	1.71		1.09	0.64
5.0	1.84		1.18	0.64
5.0	1.89		1.18	0.62

从表 11.27 中可以看出，同一硫酸钠含量的土体，土干密度降低比基本相等，另外同一硫酸钠含量土体，土初始干密度提高不能明显提高其最大盐-冻胀土干密度。

11.7.4　无荷载和不同硫酸钠含量条件下的多次冻融盐-冻胀规律

不同硫酸钠含量和土干密度降低比如图 11.47 所示，不同硫酸钠含量和盐-冻胀率关系如图 11.48 所示。

对图 11.47 所示的硫酸钠含量和土干密度降低比进行曲线拟合，见式（11.20），

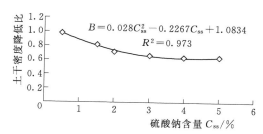

图 11.47　不同硫酸钠含量和土干密度降低比关系

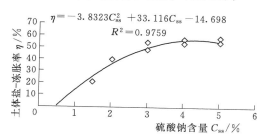

图 11.48　不同硫酸钠含量和盐-冻胀率关系

即

$$B = aC_{ss}^2 + bC_{ss} + c \qquad (11.20)$$

式中：B 为土干密度降低比；C_{ss} 为硫酸钠含量，%；a、b、c 为无量纲系数。

对图 11.48 所示的硫酸钠含量和盐-冻胀率进行曲线拟合，见式（11.21）。

含水量为 13% 时，不同硫酸钠含量和土体盐-冻胀率规律为

$$\eta = aC_{ss}^2 + bC_{ss} + c \qquad (11.21)$$

式中：η 为土体盐-冻胀率，%；C_{ss} 为硫酸钠含量，%；a、b、c 为无量纲系数。

11.8　硫酸（亚硫酸）盐渍土有荷载多次盐-冻胀变形试验

自然和人工建筑环境中，盐-冻胀土体常常受上层土层自重应力和外部荷载作用，如渠道、水库坡面和顶部对下层土体作用着自重应力，涵洞基础土体受上部建筑物荷载作用等。所以，有必要研究有荷载作用的情况。

11.8.1　试样的制备情况

试验采用低液限粉土制样、最优含水量 13%、最大土干密度 1.84g/cm³ 进行制样，制样时硫酸钠以溶液形式进行掺配。试样情况见表 11.28。

表 11.28　硫酸（亚硫酸）盐渍土有荷载多次冻融盐-冻胀变形试样制备情况

试样编号	压力 /kPa	（土+易溶盐）干密度 /(g/cm³)	土干密度 /(g/cm³)	土孔隙率 /%	土含水率 /%	易溶盐含量 /%	硫酸盐含量 /%	氯化钠含量 /%	氯硫比	土样名称
YD-1	1.57	1.89	1.84	32.10	13.00	2.63	1	0.5	0.37	
YD-2	11.35	1.89	1.84	32.10	13.00	2.63	1	0.5	0.37	
YD-3	27.32	1.89	1.84	32.10	13.00	2.63	1	0.5	0.37	亚硫酸盐渍土
YD-4	59.61	1.89	1.84	32.10	13.00	2.63	1	0.5	0.37	
YD-5	98.21	1.89	1.84	32.10	13.00	2.63	1	0.5	0.37	
YD-6	1.57	1.91	1.84	32.10	13.00	3.63	2	0.5	0.23	
YD-7	27.32	1.91	1.84	32.10	13.00	3.63	2	0.5	0.23	
YD-8	59.61	1.91	1.84	32.10	13.00	3.63	2	0.5	0.23	
YD-9	98.21	1.91	1.84	32.10	13.00	3.63	2	0.5	0.23	
YD-10	125.55	1.91	1.84	32.10	13.00	3.63	2	0.5	0.23	硫酸盐渍土
YD-11	1.57	1.93	1.84	32.10	13.00	4.63	3	0.5	0.17	
YD-12	27.32	1.93	1.84	32.10	13.00	4.63	3	0.5	0.17	
YD-13	54.78	1.93	1.84	32.10	13.00	4.63	3	0.5	0.17	
YD-14	125.55	1.93	1.84	32.10	13.00	4.63	3	0.5	0.17	
YD-15	138.30	1.93	1.84	32.10	13.00	4.63	3	0.5	0.17	
YD-16	1.57	1.94	1.84	32.10	13.00	5.63	4	0.5	0.13	

续表

试样编号	压力/kPa	（土＋易溶盐）干密度/(g/cm³)	土干密度/(g/cm³)	土孔隙率/%	土含水率/%	易溶盐含量/%	硫酸盐含量/%	氯化钠含量/%	氯硫比	土样名称
YD-17	27.32	1.94	1.84	32.10	13.00	5.63	4	0.5	0.13	
YD-18	59.61	1.94	1.84	32.10	13.00	5.63	4	0.5	0.13	
YD-19	98.21	1.94	1.84	32.10	13.00	5.63	4	0.5	0.13	
YD-20	125.55	1.94	1.84	32.10	13.00	5.63	4	0.5	0.13	
YD-21	1.57	1.96	1.84	32.10	13.00	6.63	5	0.5	0.11	硫酸盐渍土
YD-22	27.32	1.96	1.84	32.10	13.00	6.63	5	0.5	0.11	
YD-23	59.61	1.96	1.84	32.10	13.00	6.63	5	0.5	0.11	
YD-24	90.17	1.96	1.84	32.10	13.00	6.63	5	0.5	0.11	
YD-25	125.55	1.96	1.84	32.10	13.00	6.63	5	0.5	0.11	

11.8.2 有荷载条件下不同硫酸钠含量多次冻融盐-冻胀变形随温度变化关系

硫酸钠含量为1%、2%、3%、4%和5%时，在土干密度1.84g/cm³、含水量13%条件下随温度变化如图11.49～图11.73所示。

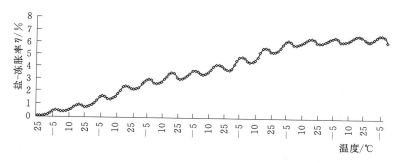

图 11.49 硫酸钠含量1%有荷载多次冻融盐-冻胀变形随温度变化过程线（$P=1.57$kPa）

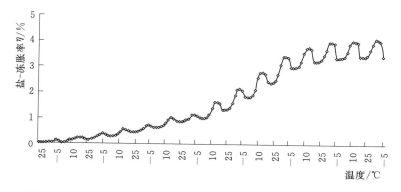

图 11.50 硫酸钠含量1%有荷载多次冻融盐-冻胀变形随温度变化过程线（$P=11.35$kPa）

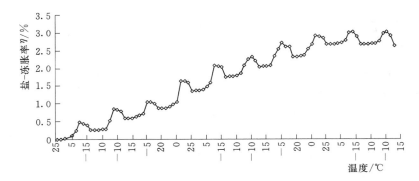

图 11.51 硫酸钠含量 1% 有荷载多次冻融盐-冻胀变形随温度变化过程线（$P=27.32\text{kPa}$）

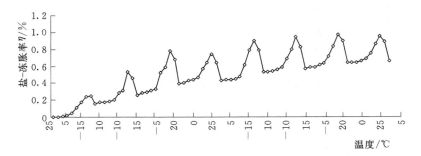

图 11.52 硫酸钠含量 1% 有荷载多次冻融盐-冻胀变形随温度变化过程线（$P=59.61\text{kPa}$）

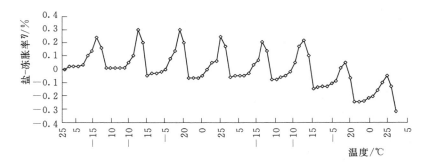

图 11.53 硫酸钠含量 1% 有荷载多次冻融盐-冻胀变形随温度变化过程线（$P=98.21\text{kPa}$）

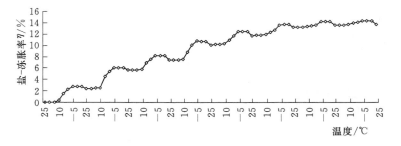

图 11.54 硫酸钠含量 2% 有荷载多次冻融盐-冻胀变形随温度变化过程线（$P=1.57\text{kPa}$）

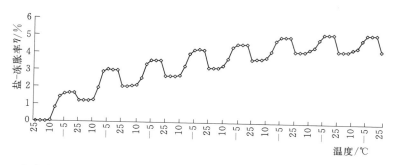

图 11.55　硫酸钠含量 2% 有荷载多次冻融盐-冻胀变形随温度变化过程线（$P=27.32\text{kPa}$）

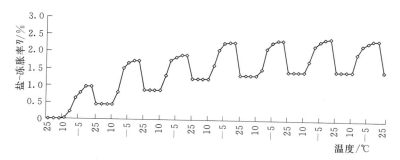

图 11.56　硫酸钠含量 2% 有荷载多次冻融盐-冻胀变形随温度变化过程线（$P=59.61\text{kPa}$）

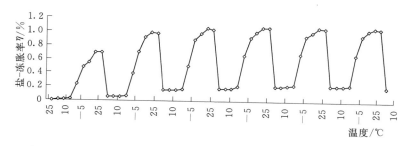

图 11.57　硫酸钠含量 2% 有荷载多次冻融盐-冻胀变形随温度变化过程线（$P=98.21\text{kPa}$）

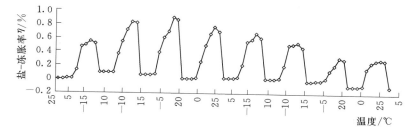

图 11.58　硫酸钠含量 2% 有荷载多次冻融盐-冻胀变形随温度变化过程线（$P=125.55\text{kPa}$）

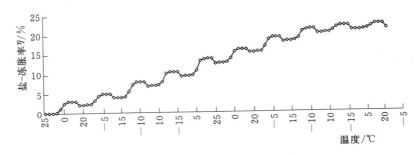

图 11.59 硫酸钠含量 3%有荷载多次冻融盐-冻胀变形随温度变化过程线 （$P=1.57\text{kPa}$）

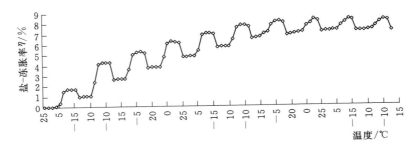

图 11.60 硫酸钠含量 3%有荷载多次冻融盐-冻胀变形随温度变化过程线 （$P=27.32\text{kPa}$）

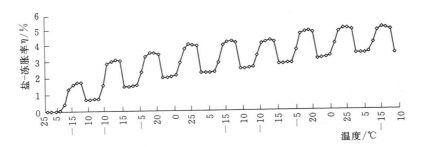

图 11.61 硫酸钠含量 3%有荷载多次冻融盐-冻胀变形随温度变化过程线 （$P=54.78\text{kPa}$）

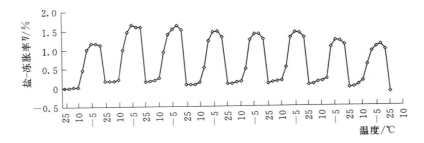

图 11.62 硫酸钠含量 3%有荷载多次冻融盐-冻胀变形随温度变化过程线 （$P=125.55\text{kPa}$）

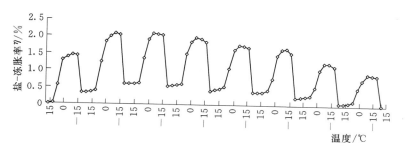

图 11.63　硫酸钠含量 3％有荷载多次冻融盐-冻胀变形随温度变化过程线（$P=138.30$kPa）

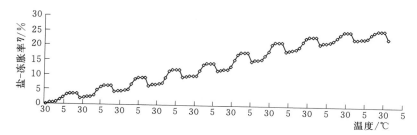

图 11.64　硫酸钠含量 4％有荷载多次冻融盐-冻胀变形随温度变化过程线（$P=1.57$kPa）

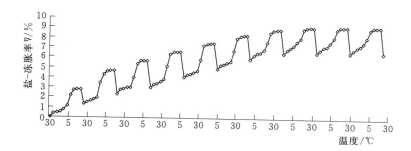

图 11.65　硫酸钠含量 4％有荷载多次冻融盐-冻胀变形随温度变化过程线（$P=27.32$kPa）

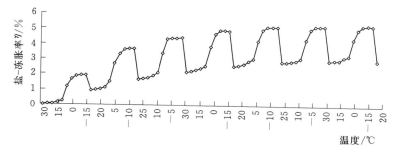

图 11.66　硫酸钠含量 4％有荷载多次冻融盐-冻胀变形随温度变化过程线（$P=59.61$kPa）

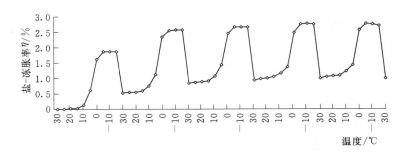

图 11.67　硫酸钠含量 4% 有荷载多次冻融盐-冻胀变形随温度变化过程线（$P=98.21\text{kPa}$）

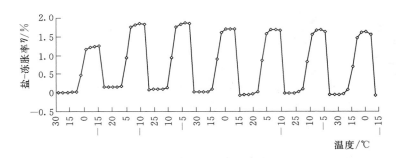

图 11.68　硫酸钠含量 4% 有荷载多次冻融盐-冻胀变形随温度变化过程线（$P=125.55\text{kPa}$）

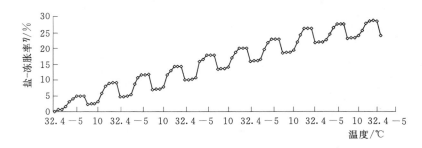

图 11.69　硫酸钠含量 5% 有荷载多次冻融盐-冻胀变形随温度变化过程线（$P=1.57\text{kPa}$）

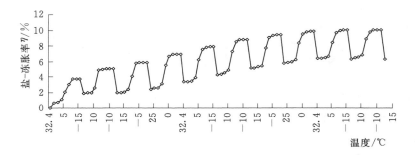

图 11.70　硫酸钠含量 5% 有荷载多次冻融盐-冻胀变形随温度变化过程线（$P=27.32\text{kPa}$）

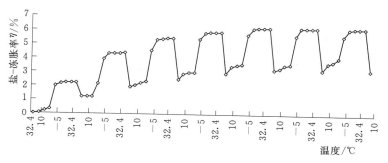

图 11.71 硫酸钠含量 5% 有荷载多次冻融盐-冻胀变形随温度变化过程线 （$P=59.61$kPa）

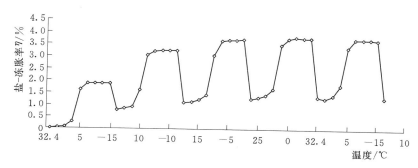

图 11.72 硫酸钠含量 5% 有荷载多次冻融盐-冻胀变形随温度变化过程线 （$P=90.17$kPa）

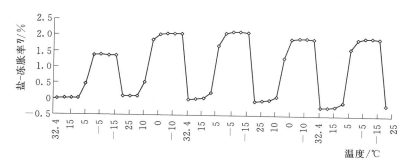

图 11.73 硫酸钠含量 5% 有荷载多次冻融盐-冻胀变形随温度变化过程线 （$P=125.55$kPa）

从图 11.49～图 11.73 可以看出，土体在有荷载条件下多次冻融盐-冻胀试验每一次冻融循环和无荷载条件下盐-冻胀试验一样，分为 3 个阶段。第一阶段为冻结前由于土温降低盐结晶膨胀和外界压力引起的盐胀压缩变形阶段；第二阶段为冻结后由于水结冰和盐结晶膨胀和外界压力引起的盐胀冻胀压缩变形阶段，当 $C_{ss} \leqslant 1\%$、$P < 59.61$kPa 和 $C_{ss} \geqslant 2\%$、$P < 98.21$kPa 时，表现为以盐胀冻胀变形为主的膨胀变形，当 $C_{ss} \leqslant 1\%$、$P \geqslant 98.21$kPa 和 $C_{ss} \geqslant 2\%$、$P \geqslant 125.55$kPa 时，表现为以外界压力为主的压缩变形；第三阶段为土体升温冰融化和硫酸钠晶体溶解引起下沉和外界压力引起的压缩变形阶段。

不同硫酸钠含量在有荷载条件下的多次冻融土体盐-冻胀率可归纳于表 11.29 中。

表 11.29　　　　　　　**不同硫酸钠含量不同压力多次冻融盐-冻胀率**

硫酸钠含量/%	压力/kPa	土干密度/(g/cm³)	含水率/%	第一次盐-冻胀率/%	最大盐-冻胀率/%	最终盐-冻胀率/%
1	1.57			0.48	6.72	6.64
	11.35			0.13	4.15	4.02
	27.32			0.40	3.01	2.90
	59.61			0.25	0.97	0.89
	98.21			0.16	0.30	−0.13
2	1.57			2.77	14.41	14.38
	27.32			1.66	5.21	5.20
	59.61			0.97	2.41	2.40
	98.21			0.60	1.07	1.05
	125.55			0.52	0.90	0.29
3	1.57	1.84	13.00	3.01	22.57	22.53
	27.32			1.69	8.32	8.21
	54.78			1.72	4.93	4.80
	125.55			1.13	1.66	0.97
	138.30			1.43	2.09	0.89
4	1.57			3.47	25.85	25.83
	27.32			2.75	9.17	9.15
	59.61			1.90	5.29	5.28
	98.21			1.86	2.77	2.71
	125.55			1.25	1.87	1.56
5	1.57			4.97	28.56	28.49
	27.32			3.69	10.07	10.07
	59.61			2.22	6.25	6.21
	90.17			1.89	3.82	3.74
	125.55			1.38	2.14	1.77

从表 11.29 可以看出，在有荷载条件下土体单次盐-冻胀率低于多次冻融稳定盐-冻胀率，土体有盐-冻胀发育问题。单次盐-冻胀率不能反映土体最终盐-冻胀率。

11.8.3　有荷载条件下不同硫酸钠含量多次冻融盐-冻胀规律

根据式（11.11）～式（11.14）计算不同硫酸钠含量有荷载条件下多次冻融盐-冻胀试验成果，见图 11.74～图 11.83。

从图 11.74～图 11.83 可以看到，不同硫酸钠含量、不同压力土体多次冻融盐-冻胀变形试验，在 $C_{ss} \leqslant 1\%$、$P < 59.61\text{kPa}$ 和 $C_{ss} \geqslant 2\%$、$P < 98.21\text{kPa}$ 时，随着冻融次数的增

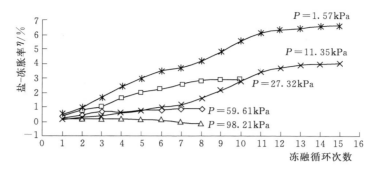

图 11.74　硫酸钠含量 1% 不同荷载多次冻融盐-冻胀率变化过程线

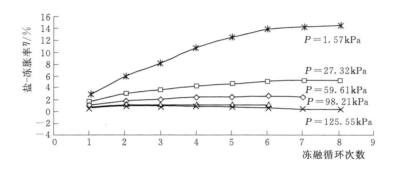

图 11.75　硫酸钠含量 2% 不同荷载多次冻融盐-冻胀率变化过程线

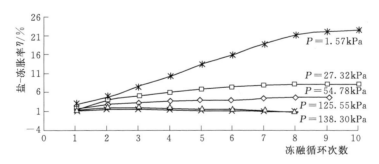

图 11.76　硫酸钠含量 3% 不同荷载多次冻融盐-冻胀率变化过程线

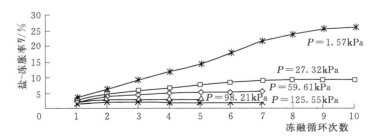

图 11.77　硫酸钠含量 4% 不同荷载多次冻融盐-冻胀率变化过程线

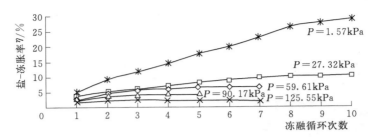

图 11.78　硫酸钠含量 5%不同荷载多次冻融盐-冻胀率变化过程线

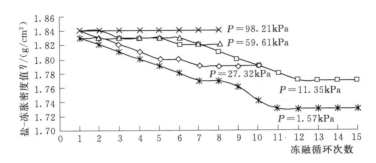

图 11.79　硫酸钠含量 1%有荷载多次冻融盐-冻胀密度降低过程线

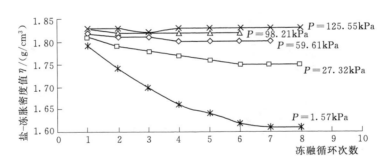

图 11.80　硫酸钠含量 2%有荷载多次冻融盐-冻胀密度降低过程线

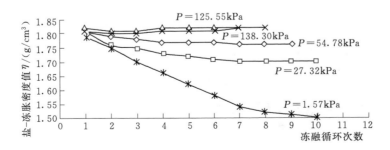

图 11.81　硫酸钠含量 3%有荷载多次冻融盐-冻胀密度降低过程线

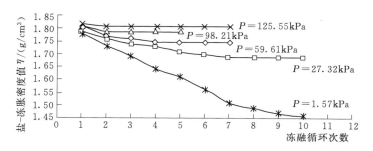

图 11.82　硫酸钠含量 4% 有荷载多次冻融盐-冻胀密度降低过程线

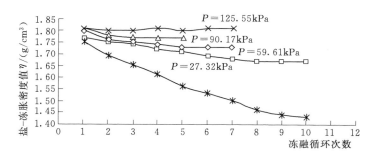

图 11.83　硫酸钠含量 5% 有荷载多次冻融盐-冻胀密度降低过程线

加，从总的趋势上看盐-冻胀值逐渐增大，盐-冻胀增量逐渐减小，最后趋于稳定；土体融化沉降稳定值逐渐增大，土体融化沉降稳定值增量逐渐减小，最后趋于稳定；土体融化沉降值逐渐增大，土体融化沉降值增量逐渐减小，最后趋于稳定。也就是说，随着冻融次数的增加，土体盐-冻胀变形逐渐增大，土体残留变形（即结构性变形）逐渐增大，土体的非结构性变形增大，其变形增量减少，最后趋于稳定。

在 $C_{ss} \leqslant 1\%$、$P \geqslant 98.21\text{kPa}$ 和 $C_{ss} \geqslant 2\%$、$P \geqslant 125.55\text{kPa}$ 时，从总的趋势上看，在冻融初期盐-冻胀值逐渐增大，随着冻融次数的增加，盐-冻胀值逐渐达到最大，然后盐-冻胀值逐渐减小，最后趋于稳定，随着冻融次数的增加，土体融化沉降稳定值逐渐减小，最后趋于稳定。产生上述现象的原因是由于土体在每一次冻融循环过程中，第一和第二阶段降温过程土体发生盐-冻胀变形，土体膨胀力和内部抵抗力大于土体外界压力，所以其盐-冻胀值逐渐增大，随着冻融次数的增加，继续扩大土体孔隙空间和拉大土颗粒接触间距离，土体膨胀力和内部抵抗力抵抗外力的能力越来越小，当外界压力大于膨胀力和土体抵抗力时，使土体在膨胀过程中产生压缩变形，所以土体盐-冻胀变形逐渐减小，最后趋于稳定。土体在第三阶段的升温过程中，土体膨胀力逐渐消失，而土体外界压力不变，外界压力大于土体抵抗力，土体发生压缩变形，所以体现土体在融化下沉阶段变形逐渐降低。

对冻融循环次数与多次冻融盐-冻胀土干密度进行曲线拟合，见式（11.22），参数见表 11.30。

$$\rho_{ds} = an^2 + bn + c \tag{11.22}$$

式中：ρ_{ds} 为土体盐-冻胀干密度，g/cm³；n 为冻融循环次数；a、b、c 为系数。

表 11. 30　　　不同硫酸钠含量土体有荷载多次冻融盐-冻胀干密度关系系数

硫酸钠含量 /%	压力 /kPa	土初始干密度 /(g/cm³)	含水量 /%	a	b	c	R^2
1	1.57			0.0004	−0.0135	1.8467	0.9785
	11.35			−0.00007	−0.0048	1.8439	0.9555
	27.32			−0.0006	−0.0114	1.8458	0.9632
	59.61			−0.00006	−0.0017	1.8380	0.7495
	98.21					1.8400	
2	1.57			0.0041	−0.0628	1.8491	0.9992
	27.32			0.0013	−0.0204	1.8282	0.9923
	59.61			0.0008	−0.0099	1.8286	0.9359
	98.21			0.0009	−0.0077	1.8350	0.7857
	125.55			0.0002	−0.0013	1.8298	0.1224
3	1.57	1.84	13.00	0.0024	−0.0605	1.8567	0.9958
	27.32			0.0020	−0.0323	1.8300	0.9724
	54.78			0.0010	−0.0153	1.8200	0.9512
	125.55			0.0001	−0.0001	1.8150	0.2698
	138.30			0.0006	−0.0030	1.8082	0.7440
4	1.57			0.0020	−0.0593	1.8428	0.9943
	27.32			0.0017	−0.0295	1.8155	0.9944
	59.61			0.0032	−0.0339	1.8343	0.9369
	98.21			0.0029	−0.0211	1.8260	0.8571
	125.55			0.0006	−0.0058	1.8229	0.7222
5	1.57			0.0020	−0.0585	1.8050	0.9979
	27.32			0.0010	−0.0231	1.7945	0.9889
	59.61			0.0030	−0.0342	1.8257	0.9645
	90.17			0.0050	−0.0390	1.8420	0.9667
	125.55			0.0007	−0.0050	1.8114	0.3333

　　对冻融循环次数与多次冻融最终盐-冻胀率进行曲线拟合，见式（11.23），参数见表 11.31。

$$\eta = an^2 + bn + c \tag{11.23}$$

式中：η 为土体盐-冻胀率，%；n 为冻融循环次数；a、b、c 为无量纲系数。

11.8.4　有荷载条件下最终、最大和不同冻融次数的盐-冻胀率

　　不同硫酸钠含量不同压力多次冻融盐-冻胀试验成果见表 11.32 和表 11.33。

　　对不同压力、同一硫酸钠含量多次冻融盐-冻胀率进行曲线拟合，见式（11.24），参数见表 11.34 和表 11.35，拟合曲线如图 11.84 和图 11.85 所示。

表 11.31　　不同硫酸钠含量土体有荷载多次冻融盐-冻胀率关系系数

硫酸钠含量 /%	压力 /kPa	土初始干密度 /(g/cm³)	含水量 /%	a	b	c	R^2
1	1.57			−0.0184	0.7631	−0.4235	0.9907
	11.35			0.0077	0.2073	−0.2997	0.9628
	27.32			−0.0236	0.5595	−0.2443	0.9880
	59.61			−0.0138	0.2101	0.0841	0.9598
	98.21			−0.0126	0.0689	0.1066	0.9700
2	1.57			−0.2483	3.9110	−0.9518	0.9983
	27.32			−0.0798	1.1983	0.6920	0.9914
	59.61			−0.0613	0.7087	0.4071	0.9747
	98.21			−0.0302	0.2695	0.4910	0.9097
	125.55			−0.0225	0.1370	0.5296	0.7920
3	1.57	1.84	13.00	−0.1203	3.6940	−1.4978	0.9907
	27.32			−0.1136	1.9021	0.3628	0.9860
	54.78			−0.0479	0.8187	1.2562	0.9534
	125.55			−0.0539	0.3668	1.3096	0.8881
	138.30			−0.0239	0.1642	1.1464	0.6071
4	1.57			−0.0862	3.6176	−0.6498	0.9911
	27.32			−0.0940	1.7270	1.2823	0.9962
	59.61			−0.1476	1.6760	0.6129	0.9712
	98.21			−0.1064	0.8256	1.2020	0.9387
	125.55			−0.0402	0.3326	1.1186	0.5503
5	1.57			−0.0992	3.7779	1.3313	0.9956
	27.32			−0.0721	1.5230	2.1720	0.9965
	59.61			−0.1955	2.1517	0.5286	0.9747
	90.17			−0.2293	1.8007	0.3960	0.9782
	125.55			−0.0486	0.4107	1.1900	0.6105

表 11.32　　同一硫酸钠含量不同压力多次冻融盐-冻胀成果

序号	硫酸钠含量 /%	压力 /kPa	土干密度 /(g/cm³)	含水量 /%	最大盐-冻胀率 /%	最终盐-冻胀率 /%	最大盐-冻胀干密度 /(g/cm³)	最终盐-冻胀干密度 /(g/cm³)	最大盐-冻胀土干密度降低比	最终盐-冻胀土干密度降低比
1	1	1.57			6.72	6.64	1.72	1.73	0.93	0.94
2	1	11.35			4.15	4.02	1.77	1.77	0.96	0.96
3	1	27.32	1.84	13.00	3.01	2.90	1.79	1.79	0.97	0.97
4	1	59.61			0.97	0.89	1.82	1.82	0.99	0.99
5	1	98.21			0.30	−0.13	1.83	1.84	0.99	1.00

续表

序号	硫酸钠含量/%	压力/kPa	土干密度/(g/cm³)	含水量/%	最大盐-冻胀率/%	最终盐-冻胀率/%	最大盐-冻胀干密度/(g/cm³)	最终盐-冻胀干密度/(g/cm³)	最大盐-冻胀土干密度降低比	最终盐-冻胀土干密度降低比
6	2	1.57			14.41	14.38	1.61	1.61	0.88	0.88
7	2	27.32			5.21	5.20	1.75	1.75	0.95	0.95
8	2	59.61			2.41	2.40	1.80	1.8	0.98	0.98
9	2	98.21			1.07	1.05	1.82	1.82	0.99	0.99
10	2	125.55			0.90	0.29	1.82	1.83	0.99	0.99
11	3	1.57			22.57	22.53	1.50	1.5	0.82	0.82
12	3	27.32			8.32	8.21	1.70	1.7	0.92	0.92
13	3	54.78			4.93	4.80	1.75	1.76	0.95	0.96
14	3	125.55	1.84	13.00	1.66	0.97	1.81	1.82	0.98	0.99
15	3	138.3			2.09	0.89	1.80	1.82	0.98	0.99
16	4	1.57			25.85	25.83	1.46	1.46	0.79	0.79
17	4	27.32			9.17	9.15	1.69	1.69	0.92	0.92
18	4	59.61			5.29	5.28	1.75	1.75	0.95	0.95
19	4	98.21			2.77	2.71	1.79	1.79	0.97	0.97
20	4	125.55			1.87	1.56	1.81	1.81	0.98	0.98
21	5	1.57			28.56	28.49	1.43	1.43	0.78	0.78
22	5	27.32			10.07	10.07	1.67	1.67	0.91	0.91
23	5	59.61			6.25	6.21	1.73	1.73	0.94	0.94
24	5	90.17			3.82	3.74	1.77	1.77	0.96	0.96
25	5	125.55			2.14	1.77	1.8	1.81	0.98	0.98

表 11.33　　同一压力不同硫酸钠含量的最大、最终盐-冻胀率成果

序号	硫酸钠含量/%	压力/kPa	最大盐-冻胀率/%	最终盐-冻胀率/%
1	3	138.30	2.09	0.89
2	1	11.35	4.15	4.02
3	1	1.57	6.72	6.65
4	2	1.57	14.41	14.38
5	3	1.57	22.57	22.53
6	4	1.57	25.85	25.83
7	5	1.57	28.56	28.49
8	1	27.32	3.01	2.90

续表

序号	硫酸钠含量 /%	压力 /kPa	最大盐-冻胀率 /%	最终盐-冻胀率 /%
9	2	27.32	5.21	5.20
10	3	27.32	8.32	8.21
11	4	27.32	9.17	9.15
12	5	27.32	10.07	10.07
13	1	59.61	0.97	0.89
14	2	59.61	2.41	2.40
15	3	59.61	4.71	4.54
16	4	59.61	5.29	5.28
17	5	59.61	6.25	6.21
18	1	98.21	0.30	−0.13
19	2	98.21	1.07	1.05
20	4	98.21	2.77	2.71
21	5	98.21	3.44	3.29
22	2	125.55	0.90	0.29
23	3	125.55	1.66	0.97
24	4	125.55	1.87	1.56
25	5	125.55	2.14	1.77

$$\eta = a\ln p + b \tag{11.24}$$

式中：η 为土体盐-冻胀率，%；p 为压力，kPa；a、b、c 为无量纲系数。

对不同硫酸钠含量、同一压力多次冻融盐-冻胀率进行曲线拟合，见式（11.25），参数见表 11.36 和表 11.37，拟合曲线如图 11.86 和图 11.87 所示。

$$\eta = aC_{ss}^2 + bC_{ss} + c \tag{11.25}$$

式中：η 为土体盐-冻胀率，%；C_{ss} 为硫酸钠含量，%；a、b、c 为无量纲系数。

表 11.34　　　　同一硫酸钠含量不同压力多次冻融最大盐-冻胀率关系系数

硫酸钠含量 /%	土初始干密度 /(g/cm³)	含水量 /%	a	b	R^2
1			−1.5660	7.6851	0.9799
2			−3.1711	15.7510	0.9969
3	1.84	13.00	−5.0152	25.7830	0.9909
4			−5.2982	27.0860	0.9991
5			−6.0637	31.0040	0.9977

表 11.35　　　　　　　　同一硫酸钠含量不同压力多次冻融最终盐-冻胀率关系系数

硫酸钠含量 /%	土初始干密度 /(g/cm³)	含水量 /%	a	b	R²
1			−1.6176	7.6725	0.9762
2			−3.2328	15.8280	0.9995
3	1.84	13.00	−4.8839	24.5970	0.9992
4			−5.5684	28.1350	0.9987
5			−6.0974	31.0080	0.9984

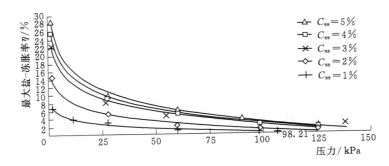

图 11.84　不同压力多次冻融最大盐-冻胀率

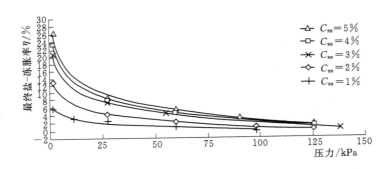

图 11.85　不同压力多次冻融最终盐-冻胀率

表 11.36　　　　　　　　同一压力不同硫酸钠含量的最大盐-冻胀率关系系数

压力 /kPa	土初始干密度 /(g/cm³)	含水量 /%	a	b	c	R²
1.57			−1.0593	11.865	−4.316	0.9955
27.32			−0.3471	3.8909	−0.6980	0.9856
59.61	1.84	13.00	−0.1914	2.4926	−1.4460	0.9822
98.21			−0.0167	0.8980	−0.6073	0.9989
125.55			−0.1225	1.2505	−1.0805	0.9781

表 11.37　　　　同一压力不同硫酸钠含量的最终盐-冻胀率关系系数

压力 /kPa	土初始干密度 /(g/cm³)	含水量 /%	a	b	c	R^2
1.57			−1.0707	11.937	−4.458	0.9957
27.32			−0.3450	3.8990	−0.7960	0.9891
59.61	1.84	13.00	−0.1829	2.4491	−1.4720	0.9891
98.21			−0.1000	1.4500	−1.4700	0.9999
125.55			−0.1175	1.3255	−1.9055	0.9968

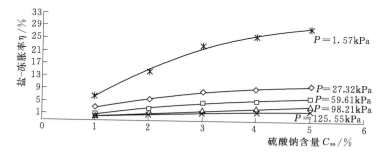

图 11.86　不同硫酸钠含量多次冻融最大盐-冻胀率

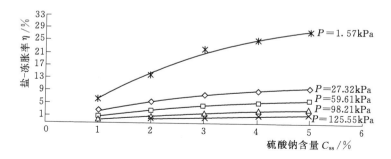

图 11.87　不同硫酸钠含量多次冻融最终盐-冻胀率

对不同压力、不同硫酸钠含量多次冻融最大、最终盐-冻胀率和不同冻融次数的盐-冻胀率，进行多重线性回归和趋势面回归分析，得到相应的预报模型见式（11.26）～式（11.28）。

含水量13%时，土干密度1.84g/cm³，不同压力、不同硫酸钠含量多次冻融最终盐-冻胀率为

$$\begin{cases}\eta_e = 0.130036 + 8.652569C_{ss} + 0.009839C_{ss}p - 0.42606C_{ss}^2 - 0.00026p^2 \\ \quad - 0.06837\ln p - 0.1798(\ln p)^2 - 1.33814\ln pC_{ss} + 0.005627\ln pp \\ R^2 = 0.992988\end{cases} \quad (11.26)$$

式中：η_e 为土体最终盐-冻胀率，%；C_{ss} 为硫酸钠含量，%；p 为压力，kPa。

含水量13%时，土干密度1.84g/cm³，不同压力、不同硫酸钠含量多次冻融最大盐-冻胀率为

$$\begin{cases} \eta_b = 0.542633 + 8.561223C_{ss} + 0.008623C_{ss}p - 0.41383C_{ss}^2 + 0.000096p^2 \\ \quad - 0.68411\ln p + 0.068229(\ln p)^2 - 1.32479\ln p C_{ss} - 0.00698\ln p p \\ R^2 = 0.992282 \end{cases} \quad (11.27)$$

式中：η_b 为土体最大盐-冻胀率，%；C_{ss} 为硫酸钠含量，%；p 为压力，kPa。

利用式（11.26）和式（11.27）可对填筑土体进行最大、最终盐-冻胀率预报，以此预测土体变形量和土干密度降低情况。

含水量为 13% 时，土干密度为 1.84g/cm³，不同压力、不同硫酸钠含量、不同冻融次数的盐-冻胀率为

$$\begin{cases} \eta_N = 5.095C_{ss} - 0.417C_{ss}^2 + 2.605\ln p + 1.904n - 0.07n^2 - 0.175(\ln p)^2 \\ \quad - 0.657C_{ss}\ln p + 0.26\ln C_{ss} - 0.418n\ln p - 9.805 \\ R^2 = 0.970 \end{cases} \quad (11.28)$$

式中：η_N 为不同冻融次数的盐-冻胀率，%；C_{ss} 为硫酸钠含量，%；p 为压力，kPa；n 为冻融次数。

利用式（11.28）可对不同冻融次数填筑土体进行盐-冻胀率预报，以此预测土体变形量和土干密度降低情况。

11.9　硫酸（亚硫酸）盐渍土盐-冻胀力试验

硫酸（亚硫酸）盐渍土产生盐-冻胀时，对建筑物产生破坏一般有两个因素，一是变形，二是盐-冻胀力。所以，工程中应充分考虑盐-冻胀力对建筑产生的破坏影响，本节叙述这方面的试验。

11.9.1　试样制备

试样情况见表 11.38。

表 11.38　硫酸（亚硫酸）盐渍土盐-冻胀力试样物理指标情况

试样编号	（土＋易溶盐）干密度/(g/cm³)	土干密度/(g/cm³)	孔隙率/%	含水量/%	易溶盐含量/%	硫酸钠含量/%	氯化钠含量/%	氯硫比	土样名称
F-1	1.67	1.64	39.48	13.00	2.13	0.5	0.5	0.54	
F-2	1.78	1.74	35.79	13.00	2.13	0.5	0.5	0.54	
F-3	1.88	1.84	32.10	13.00	2.13	0.5	0.5	0.54	
F-4	1.92	1.88	30.63	13.00	2.13	0.5	0.5	0.54	亚硫酸盐渍土
F-5	1.98	1.94	28.41	13.00	2.13	0.5	0.5	0.54	
F-6	1.64	1.60	40.96	13.00	2.63	1.00	0.5	0.37	
F-7	1.66	1.62	40.22	13.00	2.63	1.00	0.5	0.37	
F-8	1.92	1.87	31.00	13.00	2.63	1.00	0.5	0.37	

续表

试样编号	（土＋易溶盐）干密度/(g/cm³)	土干密度/(g/cm³)	孔隙率/%	含水量/%	易溶盐含量/%	硫酸钠含量/%	氯化钠含量/%	氯硫比	土样名称
F－9	1.74	1.70	37.27	13.00	2.63	1.00	0.5	0.37	
F－10	1.99	1.94	28.41	13.00	2.63	1.00	0.5	0.37	
F－11	1.84	1.79	33.95	13.00	2.63	1.00	0.5	0.37	亚硫酸盐渍土
F－12	1.89	1.84	32.10	13.00	2.63	1.00	0.5	0.37	
F－13	1.57	1.53	43.54	13.00	2.63	1.00	0.5	0.37	
F－14	2.00	1.94	28.41	13.00	3.13	1.50	0.5	0.29	
F－15	1.90	1.84	32.10	13.00	3.13	1.50	0.5	0.29	
F－16	1.82	1.76	35.06	13.00	3.13	1.50	0.5	0.29	
F－17	1.85	1.79	33.95	13.00	3.13	1.50	0.5	0.29	
F－18	1.75	1.70	37.27	13.00	3.13	1.50	0.5	0.29	
F－19	1.67	1.62	40.22	13.00	3.13	1.50	0.5	0.29	
F－20	1.51	1.46	46.13	13.00	3.13	1.50	0.5	0.29	
F－21	1.58	1.53	43.54	13.00	3.13	1.50	0.5	0.29	
F－22	1.94	1.88	30.63	13.00	3.13	1.50	0.5	0.29	
F－23	1.88	1.82	32.84	13.00	3.13	1.50	0.5	0.29	
F－24	1.59	1.53	43.54	13.00	3.63	2.00	0.5	0.23	
F－25	1.68	1.62	40.22	13.00	3.63	2.00	0.5	0.23	
F－26	1.89	1.82	32.84	13.00	3.63	2.00	0.5	0.23	
F－27	1.76	1.70	37.27	13.00	3.63	2.00	0.5	0.23	
F－28	2.01	1.94	28.41	13.00	3.63	2.00	0.5	0.23	硫酸盐渍土
F－29	1.87	1.80	33.58	13.00	3.63	2.00	0.5	0.23	
F－30	1.85	1.79	33.95	13.00	3.63	2.00	0.5	0.23	
F－31	1.91	1.84	32.10	13.00	3.63	2.00	0.5	0.23	
F－32	2.03	1.94	28.41	13.00	4.63	3.00	0.5	0.17	
F－33	1.78	1.70	37.27	13.00	4.63	3.00	0.5	0.17	
F－34	1.89	1.81	33.21	13.00	4.63	3.00	0.5	0.17	
F－35	1.70	1.62	40.22	13.00	4.63	3.00	0.5	0.17	
F－36	1.87	1.79	33.95	13.00	4.63	3.00	0.5	0.17	
F－37	1.60	1.53	43.54	13.00	4.63	3.00	0.5	0.17	
F－38	1.98	1.89	30.26	13.00	4.63	3.00	0.5	0.17	
F－39	1.93	1.84	32.10	13.00	4.63	3.00	0.5	0.17	
F－40	1.62	1.53	43.54	13.00	5.63	4.00	0.5	0.13	
F－41	1.71	1.62	40.22	13.00	5.63	4.00	0.5	0.13	
F－42	1.80	1.70	37.27	13.00	5.63	4.00	0.5	0.13	

续表

试样编号	（土＋易溶盐）干密度 /(g/cm³)	土干密度 /(g/cm³)	孔隙率 /%	含水量 /%	易溶盐含量 /%	硫酸钠含量 /%	氯化钠含量 /%	氯硫比	土样名称
F-43	1.85	1.75	35.42	13.00	5.63	4.00	0.5	0.13	
F-44	1.89	1.79	33.95	13.00	5.63	4.00	0.5	0.13	
F-45	1.94	1.84	32.10	13.00	5.63	4.00	0.5	0.13	
F-46	1.99	1.88	30.63	13.00	5.63	4.00	0.5	0.13	
F-47	2.05	1.94	28.41	13.00	5.63	4.00	0.5	0.13	
F-48	2.07	1.94	28.41	13.00	6.63	5.00	0.5	0.11	硫酸盐渍土
F-49	1.91	1.79	33.95	13.00	6.63	5.00	0.5	0.11	
F-50	1.73	1.62	40.22	13.00	6.63	5.00	0.5	0.11	
F-51	1.63	1.53	43.54	13.00	6.63	5.00	0.5	0.11	
F-52	2.00	1.88	30.63	13.00	6.63	5.00	0.5	0.11	
F-53	1.81	1.7	37.27	13.00	6.63	5.00	0.5	0.11	
F-54	1.96	1.84	32.10	13.00	6.63	5.00	0.5	0.11	
F-55	1.88	1.84	32.10	8.00	2.13	0.50	0.5	0.54	
F-56	1.88	1.84	32.10	10.00	2.13	0.50	0.5	0.54	
F-57	1.88	1.84	32.10	12.00	2.13	0.50	0.5	0.54	
F-58	1.88	1.84	32.10	14.00	2.13	0.50	0.5	0.54	
F-59	1.88	1.84	32.10	16.00	2.13	0.50	0.5	0.54	亚硫酸盐渍土
F-60	1.89	1.84	32.10	8.00	2.63	1.00	0.5	0.37	
F-61	1.89	1.84	32.10	10.00	2.63	1.00	0.5	0.37	
F-62	1.89	1.84	32.10	12.00	2.63	1.00	0.5	0.37	
F-63	1.89	1.84	32.10	14.00	2.63	1.00	0.5	0.37	
F-64	1.89	1.84	32.10	16.00	2.63	1.00	0.5	0.37	
F-65	1.91	1.84	32.10	8.00	3.63	2.00	0.5	0.23	
F-66	1.91	1.84	32.10	10.00	3.63	2.00	0.5	0.23	
F-67	1.91	1.84	32.10	12.00	3.63	2.00	0.5	0.23	
F-68	1.91	1.84	32.10	14.00	3.63	2.00	0.5	0.23	
F-69	1.91	1.84	32.10	16.00	3.63	2.00	0.5	0.23	硫酸盐渍土
F-70	1.93	1.84	32.10	8.00	4.63	3.00	0.5	0.17	
F-71	1.93	1.84	32.10	10.00	4.63	3.00	0.5	0.17	
F-72	1.93	1.84	32.10	12.00	4.63	3.00	0.5	0.17	
F-73	1.93	1.84	32.10	14.00	4.63	3.00	0.5	0.17	
F-74	1.93	1.84	32.10	16.00	4.63	3.00	0.5	0.17	
F-75	1.94	1.84	32.10	8.00	5.63	4.00	0.5	0.13	

续表

试样编号	（土＋易溶盐）干密度/（g/cm³)	土干密度/（g/cm³)	孔隙率/％	含水量/％	易溶盐含量/％	硫酸钠含量/％	氯化钠含量/％	氯硫比	土样名称
F-76	1.94	1.84	32.10	10.00	5.63	4.00	0.5	0.13	
F-77	1.94	1.84	32.10	12.00	5.63	4.00	0.5	0.13	硫酸盐渍土
F-78	1.94	1.84	32.10	14.00	5.63	4.00	0.5	0.13	
F-79	1.94	1.84	32.10	16.00	5.63	4.00	0.5	0.13	

11.9.2 不同干密度、不同含水量、不同硫酸钠含量的盐-冻胀力随温度变化关系

硫酸钠含量为1％、1.5％、2％、3％、4％和5％时，在不同干密度、不同含水量条件下盐-冻胀力随温度变化，如图11.88～图11.93所示。

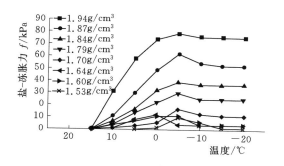

图11.88　1％含量硫酸钠不同干密度盐-
冻胀力过程线

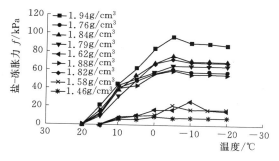

图11.89　1.5％含量硫酸钠不同干密度盐-
冻胀力过程线

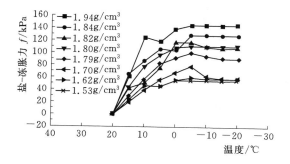

图11.90　2％含量硫酸钠不同干密度盐-
冻胀力过程线

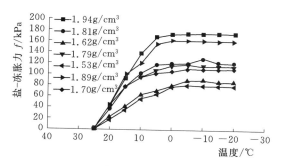

图11.91　3％含量硫酸钠不同干密度盐-
冻胀力过程线

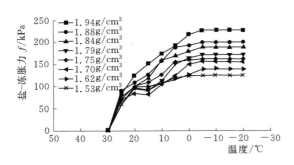

图 11.92　4%含量硫酸钠不同干密度盐-
　　　　　冻胀力过程线

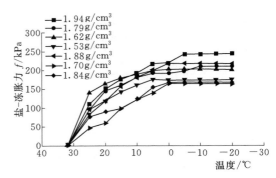

图 11.93　5%含量硫酸钠不同干密度盐-
　　　　　冻胀力过程线

从图 11.88～图 11.93 可以看出，随着温度的降低，土体中硫酸钠结晶析出含量增大，从总的趋势上看，盐-冻胀力呈增大趋势，土体在盐-冻胀过程中，在个别上下降温区间内存在盐-冻胀力回落现象，主要是由于土体在产生盐-冻胀时，结晶硫酸钠膨胀土体孔隙和颗粒接触间，使土体颗粒产生位移，土体颗粒重新排列，土体在外界压力作用下，使处于颗粒接触间的硫酸钠膨胀结构破坏，土体回落，从而出现土体盐-冻胀力降低现象。

1. 起胀温度分析

不同硫酸钠含量试样起胀温度见表 11.39。

表 11.39　　　　　　　　　　　　不同硫酸钠含量试样起胀温度

含水量 /%	氯化钠含量 /%	硫酸钠含量 /%	结晶温度 /℃	土干密度 /(g/cm³)	起胀温度区间 /℃
13.00	0.5	0.5	1.16	—	—
		1.0	10.20	<1.53	0～5
				>1.60	10～15
		1.5	15.45	<1.60	10～15
				>1.70	20～15
		2.0	19.25	>1.53	15～20
		3.0	24.54	>1.53	20～25
		4.0	28.29	>1.53	25～30
		5.0	31.20	>1.53	30～32.4

当硫酸钠含量为 0.5% 时，土体盐-冻胀力小于 1.70kPa，不能测出土体盐-冻胀力；当硫酸钠含量为 1.0% 时，土干密度小于 1.53g/cm³，土体的起胀温度区间低于硫酸钠结晶温度区间，土干密度大于 1.60g/cm³，土体的起胀温度区间和硫酸钠结晶温度区间一致；当硫酸钠含量为 1.5% 时，土干密度小于 1.60g/cm³，土体的起胀温度低于硫酸钠结晶温度区间，土干密度大于 1.70g/cm³，土体的起胀温度和硫酸钠结晶温度区间一致；当硫酸钠含量大于 2.0% 时，不同干密度土体的起胀温度区间和硫酸钠结晶温度在一个区间范围。当硫酸钠含量小于 1.5% 时，同一硫酸钠含量在不同土干密度的情况下其起胀温度

区间不一致，产生这一现象的原因是由于在较小土干密度时，土体孔隙率较大，容纳硫酸钠结晶的孔隙空间较大，较小的压力即可延迟其起胀温度。

2. 不同硫酸钠含量、不同土干密度的盐-冻胀孔隙充填情况分析

土体盐-冻胀有侧限单向盐-冻胀孔隙充填作以下假设。

（1）土体产生盐-冻胀，土体不存在未冻含水量和未结晶盐量。

（2）不考虑温度及降温速度对土体的盐-冻胀（温度影响土中未冻水的含量，降温速度影响未冻水的含量和盐结晶量）影响。

（3）土体产生盐-冻胀，土颗粒无体积变形。

（4）只考虑硫酸钠和氯化钠盐由液相转为固相体积。

$$n_c = \frac{液相转变固相体积}{土体积} = \frac{V_{ls}}{V_s} \times 100\% \tag{11.29}$$

$$V_{ls} = V_{ss} + V_{sc} + V_i$$

式中：n_c 为液相转固相转化率，%；V_{ss} 为硫酸钠吸水变成芒硝体积，cm^3；V_{sc} 为氯化钠吸水结晶变成水石盐（$NaCl \cdot 2H_2O$）体积，cm^3；V_i 为氯化钠吸水结晶变成水石盐（$NaCl \cdot 2H_2O$）体积，cm^3。

溶于水中的硫酸钠吸水结晶变成芒硝，其体积为

$$V_{ss} = 4.18 \times \frac{G_{ss}}{\gamma_{ss}} = 4.18 \times \frac{G_{ss}}{2.7} = 1.5481 G_{ss} = 1.5481 C_{ss} G_s \tag{11.30}$$

式中：V_{ss} 为硫酸钠吸水变成芒硝体积，cm^3；G_{ss} 为硫酸钠质量，g；γ_{ss} 为硫酸钠相对密度，g/cm^3；C_{ss} 为硫酸钠含盐量；G_s 为土体质量，g。

溶于水中的 Na_2SO_4 吸水结晶变成芒硝，吸水体积为

$$V_{w1} = \gamma_w \frac{10 M_w}{M_n} G_n = 1 \times \frac{180}{142.06} G_n = 1.267 G_n = 1.267 C_n G_s \tag{11.31}$$

式中：V_{w1} 为硫酸钠吸水体积，cm^3；γ_w 为水相对密度，g/cm^3；G_s 为土体质量，g。

溶于水中的 $NaCl$ 吸水结晶变成水石盐（$NaCl \cdot 2H_2O$），其体积为

$$V_{sc} = 2.3 \times \frac{G_{sc}}{\gamma_{sc}} = 2.3 \times \frac{G_{sc}}{2.163} = 1.0633 G_{sc} = 1.0633 C_{sc} G_s \tag{11.32}$$

式中：V_{sc} 为氯化钠吸水结晶变成水石盐（$NaCl \cdot 2H_2O$）体积，cm^3；G_{sc} 为氯化钠质量，g；γ_{sc} 为氯化钠相对密度，g/cm^3；C_{sc} 为氯化钠含盐量；G_s 为土体质量，g。

溶于水中的氯化钠吸水结晶变成水石盐（$NaCl \cdot 2H_2O$），吸水体积为

$$V_{w2} = \gamma_w \frac{2 M_w}{M_{sc}} G_{sc} = 1 \times \frac{36}{58.45} G_{sc} = 0.616 G_{sc} = 0.616 C_{sc} G_s \tag{11.33}$$

式中：V_{w2} 为氯化钠吸水体积，cm^3；G_s 为土体质量，g；M_{sc} 为氯化钠克分子量。

土中剩余水变成冰体积，即

$$V_i = 1.09 V_w = 1.09(\omega G_s - 1.267 C_{ss} G_s - 0.616 C_{sc} G_s) \tag{11.34}$$

盐膨胀总体积为

$$V_s = V_{ss} + V_{sc} \tag{11.35}$$

盐和水变成冰膨胀总体积为

$$V = V_s + V_i = 1.5481 C_{ss} G_s + 1.0633 C_{sc} G_s$$

$$+1.09(\omega G_s - 1.267 C_{ss}G_s - 0.616 C_{sc}G_s)$$
$$= 0.1671 C_{ss}G_s + 0.392 C_{sc}G_s + 1.09 \omega G_s \tag{11.36}$$

土体孔隙体积为

$$V_n = nV_s = n\frac{G_s}{\rho_d} \tag{11.37}$$

式中：V_n 为土体孔隙体积，cm^3；V_s 为土体体积，cm^3；ρ_d 为土干密度，g/cm^3。

孔隙充填率为

$$n_1 = \frac{V}{V_n} = \frac{0.1671 C_{ss}G_s + 0.392 C_{sc}G_s + 1.09 \omega G_s}{n\frac{G_s}{\rho_d}}$$
$$= \frac{\rho_d}{n}(0.1671 C_{ss} + 0.392 C_{sc} + 1.09 \omega) \tag{11.38}$$

硫酸（亚硫酸）盐渍土盐-冻胀力试样盐冰孔隙充填情况见表 11.40。

表 11.40　　硫酸（亚硫酸）盐渍土盐-冻胀力试样盐冰孔隙充填情况

试样编号	土干密度 /(g/cm³)	盐-冻胀量 /cm	盐-冻胀土干密度 /(g/cm³)	盐-冻胀孔隙率 /%	盐冰孔隙充填率 /%	含水量 /%	易溶盐含量 /%	硫酸钠含量 /%	氯化钠含量 /%
F-6	1.60	0.001	1.5999	40.9631	56.76	13	2.63	1.0	0.5
F-7	1.62	0.001	1.6199	40.2251	58.53	13	2.63	1.0	0.5
F-8	1.87	0.020	1.8678	31.0775	87.35	13	2.63	1.0	0.5
F-9	1.70	0.005	1.6995	37.2878	66.24	13	2.63	1.0	0.5
F-10	1.94	0.029	1.9366	28.5387	98.62	13	2.63	1.0	0.5
F-11	1.79	0.009	1.789	33.9852	76.50	13	2.63	1.0	0.5
F-12	1.84	0.014	1.8385	32.1587	83.09	13	2.63	1.0	0.5
F-13	1.53	0	1.5300	43.5424	51.07	13	2.63	1.0	0.5
F-14	1.94	0.049	1.9343	28.6236	98.78	13	3.13	1.5	0.5
F-15	1.84	0.042	1.8354	32.2731	83.13	13	3.13	1.5	0.5
F-16	1.76	0.022	1.7577	35.1402	73.11	13	3.13	1.5	0.5
F-17	1.79	0.025	1.7873	34.0480	76.73	13	3.13	1.5	0.5
F-18	1.70	0.015	1.6985	37.3247	66.51	13	3.13	1.5	0.5
F-19	1.62	0.007	1.6193	40.2472	58.81	13	3.13	1.5	0.5
F-20	1.46	0.001	1.4599	46.1292	46.26	13	3.13	1.5	0.5
F-21	1.53	0.006	1.5295	43.5609	51.32	13	3.13	1.5	0.5
F-22	1.88	0.029	1.8768	30.7454	89.22	13	3.13	1.5	0.5
F-23	1.82	0.036	1.8161	32.9852	80.48	13	3.13	1.5	0.5
F-24	1.53	0.020	1.5282	43.6089	51.51	13	3.63	2.0	0.5
F-25	1.62	0.029	1.6172	40.3247	58.95	13	3.63	2.0	0.5
F-26	1.82	0.044	1.8152	33.0185	80.81	13	3.63	2.0	0.5
F-27	1.70	0.029	1.6971	37.3764	66.75	13	3.63	2.0	0.5

续表

试样编号	土干密度 /(g/cm³)	盐-冻胀量 /cm	盐-冻胀 土干密度 /(g/cm³)	盐-冻胀 孔隙率 /%	盐冰孔隙 充填率 /%	含水量 /%	易溶盐 含量 /%	硫酸钠 含量 /%	氯化钠 含量 /%
F-28	1.94	0.052	1.934	28.6347	99.29	13	3.63	2	0.5
F-29	1.80	0.057	1.7939	33.8044	78.01	13	3.63	2	0.5
F-30	1.79	0.034	1.7864	34.0812	77.05	13	3.63	2	0.5
F-31	1.84	0.06	1.8334	32.3469	83.32	13	3.63	2	0.5
F-32	1.936	0.066	1.9284	28.8413	99.41	13	4.63	3	0.5
F-33	1.70	0.055	1.6944	37.476	67.22	13	4.63	3	0.5
F-34	1.81	0.068	1.8027	33.4797	80.05	13	4.63	3	0.5
F-35	1.62	0.044	1.6158	40.3764	59.50	13	4.63	3	0.5
F-36	1.79	0.058	1.7838	34.1771	77.60	13	4.63	3	0.5
F-37	1.53	0.044	1.526	43.6900	51.93	13	4.63	3	0.5
F-38	1.89	0.075	1.8816	30.5683	91.51	13	4.63	3	0.5
F-39	1.84	0.068	1.8326	32.3764	84.15	13	4.63	3	0.5
F-40	1.53	0.070	1.5236	43.7786	52.32	13	5.63	4	0.5
F-41	1.62	0.050	1.6152	40.3985	60.11	13	5.63	4	0.5
F-42	1.70	0.078	1.6921	37.5609	67.73	13	5.63	4	0.5
F-43	1.75	0.059	1.7439	35.6494	73.55	13	5.63	4	0.5
F-44	1.79	0.085	1.781	34.2804	78.11	13	5.63	4	0.5
F-45	1.84	0.094	1.8297	32.4834	84.68	13	5.63	4	0.5
F-46	1.88	0.073	1.8718	30.9299	90.98	13	5.63	4	0.5
F-47	1.937	0.106	1.9248	28.9742	99.88	13	5.63	4	0.5
F-48	1.935	0.112	1.9222	29.0701	100.52	13	6.63	5	0.5
F-49	1.79	0.074	1.7821	34.2399	79.12	13	6.63	5	0.5
F-50	1.62	0.060	1.6142	40.4354	60.69	13	6.63	5	0.5
F-51	1.53	0.057	1.5242	43.7343	53.00	13	6.63	5	0.5
F-52	1.88	0.104	1.8684	31.0554	91.46	13	6.63	5	0.5
F-53	1.70	0.067	1.6932	37.5203	68.60	13	6.63	5	0.5
F-54	1.84	0.077	1.8316	32.4133	85.90	13	6.63	5	0.5

从表11.40可以看出，硫酸钠结晶不能完全充填孔隙空间，这主要是由于水受土颗粒表面引力的作用更多地吸附于土颗粒表面，而以离子形式存在的硫酸钠存在于水中，由于土粒带负电荷，钠离子更多地吸附在土粒表面周围，结晶发育时，芒硝晶体更多地附着于土粒表面及土颗粒接触间存在着的胶体物质上，随着温度降低，硫酸钠结晶析出充填膨胀孔隙和颗粒接触间，颗粒接触间的硫酸钠膨胀除充填颗粒接触间外，还使土体结构网膨胀，在外界压力作用下，虽然能有效使硫酸钠充填孔隙空间和颗粒接触间，但由于颗粒接

触间的膨胀作用，还使土体存在少量变形。这一点和土体盐-冻胀变形机理分析一致。

3．不同硫酸钠含量、不同土干密度的最大、最小盐-冻胀力

不同硫酸钠含量最大、最小盐-冻胀力见表 11.41 和图 11.94～图 11.97。

表 11.41　　　　　　　　　　　　　不同硫酸钠含量最大、最小盐-冻胀力

含水量 /%	氯化钠含量 /%	硫酸钠含量 /%	土干密度 /(g/cm³)	最小盐-冻胀力 /kPa	土干密度 /(g/cm³)	最大盐-冻胀力 /kPa
		1.0	1.53	9.42	1.94	79.31
		1.5	1.53	21.00	1.94	99.01
		2.0	1.53	53.32	1.94	143.78
13.00	0.5	3.0	1.53	81.32	1.94	182.10
		4.0	1.53	125.55	1.94	228.65
		5.0	1.53	157.47	1.94	245.77

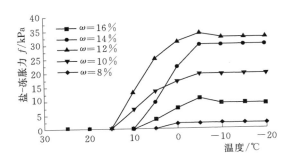

图 11.94　1%硫酸钠不同含水量盐-冻胀力过程线

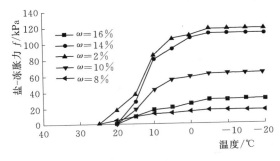

图 11.95　2%硫酸钠不同含水量盐-冻胀力过程线

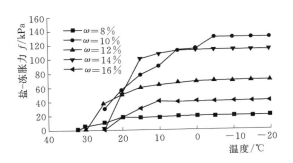

图 11.96　3%硫酸钠不同含水量盐-冻胀力过程线

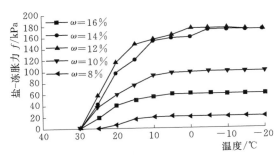

图 11.97　4%硫酸钠不同含水量盐-冻胀力过程线

从不同含水量盐-冻胀力图、表可以看出，随着温度的降低，不同含水量、不同硫酸钠含量试样盐-冻胀力逐渐增大。土体在盐-冻胀过程中，在个别上下降温区间内存在盐-冻胀力回落现象，主要是由于土体在产生盐-冻胀时，结晶硫酸钠膨胀土体孔隙和颗粒接触间，使土体颗粒产生位移，土体颗粒重新排列，土体在外界压力作用下，使处于颗粒接触间的硫酸钠膨胀结构破坏，土体回落，从而使土体存在盐-冻胀力降低现象。

（1）起胀温度分析。同一硫酸钠含量随着含水量的增大，其起胀温度降低，主要是由

于随着含水量的增加，降低土体中硫酸钠溶液浓度，从而使其起胀温度降低。

土体中的硫酸钠结晶温度和土体起胀温度区间基本一致，土体起胀温度取决于土体中硫酸钠析水结晶温度、硫酸钠结晶含量的多少、土体结构、土体颗粒接触间的吸收结晶硫酸钠的程度。

（2）盐–冻胀剧烈变化的温度区间分析。盐–冻胀力变化最大的温度区间和土体中溶液结晶析出硫酸钠含量最大的温度区间一致。

（3）不同硫酸钠含量、不同含水量的盐–冻胀力，随着硫酸钠含量的增大，其最大最小盐–冻胀力区间增大，见表11－42。

表 11.42　　　　　不同硫酸钠含量盐–冻胀力

土干密度 /(g/cm³)	氯化钠含量 /%	硫酸钠含量 /%	含水量区间 /%	最小盐–冻胀力 /kPa	最大盐–冻胀力 /kPa
1.84	0.5	1	8～16	1.70	40.32
		2	8～16	16.92	129.90
		3	8～16	19.07	147.29
		4	8～16	21.16	188.80

11.9.3　不同干密度、不同硫酸钠含量的盐–冻胀力规律

不同土干密度的最大盐–冻胀力和最终盐–冻胀力如图 11.98 和图 11.99 所示。

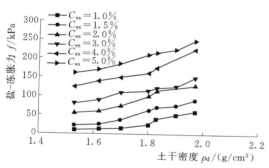

图 11.98　不同土干密度的最大盐–冻胀力　　　　图 11.99　不同土干密度的最终盐–冻胀力

从图 11.98 和图 11.99 可以看出，同一硫酸钠情况下，随着土干密度的增大，土体孔隙率降低，土体孔隙空间和孔隙接触间减小，容纳硫酸钠结晶的空间减小，其盐–冻胀力增大。土体最大盐–冻胀力不是发生在最低温度，这主要是由于土体在产生盐–冻胀时，结晶硫酸钠膨胀土体孔隙和颗粒接触间，使土体颗粒产生位移，土体颗粒重新排列，土体在外界压力作用下，使处于颗粒接触间的硫酸钠膨胀结构破坏，土体回落，从而使土体存在盐–冻胀力降低现象。土体盐–冻胀力是土体内外力（盐结晶膨胀力、土内摩阻力、黏聚力、颗粒间引力、外界压力等）综合作用的结果。

对不同土干密度的盐–冻胀力进行曲线拟合，见式（11.39），参数见表11.43。

$$f = a e^{b \rho_{d}}$$

（11.39）

式中：f 为盐-冻胀力，kPa；ρ_d 为土干密度，g/cm^3；a、b 为系数。

表 11.43　　　　　　　　　　不同干密度与盐-冻胀力关系系数

名称	硫酸钠含量 /%	含水量 /%	a	b	R^2
最大盐-冻胀力	1.0		0.0021	5.4085	0.9768
	1.5		0.0338	4.1669	0.9441
	2.0		0.7971	2.7176	0.9679
	3.0		3.6946	1.9861	0.9677
	4.0		13.651	1.4331	0.9380
	5.0		29.902	1.0745	0.9916
最终盐-冻胀力	1.0	13.00	8×10^{-7}	9.6092	0.9894
	1.5		0.0338	4.1669	0.9441
	2.0		0.5810	2.8653	0.8759
	3.0		3.2587	2.0462	2.0462
	4.0		13.7550	1.4277	0.9803
	5.0		30.0740	1.0683	0.9909

不同硫酸钠含量的最大盐-冻胀力和最终盐-冻胀力如图 11.100 和图 11.101 所示。

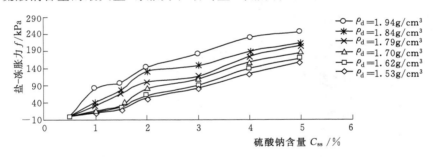

图 11.100　不同硫酸钠含量的最大盐-冻胀力

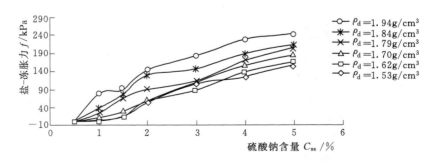

图 11.101　不同硫酸钠含量的最终盐-冻胀力

从图 11.100 和图 11.101 以及表 11.43 可以看出，随着硫酸钠含量的增加，硫酸钠结晶量增大，有更多的硫酸钠结晶充填于膨胀孔隙空间和孔隙接触间，从而导致土体盐-冻胀力增大。

对不同硫酸钠含量的盐-冻胀力进行曲线拟合，见式（11.40），参数见表11.44。

含水量为13％时，不同硫酸钠含量盐-冻胀力规律为

$$f = aC_{ss}^2 + bC_{ss} + c \qquad (11.40)$$

式中：f 为盐-冻胀力，kPa；C_{ss} 为硫酸钠含量，％；a、b、c 为系数。

表 11.44　不同硫酸钠含量与盐-冻胀力关系系数

名称	土干密度 /(g/cm³)	含水量 /％	a	b	c	R^2
最大盐-冻胀力	1.53	13.00	0.7106	32.6710	−21.1690	0.9921
	1.62		0.0398	38.8240	−23.6740	0.9931
	1.70		−1.9823	53.7810	−31.8190	0.9878
	1.79		−3.7828	64.9790	−27.9850	0.9855
	1.84		−8.6018	92.9530	−41.5730	0.9833
	1.94		−10.4690	108.4700	−37.6240	0.9838
最终盐-冻胀力	1.53		−1.5465	47.0350	−36.1810	0.9688
	1.62		0.4279	37.7050	−28.5390	0.9794
	1.70		−0.5853	47.4660	−32.0530	0.9903
	1.79		−2.7001	59.4990	−26.5150	0.9879
	1.84		−8.6661	93.5340	−42.8280	0.9830
	1.94		−10.6230	109.4700	−41.2930	0.9835

11.9.4　不同含水量、不同硫酸钠含量的盐-冻胀力规律

当土干密度为 1.84g/cm³ 时，不同硫酸钠含量、不同含水量的盐-冻胀力见表11.45、图 11.102～图 11.105。

表 11.45　不同含水量不同硫酸钠含量的盐-冻胀力

含水量 /％	硫酸钠含量 /％	最大盐-冻胀力 /kPa	最终盐-冻胀力 /kPa	含水量 /％	硫酸钠含量 /％	最大盐-冻胀力 /kPa	最终盐-冻胀力 /kPa
8.00	1	1.70	1.70	10.00	1	19.40	19.40
	2	16.92	16.92		2	67.16	67.16
	3	19.07	19.07		3	79.31	79.31
	4	21.16	21.16		4	100.78	100.78
12.00	1	34.51	32.58	14.00	1	29.92	29.92
	2	119.44	119.44		2	113.11	113.11
	3	147.00	147.00		3	128.71	128.71
	4	172.98	168.70		4	168.90	168.90

续表

含水量 /%	硫酸钠含量 /%	最大盐-冻胀力 /kPa	最终盐-冻胀力 /kPa	含水量 /%	硫酸钠含量 /%	最大盐-冻胀力 /kPa	最终盐-冻胀力 /kPa
16.00	1	10.55	8.78	16.00	3	49.96	49.96
	2	28.24	28.24		4	61.20	61.20

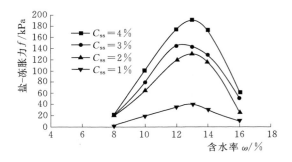

图 11.102　不同含水量的最大盐-冻胀力

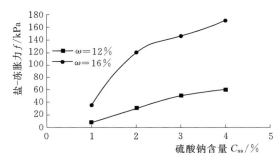

图 11.103　不同含水量的最终盐-冻胀力

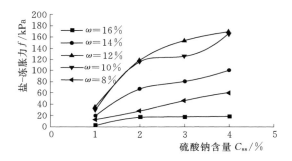

图 11.104　不同硫酸钠含量的最大盐-冻胀力

图 11.105　不同硫酸钠含量的最终盐-冻胀力

对不同土体含水量的盐-冻胀力进行曲线拟合见式（11.41），参数见表 11.46 和表 11.47。

$$f = aw^2 + bw + c \qquad (11.41)$$

式中：f 为土体盐-冻胀力，kPa；w 为土体含水量，%；a、b、c 为系数。

表 11.46　　　　　　　　不同含水量与最大盐-冻胀力关系系数

硫酸钠含量 /%	土干密度 /(g/cm³)	a	b	c	R^2
1		−1.8481	45.903	−249.61	0.9403
2	1.84	−6.2268	153.160	820.16	0.9282
3		−6.7466	167.680	−900.23	0.9484
4		−8.4709	211.010	−1136.70	0.9471

表 11.47　　　　　　　　　　　不同含水量与最终盐-冻胀力关系系数

硫酸钠含量 /%	土干密度 /(g/cm³)	a	b	c	R^2
1	1.84	−1.8068	44.707	−242.49	0.9525
4		−8.3743	208.77	−1125.20	0.9453

对不同硫酸钠含量盐-冻胀力试验曲线，进行曲线拟合，见式（11.42），参数见表 11.48 和表 11.49。

$$f = aC_{ss}^2 + bC_{ss} + c \tag{11.42}$$

式中：f 为土体盐-冻胀力，kPa；C_{ss} 为硫酸钠含量，%；a、b、c 为系数。

表 11.48　　　　　　　　　　不同硫酸钠含量与最大盐-冻胀力关系系数

含水量 /%	土干密度 /(g/cm³)	a	b	c	R^2
8.00		−3.2825	22.4660	−16.8330	0.9639
10.00		−6.5725	58.4920	−30.2730	0.9716
12.00	1.84	−14.7380	117.9800	−65.9480	0.9856
14.00		−10.7500	97.0040	−51.7250	0.9585
16.00		−1.6125	25.4290	−13.9930	0.9931

表 11.49　　　　　　　　　　不同硫酸钠含量与最终盐-冻胀力关系系数

含水量 /%	土干密度 /(g/cm³)	a	b	c	R^2
12.00	1.84	−16.2900	125.0400	−73.5000	0.9867
16.00		−2.0550	28.1730	−17.9750	0.9950

从图 11.104、图 11.105 和表 11.48、表 11.49 可以看出，在同一硫酸钠含量的情况下，随着含水量的增大，盐-冻胀力表现出较复杂的规律。在含水量较小时，随着含水量的增加，盐-冻胀力增大，当达到最优含水量附近区间时，土体盐-冻胀力达到最大值，超过该区间后，土体盐-冻胀力又随着含水量的增加而减小。

（1）当土体的含水量较小时，土颗粒的内摩阻力、土颗粒间的引力、黏聚力较大，抑制土体膨胀，使更多的结晶硫酸钠充填孔隙空间，造成土体盐-冻胀力随含水量降低而降低；随着含水量的逐渐增大，水在土颗粒间起润滑作用，使土体的内摩阻力、黏聚力减小。另外，随含水量的增加，使土粒周围的扩散双电层厚度增加，减弱了土颗粒间的引力，使土颗粒易于产生相对位移，减弱对土体盐-冻胀的抑制，从而使土体盐-冻胀力增大，而这时土中水分还主要存在于孔隙接触间。

（2）当土中含水量达到最优含水量时，土体颗粒内摩阻力、土颗粒间的引力、黏聚力较小，而此时土体中溶液又主要处于对盐-冻胀起主要作用的颗粒接触间，从而使土体盐-冻胀力达到最大，这一点和土的最优含水量击实理论是吻合的。

（3）随着含水量的进一步增加，使土颗粒周围的扩散双电层厚度增加，同时土中毛细水和自由水增多，使处于孔隙间的硫酸钠含量增大，而直接处于颗粒接触间的硫酸钠含量减少。这样随着温度的降低，硫酸钠析出结晶，对于同一硫酸钠含量的土体，随着含水量的增加，在孔隙间结晶硫酸钠含量增大，而处于颗粒接触间的硫酸钠结晶含量减少。由于孔隙间吸收结晶硫酸钠体积膨胀能力比颗粒接触间吸收结晶硫酸钠体积膨胀能力强得多，从而土体随着含水量的增大，其盐-冻胀力降低。

综上所述，同一硫酸钠含量不同含水量土体盐-冻胀力是土体溶液所处位置（孔隙间和颗粒接触间）、土体内摩阻力、土颗粒间的引力、黏聚力等综合作用的结果。孔隙率大小不能反映对结晶硫酸钠的吸收程度。

另外，随着硫酸钠含量的增加，土体盐-冻胀力增大，是由于土中硫酸钠结晶含量增加的原因所造成的。在硫酸钠含量较小时，土体盐-冻胀力增长缓慢，这主要是由于土体孔隙和颗粒接触间吸收部分结晶硫酸钠所造成的。

对不同土干密度、不同硫酸钠含量、不同含水量的最大、最终盐-冻胀力进行多重线性回归分析，不同土干密度、不同硫酸钠含量、不同含水量最大、最终盐-冻胀力符合多重线性规律。

不同土干密度、不同硫酸钠含量、不同含水量的最大盐-冻胀力为

$$P_b = -513.34 + 58.608C_{ss} - 676.974\rho_d + 147.351w - 3.396C_{ss}^2 + 249.523\rho_d^2 - 5.94w^2$$
$$R^2 = 0.964 \tag{11.43}$$

式中：P_b 为土体最大盐-冻胀力，kPa；C_{ss} 为硫酸钠含量，%；ρ_d 为土干密度，g/cm³；w 为含水量，%。

不同土干密度、不同硫酸钠含量、不同含水量的最终盐-冻胀力为

$$P_e = -467.682 + 57.586C_{ss} - 712.030\rho_d + 143.652w - 3.101C_{ss}^2 + 261.306\rho_d^2 - 5.792w^2$$
$$R^2 = 0.963 \tag{11.44}$$

式中：P_e 为土体最终盐-冻胀力，kPa；C_{ss} 为硫酸钠含量，%；ρ_d 为土干密度，g/cm³；w 为含水量，%。

利用式（11.43）和式（11.44）可计算最大、最终盐-冻胀力。

第12章 硫酸（亚硫酸）盐渍土工程特性在水利工程中的应用

硫酸（亚硫酸）盐渍土工程特性对水利水电工程有较大的影响，在工程建设中充分考虑这些影响，对于保证工程安全运行有着重要意义。本章以天山北麓水磨河流域细土平原区硫酸（亚硫酸）盐渍土为对象，以第11章盐-冻胀变形试验研究为基础对水利水电工程建设的几个问题进行了探讨。

12.1 新疆水磨河细土平原区硫酸（亚硫酸）盐渍土盐-冻胀评价

12.1.1 盐渍土填筑土体盐-冻胀计算深度确定

土体盐-冻胀的发育深度和冻胀不同，它取决于土体温度变化、土体中硫酸钠的结晶温度、硫酸钠结晶含量、土料性质、土体结构、土体孔隙率及孔隙大小等。硫酸钠在土体中的存在形式可用下列关系表示。

（1）当土体温度小于土体中硫酸钠结晶温度时，硫酸钠析水结晶。

（2）当土体温度大于土体中硫酸钠结晶温度时，在硫酸钠溶液非饱和状态条件下，硫酸钠存在状态不发生变化。

（3）当土体温度等于土体中硫酸钠结晶温度时，在硫酸钠溶液非饱和状态条件下，硫酸钠存在形式处于临界状态。

从上述关系可以看出，硫酸钠结晶温度决定土体的盐-冻胀，硫酸钠结晶初期，有少量硫酸钠晶体用于充填孔隙空间和颗粒接触间，土体发生盐-冻胀，硫酸钠充填含量的多少取决于土料性质、土体结构、土体孔隙率及孔隙大小等影响因素，但总的来说，处于颗粒接触间很小量的结晶硫酸钠就使土体发生盐-冻胀，可以初步利用硫酸钠结晶温度来确定土体盐-冻胀发育深度。该土体盐-冻胀发育深度即为盐-冻胀计算深度。

土体中液相硫酸钠吸水结晶温度为

$$\theta = \frac{\ln 100 C_{ss} - \ln \omega - \ln A}{\ln B} \tag{12.1}$$

利用式（12.1）计算土体中硫酸钠结晶温度见表12.1和表12.2。

以天山北麓水磨河流域细土平原区上阜康市25年间3次地温最高、最低观测资料为例分析其盐-冻胀计算深度（图12.1）。

如果以0℃作为土体的冻结温度，利用内插法计算其平均冻土层厚度为1.91m。根据表12.2利用内插法计算土体盐-冻胀发育深度，见表12.3和表12.4。当硫酸钠结晶温度小于0℃时（土中水受土体表面能和水中盐离子的作用，冰点低于零度，本书假设土体冻

表 12.1 　　　　　　　　　　　　　　Na₂SO₄ 溶解度与温度的关系系数

氯化钠含量 /%	含水量 /%	氯化钠浓度 /(g/100g)	A	B	R
0	13.0	0	4.494300	1.077300	0.9983
0.5	13.0	3.85	3.035589	1.085635	0.9970
1.0	13.0	7.69	2.365154	1.090563	0.9915
1.5	13.0	11.54	2.024242	1.092459	0.9855
0.5	6.0	8.33	2.266408	1.091446	0.9948
0.5	8.0	6.25	2.585601	1.088930	0.9987
0.5	10.0	5.00	2.777077	1.087689	0.9978
0.5	12.0	4.17	2.921670	1.086732	0.9982
0.5	14.0	3.57	3.139105	1.084671	0.9988
0.5	16.0	3.13	3.294395	1.083357	0.9991
0.5	18.0	2.78	3.416700	1.082400	0.9993

表 12.2 　　　　　　　阜康市气象局 25 年间 3 次最低最高地温及其地温平均值

地层深度 /m	第一次		第二次		第三次		最低平均地温平均值 /℃	最高平均地温平均值 /℃	温差 /℃
	最低平均地温/℃	最高平均地温/℃	最低平均地温/℃	最高平均地温/℃	最低平均地温/℃	最高平均地温/℃			
0	−17.6	28.5	−19.2	26.6	−18.6	27.2	−18.5	27.4	45.9
0.5	−11.6	21.2	−13.8	20.4	−12.2	21.5	−12.5	21.0	33.5
1.0	−7.3	16.7	−8.4	16.3	−6.7	16.8	−7.5	16.6	24.1
1.5	−3.7	13.5	−4.3	13.8	−3.1	13.4	−3.7	13.6	17.3
2.0	0.3	11.5	0.1	11.9	0.2	11.7	0.2	11.7	11.5
2.5	2.1	10.9	2.0	10.4	2.1	10.5	2.1	10.6	8.5
3.0	3.9	9.9	3.8	9.4	3.9	9.8	3.9	9.7	5.8
3.5	4.8	9.1	4.7	8.9	4.9	8.9	4.8	9.0	4.2
4.0	5.9	8.4	5.7	8.2	5.8	8.1	5.8	8.2	2.4
4.5	6.8	7.8	6.8	7.5	6.8	7.6	6.8	7.6	0.8
5.0	7.0	7.2	7.0	7.0	7.0	7.2	7.0	7.1	0.1
5.5	7.1	7.1	7.1	7.1	7.0	7.1	7.1	7.1	0
6.0	7.1	7.1	7.1	7.1	7.1	7.1	7.1	7.1	0

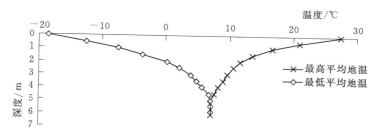

图 12.1　地温随深度分布

表 12.3　　含水量 13% 土体中液相硫酸钠结晶温度及盐-冻胀发育深度

硫酸钠含量 /%	硫酸钠结晶温度 /℃	盐-冻胀发育深度 /m	硫酸钠结晶温度 /℃	盐-冻胀发育深度 /m	硫酸钠结晶温度 /℃	盐-冻胀发育深度 /m	硫酸钠结晶温度 /℃	盐-冻胀发育深度 /m
	氯化钠浓度 0	氯化钠浓度 0	氯化钠浓度 3.85%	氯化钠浓度 3.85%	氯化钠浓度 7.69%	氯化钠浓度 7.69%	氯化钠浓度 11.54%	氯化钠浓度 11.54%
0.3	−9.0	1.91	−3.34	1.91	0.36	2.07	1.48	2.54
0.4	−5.1	1.91	0.16	1.98	3.59	3.78	4.73	4.91
0.5	−2.1	1.91	2.88	3.27	6.09	>6	7.26	>6
0.6	0.36	2.07	5.10	>6	8.14	>6	9.32	>6
0.7	2.43	2.97	6.98	>6	9.87	>6	11.06	>6
0.8	4.22	4.32	8.60	>6	11.37	>6	12.57	>6
0.9	5.8	>6	10.04	>6	12.69	>6	13.90	>6
1.0	7.22	>6	11.32	>6	13.87	>6	15.09	>6
1.1	8.5	>6	12.48	>6	14.94	>6	16.17	>6
1.2	9.67	>6	13.54	>6	15.92	>6	17.15	>6
1.3	10.7	>6	14.52	>6	16.81	>6	18.06	>6
1.4	11.7	>6	15.42	>6	17.65	>6	18.89	>6
1.5	12.7	>6	16.26	>6	18.42	>6	19.67	>6
1.6	13.5	>6	17.04	>6	19.14	>6	20.40	>6
1.7	14.3	>6	17.78	>6	19.82	>6	21.09	>6
1.8	15.1	>6	18.48	>6	20.47	>6	21.73	>6
1.9	15.8	>6	19.14	>6	21.07	>6	22.35	>6
2.0	16.5	>6	19.76	>6	21.65	>6	22.93	>6
2.1	17.2	>6	20.35	>6	22.20	>6	23.48	>6
2.2	17.8	>6	20.92	>6	22.72	>6	24.00	>6
2.3	18.4	>6	21.46	>6	23.22	>6	24.51	>6
2.4	19.0	>6	21.98	>6	23.69	>6	24.99	>6
2.5	19.5	>6	22.48	>6	24.15	>6	25.45	>6
2.6	20.1	>6	22.95	>6	24.59	>6	25.89	>6

续表

硫酸钠含量/%	硫酸钠结晶温度/℃	盐-冻胀发育深度/m	硫酸钠结晶温度/℃	盐-冻胀发育深度/m	硫酸钠结晶温度/℃	盐-冻胀发育深度/m	硫酸钠结晶温度/℃	盐-冻胀发育深度/m
	氯化钠浓度 0	氯化钠浓度 0	氯化钠浓度 3.85%	氯化钠浓度 3.85%	氯化钠浓度 7.69%	氯化钠浓度 7.69%	氯化钠浓度 11.54%	氯化钠浓度 11.54%
2.7	20.6	>6	23.41	>6	25.02	>6	26.32	>6
2.8	21.1	>6	23.86	>6	25.42	>6	26.73	>6
2.9	21.5	>6	24.28	>6	25.82	>6	27.13	>6
3.0	22.0	>6	24.70	>6	26.20	>6	27.51	>6
3.1	22.4	>6	25.10	>6	26.57	>6	27.88	>6
3.2	22.8	>6	25.48	>6	26.92	>6	28.24	>6
3.3	23.3	>6	25.86	>6	27.27	>6	28.59	>6
3.4	23.7	>6	26.22	>6	27.60	>6	28.92	>6
3.5	24.0	>6	26.57	>6	27.93	>6	29.25	>6
3.6	24.4	>6	26.92	>6	28.24	>6	29.57	>6
3.7	24.8	>6	27.25	>6	28.55	>6	29.88	>6
3.8	25.2	>6	27.58	>6	28.85	>6	30.18	>6
3.9	25.5	>6	27.89	>6	29.14	>6	30.47	>6
4.0	25.8	>6	28.20	>6	29.43	>6	30.76	>6
4.1	26.2	>6	28.50	>6	29.70	>6	31.04	>6
4.2	26.5	>6	28.79	>6	29.97	>6	31.31	>6
4.3	26.8	>6	29.08	>6	30.24	>6	31.58	>6
4.4	27.1	>6	29.36	>6	30.50	>6	31.84	>6
4.5	27.4	>6	29.63	>6	30.75	>6	32.09	>6
4.6	27.7	>6	29.90	>6	31.00	>6	32.34	>6
4.7	28.0	>6	30.16	>6	31.24	>6		
4.8	28.3	>6	30.42	>6	31.47	>6		
4.9	28.6	>6	30.67	>6	31.70	>6		
5.0	28.8	>6	30.92	>6	31.93	>6		
5.1	29.1	>6	31.16	>6	32.15	>6		
5.2	29.4	>6	31.39	>6	32.37	>6		
5.3	29.6	>6	31.63	>6				
5.4	29.9	>6	31.85	>6				
5.5	30.1	>6	32.08	>6				
5.6	30.4	>6	32.30	>6				
5.7	30.6	>6						
5.8	30.8	>6						

硫酸钠含量/%	硫酸钠结晶温度/℃ 氯化钠浓度0	盐-冻胀发育深度/m 氯化钠浓度0	硫酸钠结晶温度/℃ 氯化钠浓度3.85%	盐-冻胀发育深度/m 氯化钠浓度3.85%	硫酸钠结晶温度/℃ 氯化钠浓度7.69%	盐-冻胀发育深度/m 氯化钠浓度7.69%	硫酸钠结晶温度/℃ 氯化钠浓度11.54%	盐-冻胀发育深度/m 氯化钠浓度11.54%
5.9	31.1	>6						
6.0	31.3	>6						
6.1	31.5	>6						
6.2	31.7	>6						
6.3	31.9	>6						
6.4	32.2	>6						
6.5	32.4	>6						

表 12.4　　土体中液相硫酸钠结晶温度及盐-冻胀发育深度

含水量/%	氯化钠含量/%	氯化钠浓度/(g/100g)	硫酸钠含量/%	硫酸结晶温度/℃	盐-冻胀发育深度/m
6.0	0.5	8.33	0.3	9.05	>6
8.0	0.5	6.25	0.3	5.76	>6
10.0	0.5	5.00	0.3	3.21	3.75
12.0	0.5	4.17	0.3	1.12	2.38
14.0	0.5	3.57	0.3	−0.64	1.91
16.0	0.5	3.13	0.3	−2.17	1.91
18.0	0.5	2.78	0.3	−3.51	1.91
6.0	0.5	8.33	0.5	14.89	>6
8.0	0.5	6.25	0.5	10.36	>6
10.0	0.5	5.00	0.5	6.99	>6
12.0	0.5	4.17	0.5	4.27	4.37
14.0	0.5	3.57	0.5	1.59	2.59
16.0	0.5	3.13	0.5	−0.66	1.91
18.0	0.5	2.78	0.5	−2.61	1.91
6.0	0.5	8.33	1.0	22.81	>6
8.0	0.5	6.25	1.0	18.50	>6
10.0	0.5	5.00	1.0	15.24	>6
12.0	0.5	4.17	1.0	12.61	>6
14.0	0.5	3.57	1.0	10.11	>6
16.0	0.5	3.13	1.0	7.99	>6
18.0	0.5	2.78	1.0	6.14	>6
6.0	0.5	8.33	1.5	27.45	>6

续表

含水量/%	氯化钠含量/%	氯化钠浓度/(g/100g)	硫酸钠含量/%	硫酸结晶温度/℃	盐-冻胀发育深度/m
8.0	0.5	6.25	1.5	23.26	>6
10.0	0.5	5.00	1.5	20.06	>6
12.0	0.5	4.17	1.5	17.48	>6
14.0	0.5	3.57	1.5	15.10	>6
16.0	0.5	3.13	1.5	13.06	>6
18.0	0.5	2.78	1.5	11.26	>6
6.0	0.5	8.33	2.0	30.74	>6
8.0	0.5	6.25	2.0	26.64	>6
10.0	0.5	5.00	2.0	23.49	>6
12.0	0.5	4.17	2.0	20.94	>6
14.0	0.5	3.57	2.0	18.64	>6
16.0	0.5	3.13	2.0	16.65	>6
18.0	0.5	2.78	2.0	14.89	>6
8.0	0.5	6.25	3.0	31.40	>6
10.0	0.5	5.00	3.0	28.31	>6
12.0	0.5	4.17	3.0	25.82	>6
14.0	0.5	3.57	3.0	23.62	>6
16.0	0.5	3.13	3.0	21.71	>6
18.0	0.5	2.78	3.0	20.01	>6
10.0	0.5	5.00	4.0	31.73	>6
12.0	0.5	4.17	4.0	29.28	>6
14.0	0.5	3.57	4.0	27.16	>6
16.0	0.5	3.13	4.0	25.30	>6
18.0	0.5	2.78	4.0	23.65	>6

结温度为0℃），水结冰，考虑土中水结冰对溶液的浓度增大作用，土体温度为0℃时视为土体中硫酸钠结晶已经开始，土体温度为0℃时的土体深度为土体盐-冻胀发育深度。

从表12.3和表12.4可以看出，含水量为13%，硫酸钠含量不小于1%时盐-冻胀发育深度均大于6m；氯化钠含量0.5%，硫酸钠含量不小于1%时其盐-冻胀发育深度均大于6m。以上土体盐-冻胀发育深度的确定是在保证土体满足土中硫酸钠以液体形式存在条件下进行的，实际工程建设环境中地温变化是决定土体盐-冻胀发育深度的另一个主要因素，根据研究地中温度随深度变化可大致分为3个区段：地表至最大季节冻结或融化深度区段内地温随时间变化剧烈，该区段的温度场为不稳定温度场；最大季节冻结或融化深度至年变化深度区段内，地温随时间缓慢变化，为准稳定温度场；年变化深度以下的区段内，地温基本上不随时间变化，只随气温的多年变化而略微波动，为稳定温度场。该工程不稳定温度场范围为 $0\sim1.91m$，准稳定温度场范围为 $1.91\sim5.0m$，稳定温度场范围在 $5.0m$ 以上。根据上述土的填筑温度在满足土中硫酸钠以液体形式存在条件下进行，但在 $5.0m$ 以下的稳定温度场范围内，由于地气上升使土体温度降低，使土体发生一次性盐胀发育后即基本不再发生盐胀，所以在稳定温度场范围发生的一次性盐胀可认为是稳定盐胀区，相对应其他两个区为不稳定盐-冻胀区和准稳定盐胀区。

地面土体盐-冻胀量主要是在不稳定盐-冻胀区和准稳定盐胀区发生的。可考虑利用不稳定盐胀冻胀区和准稳定盐胀区作为土体盐-冻胀计算深度。

12.1.2 盐渍土填筑土体盐-冻胀变形计算与原位观测对比分析

利用不稳定盐胀冻胀区和准稳定盐胀区土体盐-冻胀计算深度 5m 采用单向分层总和计算法计算土体某一深度最大、最终盐-冻胀量，见表 12.5 和表 12.6。

表 12.5　　　　　　　1.7%硫酸钠含量填筑土体最大盐-冻胀情况

盐-冻胀深度 /m	分段最终盐-冻胀率 /%	分段最大盐-冻胀量 /mm	最大盐-冻胀量 /mm	最大盐-冻胀率 /%
0	9.27	46.33	184.00	3.68
0.5	6.30	31.51	137.67	3.06
1.0	4.91	24.57	106.16	2.65
1.5	3.98	19.88	81.59	2.33
2.0	3.26	16.29	61.71	2.06
2.5	2.67	13.37	45.41	1.82
3.0	2.18	10.91	32.04	1.60
3.5	1.76	8.80	21.13	1.41
4.0	1.39	6.97	12.33	1.23
4.5	1.07	5.36	5.36	1.07

表 12.6　　　　　　　1.7%硫酸钠含量填筑土体最终盐-冻胀情况

盐-冻胀深度 /m	分段最终盐-冻胀率 /%	分段最终盐-冻胀量 /mm	最终盐-冻胀量 /mm	最终盐-冻胀率 /%
0	9.39	46.93	178.33	3.57
0.5	6.25	31.27	131.41	2.92
1.0	4.80	24.01	100.14	2.50
1.5	3.86	19.32	76.13	2.18
2.0	3.16	15.82	56.81	1.89
2.5	2.59	12.96	40.99	1.64
3.0	2.09	10.45	28.03	1.40
3.5	1.62	8.11	17.59	1.17
4.0	1.17	5.86	9.47	0.95
4.5	0.72	3.61	3.61	0.72

利用不同硫酸钠含量、不同压力、不同冻融次数最大盐-冻胀率公式计算硫酸钠含量 1.7% 填筑土体第 i 层第 n 次盐-冻胀率，可将公式（11.28）简化为式（12.2），参数见表 12.7。

$$\eta_{Ni} = an^2 + bn + c \tag{12.2}$$

表 12.7　　第 i 层第 n 次冻融盐-冻胀率关系系数

深度 /m	硫酸钠含量 C_{ss}/%	土干密度 /(g/cm³)	含水量 /%	压力 P /kPa	c	b	a
0	1.7	1.84	13	5.198	−0.369	1.658306	−0.06981
0.5	1.7	1.84	13	15.594	0.4226	1.199449	−0.06981
1.0	1.7	1.84	13	25.990	0.6472	0.986092	−0.06981
1.5	1.7	1.84	13	36.386	0.7455	0.845558	−0.06981
2.0	1.7	1.84	13	46.782	0.7930	0.740592	−0.06981
2.5	1.7	1.84	13	57.178	0.8152	0.656778	−0.06981
3.0	1.7	1.84	13	67.574	0.8229	0.587004	−0.06981
3.5	1.7	1.84	13	77.970	0.8217	0.527235	−0.06981
4.0	1.7	1.84	13	88.366	0.8149	0.474958	−0.06981
4.5	1.7	1.84	13	98.762	0.8042	0.428503	−0.06981
5.0	1.7	1.84	13	109.158	0.7909	0.386701	−0.06981

根据 $\eta'_{Nh} = 2an + b = 0$ 求硫酸钠含量 1.7% 填筑土体第 i 层最大盐-冻胀率冻融次数及各深度最大盐-冻胀量，见表 12.8。

从图 12.2 和表 12.8 可以看出，不同硫酸钠含量、不同压力最大地表盐-冻胀量稍大于不同硫酸钠含量、不同压力、不同冻融次数地表盐-冻胀量。

表 12.8　　最大盐-冻胀情况

深度 /m	最大盐-冻胀冻融数	最大盐-冻胀率 /%	最大盐-冻胀量 /mm	某一深度盐-冻胀量 /mm
0	11.9	9.48	47.39	172.82
0.5	8.6	5.57	27.87	125.43
1.0	7.1	4.13	20.65	97.55
1.5	6.1	3.31	16.53	76.91
2.0	5.3	2.76	13.79	60.38
2.5	4.7	2.36	11.80	46.59
3.0	4.2	2.06	10.28	34.79
3.5	3.8	1.82	9.09	24.51
4.0	3.4	1.62	8.11	15.42
4.5	3.1	1.46	7.31	7.31

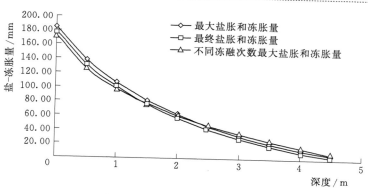

图 12.2　不同深度盐-冻胀量

含水量为 13% 时，土干密度 1.84g/cm³，填筑土体原位观测盐-冻胀成果见表 12.9 和表 12.10 以及图 12.3 和图 12.4。

表 12.9　硫酸钠含量 1.7% 填筑土体原位观测盐-冻胀量观测成果

观测日期 /（年-月-日）	不同深度盐-冻胀量/mm											
	地气温 /℃	测点深度 0cm	地气温 /℃	测点深度 50cm	地气温 /℃	测点深度 100cm	地气温 /℃	测点深度 150cm	地气温 /℃	测点深度 200cm
2001 - 07 - 18	28.9	0	22.0	0	17.1	0	16.4	0	15.7	0
2001 - 08 - 18	23.8	0	18.5	13	16.2	11	14.3	9	13.4	9
2001 - 09 - 18	17.3	37	13.4	32	10.9	28	9.1	21	8.6	15
2001 - 10 - 18	7.1	47	7.8	38	7.2	32	7.1	22	7.1	15
2001 - 11 - 18	−4.2	61	1.3	48	3.3	40	5.1	27	5.3	19
2001 - 12 - 18	−13.2	69	−7.6	56	0.5	46	1.4	33	3.0	22
2002 - 01 - 18	−18.2	76	−11.5	63	−2.5	52	−0.4	38	1.3	25
2002 - 02 - 18	−12.5	76	−8.9	63	−3.2	54	−1.8	39	0.3	26
2002 - 03 - 18	−3.2	76	−2.1	63	−1.6	54	−0.4	40	1.5	26
2002 - 04 - 18	9.3	65	6.9	58	7.0	53	2.6	40	4.5	27
2002 - 05 - 18	16.7	60	13.4	51	10.9	43	8.3	36	8.0	26
2002 - 06 - 18	23.4	51	18.5	43	16.2	37	13.2	30	10.0	25
2002 - 07 - 18	27.5	49	21.6	41	17.1	36	13.8	30	10.9	25
2002 - 08 - 18	23.2	50	18.1	42	15.1	36	12.3	30	10.0	24
2002 - 09 - 18	18.3	58	14.1	46	10.9	38	9.5	31	8.7	25
2002 - 10 - 18	8.3	69	8.0	53	7.8	43	7.4	33	7.2	25
2002 - 11 - 18	−3.9	81	1.2	56	3.5	44	5.1	33	5.7	25
2002 - 12 - 18	−13.9	102	−7.0	74	−0.2	58	2.0	43	3.4	27
2003 - 01 - 18	−19.2	107	−10.5	79	−3.2	61	−1.3	47	0.5	29
2003 - 02 - 18	−13.1	117	−8.9	89	−3.2	71	−1.5	49	0.3	31
2003 - 03 - 18	−3.9	117	−2.9	89	−1.8	71	−1.2	49	0.7	31

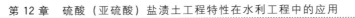
续表

观测日期/(年-月-日)	不同深度盐-冻胀量/mm									
	地气温/℃	测点深度 0cm	地气温/℃	测点深度 50cm	地气温/℃	测点深度 100cm	地气温/℃	测点深度 150cm	地气温/℃	测点深度 200cm
2003-04-18	10.1	95	4.9	79	2.3	64	4.5	47	5.3	29
2003-05-18	17.4	87	11.4	72	8.4	60	8.0	46	7.8	29
2003-06-18	24.6	79	18.9	65	12.8	55	10.9	42	9.4	28
2003-07-18	27.9	73	21.8	58	16.3	50	12.7	40	10.2	27
2003-08-18	24.0	78	17.9	62	14.8	48	11.7	39	10.0	26
2003-09-18	19.2	80	14.8	64	12.8	53	9.4	43	8.6	27
2003-10-18	8.1	102	8.0	77	7.8	63	7.6	44	7.4	27
2003-11-18	−5.1	123	2.2	85	3.8	67	4.8	47	5.0	30
2003-12-18	−13.9	127	−3.4	89	0.9	70	2.5	48	3.0	31
2004-01-18	−19.2	133	−12.8	95	−1.8	73	−1.6	51	0.6	32
2004-02-18	−13.2	135	−9.5	97	−3	75	−1.8	52	0.3	34
2004-03-18	−4.1	134	−2.7	96	0.9	72	1.0	51	1.7	34
2004-04-18	10.3	118	6.5	88	4.0	70	5.0	50	5.7	33
2004-05-18	18.9	103	13.8	76	8.9	65	8.1	44	7.3	32
2004-06-18	24.9	91	18.6	63	14.4	54	11.3	40	9.4	32
2004-07-18	28.9	86	22.7	58	17.9	50	13.4	39	10.6	30
2004-08-18	24.6	91	19.6	63	16.7	52	12.4	39	10.2	30
2004-09-18	17.3	101	12.7	71	10.7	58	8.7	42	7.7	30

表12.10　　　　硫酸钠含量1.7%填筑土体原位观测盐-冻胀量成果

不同深度盐-冻胀量/mm											
地气温/℃	测点深度 250cm	地气温/℃	测点深度 300cm	地气温/℃	测点深度 350cm	地气温/℃	测点深度 400cm	地气温/℃	测点深度 450cm	地气温/℃	测点深度 500cm
15.0	0	14.7	0	13.1	0	13.0	0	12.8	0	11.7	0
12.9	7	12.8	5	11.5	4	9.2	3	8.4	1	8.0	0
8.0	10	7.5	7	7.3	5	7.2	3	7.0	1	7.0	0
7.0	10	6.7	7	6.9	5	7.0	3	7.0	1	7.0	0
5.6	13	5.8	9	6.4	6	6.6	3	6.8	1	7.0	0
4.2	14	4.7	9	5.6	6	6.1	3	7.0	1	7.0	0
2.4	16	3.8	11	4.9	7	5.8	4	6.8	1	7.0	0
1.7	16	3.5	11	4.7	7	5.5	4	6.4	1	7.0	0
2.6	17	3.9	11	4.8	7	5.9	4	6.7	1	7.0	0
5.6	17	6.3	11	6.7	7	6.9	3	7.0	1	7.0	0
7.6	17	7.3	11	7.2	7	7.0	3	7.0	1	7.0	0

续表

不同深度盐-冻胀量/mm

地气温/℃	测点深度 250cm	地气温/℃	测点深度 300cm	地气温/℃	测点深度 350cm	地气温/℃	测点深度 400cm	地气温/℃	测点深度 450cm	地气温/℃	测点深度 500cm
9.5	15	9.0	10	8.6	7	8.1	4	7.4	1	7.0	0
9.8	14	9.2	10	8.9	7	8.2	4	7.7	1	7.1	0
9.4	15	8.8	10	8.3	7	7.8	4	7.2	1	7.0	0
8.4	16	7.8	11	7.5	7	7.1	4	7.0	1	7.0	0
7.1	16	7.0	11	7.1	7	7.0	4	7.0	1	7.0	0
6.5	16	6.7	11	6.8	7	7.0	4	7.0	1	7.0	0
4.6	17	5.6	12	6.3	7	6.7	4	6.9	1	7.0	0
2.1	19	4.1	12	4.8	8	5.9	4	6.7	1	7.0	0
1.8	20	3.6	13	4.6	8	5.8	4	6.8	1	7.0	0
2.3	20	4.1	13	4.9	8	6.0	4	6.9	1	7.0	0
6.0	19	6.8	13	7.0	7	7.0	3	7.0	1	7.0	0
7.4	18	7.2	13	7.1	7	7.0	3	7.0	1	7.0	0
8.9	18	8.6	13	8.1	7	7.6	3	7.2	1	7.0	0
10.1	18	8.9	12	8.8	7	8.2	3	7.6	1	7.1	0
9.7	18	9.1	12	8.3	7	7.7	3	7.4	1	7.0	0
8.3	18	8.0	12	7.3	7	7.1	3	7.0	1	7.0	0
7.3	19	7.2	11	7.1	7	7.0	3	7.0	1	7.0	0
6.5	20	6.9	12	7.0	7	7.0	3	7.0	1	7.0	0
4.7	20	5.7	13	6.4	7	6.7	3	6.9	1	7.0	0
1.9	21	3.9	14	4.7	8	6.0	4	6.8	1	7.0	0
2.2	22	3.6	14	5.6	8	6.2	4	6.8	1	7.0	0
2.8	22	4.6	14	5.7	8	6.4	4	6.9	1	7.0	0
6.6	21	6.7	13	6.9	7	7.0	3	7.0	1	7.0	0
7.2	21	7.2	13	7.1	7	7.0	3	7.0	1	7.0	0
8.7	20	7.6	13	7.3	7	7.0	3	7.0	1	7.0	0
10.5	19	8.7	13	9.0	7	8.3	3	7.8	1	7.2	0
9.6	19	8.1	13	7.9	7	7.4	3	7.0	1	7.0	0
7.5	19	7.3	13	7.2	7	7.1	3	7.0	1	7.0	0

从表12.9、表12.10和图12.3、图12.4可以看出以下几点。

（1）地面温度以年呈周期性变化，地中温度波的振幅随深度按指数规律衰减。

（2）土体每一次冻融循环以年为周期，随着冻融次数的增加，土体盐-冻胀量增加。

（3）随着深度的增加，温度变幅逐渐变小，不能形成完整的冻融循环周期，0～1.91m为不稳定盐-冻胀区，此区基本为完整的冻融循环区，0～5m为准稳定盐胀区，此

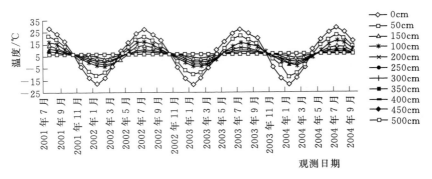

图 12.3 不同时间不同深度原位观测地温度

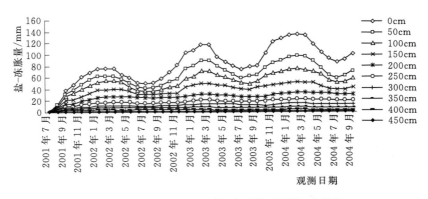

图 12.4 不同时间不同深度原位观测盐-冻胀量

区为不完整的盐胀循环区，5m 以上为一次性盐胀区或稳定区。

利用式 (12.2)、表 12.7 计算冻融循环 1、2、3 次盐-冻胀情况与原位观测对比成果见表 12.11～表 12.13 和图 12.5～图 12.7。

表 12.11   冻融次数为 1 次的盐-冻胀情况

深度/m	第 1 次冻融盐-冻胀率/%	第 1 次冻融盐-冻胀量/mm	某一深度盐-冻胀量/mm	原位观测某一深度盐-冻胀量/mm
0	1.22	6.10	68.62	76.00
0.5	1.55	7.76	62.52	63.00
1.0	1.56	7.82	54.76	54.00
1.5	1.52	7.61	46.95	40.00
2.0	1.46	7.32	39.34	26.00
2.5	1.40	7.01	32.02	17.00
3.0	1.34	6.70	25.01	11.00
3.5	1.28	6.40	18.31	7.00
4.0	1.22	6.10	11.91	4.00
4.5	1.16	5.81	5.81	1.00
5.0	1.11			0

表 12.12　　　　　　　　　　　　冻融次数为 2 次的盐-冻胀情况

深度/m	第 2 次冻融盐-冻胀率/%	第 2 次冻融盐-冻胀量/mm	某一深度盐-冻胀量/mm	原位观测某一深度盐-冻胀量/mm
0	2.67	13.34	98.67	117.00
0.5	2.54	12.71	85.33	89.00
1.0	2.34	11.70	72.62	71.00
1.5	2.16	10.79	60.92	49.00
2.0	1.99	9.97	50.13	31.00
2.5	1.85	9.25	40.16	20.00
3.0	1.72	8.59	30.91	13.00
3.5	1.60	7.98	22.32	8.00
4.0	1.49	7.43	14.34	4.00
4.5	1.38	6.91	6.91	1.00
5.0	1.29			0

表 12.13　　　　　　　　　　　　冻融次数为 3 次的盐-冻胀情况

深度/m	第 3 次冻融盐-冻胀率/%	第 3 次冻融盐-冻胀量/mm	某一深度盐-冻胀量/mm	原位观测某一深度盐-冻胀量/mm
0	3.98	19.89	121.74	135.00
0.5	3.39	16.96	101.85	97.00
1.0	2.98	14.89	84.89	75.00
1.5	2.65	13.27	70.01	52.00
2.0	2.39	11.93	56.74	34.00
2.5	2.16	10.79	44.80	22.00
3.0	1.96	9.78	34.02	14.00
3.5	1.78	8.88	24.24	8.00
4.0	1.61	8.06	15.36	4.00
4.5	1.46	7.31	7.31	1.00
5.0				0

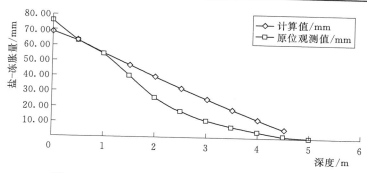

图 12.5　冻融次数为 1 次时不同深度的盐-冻胀量

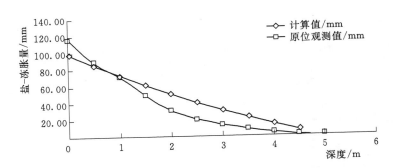

图 12.6　冻融次数为 2 次时不同深度的盐-冻胀量

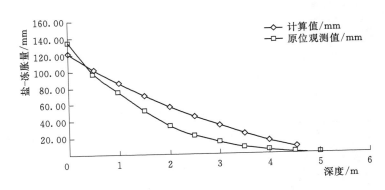

图 12.7　冻融次数为 3 次时不同深度盐-冻胀量

从图 12.5～图 12.7 和表 12.11～表 12.13 可以看出，1、2、3 次冻融循环盐-冻胀量计算成果与原位观测盐-冻胀量观测成果基本趋于一致，随着深度增加，1、2、3 次冻融循环盐-冻胀量计算成果稍高于原位观测盐-冻胀量成果，主要是由于填筑土体没有形成完整冻融循环造成的，可利用多次冻融循环盐-冻胀模型预报土体盐-冻胀变形。

12.2　硫酸（亚硫酸）盐渍土盐-冻胀变形和土体压实度降低规律

采用硫酸（亚硫酸）土盐-冻胀计算模型［式（11.27）］、土干密度 ρ_d［式（11.15）］、盐-冻胀干密度 ρ_{ds}［式（11.17）］和土干密度降低比 B［式（11.18）］计算土干密度 1.84g/cm³、含水量 13％的土体不同硫酸钠含量时不同深度的最大盐-冻胀量、分段土体盐-冻胀干密度降低比（图 12.8 和图 12.9）。

从图 12.8 和图 12.9 可以看出，同一含量硫酸钠硫酸（亚硫酸）盐渍土体随着土体深度的增大，盐-冻胀量减小，土体盐-冻胀干密度降低比增大。

水利工程中，对土体的填筑密度常用压实度表示，即

$$D = \frac{\rho_d}{\rho_{dmax}} \qquad (12.3)$$

式中：D 为填筑压实度，％；ρ_{dmax} 为土体最大干密度，g/cm³。

硫酸（亚硫酸）盐渍土在压实后由于温度的变化，土体发生膨胀，所以引入土体压实

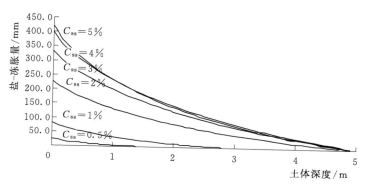

图 12.8 不同深度盐-冻胀量

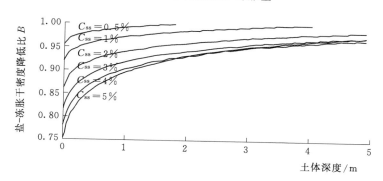

图 12.9 不同深度盐-冻胀密度降低比

膨胀密实度来确定土体的实际密实程度，即

$$B_p = \frac{\rho_{ds}}{\rho_{dmax}} \qquad (12.4)$$

式中：B_p 为压实膨胀密实度，%。

它们之间的换算关系为

$$B_p = BD = \frac{D}{1+\eta} \qquad (12.5)$$

或

$$D = B_p(1+\eta) \qquad (12.6)$$

或

$$\eta = \left(\frac{D}{B_p} - 1\right) \times 100\% \qquad (12.7)$$

硫酸（亚硫酸）盐渍土是否存在多次盐-冻胀稳定，决定于温度是否变化，地表温度年变化区段内（不稳定温度场和准稳定温度场），因温度场存在月年的温度变化，所以应考虑以压实膨胀密实度指标来确定土体实际密实程度。在坝体和堤防工程建设中，地表温度年变化区段（不稳定温度场和准稳定温度场）一般是坝体、堤防顶部和上下游坝坡部位。地温基本上不随时间变化，只随气温的多年变化而略有微弱波动的稳定温度场，硫酸（亚硫酸）盐渍土的填筑标准可继续按《堤防工程设计规范》（GB 50286—2013）和《碾压式土石坝设计规范》（SL 274—2001）的有关规定执行。

1 级、2 级坝和高坝的压实度应为 98％～100％，由于硫酸钠膨胀土体，硫酸（亚硫酸）盐渍土由于盐胀不能达到 100％压实膨胀密实度。

依据式（12.6）和式（12.7）分析，填筑压实度 D、膨胀密实度 B_p、土体盐-冻胀率 η 的关系如图 12.10 所示。

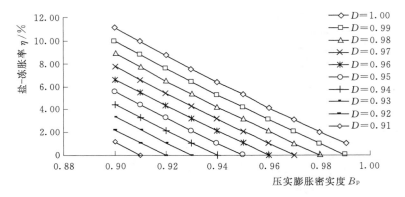

图 12.10　填筑压实度 D、压实膨胀密实度 B_p、盐-冻胀率 η 的关系

从上文可以看出，对于盐渍土填筑体的密实度评价，现行规范仍采用压实度。但是，已经压实的硫酸（亚硫酸）盐渍土体由于温度的降低将发生膨胀，使土体的原有密实程度发生变化。可见，采用压实度进行土体的密实度评价是不合适的，有必要引用土体压实膨胀密实度来进行土体的实际密实程度的评价。

12.3　硫酸（亚硫酸）盐渍土填土允许硫酸钠含量分析

在最大土干密度 1.84g/cm³、含水量 13％、压实度 100％条件下，用式（12.7）和式（11.27）计算出土体地面以下小于设计压实膨胀密实度情况下的土层厚度和允许硫酸钠含量，分别绘于图 12.11 和图 12.12 中。

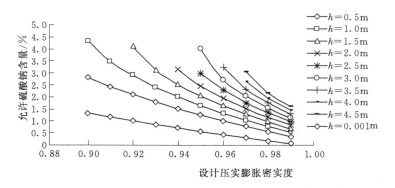

图 12.11　设计压实膨胀密实度与允许硫酸钠含量的关系

根据图 12.11 和图 12.12 可以看出，同一小于设计压实膨胀密实度土层厚度条件下，随着设计压实膨胀密实度的增大，允许硫酸钠含量减小；同一设计压实膨胀密实度条件下，随着小于设计压实膨胀密实度土层厚度增大，允许硫酸钠含量增大。地表以下一定厚

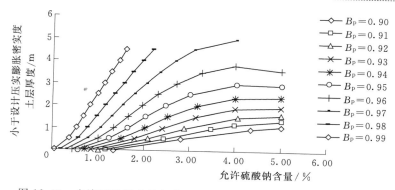

图 12.12 允许硫酸钠含量与小于设计压实膨胀密实度土层厚度关系

度土层置换非盐-冻胀土，可以提高土体允许硫酸钠含量，降低土料质量标准，扩大土料使用范围。

以置换非盐-冻胀土体密度不变，土干密度 $1.84g/cm^3$、含水量 13％、压实度 100％硫酸（亚硫酸）盐渍土为例，分析不同置换非盐-冻胀土层厚度不同压实膨胀密实度土体允许硫酸钠含量情况。

（1）1 级、2 级坝和高坝的压实度应为 98％～100％。前面已经分析 100％压实膨胀密实度是不可能存在的。98％和 99％压实膨胀密实度不同置换非盐-冻胀土深度，其允许硫酸钠含量见表 12.14。

（2）3 级中、低坝及 3 级以下的中坝压实度应为 96％～98％，96％和 97％压实膨胀密实度不同非盐-冻胀土处理深度，其允许硫酸钠含量见表 12.15。

表 12.14 $B_p=98％$ 和 $B_p=99％$ 非盐-冻胀土处理深度其允许硫酸钠含量

置换非盐-冻胀土厚度 /m	$B_p=98％$	$B_p=99％$
	C_{ss}	C_{ss}
0.001	0.18	0.06
0.5	0.57	0.36
1.0	0.78	0.53
1.5	0.97	0.68
2.0	1.16	0.84

表 12.15 $B_p=96％$ 和 $B_p=97％$ 非盐-冻胀土处理深度其允许硫酸钠含量

置换非盐-冻胀土厚度 /m	$B_p=96％$	$B_p=97％$
	C_{ss}	C_{ss}
0.001	0.44	0.31
0.5	1.01	0.78
1.0	1.34	1.05
1.5	1.65	1.29
2.0	1.97	1.53

（3）1 级堤防不应小于 94％，不同非盐-冻胀土处理深度其允许硫酸钠含量见表 12.16。

（4）2 级和高度超过 6m 的 3 级堤防不应小于 92％，不同非盐-冻胀土处理深度其允许硫酸钠含量见表 12.17。

（5）3 级以下及低于 6m 的 3 级堤防不应小于 90％，不同非盐-冻胀土处理深度其允许硫酸钠含量见表 12.18。

从表 12.14～表 12.18 可以看出，硫酸（亚硫酸）盐渍土填土不同的置换非盐-冻胀土厚度、不同的压实膨胀密实度填土的允许硫酸钠含量是不一致的，《碾压式土石坝设计

表 12.16　$B_p=94\%$ 和 $B_p=95\%$ 非盐−冻胀土处理深度其允许硫酸钠含量

置换非盐−冻胀土厚度 /m	$B_p=94\%$	$B_p=95\%$
	C_{ss}	C_{ss}
0.001	0.72	0.58
0.5	1.52	1.26
1.0	2.02	1.66
1.5	2.53	2.05
2.0	3.17	2.48

表 12.17　$B_p=92\%$ 和 $B_p=93\%$ 非盐−冻胀土处理深度其允许硫酸钠含量

置换非盐−冻胀土厚度 /m	$B_p=92\%$	$B_p=93\%$
	C_{ss}	C_{ss}
0.001	1.02	1.80
0.5	2.11	1.80
1.0	2.90	2.42
1.5	4.07	3.13
2.0	>5	>5

表 12.18　$B_p=90\%$ 和 $B_p=91\%$ 非盐−冻胀土处理深度其允许硫酸钠含量

置换非盐−冻胀土厚度 /m	$B_p=90\%$	$B_p=91\%$
	C_{ss}	C_{ss}
0.001	1.34	1.17
0.5	2.82	2.44
1.0	4.34	3.49

规范》（SL 274—2001）规定，水溶盐含量（指易溶盐和中溶盐，按质量计）不大于 3% 是不合适的，《堤防工程设计规范》（GB 50286—2013）没有规定水溶盐含量及硫酸钠含量控制标准是不合适的。在碾压式土石坝和堤防工程建设中，应针对工程所在地区、硫酸（亚硫酸）盐渍土土料性质、建筑物结构、上覆荷载、置换非盐−冻胀土料性质及厚度、建筑物等级等分析计算不同置换非盐−冻胀土厚度、不同压实膨胀密实度时硫酸（亚硫酸）盐渍土的允许硫酸钠含量。

12.4　填土盐−冻胀变形对渠道衬砌结构的影响分析

假设置换非盐−冻胀土层无冻胀变形，利用盐−冻胀变形模型计算土干密度 1.84g/cm^3、含水量 13%、压实度 100% 土体在不同置换非盐−冻胀土层厚度下法向变形与硫酸钠含量的关系，如图 12.13 所示。

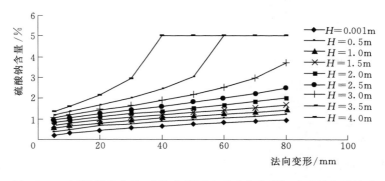

图 12.13　不同置换非盐−冻胀土层厚度下法向变形与硫酸钠含量关系

从图 12.13 可以看出，同一置换非盐−冻胀土层厚度条件下，随着法向变形的增大，允许硫酸钠含量增大。由该图可以计算出渠道衬砌结构在允许法向变形情况下，不同置换非盐-冻胀土层厚度的允许硫酸钠含量，见表 12.19。

从表 12.19 可以看出，不同的衬砌结构允许法向变形是不同的，随着置换非盐-冻胀土层厚度增大，允许填土的硫酸钠含量增大。在渠道工程建设中应根据置换非盐-冻胀土层厚度、渠道衬砌结构、允许法向变形、允许硫酸钠含量的关系，在保证经济、合理、安全、可靠的基础上，计算分析采用合理的衬砌结构、置换非盐-冻胀土层厚度及允许硫酸钠含量标准。

表 12.19　　　　　　　　　　**置换不同非盐-冻胀土层厚度允许硫酸钠含量**

置换非盐-冻胀土层厚度 /m	断面形式	混凝土衬砌结构允许法向变形 /mm	允许硫酸钠含量 /%	浆砌石衬砌结构允许法向变形 /mm	允许硫酸钠含量 /%	沥青混凝土衬砌结构允许法向变形 /mm	允许硫酸钠含量 /%
0.001	梯形断面	5～10	0.20～0.29	10～30	0.29～0.55	30～50	0.55～0.74
0.5			0.39～0.49		0.49～0.76		0.76～0.96
1.0			0.53～0.64		0.64～0.93		0.93～1.14
1.5			0.67～0.78		0.78～1.09		1.09～1.32
2.0			0.82～0.93		0.93～1.25		1.25～1.52
2.5			0.94～1.07		1.07～1.42		1.42～1.79
3.0			1.07～1.21		1.21～1.65		1.65～2.19
3.5			1.21～1.35		1.35～2.02		2.02～3.05
4.0			1.35～1.59		1.59～2.92		2.92～5.00
0.001	弧形断面	10～20	0.29～0.44	20～40	0.29～0.65	40～60	0.65～0.82
0.5			0.49～0.67		0.49～0.87		0.87～1.05
1.0			0.64～0.80		0.64～1.04		1.04～1.24
1.5			0.78～0.95		0.78～1.21		1.21～1.43
2.0			0.93～1.10		0.93～1.38		1.38～1.67
2.5			1.07～1.25		1.07～1.59		1.59～2.00
3.0			1.21～1.42		1.21～1.90		1.90～2.52
3.5			1.35～1.66		1.35～2.45		2.45～5.00
4.0			1.59～2.14		1.59～5.00		5.00
0.001	弧形底梯形	10～30	0.29～0.55	20～50	0.29～0.74	40～60	0.65～0.82
0.5			0.49～0.76		0.49～0.96		0.87～1.05
1.0			0.64～0.93		0.64～1.14		1.04～1.24
1.5			0.78～1.09		0.78～1.32		1.21～1.43
2.0			0.93～1.25		0.93～1.52		1.38～1.67
2.5			1.07～1.42		1.07～1.79		1.59～2.0
3.0			1.21～1.65		1.21～2.19		1.90～2.52
3.5			1.35～2.02		1.35～3.05		2.45～5.00
4.0			1.59～2.92		1.59～5.00		5.00

续表

置换非盐-冻胀土层厚度/m	断面形式	混凝土衬砌结构允许法向变形/mm	允许硫酸钠含量/%	浆砌石衬砌结构允许法向变形/mm	允许硫酸钠含量/%	沥青混凝土衬砌结构允许法向变形/mm	允许硫酸钠含量/%
0.001	弧形坡脚梯形	10～30	0.29～0.55	20～50	0.29～0.74	40～60	0.65～0.82
0.5			0.49～0.76		0.49～0.96		0.87～1.05
1.0			0.64～0.93		0.64～1.14		1.04～1.24
1.5			0.78～1.09		0.78～1.32		1.21～1.43
2.0			0.93～1.25		0.93～1.52		1.38～1.67
2.5			1.07～1.42		1.07～1.79		1.59～2.00
3.0			1.21～1.65		1.21～2.19		1.90～2.52
3.5			1.35～2.02		1.35～3.05		2.45～5.00
4.0			1.59～2.92		1.59～5.00		5.00
0.001	整体式 U 形槽或矩形槽	20～50	0.29～0.74	30～60	0.55～0.82	—	
0.5			0.49～0.96		0.76～1.05		
1.0			0.64～1.14		0.93～1.24		
1.5			0.78～1.32		1.09～1.43		
2.0			0.93～1.52		1.25～1.67		
2.5			1.07～1.79		1.42～2.00		
3.0			1.21～2.19		1.65～2.52		
3.5			1.35～3.05		2.02～5.00		
4.0			1.59～5.00		2.92～5.00		
0.001	分离挡墙式矩形断面的底板	40～50	0.65～0.74	50～60	0.74～0.82	70～80	0.89～0.97
0.5			0.87～0.96		0.96～1.05		1.13～1.22
1.0			1.04～1.14		1.14～1.24		1.33～1.43
1.5			1.21～1.32		1.32～1.43		1.55～1.68
2.0			1.38～1.52		1.52～1.67		1.83～2.0
2.5			1.59～1.79		1.79～2.00		2.22～2.49
3.0			1.90～2.19		2.19～2.52		2.96～3.70
3.5			2.45～3.05		3.05～5.00		5.00
4.0			5.00		5.00		5.00

12.5　填土水平盐-冻胀力对挡土结构稳定分析

目前挡土墙土压力的计算主要分为朗肯理论和库仑理论，朗肯理论假设如下。

（1）挡土墙的墙背垂直。

（2）挡土墙的墙后填土表面水平。

（3）挡土墙的墙背光滑，墙和填土之间没有摩擦力，剪应力为零。

朗肯理论计算挡土结构主动土压力公式为

$$E_a = \frac{1}{2}\gamma h^2 K_a - 2Ch\sqrt{K_a} + \frac{2C^2}{r} \tag{12.8}$$

$$K_a = \tan^2\left(45° - \frac{\phi}{2}\right) \tag{12.9}$$

式中：γ 为填土重度，kN/m^3；h 为填土高度，m；K_a 为土压力系数；C 为黏聚力，kPa；ϕ 为填土内摩擦角，$(°)$。

《水工建筑物抗冻设计规范》（SL 211—98）规定，冻土水平冻胀力可按式（12.10）计算，即

$$F_h = \frac{m_a C_f \delta_{ht}}{2}\left[H_t(1-\beta') + \frac{Z_d \beta H_t}{Z_d + \beta H_t}\right] \tag{12.10}$$

$$m_a = 1 - (S_h/\Delta h_d)^{0.5} \tag{12.11}$$

式中：F_h 为水平冻胀力合力标准值，kN/m；m_a 为墙体变形系数；C_f 为挡土墙迎土面边坡修正系数；δ_{ht} 为最大单位水平冻胀力标准值，kPa；β' 为非冻胀区深度系数；β 为最大水平冻胀力高度系数；S_h 为计算点允许水平位移值，mm，取（8～10）βH_t；Δh_d 为挡土墙后计算点土的冻胀量，mm。

单位水平冻胀力分布如图12.14所示。

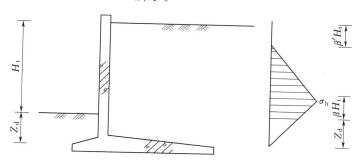

图12.14　单位水平冻胀力分布

水平冻胀力不和土压力叠加计算。

天山北麓水磨河流域细土平原区硫酸（亚硫酸）盐渍土（低液限粉土）$H_t = 5m$、$Z_d = 0m$ 高直立挡土墙水平冻胀力计算参数见表12.20。

表 12.20　　　　墙背垂直挡土墙水平冻胀力计算

C_f	β	β'	H_t/m	Z_d/m	δ_{ht}/kPa	m_a	E_a/kPa
1.0	0.15	0.20	5	0	50	0.6536	65.36

根据硫酸（亚硫酸）盐渍土有荷载多次冻融试验、盐-冻胀力试验研究可得出以下几点。

（1）从盐-冻胀力试验可知，不同硫酸钠含量、不同含水量、不同土干密度的最大盐-冻胀力可按式（12.12）计算，即

$$P_{\mathrm{b}} = -513.34 + 58.608C_{\mathrm{ss}} - 676.974\rho_{\mathrm{d}} + 147.351w - 3.396C_{\mathrm{ss}}^2 + 249.523\rho_{\mathrm{d}}^2 - 5.94w^2$$

$$\text{(12.12)}$$

（2）从有荷载条件下的多次冻融试验可知，当对土体压力小于其最大盐-冻胀力时，其土体的盐-冻胀力等于对土体的压力；当对土体压力大于其最大盐-冻胀力时，其土体的盐-冻胀力等于最大盐-冻胀力。

硫酸（亚硫酸）盐渍土对挡土结构的盐-冻胀力做以下几点假设：

（1）硫酸（亚硫酸）盐渍土盐-冻胀各向同性。

（2）硫酸（亚硫酸）盐渍土土体压力小于其最大盐-冻胀力时，其土体的盐-冻胀力等于对土体的压力；当对土体压力大于其最大盐-冻胀力时，其土体的盐-冻胀力等于最大盐-冻胀力。

（3）挡土墙的墙背垂直。

（4）挡土墙的墙后填土表面水平。

（5）挡土墙的墙背光滑，墙和填土之间没有摩擦力，剪应力为零。

对于 5.0m 高墙背垂直挡土墙，20.79kN/m³ 土重度、13％含水量，内摩擦角 25°，黏聚力 10kPa，不同硫酸钠含量的硫酸（亚硫酸）盐渍土对其挡土结构的水平盐-冻胀力、土压力作用合力及其作用点见表 12.21。

表 12.21　　　　　　不同硫酸钠含量盐-冻胀力及土压力计算

序号	硫酸钠含量 C_{ss}/％	最大盐-冻胀力 f/kPa	墙后填土最大盐-冻胀力深度 h/m	墙后填土最大盐-冻胀力合力 /(kN/m)	墙后填土最大盐-冻胀力合力作用点位于墙底以上距离 /m	墙后填土土压力合力 /(kN/m)	墙后填土土压力合力作用点位于墙底以上距离 /m
1	0.5	2.75	0.13	13.57	2.47		
2	1.0	42.78	2.06	169.89	2.03		
3	1.5	78.50	3.78	244.30	1.75		
4	2.0	109.93	5.29	259.88	1.67		
5	2.5	137.05	6.59	259.88	1.67	51.39	1.16
6	3.0	159.87	7.69	259.88	1.67		
7	3.5	178.39	8.58	259.88	1.67		
8	4.0	192.61	9.26	259.88	1.67		
9	4.5	202.53	9.74	259.88	1.67		
10	5.0	208.15	10.01	259.88	1.67		

从表 12.20 和表 12.21 可以看出，当硫酸钠含量不小于 1％后，墙后硫酸（亚硫酸）盐渍土盐-冻胀力远大于墙后填土土压力和水平冻胀力。当墙后填土硫酸钠含量不小于 1％时，应分析计算土体盐-冻胀力对挡土墙结构稳定的影响。

参 考 文 献

［1］ Lu N，Likos W J. Unsaturated soil mechanics ［M］. Hoboke，New Jersey：John Wiley & Sons，Inc.，2004.

［2］ Wheeler S J，Karube D. Constitutive modelling ［C］// Unsaturated soils，Proceeding of 1st international conference on unsaturated soils，Paris，France：Rotterdam：Balkema，1995，3：1323 - 1356.

［3］ 库里契茨基 А И. 黏土矿物水化作用的实质和黏土岩的亲水性. 土中结合水译文集 ［M］. 北京：地质出版社，1972.

［4］ Fredlund D G，Rahardjo H. Soil mechanics for unsaturated soils ［M］. New York：Wiley Publications，1993.

［5］ Wheeler S J，Sharma R S，Buisson M S R. Coupling of hydraulic hysteresis and stress - strain behaviour in unsaturated soils ［J］. Geotechnique，2003，53 (1)：41 - 54.

［6］ Fredlund D G，Vanapalli S K，Xing A，Pufahl D E. Predicting the shear strength function for unsaturated soils using the soil - watere characteristic curve ［C］//. Proceedings of the 1995 1st International Conference on Unsaturated Soils，Paris，France，1995，1：63.

［7］ Lu Y，Xianqi L，Yanchun W，C Y J. Study of foundamental properties of soil - water characteristic curve ［C］//. Proceeding of the 3rd Asian Conference on Unsaturated Soils，Nanjing，China：Science Press，2007：243 - 250.

［8］ Ganjian N，Pisheh Y P，Mir S M，Hosseini M. Prediction of soil - water characteristic curve based on soil index properties ［C］// 2nd International Conference on Mechanics of Unsaturated Soils，Weimar，GERMANY，2007：355 - 367.

［9］ Brooker R H，Corey A T. Hydraulic properties of porous media ［R］. No. 3，March.，Colorado State University，1964.

［10］ Van Genuchten，M. T. A closed - form equation for predicting the hydraulic conductivity of unsarated soil. ［J］. Soil Sci. Soc. Am. J.，1980，44：892 - 898.

［11］ Fredlund D G，Xing A Q. Equations for the soil - water characteristic curve ［J］. Canadian Geotechnical Journal，1994，31 (4)：521 - 532.

［12］ Assouline S D，Tessier A. Bruand. A conceptual model of the soil water retention curve ［J］. Water Resources Research，1998，34 (2)：223 - 231.

［13］ Pham H Q，Fredlund D G，Barbour S L. A practical hysteresis model for the soil - water characteristic curve for soils with negligible volume change ［J］. Geotechnique，2003，53 (2)：293 - 298.

［14］ Gitirana G D N，Fredlund D G. Soil - water characteristic curve equation with independent properties ［J］. Journal of Geotechnical and Geoenvironmental Engineering，2004，130 (2)：209 - 212.

［15］ Romero E，Vaunat J. Retention curves of deformable clays ［C］// International Workshop on Unsaturated Soils，Trent，Italy，2000：91 - 106.

［16］ Gallipoli D，Wheeler S J，Karstunen M. Modelling the variation of degree of saturation in a deformable unsaturated soil ［J］. Geotechnique，2003，53 (1)：105 - 112.

［17］ Tarantino A，Tombolato S. Coupling of hydraulic and mechanical behaviour in unsaturated compacted clay ［J］. Geotechnique，2005，55 (4)：307 - 317.

［18］ Tarantino A. A possible critical state framework for unsaturated compacted soils ［J］. Geotechnique，2007，57 (4)：385 - 389.

[19] Sun D A, Sheng D C, Cui H B, Li J. Effect of density on the soil – water – retention behaviour of compacted soil [C] // Proceedings of the Fourth International Conference on Unsaturated Soils, Carefree, AZ, United States: American Society of Civil Engineers, Reston, VA 20191 – 4400, United States, 2006: 1338 – 1347.

[20] Chen R. Experimental study and constitutive modelling of stress – dependent coupled hydraulic hysteresis and mechanical behaviour of an unsaturated soil [D]. Hongkong: Hongkong University of Science and Technology, 2007.

[21] Sharma R S. Mechanical behaviour of unsaturated highly expensive clays [D]. UK: University of Oxford, 1998.

[22] Fityus S, Buzzi O. The place of expansive clays in the framework of unsaturated soil mechanics [J]. Applied Clay Science, 2009, 43: 150 – 155.

[23] 卢再华. 非饱和膨胀土的弹塑性损伤本构模型及其在土坡多场耦合分析中的应用 [D]. 重庆：后勤工程学院，2001.

[24] Blight G E. Hysteresis during drying and wetting of soils [C] // Proceeding of the 3rd Asian Conference on Unsaturated Soils, Nanjing, China: Science Press, 2007: 179 – 184.

[25] 沈珠江. 土体强度和变形理论中的有效应力原理. 沈珠江土力学论文选集 [M]. 北京：清华大学出版社，2005.

[26] Bishop A W. The principle of effective stress [J]. Teknisk Ukeblad, 1959, 39 (Oct.): 859 – 863.

[27] Bishop A W, Blight G E. Some aspects of effective stress in saturated and partly saturated soils [J]. Geotechnique, 1963, 13 (3): 177 – 197.

[28] Skempton A W. Effective stress in soils, concrete and rocks [C] // . Proceedings of conference on pore pressure and suction in soils, London: Butterworths, 1960: 4 – 16.

[29] Jennings J E. A revised effective stress law for use in the prediction of the behaviour of unsaturated soils [C] // . Proceedings of conference on pore pressure and suction in soils, London: Butterworths, 1960: 26 – 30.

[30] Aitchison G D. Discussion [C] // . Proceedings of conference on pore pressure and suction in soils, London: Butterworths, 1960: 68.

[31] Donald I B. Discussion [C] // . Proceedings of conference on pore pressure and suction in soils, London: Butterworths, 1960: 69.

[32] Bishop A W. The measurement of pore pressure in the triaxial test [C] // . Proceedings of conference on pore pressure and suction in soils, London: Butterworths, 1960: 38 – 46.

[33] Jennings J E B, Burland J B. Limitations to use of effective stresses in partly saturated soils [J]. Geotechnique, 1962, 12 (2): 125 – 144.

[34] Burland J B. Some aspects of the mechanical behaviour of partly saturated soils [C] // Moisture Equilibria and Moisture Changes in the Soils Beneath Covered Areas, Sydney, Australia: Butterworth, 1965: 270 – 278.

[35] Coleman J D. Stress – strain relations for partially saturated soils [J]. Geotechnique, 1962, 12 (4): 348 – 350.

[36] Khalili N, Khabbaz M H. A unique relationship for chi for the determination of the shear strength of unsaturated soils [J]. Geotechnique, 1998, 48 (5): 681 – 687.

[37] 沈珠江. 关于理论土力学发展的可能途径 [R]. 南京：南京水利科学研究所，1963：16.

[38] Li X S, Dafalias Y F, Wang Z L. State – dependent dilatancy in critical – state constitutive modelling of sand [J]. Canadian Geotechnical Journal, 1999, 36 (4): 599 – 611.

[39] Li X S. Tensorial nature of suction in unsaturated granular soil [C] // Porceedings of 16th ASCE En-

gineering Mechanics Conference University of Washington, Seattle, 2003.

[40] 谢定义，冯志焱. 对非饱和土有效应力研究中若干基本观点的思辨 [J]. 岩土工程学报，2006，28 (2)：170-173.

[41] Karube D，Kawai K. The role of pore water in the mechanical behavior of unsaturated soils [J]. Geotechnical and Geological Engineering, 2001, 19 (3-4)：211-241.

[42] Murray E J. An equation of state for unsaturated soils [J]. Canadian Geotechnical Journal, 2002, 39 (1)：125-140.

[43] Wheeler S J. An alternative framework for unsaturated soil behavior [J]. Geotechnique, 1991, 41 (2)：257-261.

[44] Houlsby G T. Work input to an unsaturated granular material [J]. Geotechnique, 1997, 47 (1)：193-196.

[45] Fredlund D G. Unsaturated soil mechanics in engineering practice [J]. Journal of Geotechnical and Geoenvironmental Engineering, 2006, 132 (3)：286-321.

[46] Matyas E L, Radhakrishna H S. Volume change characteristics of partially saturated soils [J]. Geotechnique, 1968, 18 (4)：432-448.

[47] Fredlund D G, Morgenstern N R. Stress state variables for unsaturated soils [J]. Journal of the Geotechnical Engineering Division, 1977, 103 (GT5)：447-466.

[48] Gens A. Effective stresses, in 1st MUSE School：Fundamentals of Unsaturated Soils. 2005：Barcelona.

[49] Tarantino A, L Mongiovi, G Bosco. Experimental investigation on the independent isotropic stress variables for unsaturated soils [J]. Geotechnique, 2000, 50 (3)：275-282.

[50] Edgar T V. One and three dimensional, three phase deformation in soil [C]// . Proceedings of the 1993 ASCE National Convention and Exposition, Dallas, TX, USA：Publ by ASCE, 1993, Geotechnical special publication No. 39：139-150.

[51] Houlsby, G. T. The work input to a granular material [J]. Geotechnique, 1979, 29 (3)：354-358.

[52] Tarantino A L. Mongiovi. Experimental investigations on the stress variables governing unsaturated soil behaviour at medium to high degrees of saturation [C]// . International Workshop on Unsaturated Soils, Trent, Italy, 2000：3-19.

[53] 赵成刚，刘艳，张雪东，等. 连续孔隙介质土力学及其在非饱和土本构关系中的应用 [C]// 北京：第一届全国岩土本构理论研讨会，2008，1：106-119.

[54] Rojas E. Equivalent stress equation for unsaturated soils. I：Equivalent stress [J]. International Journal of Geomechanics, 2008, 8 (5)：285-290.

[55] Zhang X, Lytton R L. Stress state variables for saturated and unsaturated soils [C]. Carefree, AZ, United States：American Society of Civil Engineers, Reston, VA 20191-4400, United States, 2006：2380-2391.

[56] 陈正汉，王永胜，谢定义. 非饱和土的有效应力探讨 [J]. 岩土工程学报，1994，16 (3)：62-69.

[57] 沈珠江. 关于固结理论和有效应力的讨论 [J]. 岩土工程学报，1995 (6).

[58] Shen Z J. Reduced suction and simplified consolidation theory for expansive soils [C]// Unsaturated soils, Proceedings of 1st international conference on unsautrated soils, 1995, 2：1321.

[59] 沈珠江. 广义吸力和非饱和土的统一变形理论 [J]. 岩土工程学报，1996，18 (2)：1-9.

[60] 李锡夔. 非饱和土中的有效应力 [J]. 大连理工大学学报，1997，37 (4)：381-385.

[61] Alonso E E, Gens A, Josa A. A constitutive model for partially saturated soils [J]. Geotechnique, 1990, 40 (3)：405-430.

[62] 李锡夔. 非饱和土变形及渗流过程的有限元分析 [J]. 岩土工程学报，1998，20 (4)：20-24.

［63］ Li X，Thomas H R，Fan Y. Finite element method and constitutive modelling and computation for unsaturated soils［J］. Computer methods in applied mechanics and engineerings，1999，169：135－159.

［64］ 刘奉银. 非饱和土力学基本试验设备的研制与新有效应力原理的探讨［D］. 西安：西安理工大学，1999.

［65］ 杨庆. 基于微结构定量分析的非饱和土广义有效应力原理［J］. 大连理工大学学报，2004，44（4）.

［66］ 汤连生. 结构吸力及非饱和土的总有效应力原理探讨［J］. 中山大学学报，2000，39（6）：95－100.

［67］ 汤连生，王思敬. 湿吸力及非饱和土的有效应力原理探讨［J］. 岩土工程学报，2000，22（1）：83－88.

［68］ 汤连生，颜波，张鹏程，张庆华. 非饱和土中有效应力及有关概念的解说与辨析［J］. 岩土工程学报，2006，28（2）：216－220.

［69］ 栾茂田，李顺群，杨庆. 非饱和土的基质吸力和张力吸力［J］. 岩土工程学报，2006，28（7）：863－868.

［70］ 张鹏程，汤连生. 关于“非饱和土的基质吸力和张力吸力”的讨论［J］. 岩土工程学报，2007，29（7）：1110－1113.

［71］ Wheeler S J，Sivakumar V. Elasto－plastic critical state framework for unsaturated soil［J］. Geotechnique，1995，45（1）：35－53.

［72］ Alonso E E，Yang D Q，Lloret A，Gens A. Experimental behaviour of highly expansive double－structure clay［C］// Proceedings of the 1995 1st International Conference on Unsaturated Soils，Paris，France，1995，1：11－16.

［73］ Ng C W W，Menzies B. Advanced unsaturated soil mechanics and engineereing［M］. Abingdon：Taylor & Francis，2007.

［74］ Loret B，Khalili N. A three－phase model for unsaturated soils［J］. International Journal for Numerical and Analytical Methods in Geomechanics，2000，24（11）：893－927.

［75］ Sheng D，Sloan S W，Gens A. A constitutive model for unsaturated soils：Thermomechanical and computational aspects［J］. Computational Mechanics，2004，33（6）：453－465.

［76］ Sun D A，Sheng D，Xiang L，Sloan S W. Elastoplastic prediction of hydro－mechanical behaviour of unsaturated soils under undrained conditions［J］. Computers and Geotechnics，2008，35（6）：845－852.

［77］ Biot A. General theory of three－dimensional consolidation［J］. J. Appl. Phys，1941，12（2）：155－164.

［78］ Barden L. Consolidation of compacted and unsaturated clays［J］. Geotechnique，1965，15（3）：267－286.

［79］ Lloret A，Alonso E E. Consolidation of unsaturated soils including swelling and collapse behavior［J］. Geotechnique，1980，30（4）：449－477.

［80］ 陈正汉. 重塑非饱和黄土的变形、强度、屈服和水量变化特性［J］. 岩土工程学报，1999，21（1）：82－90.

［81］ 黄海，陈正汉，李刚. 非饱和土在 p－s 平面上屈服轨迹及土水特征曲线的探讨［J］. 岩土力学，2000，21（4）：316－321.

［82］ Sivakumar V，Doran I G. Yielding characteristics of unsaturated compacted soils［J］. Mechanics of Cohesive－Frictional Materials，2000，5（4）：291－303.

［83］ Tang G X，Graham J. A possible elastic－plastic framework for unsaturated soils with high－plasticity［J］. Canadian Geotechnical Journal，2002，39（4）：894－907.

［84］ Zakaria I. Elasto – plastic volume change of unsaturated compacted clay ［C］// Proceedings of the International Offshore and Polar Engineering Conference，Stavanger，Norway：International Society of Offshore and Polar Engineers，2001，2：446 – 452.

［85］ Thom R，Sivakumar R，Sivakumar V，Murray E J，Mackinnon P. Pore size distribution of unsaturated compacted kaolin：The initial states and final states following saturation ［J］. Geotechnique，2007，57 (5)：469 – 474.

［86］ Cui Y J，Delage P. Yielding and plastic behaviour of an unsaturated compacted silt ［J］. Geotechnique，1996，46 (2)：291 – 311.

［87］ Jommi C. Remarks on the constitutive modelling of unsaturated soils ［C］// International Workshop on Unsaturated Soils，Trent，Italy，2000：139 – 153.

［88］ Sheng D，Fredlund D G，Gens A. A new modelling approach for unsaturated soils using independent stress variables ［J］. Canadian Geotechnical Journal，2008，45 (4)：511 – 534.

［89］ Nuth M，Laloui L. Advances in modelling hysteretic water retention curve in deformable soils ［J］. Computers and Geotechnics，2008，35 (6)：835 – 844.

［90］ Tamagnini R. An extended cam – clay model for unsaturated soils with hydraulic hysteresis ［J］. Geotechnique，2004，54 (3)：223 – 228.

［91］ Gens A，Alonso E E. A framework for the behavior of unsaturated expansive clays ［J］. Canadian Geotechnical Journal，1992，29 (6)：1013 – 1032.

［92］ Alonso E E. Modelling expansive soil behaviour ［C］// Proceedings of the 2nd International Conference on Unsaturated Soils，1998，2：37 – 70.

［93］ Alonso E E，Vaunat J，Gens A. Modelling the mechanical behaviour of expansive clays ［J］. Engineering Geology，1999，54 (1 – 2)：173 – 183.

［94］ 曹雪山. 非饱和膨胀土的弹塑性本构模型研究 ［J］. 岩土工程学报，2005，27 (7)：832 – 836.

［95］ 陈祖煜，汪小刚，邢义川，等. 边坡稳定分析最大原理的理论分析和试验验证 ［J］. 岩土工程学报，2005 (5).

［96］ 饶锡保. 膨胀土渠道边坡稳定性离心模型试验及有限元分析 ［J］. 长江科学院院报，2002，19 (z1).

［97］ 王国利，陈生水，徐光明. 干湿循环下膨胀土边坡稳定性的离心模型试验 ［J］. 水利水运工程学报，2005 (4).

［98］ 徐光明. 雨水入渗与膨胀性土边坡稳定性试验研究 ［J］. 岩土工程学报，2006，28 (2).

［99］ 陈生水. 膨胀土边坡长期强度变形特性和稳定性研究 ［J］. 岩土工程学报，2007，29 (6).

［100］ 邢义川，吴培安，骆亚生. 非饱和原状黄土三轴试验方法研究 ［J］. 水利学报，1996，27 (1)：47 – 52，46.

［101］ 刘祖典. 黄土力学与工程 ［M］. 西安：陕西科学技术出版社，1997.

［102］ 谢定义. 黄土力学特性与应用研究的过去、现在与未来 ［J］. 地下空间，1999，19 (4)：273 – 284.

［103］ 吴侃，郑颖人. 黄土结构性研究 ［C］// 第六届全国土力学及基础工程学术会议论文集. 上海：同济大学出版社，1991.

［104］ 郑建国，张苏民. 湿陷性黄土的结构强度特性 ［J］. 水文地质工程地质，1990 (4)：22 – 25.

［105］ 邢义川，刘祖典，郑颖人. 黄土的破坏条件 ［J］. 水利学报，1992，23 (1).

［106］ 邢义川，骆亚生，李振. 黄土的断裂破坏强度 ［J］. 水力发电学报，1999，17 (4)：36 – 44.

［107］ 骆亚生，邢义川. 黄土的抗拉强度 ［J］. 陕西水力发电，1998，14 (4)：7 – 10.

［108］ 郭见杨，孤柏咀. 黄土强度的几个问题 ［J］. 岩土力学，1985，6 (1).

［109］ 郭增玉. 石头河黄土试验洞围岩应力分析 ［D］. 西安：陕西机械学院，1981.

[110] 李靖. 冯村水库坝基黄土变形特性的研究 [D]. 西安：陕西机械学院，1981.

[111] 孙跃. 饱和黄土力学特性及高层建筑地基变形计算的初步研究 [D]. 西安：陕西机械学院，1986.

[112] 石坚. 挤密黄土复合地基的变形特性 [D]. 西安：陕西机械学院，1987.

[113] 邢义川. 黄土的弹塑性模型及边坡稳定有限元分析 [J]. 西北水利科技，1980 (4).

[114] 余雄飞. 原状黄土的增湿结构弱化性对静动荷载下变形强度特性的影响 [D]. 西安：陕西机械学院，1986.

[115] 余雄飞，谢定义. 超湿陷黄土及其湿陷特性 [J]. 西安理工大学学报，1996，12 (2)：133 - 137.

[116] 张苏民，张炜. 减湿和增湿时黄土的湿陷性 [J]. 岩土工程学报，1992，14 (1)：57 - 61.

[117] 张苏民，郑建国. 湿陷性黄土 (q3) 的增湿变形特征 [J]. 岩土工程学报，1990，12 (4)：21 - 31.

[118] 刘明振. 湿陷性黄土间歇性浸水试验 [J]. 岩土工程学报，1985，7 (1)：47 - 54.

[119] 张贵发，等. 关于压实黄土湿陷性的探讨 [C]// 全国水力发电中青年科学，工程技术干部学术报告会交流论文，1983.

[120] 陈正汉，许镇鸿，刘祖典. 关于黄土湿陷的若干问题 [J]. 土木工程学报，1986，19 (3)：86 - 94.

[121] 刘祖典，董思远. 湿陷变形的塑性特性和本构关系 [C]// 非饱和土理论与实践学术研讨会文集，1992.

[122] 沈珠江. 黄土的损伤力学模型探索 [C]// 第七届全国土力学与岩土工程学术讨论会议论文选集，1994.

[123] 常宝琦. 黄土湿陷性的初步研究 [C]// 中科院哈尔滨土木建筑研究所论文集，1962.

[124] 林崇义. 黄土的结构特性 [C]// 中国科学院哈尔滨土木建筑研究所黄土基本性质研究论文集，1982.

[125] 高国瑞. 兰州黄土显微结构和湿陷机理的探讨 [J]. 兰州大学学报，1979 (2)：123 - 134.

[126] 高国瑞. 黄土显微结构分类与湿陷性 [J]. 中国科学，1980，23 (12)：1203 - 1208.

[127] 高国瑞. 黄土湿陷变形的结构理论 [J]. 岩土工程学报，1990，12 (4)：1 - 9.

[128] 雷祥义. 西安黄土显微结构类型 [J]. 西北大学学报，1983，13 (4).

[129] 雷祥义. 陕北陇东黄土孔隙分布特征 [J]. 科学通报，1985，30 (3)：206 - 206.

[130] 雷祥义. 黄土显微结构类型与物理力学性质指标之间的关系 [J]. 地质学报，1989，63 (2)：182 - 191.

[131] 雷祥义，王书法. 黄土的孔隙大小与湿陷性 [J]. 水文地质工程地质，1987，14 (5)：15 - 18.

[132] Wang J. A micromechanical structural - analysis on collapsing deformation of loess soils [C]// Proc. 7th Int. Conf. on Expansive Soils, Dallas, 1992, 1: 296 - 301.

[133] 王正贵，康国瑾，马崇武，等. 关于黄土垂直节理形成机制的探讨 [J]. 中国科学 B 辑：化学，1993，23 (7)：765 - 770.

[134] 苗天德，王正贵. 考虑微结构失稳的湿陷性黄土变形机理 [J]. 中国科学：B 辑，1990，20 (1)：86 - 90.

[135] 谢定义，齐吉琳. 土结构性及其定量化参数研究的新途径 [J]. 岩土工程学报，1999，21 (6)：651 - 656.

[136] 齐吉琳，谢定义. 孔隙分布曲线与土的结构性 [C]// 中国土木工程学会第八届土力学及岩土工程学术会议论文集，1999.

[137] 齐吉琳. 土的结构性及其定量化参数研究 [D]. 西安：西安理工大学，1999.

[138] 骆亚生. 非饱和黄土的孔隙压力特性 [C]// 中国土木工程学会第八届土力学及岩土工程学术会

议论文集，南京，1999.

[139] 陈正汉. 非饱和土固结的混合物理论—数学模型，试验研究，边值问题 [D]. 西安：陕西机械学院，1991.

[140] 党进谦，李靖，张伯平. 黄土单轴拉裂特性研究，水力发电学报，2001，75 (4).

[141] 史述照，杨光华，岩土常用屈服函数的改进，岩土工程学报，1987 (4).

[142] 陈正汉. 非饱和土的应力状态与应力状态变量 [C] // 中国土木工程学会第七届土力学及基础工程学术会议论文集，1994.

[143] 陈正汉. 非饱和土研究的新进展 [C] // 中加非饱和土学术研讨会论文集，1994.

[144] 陈正汉，谢定义. 非饱和土的水气运动规律及其工程性质研究 [J]. 岩土工程学报，1993，15 (3)：9 - 20.

[145] 徐淼，刘奉银. 应力条件的变化对非饱和黄土吸力状态特性的影响 [J]. 陕西水力发电，1996，12 (3)：8 - 15.

[146] 王永胜，谢定义. 非饱和土中孔隙水的运动特性及渗水系数的测算 [J]. 西北水资源与水工程，1993，4 (3)：63 - 67.

[147] 赵敏. 非饱和土孔隙流体运动规律的研究 [D]. 西安：西安理工大学，1999.

[148] 李广信. 土的三维本构关系的探讨与模型验证 [D]. 清华大学博士论文，1985，3.

[149] Bishop A W. 决定非饱和粘性土强度的因素，粘性土抗剪强度译文集 [M]. 北京：科学出版社，1965.

[150] 邢义川，谢定义，汪小刚，等. 非饱和黄土的三维有效应力 [J]. 岩土工程学报，2003，25 (3)：288 - 293.

[151] 廖世文. 膨胀土与铁路工程 [M]. 北京：中国铁道出版社，1984.

[152] 孙长龙，殷宗泽，王福升. 膨胀土性质研究综述 [J]. 水利水电科技进展，1995，15 (6)：10 - 14.

[153] 袁广名. 膨胀土对建筑物的危害及防治 [J]. 煤矿设计，1994 (4)：30 - 32.

[154] 包承纲. 南水北调中线工程膨胀土渠坡稳定问题及对策 [J]. 人民长江，2003，34 (5)：4 - 6.

[155] 王克勤，刘贵忠. 大青山东段火山成因非金属矿床地质特征及控矿因素探讨 [J]. 矿床地质，1999，18 (2)：161 - 167.

[156] 郭安娜，刘业金. 广东省南海膨润土的性能试验研究 [J]. 华南理工大学学报，1996，24 (2)：61 - 67.

[157] 刘玉兰. 太和地区膨润土的成分特征及开发利用 [J]. 矿产与地质，1999，13 (2)：101 - 105.

[158] 刘彬. 新疆托克逊膨润土胶体的某些物理化学性质 [J]. 光谱学与光谱分析，1998，18 (1)：58 - 62.

[159] 宋玉梅. 山西浑源膨润土岩石矿物特性及工艺性能研究 [J]. 山西地质，1992，7 (1)：1 - 15.

[160] 谭罗荣. 某些膨胀土的基本性质研究 [J]. 岩土工程学报，1987，9 (5)：23 - 28.

[161] 耿建彬. 膨胀土地区地裂的形成发育及其危害防治 [J]. 岩土工程技术，1998，11 (1)：21 - 23，24.

[162] 易顺民. 膨胀土裂隙结构的分形特征及其意义 [J]. 岩土工程学报，1999，21 (3)：294 - 298.

[163] 缪林昌，刘松玉. 论膨胀土的工程特性及工程措施 [J]. 水利水电科技进展，2001，21 (2)：37 - 48.

[164] Crime R E. Clay mineralogy [M]. New York：Mcgraw Hill，1986.

[165] Loughnam F C. Chemical weathering of the silicate minerals [M]. New York：Eleseviver，1969.

[166] Mitchell J K. Fundamentals of soil behavior [M]. New York：Eleseviver，1976.

[167] Ingless O G. Soil chemistry relevant to engineering behavior of soils [M]. London：Butterwerths，1968.

[168] 王关平，张来文，阎仰中. 分散性粘土与水利工程 [M]. 北京：中国水利水电出版社，1999.

[169] 高国瑞. 近代土质学 [M]. 南京：东南大学出版社，1990.

[170] 威维尔 C E，普拉德 L D. 黏土矿物化学 [M]. 北京：地质出版社，1983.

[171] 刘振海. 热分析导论 [M]. 北京：化学工业出版社，1991.

[172] 孙维林，王铁军，孙庆旺. 热分析导论 [M]. 北京：地质出版社，1992.

[173] 郝月清，朱建强. 膨胀土胀缩变形的有关理论及评述 [J]. 水土保持通报，1999，19（6）：58-61.

[174] 孔官瑞. 膨胀土边坡稳定性试验及数值分析 [D]. 武汉：武汉水利水电大学，1993.

[175] Bierrum L. Progressive failure in slopes of over - consolidated plastic clays and clay shales [J]. Journal of soil mechanics and foundation Division，ASCE.，1967，93（5）：3-49.

[176] Skempton A W. Fourth rankine lecture long term stability of clay slopes [J]. Geotechnique，1964，14（2）：77-101.

[177] Bishop A W，Bierrum L. The relevance of the triaxial test to the solution of stability problems [C] // Research Conference on Shear Strength Cohesive Soils：ASCE，1960.

[178] 潘君牧. 由堑坡体求算裂隙土抗剪强度 [J]. 水利水电科技进展，2001，21（2）：37-40.

[179] 廖济川. 膨胀土边坡稳定性试验及数值分析 [C] // 全国膨胀土科学研讨会论文集. 成都：西南交通大学出版社，1990：273-280.

[180] 刘洋，王国强，周建. 增湿条件下合肥膨胀土的强度特性 [J]. 勘察科学技术，2006（6）：17-19.

[181] 李靖，朱建强. 陕南坡改梯筑坎膨胀土抗剪强度试验研究 [J]. 土壤侵蚀与水土保持学报，1995，1（1）：20-25.

[182] 缪林昌，仲晓晨，殷宗泽. 膨胀土强度与含水量的关系 [J]. 岩土力学，1999，20（2）：71-75.

[183] 徐永福，史春乐. 膨胀土的强度特性 [J]. 长江科学院院报，1997，14（1）：38-41.

[184] 尹利华，陈晓瑛. 陕南膨胀土强度与含水量关系的研究 [J]. 山西建筑，2005，31（4）：46-47.

[185] 袁俊平. 非饱和膨胀土的裂隙概化模型与边坡稳定研究 [D]. 南京：河海大学，2003.

[186] 廖济川. 裂隙粘土现场抗剪强度的确定 [J]. 岩土工程学报，1986，8（3）：44-54.

[187] Katti J M. General report on shear strength consolidation and earth pressure [C] // Proceedings of 6th ICES，New Delhi：Rajkamae Electric Press，1988，2.

[188] 沈珠江. 理论土力学 [M]. 北京：中国水利水电出版社，2000.

[189] 邢义川，谢定义，李振. 非饱和土的有效应力参数研究 [J]. 水利学报，2000，31（12）：77-81.

[190] 曹雪山. 非饱和膨胀土的弹塑性本构模型研究 [J]. 岩土工程学报，2005，27（7）：832-836.

[191] 陈祖煜，汪小刚，邢义川，等. 边坡稳定分析最大原理的理论分析和试验验证 [J]. 岩土工程学报，2005（5）.

[192] 饶锡保. 膨胀土渠道边坡稳定性离心模型试验及有限元分析 [J]. 长江科学院院报，2002，19.

[193] 王国利，陈生水，徐光明. 干湿循环下膨胀土边坡稳定性的离心模型试验 [J]. 水利水运工程学报，2005（4）.

[194] 徐光明. 雨水入渗与膨胀性土边坡稳定性试验研究 [J]. 岩土工程学报，2006，28（2）.

[195] 陈生水. 膨胀土边坡长期强度变形特性和稳定性研究 [J]. 岩土工程学报，2007，29（6）.

[196] 李京爽，邢义川，侯瑜京. 离心模型中测量基质吸力的微型传感器 [J]. 中国水利水电科学研究院学报，2008，6（2）：136-143.

[197] 黄绍铿. 一种以吸力解释膨胀土力学特性的尝试 [J]. 土工基础，1992，6（2）：1-6.

[198] 张颖钧. 裂土（膨胀土）的三向胀缩特性 [C] // 中加非饱和土学术研讨会论文集，1994.

[199] 徐永福，龚友平，殷宗泽. 宁夏膨胀土膨胀变形特性的试验研究 [J]. 水利学报，1997，28 (9)：90 - 95.

[200] 王明芳. 砂石垫层在软弱地基及膨胀土地基处理中的应用 [J]. 皖西学院学报，2005，21 (2)：85 - 85.

[201] 况文礼. 膨胀土地基砂垫问题探讨 [C] // 全国首届膨胀土科学研讨会论文集. 成都：西南交通大学出版社，1990.

[202] 徐永福，史春乐. 宁夏膨胀土的膨胀变形规律 [J]. 岩土工程学报，1997，19 (3)：95 - 98.

[203] Gysel M. Design methods for structure in swelling rock [J]. ISRM，1975 (18)：377 - 381.

[204] 刘特洪. 工程建设中的膨胀土问题 [M]. 北京：中国建筑工业出版社，1997.

[205] 李献民，等. 击实膨胀土工程变形特性的试验研究 [J]. 岩土力学，2003，24 (5)：826 - 830.

[206] 李献民，王永和，杨果林. 击实膨胀土工程变形特性的试验研究 [J]. 岩土力学，2003，24 (5)：826 - 830.

[207] 张爱军，哈岸英，骆亚生. 压实膨胀土的膨胀变形规律与计算模式 [J]. 岩石力学与工程学报，2005，24 (7)：1236 - 1241.

[208] 邢义川，谢定义，李振. 非饱和土的应力传递机理与有效应力原理 [J]. 岩土工程学报，2001，23 (1).

[209] 卢肇钧，吴肖茗. 膨胀力在非饱和土强度理论中的作用 [J]. 岩土工程学报，1997，19 (5)：20 - 27.

[210] 徐攸在. 盐渍土地基 [M]. 北京：中国建筑工业出版社，1993.

[211] 吴紫旺. 土的冻胀性实验研究 [C] // 中国科学院兰州冰川冻土研究所集刊第 2 号. 北京：科学出版社，1981.

[212] 孔庆栓. 素混凝土板衬砌渠道地基冻胀土壤的分级及防冻措施 [M] // 第二届全国冻土学术会议论文集. 兰州：甘肃人民出版社，1983.

[213] 朱强. 论季节冻土冻胀沿深度的分布 [J]. 冰川冻土，1988，10 (1)：1 - 7.

[214] 邱国庆，E. 张伯伦，I. 伊斯坎达，等. 莫玲粘土冻结过程中的离子迁移、水分迁移和冻胀 [J]. 冰川冻土，1986，8 (1)：1 - 13.

[215] 陈肖柏，等. 冻结速率与超载应力对冻胀的作用 [M] // 第二届全国冻土学术会议论文集. 兰州：甘肃人民出版社，1983.

[216] 吴紫旺. 冻土工程分类 [J]. 冰川冻土，1982，4 (1)：43 - 48.

[217] 谢荫琦，王建国. 季节冻土区水工建筑物地基冻胀性的工程分类 [M] // 第三届全国冻土学术会议论文集. 北京：科学出版社，1989.

[218] 戴惠民，王兴隆. 季节冻土区公路桥涵地基土冻胀性研究 [J]. 冰川冻土，1993，15 (2)：377 - 382.

[219] 徐绍新. 论季节冻土区基础的冻胀力 [M] // 第三届全国冻土学术会议论文集. 北京：科学出版社，1989：175 - 178.

[220] 刘洪绪. 法向冻胀力计算 [J]. 冰川冻土，1981，3 (2)：13 - 17.

[221] 童长江，余崇云. 论法向冻胀力与压板面积的关系 [J]. 冰川冻土，1982，4 (4)：49 - 54.

[222] 中华人民共和国水利部行业标准. 水工建筑物抗冻设计规范：SL 211—98 [S]. 北京：中国水利水电出版社，1998.

[223] 中华人民共和国交通部行业标准. 公路桥涵地基与基础设计规范：JTJ 024—85 [S]. 北京：人民交通出版社，1985.

[224] 中华人民共和国国家标准. 冻土工程地质勘察规范：GB 50324—2001 [S]. 北京：中国计划出版社，2001.

[225] 徐学祖. 中国冻胀研究进展 [J]. 地球科学进展，1994，9（5）：13-19.

[226] 丘国庆，等. 关于冻结过程中易溶盐迁移方向的讨论 [M]//第三届全国冻土学术会议论文集. 北京：科学出版社，1989.

[227] 徐学祖，王家澄，张立新，等. 土体冻胀和盐胀机理 [M]. 北京：科学出版社，1995.

[228] 高江平，杨荣尚. 含氯化钠硫酸盐渍土在单向降温时水分和盐分迁移规律的研究 [J]. 西安公路交通大学学报，1997，3（17）.

[229] 徐学祖，邓友生，王家澄，等. 开放系统饱和含氯化钠盐正冻土中的水盐迁移 [M]//第五届全国冰川冻土学大会论文集. 兰州：甘肃文化出版社，1996.

[230] 徐学祖，邓友生，王家澄，等. 封闭系统非饱和含氯化钠盐正冻土中的水盐迁移 [M]//第五届全国冰川冻土学大会论文集. 兰州：甘肃文化出版社，1996.

[231] Kang Shuangyang, Gao Weiyue and Xu Xiaozu. Fild observation of solute migrationin freezing and thawing soils, Procedings of the 7th International Symposium on Ground Freezing, 1994: 397-398.

[232] 张立新，徐学祖，陶兆祥，等. 含氯化盐冻土中溶液的二次相变分析 [J]. 自然科学进展，1993：48-52.

[233] 张立新，徐学祖，陶兆祥. 含硫酸钠冻土的未冻含水量 [M]//第五届全国冰川冻土学大会论文集. 兰州：甘肃文化出版社，1996：693-698.

[234] Anderson D M, Tice A R. Predicting Unfrozen Water Contents in Frozen Soils From Surface Area Measurements. Highway Res. Rec, 1972, 373: 12-18.

[235] 徐学祖，王家澄，张立新，等. 土体冻胀和盐胀机理 [M]. 北京：科学出版社，1995.

[236] Banin A, Andersson D M. Effects of salt concentrantion changes during freezing on the unfrozen water content of porous materials, Water Research, 1974, 10 (1): 124-128.

[237] 徐学祖，奥利奋特 J L，泰斯 A R. 土水势、未冻含水量和温度 [J]. 冰川冻土，1985a，7（1）：1-14.

[238] 李宁远，李斌. 硫酸盐渍土及膨胀特性研究研究 [J]. 西安公路学院学报，1989（3）.

[239] 徐学祖，邓友生，王家澄，等. 含盐正冻土的冻胀和盐胀 [M]//第五届全国冰川冻土学大会论文集. 兰州：甘肃文化出版社，1996：607-618.

[240] 高民欢，李斌，金应春. 含氯盐和硫酸盐类盐渍土膨胀特性研究 [J]. 冰川冻土，1997，19（4）：346-353.

[241] 朱瑞成. 盐渍土胀缩机理的初步探讨 [J]. 工程地质信息，1989.

[242] 费学良，李斌，等. 不同密度硫酸盐渍土盐胀规律的试验研究 [J]. 冰川冻土，1994，16（3）：251-258.

[243] 樊子卿. 红当公路盐渍土病害治理 [J]. 公路交通科技，1990，7（3）：17-26.

[244] 张文虎. 对新疆焉耆盆地盐渍土铁路路基的浅析 [J]. 中国铁路，1992，11.

[245] 黄立度，席元伟，李俊超. 硫酸盐土道路盐胀病害的基本特征及防治 [J]. 中国公路学报，1997，10（2）.

[246] 王鹰，谢强. 含盐地层工程性能及其对铁路工程施工的影响 [J]. 矿物岩石，2000，20（4）.

[247] 丁永勤，陈肖柏. 掺氯化钠治理硫酸盐渍土膨胀的应用范围 [J]. 冰川冻土，1992，4（2）：107-114.

[248] 中华人民共和国交通部行业标准. 公路路基设计规范：JTJ 013—95 [S]. 北京：人民交通出版社，1995.

[249] 中华人民共和国铁道部行业标准. 铁路工程地质勘察规范：J 124—2001 [S]. 北京：中国铁道出版社，2001.

[250] 中华人民共和国铁道部行业标准. 铁路工程特殊土勘察规程：J 126—2001 [S]. 北京：中国铁

道出版社，2001.

[251] 中华人民共和国国家标准. 岩土工程勘察规范：GB 50021—2001 [S]. 北京：中华人民共和国建设部和国家质量监督检验检疫总局，2002.

[252] 中华人民共和国国家标准. 水利水电工程地质勘察规范：GB 50287—99 [S]. 北京：国家质量技术监督局和中华人民共和国建设部，1999.

[253] 黄立度，席元伟，李俊超. 硫酸盐渍土道路盐胀病害的基本特征及防治 [J]. 中国公路学报，1997，10 (2).

[254] 徐学祖，王家澄，张立新. 冻土物理学 [M]. 北京：科学出版社，2001.

[255] 中华人民共和国行业标准. 碾压式土石坝设计规范：SL 274—2001 [S]. 北京：中国水利水电出版社，2002.

[256] 中华人民共和国国家标准. 堤防工程设计规范：GB 50286—98 [S]. 北京：中华人民共和国建设部和国家技术监督局，1998.

[257] Adorjan A S. Insulated well casings for the arctic, ASME, 1976：76 – 87.

[258] Anderson D M, Tice A R. Predicting Unfrozen Water Contents in Frozen Soil From Surface Area Measurements. Highway Res. Rec, 1972：373：12 – 18.

[259] Anderson D M, Pusch R, Penner E, Physical and Thermal Properties of rozen Ground. Geotechnical Engineering for Cold Regions, McGra – Hill, 1978：37 – 102

[260] ANSI/ASME, Code for pressure piping refrigeration piping – B31. 5, Americal society of Mechanical Engineers, 1983.

[261] Ashrea. Handbook of Fundamentals, American Society of heating, refrigeration and air conditioning Engineers, 1981.

[262] Babb A L, Chow D M, Garlid K L. Popovich R P., Woodruff E M. The themo tube, A natural convection heat transfer devive for stabilization of Arctic soil in oil producing regions, SPE Paper 1971, No. 3618.

[263] Balch J C. Soil refrigerating system, U. S. Patent No. 3, 220, 470, 1965, November 30.

[264] Banin A, Andersson D M. Effects of salt concentration changes dduring freezing on the unfrozen water content of porous materials, Water Resources Research, 1974, 10 (1)：124 – 128.

[265] Berg R L. Status of Numerical Models for Heat and Mass Transfer in Frost – susceptible soils. Permafrost：4th Int'1 Conf. Final Proceedings. National Academy Press, Washington, D. C., U. S. A., 1984, 67 – 71.

[266] Burt T P, Williams P J. Hydraulic conductivity in frozen soils. Earth Surface Processer, 1976, 1：349 – 360.

[267] Carlson L E, Butterwick D E. Testing piplining techniques in warm permafrost, Proceedings of the fouth International Conference on Permafrost, National Academy Press, 1983, 1：97 – 102.

[268] Chen Xiaobai, Qui Guoqing, Wang Yaqing. On salt heave of saline soil, Proceedings of 5th International Symposium on Ground Freezing, 1988, 35 – 39.

[269] Collett T S. Gas hydrate resources of the United States, 96, 1995.

[270] Corps of Engineers, Comprehensive Report, Investigation of military construction in Arctic and subarctic regions, 1945 – 1948, U. S. Army Corps of Engineers, St. Paul District, 1950.

[271] Crory F E. Pile foundations in permafrost, Proceedings：Permafrost International Conference, National Academy Press, 1963, 467 – 476.

[272] Crosky R A. Combination of roadway and pipeline way in permafrost regions, U. S. Patent No. 4, 181, 448, January 1, 1980.

[273] Deng Yousheng, Xu Xiaozu, Zhang Lixin. A primary study on composition of methane hydrate,

Proceedings of 6Th International Conference on Permafrost, 1993, 131 – 133.

[274] Dunn P, Reay D A. Heat pipes, Pergamon Press, 1976.

[275] Duquennoi C, Fremond M, Levy M. Modelling of thermal soil behaviour, VTT Symposium 95, 1989, 895 – 915.

[276] Ershov E D. Moisture transfer and cryogenic structures of dispersed rocks, Mockow University, 1979: 212.

[277] Ershov E D, et al. Experimental study on formation of cryogenic fabric in epigenetic and syngenetic frozen ground, Collections of geocryological study, Moscow University Press, 1987: 141 – 150.

[278] Esch D C. Control of permafrost degradation beneath a roadway by subgrade insulation, Proceedings of the Second International Conference on Permafrost, National Academy Press, 1973: 608 – 621.

[279] Esch D C. Design and performance of road and railway embandments on permafrost, Final Proceedings of the fourth International Conference on Permafrost, National Academy Press, 1984a: 25 – 30.

[280] Esch D C. Surface modifications for thawing of permafrost, Proceedings of the third International Cold Regions Engineering speciality Conference, Canadian Society of Civil Engineering, 1984b, 2: 711 – 725.

[281] Feldman K T. The heat pipe, Mechanical Engineering, 1967, 89: 0 – 31.

[282] Fremond M, Mikkola M. Thermodynamical modeling of freezing soil, Proceedings of 6th International Symposium on Ground Freezing, 1991: 17 – 24.

[283] Fukuda M. Experimental studies of coupled heat and moisture transfer in soils during freezing, Contribution no. 2528 from the Institute of Low Temperature Science, Hokkaido University, Sapporo, Japan, 1982: 35 – 91.

[284] Fukuda M, Nakagawa S. Numerical analysis of frost heaving based upon the coupled heat and water flow model, Proceedings of the 4th International Symposium on Ground Freezing, Sapporo, Japan, 1985: 109 – 117.

[285] Gilpin R R. A model for the Prediction of Ice Lensing and frost heave in soils. Water Resources Research, 1980, 16: 918 – 930.

[286] Gold L W, Lachenbruch A H. Thermal conditions in permafrost – A review of North American Literature, Proceedings of 2nd International Conference on Permafrost, 1973: 3 – 26.

[287] Goodrich L E. Some results of a numerrical study of ground thermal regimes, Proceedings of the third International Conference on Permafrost, National Council of Canada, 1978: 30 – 34.

[288] Goodrich L E. An introductory review of numerical methods for ground thermal Regime calculations, DBR Paper No. 1061, National Research Council of Canada Guymon, G., Berg, R. and Hromadka, T., 1980, A one – dimentional frost heave model based upon simulation of simulataneous heat and water flux, Cold Regions Science and 1982.

[289] Proceedings of 1st International conferene on cryopedology, Pushchino Reid, R. L., Hudgings, E. H. and Onufer, J. S., 1982, Frost and ice formation in the air convection pipe permafrost protection device, Journal of Energy Resources Technology, 1992, 104: 199 – 204.

[290] Guymon G, Berg R, Hromadlka T. Mathematical model of frost heave and thaw settlemen in pavements. CRREL Report, 1993: 93 – 2.

[291] Hall K L. Engineering problems related to Arctic pipelines, Pipline and Gas Journal, 1971: 35 – 37.

[292] Pang Rongqing. The construction of East Air Shaft of Panji No. 3 Colliery by freezing method 415m

in depth, Proceedings of 6th International Symposium on Ground Freezing, 1991: 345 - 350.

[293] Holden J T. Approximate solutions for Miller's thery of secondary heave, Proceedings of 4th International Conference on permafrost, 1983: 498 - 503.

[294] Hopke S W. A model for frost heave including overberden, Cole Reg. Sci. Tech. 1980: 14: 13 - 22.

[295] Horiguchi K, Miller R D. Hydraulic conductivity functions of frozen materials. Permafrost: 4th Int'1 Conf., proceedings, National Academy Press, Washington, D.C., U. S. A., 1983: 504 - 508.

[296] Heuer C E. The application of heat pipes on the trans Alaska pipeline, CRREL Report 1979: 79 - 26.

[297] Isizaki T, Nishio N. Experimental study of frost heaving of a saturated soil, Proceedings of 5th International Symposium on Ground Freezing, 1988: 65 - 72.

[298] Kang shuangyang, Gao Weiyue and Xu Xiaozu, Field observation of solute migration in freezing and thawing soils, Proceedings of the 7th International Symposium on Ground Freezing, 1994: 397 - 398.

[299] Jahn S L, Vinson T S. Thermal conductivity and latent heat in a coarse - grained soil with saline pore water, Transportation Research Report 83 - 7, Oregon State University, 1983.

[300] Johnson E R. Performance of the trans - Alaska oil pipeline, Final Proceedings of the fourth International Conference on permafrost, National Academy Press, 1984: 109 - 111.

[301] Knutsson S, Domaschuk L, Chandler N. Analysis of large scale laboratory and in situ frost heave tests. 4th Intl. Symp. On Ground Freezing, Sapporo, Japan 1985, 1: 65 - 70.

[302] Konrad J M. Temperature of ice lens formation in freezing soils. Proceedings of 5th Intl>Conf. On Permafrost, 1988: 384 - 389.

[303] Kujala K. Estimation of frost heave and thaw weakening by statitical analyses and physical models, proceedings of the symposium on Ground Freezing and Frost Action, 1997: 31 - 41.

[304] Leonards G A. Pavement construction, U. S. Patent No. 3250188, 1966.

[305] Ma Wei. Wu Ziwang, Xu Xiaozu. Calculation on the thickness of artificially frozen wall for supporting deep base pit, Proceedings of International symposium on ground freezing and frost action in soils, Printed in the Netherlands, 1997.

[306] Nixon J F. Discrete ice lens theory for frost heave in soils, Can. Geotech. J. 1991, 28: 843 - 859.

[307] Padilla F, Villeneuve J P. Modelling and experimental studies of frost heave including solute effects, Cold Regions Science and Technology, 1992, 20: 183 - 194.

[308] Alshihabi O, Shahrour I, Mieussens C. Experimental study of the influence of suction and drying/ wetting cycles on the compressibility of a compacted soil [C]//. Proc. 3rd Int. Conf. on Unsaturated Soils, Recife, Brazil Lisse: Swets & Zeitlinger, 2002, 2.

[309] Monroy R. The influence of load and suction changes on the volumetric behaviour of compacted london clay [D]. London: Imperial College London. 2005.

[310] Sivakumar V, Tan W C, Murray E J, McKinley J D. Wetting, drying and compression characteristics of compacted clay [J]. Geotechnique, 2006, 56 (1): 57 - 62.

[311] Alonso E E, Gens A, Hight D W. Special problem soils. General report. [C]//Proceedings of 9th European Conference of Soil mechanics and foundation engineering, Dublin, 1987, 3: 1087 - 1146.

[312] Sivakumar V, Wheeler S J. Influence of compaction procedure on the mechanical behaviour of an unsaturated compacted clay - part 1: Wetting and isotropic compression [J]. Geotechnique,

2000，50（4）：359－368.

[313] Thu T M，Rahardjo H，Leong E C. Elastoplastic model for unsaturated soil with incorporation of the soil－water characteristic curve [J]. Canadian Geotechnical Journal，2007，44（1）：67－77.

[314] Rampino C，Mancuso C，Vinale F. Experimental behaviour and modelling of an unsaturated compacted soil [J]. Canadian Geotechnical Journal，2000，37（4）：748－763.

[315] Alshihabi O，Shahrour I，Mieussens C. Experimental study of the influence of drying－wetting cycles on the resistance of a compacted soil [C] // Proc. 3rd Int. Conf. on Unsaturated Soils，Recife，Brazil Lisse：Swets & Zeitlinger，2002，2.

[316] Nuth M，Laloui L. New insight into the unified hydro－mechanical constitutive modelling of unsaturated soils [C] // Proceeding of the 3rd Asian Conference on Unsaturated Soils，Nanjing，China：Science Press，2007：109－126.

[317] Sun D A，Sheng D C，Sloan S W. Elastoplastic modelling of hydraulic and stress－strain behaviour of unsaturated soils [J]. Mechanics of Materials，2007，39（3）：212－221.

[318] Miao L C. A constitutive model of unsaturated expansive soils incorporating the effect of degree of saturation [C] //. Proceeding of the 3rd Asian Conference on Unsaturated Soils，Nanjing，China：Science Press，2007：385－390.

[319] Jotisankasa A. Collapse behaviour of a compacted silty clay [D]. London：Imperial College London，2005.

[320] Zhan L. Field and laboratory study of an unsaturated expansive soil associated with rain－induced slope instability [D]. Hongkong：Hong Kong University of Science and Technology，2003.

[321] Sivakumar V，Wheeler S J. Elasto－plastic volume change of unsaturated compacted clay [C] // Proceedings of the 1993 ASCE National Convention and Exposition，Dallas，TX，USA：Publ by ASCE，1993，Geotechnical special publication No. 39：127－138.

[322] Sheng D C，Fredlund D G，Gens A. An alternative modelling approach for unsaturated soils [C] // Proceeding of the 3rd Asian Conference on Unsaturated Soils，Nanjing，China：Science Press，2007：405－414.

[323] Sheng D，Gens A，Fredlund D G，Sloan S W. Unsaturated soils：From constitutive modelling to numerical algorithms [J]. Computers and Geotechnics，2008，35（6）：810－824.

[324] 缪林昌. 非饱和土的本构模型研究 [J]. 岩土力学，2007，28（5）：855－860.

[325] Li J S，Xing Y C，Hou Y J. Comments on "Unsaturated soils：From constitutive modelling to numerical algorithms" By daichao sheng，antonio gens，delwyn g. Fredlund and scott w. Sloan，computers and geotechnics 35（6）（2008）810－824 [J]. Computers and Geotechnics，2009，36（6）：1098－1099.

[326] Sheng D C，Gens A，Fredlund D G，Sloan S W. Reply to comments on "Unsaturated soils：From constitutive modelling to numerical algorithms" By daichao sheng，antonio gens，delwyn g. Fredlund and scott w. Sloan computers and geotechnics 35（6）（2008）810－824 by jingshuang li，yichuan xing and yujing hou [J]. Computers and Geotechnics，2009，36（6）：1100－1100.

[327] Wood D M. Geotechnical modelling [M]：Taylor & Francis，2004.

[328] Wong D K H，Fredlund D G，Imre E，Putz G. Evaluation of agwa－ii thermal conductivity sensors for soil suction measurement [J]. Transportation Research Record，1989（1219）：131－143.

[329] Fredlund D G，Clifton A W，Barbour L. Matric suction and deformation monitoring at an expansive soil site in southern china [C] // Proceedings of the 1995 1st International Conference on Unsaturated Soils，Paris，France，1995，2：855－861.

[330] Cui Y J，Tang A M，Mantho A T，De Laure E. Monitoring field soil suction using a miniature

tensiometer [J]. Geotechnical Testing Journal, 2008, 31 (1)：95－100.

[331] Tarantino A, Ridley A M, Toll D G. Field measurement of suction, water content, and water permeability, Laboratory and field testing of unsaturated soils [M]. 2009：139－170.

[332] 吴宏伟, 陈锐. 非饱和土试验中的先进吸力控制技术 [J]. 岩土工程学报, 2006, 28 (2).

[333] 张敏, 吴宏伟, 陈锐. 一种能直接量测高吸力的新型吸力传感器 [J]. 岩土工程学报, 2008, 30 (8)：1191－1195.

[334] Delage P, Romero E, Tarantino A. Recent developments in the techniques of controlling and measuring suction in unsaturated soils [C]// First International Conference on Unsaturated Soils, Durham, United Kingdom, 2008.

[335] König D, Jessberger H L, Bolton M D, Phillips R, Bagge G, Renzi R, Garnier J. Pore pressure measurement during centrifuge model tests：Experience of five laboratories, Centrifuge'94 [M]. L. a. T. Leung, Editor. Balkema：Rotterdam, 1994：101－108.

[336] Muraleetharan K K, Granger K K. The use of miniature pore pressure transducers in measuring matric suction in unsaturated soils [J]. Geotechnical Testing Journal, 1999, 22 (3)：226－234.

[337] Deshpande S, Muraleetharan K K. Dynamic behavior of unsaturated soil embankments [C]// Proceedings of the 1998 Conference on Geotechnical Earthquake Engineering and Soil Dynamics III., Seattle, WA, USA：ASCE, 1998, 2：890－901.

[338] Take W A, Bolton M D. A new device for the measurement of negative pore water pressures in centrifuge models [C]// International Conference on Physical Modelling in Geotechnics, ICPGM'02 St John's, Newfoundland, Canada, 2002：89－94.

[339] Take W A, Bolton M D. Tensiometer saturation and the reliable measurement of soil suction [J]. Geotechnique, 2003, 53 (2)：159－172.

[340] Meilani I, Rahardjo H, Leong E C, Fredlund D G. Mini suction probe for matric suction measurements [J]. Canadian Geotechnical Journal, 2002, 39 (6)：1427－1432.

[341] Ridley A M, Burland J B. A new instrument for the measurement of soil－moisture suction [J]. Geotechnique, 1993, 43 (2)：321－324.

[342] 中华人民共和国水利部. 土工试验规程：SL 237—1999 [S]. 北京：中国水利水电出版社, 1999.

[343] 杨和平, 章高峰, 张锐, 倪啸. 宁明非饱和膨胀土静止侧压力系数 [J]. 长沙理工大学学报, 2009, 6 (1)：1－5.

[344] Ng C W W, Zhan L T, Bao C G, Fredlund D G, Gong B W. Performance of an unsaturated expansive soil slope subjected to artificial rainfall infiltration [J]. Geotechnique, 2003, 53 (2)：143－157.

[345] Owen D R J, Hinton E. Finite elements in plasticity：Theory and practice [M]. Swansea, UK：Pineridge Press, 1986.

[346] Wang H F, Anderson M P. Introduction to groundwater modelling：Finite difference and finite element methods [M]. San Francisco：W. H. Freeman And Company, 1982.

[347] Sheng D C, Sloan S W, Gens A, Smith D W. Finite element formulation and algorithms for unsaturated soils. Part Ⅰ：Theory [J]. International Journal for Numerical and Analytical Methods in Geomechanics, 2003, 27 (9)：745－765.

[348] GEO－SLOPE International Ltd. Stress－deformation modeling with sigma/w [M]. Alberta, Canada, 2009.

[349] Gatmiri B, Ghassemzadeh H. Thermo－hydro－chemo－mechanical coupling in environmental geomechanics [C]. Carefree, AZ, United States：American Society of Civil Engineers, Reston, VA 20191－4400, United States, 2006：2512－2522.

［350］ 张锐，郑健龙，杨和平. 宁明膨胀土渗透特性试验研究［J］. 桂林工学院学报，2008，28（1）：48－53.

［351］ Hillel D. Soil and water - physical principles and processes［M］. New York：Academic Press，1971.

［352］ 李振. 非饱和膨胀土增湿变形和增湿强度的试验研究［D］. 杨凌：西北农林科技大学，2006.

［353］ Zakaria I，Wheeler S J，Anderson W F. Yielding of unsaturated compacted kaolin［C］//. Proceedings of the 1995 1st International Conference on Unsaturated Soils，Paris，France，1995，1：223－228.

［354］ Taylor R N. Geotechnical centrifuge technology［M］. Glasgow：Blackie Academic & Proffessional，1995.

［355］ 倪善群，万宏恕. 安康膨胀土工程性质的探讨［J］. 铁道工程学报，1988，5（4）：173－188.

［356］ 沈珠江，米占宽. 膨胀土渠道边坡降雨入渗和变形耦合分析［J］. 水利水运工程学报，2004（3）.

［357］ 徐永福. 宁夏膨胀土膨胀变形的速率过程参数的确定［J］. 河海大学学报，1999，27（5）：100－103.

［358］ 陈正汉，刘祖典. 黄土的湿陷变形机理［J］. 岩土工程学报，1986，8（2）：1－12.